21 世纪交通版高等学校教材

机场规划与设计

谈至明　赵鸿铎　张兰芳　**编著**

姜昌山　刘　涌　**主审**

人民交通出版社

内 容 提 要

本书内容可分为三部分,第一部分(第一章~第四章)介绍航空运输系统构成、特点、发展历史,及航空运输系统的三大基本要素的基本知识;第二部分(第五章~第十一章)介绍了机场规划的基础知识,及机场系统和总体规划、航站区与地面交通的规划等内容;第三部分(第十二章~第十五章)分别为机场飞行区几何设计、道面结构设计、机场排水系统设计和机场灯光与标志、标识。

本书第一、二部分可作为学生(尤其非土木工程、交通工程专业学生)掌握航空运输业基本知识,了解机场规划的内容、过程和方法的教材,第三部分属工程设计内容,可供土木工程、交通工程专业高年级学生学习使用。

图书在版编目(CIP)数据

机场规划与设计/谈至明等编著. —北京:人民交通出版社,2010.1

ISBN 978-7-114-08195-8

Ⅰ.机… Ⅱ.谈… Ⅲ.①机场—规划②机场—建筑设计

Ⅳ.TU248.6

中国版本图书馆 CIP 数据核字(2010)第 014721 号

21 世纪交通版高等学校教材

书　　　名	机场规划与设计
著 作 者	谈至明　等
责 任 编 辑	沈鸿雁　丁润铎
出 版 发 行	人民交通出版社
地　　　址	(100011)北京市朝阳区安定门外外馆斜街 3 号
网　　　址	http://www.ccpcl.com.cn
销 售 电 话	(010)59757973
总 经 销	人民交通出版社发行部
经　　　销	各地新华书店
印　　　刷	北京虎彩文化传播有限公司
开　　　本	787×1092　1/16
印　　　张	17.5
字　　　数	429 千
版　　　次	2010 年 1 月　第 1 版
印　　　次	2024 年 7 月　第 7 次印刷
书　　　号	ISBN 978-7-114-08195-8
定　　　价	35.00 元

(有印刷、装订质量问题,由本社负责调换)

总　序

当今世界,科学技术突飞猛进,全球经济一体化趋势进一步加强,科技对于经济增长的作用日益显著,教育在国家经济与社会发展中所处的地位日益重要。进入新世纪,面对国际国内经济与社会发展所出现的新特点,我国的高等教育迎来了良好的发展机遇,同时也面临着巨大的挑战,高等教育的发展处在一个前所未有的重要时期。其一,加入WTO,中国经济已融入到世界经济发展的进程之中,国家间的竞争更趋激烈,竞争的焦点已更多地体现在高素质人才的竞争上,因此,高等教育所面临的是全球化条件下的综合竞争。其二,我国正处在由计划经济向社会主义市场经济过渡的重要历史时期,这一时期,我国经济结构调整将进一步深化,对外开放将进一步扩大,改革与实践必将提出许多过去不曾遇到的新问题,高等教育面临加速改革以适应国民经济进一步发展的需要。面对这样的形势与要求,党中央国务院提出扩大高等教育规模,着力提高高等教育的水平与质量。这是为中华民族自立于世界民族之林而采取的极其重大的战略步骤,同时,也是为国家未来的发展提供基础性的保证。

为适应高等教育改革与发展的需要,早在1998年7月,教育部就对高等学校本科专业目录进行了第四次全面修订。在新的专业目录中,土木工程专业扩大了涵盖面,原先的公路与城市道路工程、桥梁工程、隧道与地下工程等专业均纳入土木工程专业。本科专业目录的调整是为满足培养"宽口径"复合型人才的要求,对原有相关专业本科教学产生了积极的影响。这一调整是着眼于培养21世纪社会主义现代化建设人才的需要而进行的,面对新的变化,要求我们对人才的培养规格、培养模式、课程体系和内容都应作出适时调整,以适应要求。

根据形势的变化与高等教育所提出的新的要求,同时,也考虑到近些年来公路交通大发展所引发的需求,人民交通出版社通过对"八五"、"九五"期间的路桥及交通工程专业高校教材体系的分析,提出了组织编写一套21世纪的具有鲜明交通特色的高等学校教材的设想。这一设想,得到了原路桥教学指导委员会几乎所有成员学校的广泛响应与支持。2000年6月,由人民交通出版社发起组织全国面向交通办学的12所高校的专家学者组成21世纪交通版高等学校教材(公路类)编审委员会,并召开第一次会议,会议决定着手组织编写土木工程专业具有交通特色的**道路专业方向、桥梁专业方向以及交通工程专业**教材。会议经过充分研讨,确定了包括**基本知识技能培养层次、知识技能拓宽与提高层次**以及**教学辅助层次**在内的约130种教材,范围涵盖**本科与研究生用**教材。会后,人民交通出版社开始了细致的教材编写组织工作,经过自由申报及专家推荐的方式,近20所高校的百余名教授承担约130种教材的主编工作。2001年6月,教材编委会召开第二次会议,全面审定了各门教材主编院校提交的教学大纲,之后,编写工作全面展开。

21世纪交通版高等学校教材编写工作是在本科专业目录调整及交通大发展的背景下展开的。教材编写的基本思路是:(1)顺应高等教育改革的形势,专业基础课教学内容实现与土木工程专业打通,同时保留原专业的主干课程,既顺应向土木工程专业过渡的需要,又保持服务公路交通的特色,适应宽口径复合型人才培养的需要。(2)注重学生基本素质、基本能力的

1

培养,为学生知识、能力、素质的综合协调发展创造条件。基于这样的考虑,将教材区分为二个主层次与一个辅助层次,即基本知识技能培养层次与知识技能拓宽与提高层次,辅助层次为教学参考用书。工作的着力点放在基本知识技能培养层次教材的编写上。(3)目前,中国的经济发展存在地区间的不平衡,各高校之间的发展也不平衡,因此,教材的编写要充分考虑各校人才培养规格及教学需求多样性的要求,尽可能为各校教学的开展提供一个多层次、系统而全面的教材供给平台。(4)教材的编写在总结"八五"、"九五"工作经验的基础上,注意体现原创性内容,把握好技术发展与教学需要的关系,努力体现教育面向现代化、面向世界、面向未来的要求,着力提高学生的创新思维能力,使所编教材达到先进性与实用性兼备。(5)配合现代化教学手段的发展,积极配套相应的教学辅件,便利教学。

教材建设是教学改革的重要环节之一,全面做好教材建设工作,是提高教学质量的重要保证。本套教材是由人民交通出版社组织,由原全国高等学校路桥与交通工程教学指导委员会成员学校相互协作编写的一套具有交通出版社品牌的教材,教材力求反映交通科技发展的先进水平,力求符合高等教育的基本规律。各门教材的主编均通过自由申报与专家推荐相结合的方式确定,他们都是各校相关学科的骨干,在长期的教学与科研实践中积累了丰富的经验。由他们担纲主编,能够充分体现教材的先进性与实用性。本套教材预计在二年内完全出齐,随后,将根据情况的变化而适时更新。相信这批教材的出版,对于土木工程框架下道路工程、桥梁工程专业方向与交通工程专业教材的建设将起到有力的促进作用,同时,也使各校在教材选用方面具有更大的空间。需要指出的是,该批教材中研究生教材占有较大比例,研究生教材多具有较高的理论水平,因此,该套教材不仅对在校学生,同时对于在职学习人员及工程技术人员也具有很好的参考价值。

21世纪初叶,是我国社会经济发展的重要时期,同时也是我国公路交通从紧张和制约状况实现全面改善的关键时期,公路基础设施的建设仍是今后一项重要而艰巨的任务,希望通过各相关院校及所有参编人员的共同努力,尽快使全套21世纪交通版高等学校教材(公路类)尽早面世,为我国交通事业的发展做出贡献。

21世纪交通版
高等学校教材(公路类)编审委员会
人民交通出版社
2001年12月

前　言

　　改革开放以来,我国民用航空运输得到了迅猛的发展,中国内地年航空运输周转量的世界排名,从1980年的第35位,到2009年跃升至世界第2位,现已有10个机场跻身世界客运机场百强。为了适应这一发展需求,从1987年起,同济大学开设了"机场规划与设计"专业课程,三十多年来,为我国机场规划、设计和管理领域培养了大量专业人才。该专业课的教材,在起初几届学生选用了Robert Horonjeff的《机场规划与设计》一书;1994年,姚祖康教授依据多年的教学实践,编著出版了适合我国土木与交通工程专业本科生教学的《机场规划与设计》教材,之后一直沿用至今。

　　近十几年来,世界航空运输业取得了长足的进步和发展,例如,六轮组主起落架的B777、载客量超500人的A380巨型飞机的投入营运,以及年旅客吞吐量逾8 000万的超大型机场的出现,给机场规划、设计带来了很多新的变化。此外,该课程开设之初是面向土木与交通工程的高年级本科生,近几年,随着非土木、交通专业学生选修人数逐年增加,该课程现已成为面向全校所有专业学生的公共选修课。因此,编著者考虑了不同专业学生的需求及航空运输业的新变化,编写了本教材。

　　本书共分十五章,内容分为三大部分,第一部分(第一章~第四章)介绍航空运输系统构成、特点、发展历史,较详细地介绍了航空运输系统的三大基本要素:飞机、机场、空中交通管理的基本知识;第二部分(第五章~第十一章)是机场规划,介绍机场规划的基础知识:航空运输需求分析、机场容量与延误、机场与环境之间关系,进而论述机场系统和总体规划以及航站区与地面交通的规划等内容;第三部分(第十二章~第十五章)是机场工程设计,分别为机场飞行区几何设计、道面结构设计、机场排水系统设计和机场灯光与标志、标识设计。其中,第一、二部分可作为非土木、交通专业学生掌握航空运输业基本知识,了解机场规划的内容、过程和方法的教材;第三部分属工程设计内容,供土木、交通工程专业高年级学生学习之用。

　　本书由谈至明、赵鸿铎、张兰芳编写,其中,第一、二、三、六、十二、十四章由谈至明编写,第四、五、七、八、十三、十五章由赵鸿铎编写,第九、十、十一章由张兰芳编写,全书最后由谈至明统稿,姜昌山、刘涌主审。陈富强、林云青参与了插图绘制和整理,在此表示感谢。

　　本书是在编著者多年的授课讲义基础上汇编而成,纳入了编著者承担的国家"863"课题"大型航空港设计布局研究(2006AA11Z111)"的部分研究成果。限于编著者的学识水平和实践经验,书中定有疏漏和谬误之处,恳请读者批评指正。

编著者

2009年12月于同济大学

目　　录

第一章　航空运输绪论

第一节　概　　述

一、民用航空的定义与分类

使用各类航空器从事除了军事性质(包括国防、警察和海关)以外的所有的航空活动称为民用航空。这个定义明确了民用航空是航空的一部分,同时以"使用"航空器界定了它和研制、生产、维修航空器的航空工业的界限,用"非军事性质"表明了它和军事航空的不同。

民用航空可分为公共航空运输和通用航空2大类。

公共航空运输一般也称为航空运输,是指以航空器进行经营性客货运输的航空活动。它的经营性表明这是一种商业活动,以盈利为目的。它又是运输活动,这种航空活动是交通运输的一个组成部门,与铁路、公路、水路和管道运输共同组成了国家的交通运输系统。尽管航空运输在运输量方面和其他运输方式比是较少的,但由于快速、远距离运输的能力及高效益,航空运输在总产值上的排名不断提升,而且在经济全球化的浪潮中和国际交往上发挥着不可替代的、越来越大的作用。

航空运输根据运输对象可分为客运和货运。其中,客运是主体,货运占整个航空运输中的比例较小。20世纪80年代以后,随着全球化的发展,小体积高附加值的产品,如数码产品的涌现,促使了航空货运市场迅速发展,使货运占整个航空运输中的比例逐年上升,出现了定期货运航班,未来航空货运的前景十分看好。

公共航空运输之外的民用航空活动称为通用航空,因而通用航空包罗多项内容,范围十分广泛,可以大致分为下列几类:

(1)工业航空:包括使用航空器进行工矿业有关的各种活动,具体的应用有航空摄影、航空遥感、航空物探、航空吊装、石泊航空、海洋检测、航空环境监测等。在这些领域中利用了航空的优势,可以完成许多以前无法进行的工程。如海上采油,如果没有航空提供便利的交通和后勤服务,很难想象出现这样一个行业。其他如航空探矿、航空摄影,使这些工作的进度加快了几十倍到上百倍。

(2)农业航空:包括为农、林、牧、渔各行业的航空服务活动,其中如森林防火、灭火、撒播农药,都是其他方式无法比拟的。

(3)航空科研和探险活动:包括新技术的验证、新飞机的试飞,以及利用航空器进行的气象天文观测和探险活动。

(4)飞行训练:培养除空军驾驶员之外的其他各类飞行人员的学校和俱乐部的飞行活动。

(5)航空体育运动:用各类航空器开展的体育活动,如跳伞、滑翔机、热气球以及航空模型运动。

（6）医疗卫生、抢险救灾：在抢险救灾中，使用航空器在进行人员、物资输送，伤员急救等方面具有不可替代的优势。

（7）公务航空：大企业和政府高级行政人员用单位自备的航空器进行公务活动。随着跨国公司的出现和企业规模的扩大，企业自备的公务飞机越来越多，公务航空成为通用航空中一个独立的部门。

（8）私人航空：私人拥有航空器进行航空活动。

通用航空在我国主要指前面6类，后2类在我国才开始发展，但在一些航空强国，公务航空和私人航空所使用的航空器占通用航空的绝大部分。

二、民用航空的组织结构

民用航空的参与者有政府部门、民航企业、民航机场，以及参与通用航空活动的个人和企事业单位。

1. 政府部门

民用航空业对安全的要求高，涉及国家主权和交往的事务多，要求迅速的协调和统一的调度，因而几乎各个国家都设立独立的政府机构来管理民航事务，我国是由中国民用航空局负责管理。政府部门管理的内容主要是：

（1）制订民用航空各项法规、条例，并监督这些法规、条例的执行。

（2）对航空企业进行规划、审批和管理。

（3）对航路进行规划和管理，并对日常的空中交通实行管理，保障空中飞行的安全、有效、迅速。

（4）对民用航空器及相关技术装备的制造和使用，制订技术标准进行审核、发证，监督安全，调查处理民用飞机的飞行事故。

（5）代表国家管理国际民航的交往、谈判，参加国际组织内的活动，维护国家的利益。

（6）对民航机场进行统一的规划和业务管理。

（7）对民航的各类专业人员制订工作标准，颁发执照，并进行考核，培训民航工作人员。

2. 民航企业

从事和民航业有关的各类企业，其中最主要的是航空运输企业，即航空公司。它们掌握航空器从事生产运输，是民航业生产收入的主要来源。其他类型的航空企业如油料、航材、销售等，都是围绕着运输企业开展活动的。航空公司的业务主要分为两个部分：一是航空器的使用、维修和管理，二是公司的经营和销售。

3. 民航机场

机场是民用航空和整个社会的结合点，也是一个地区的公众服务设施。机场既带有赢利的企业性质，同时也带有为地区公众服务的事业性质，因而世界上大多数机场是地方政府管辖下的半企业性质的机构。主要为航空运输服务的机场又称为航空港或简称空港。

4. 参与通用航空活动的个人和企事业单位

包括通用航空公司、飞行俱乐部、驾驶教练学校、航空研究机场、航空体育活动单位，拥有飞机的个人和企事业单位，以及为通用航空服务的各类机构与企业等。在欧美等发达国家，该群体十分庞大，拥有的飞机数量以及有飞行员执照的人数远远超过商业航空。

三、航空运输系统

任何运输方式的系统,均可视为运输工具、运输路线与站点三要素组成。对于航空运输系统而言,运输工具是航空器,站点为机场,运输路线即为航路(航线)。由于航路不如道路、铁路和水运中的航道那么直观,且航路的宽窄以及高度层的间隔都取决于空中交通管制系统的技术装备与管理水平,因此,有人把空中交通管制也列入航空运输系统之中,即:航空运输系统由航空器、航路、空中交通管制和机场四要素组成;也有人提出用空中交通管制来替代航路,即:航空运输系统由航空器、空中交通管制和机场三要素组成。

民用运输的航空器包括飞机、直升机、滑翔机、飞艇、气球等。公共航空运输一般采用飞机。从运输对象来看,飞机分为客机、货机。按运输能力可分小、中、大型飞机,我国对客机划分标准为:客座数在100座以下的为小型,100~200座之间为中型,200座以上为大型。按飞机的航程分为短程、中程和远程飞机,我国的划分标准为:航程在2 400km以下的为短程,2 400~4 800km之间为中程,4 800km以上为远程。

航路是指由国家统一划定的具有一定宽度和高度,有较完善的通信、导航设备,可保证飞行安全的空中通道。

机场是飞机起降以及空中运输与地面运输衔接的场所。机场由飞行区、航站区和进出机场的地面交通等部分组成。飞行区是为了满足飞机起降需要而设的场所,航站区是完成空中运输与地面运输间相互转换的设施。

航空运输系统除了上述三个(或四个)基本组成部分外,还有机务维修、航材供应、油料供应、地面辅助和保障系统等。

四、航线、航班

飞机从一个机场至另一个机场的飞行路线称为航线,飞行路线应有必要的导航技术支撑。航线按起终点的归属不同分为国际航线和国内航线,其中国内航线又可分为干线航线和支线航线。干线航线是指连接大城市的航线,如北京和各省会、直辖市或自治区首府间的航线,例如北京—上海航线、上海—南京航线、青岛—深圳航线等。支线航线则是指大城市与中、小城市之间的航线,例如上海—屯溪、成都—西昌航线等。

航班是指飞机从始发机场起飞,或经过中间的经停站,到达终点机场的经营性运输飞行。航班按经营区域分为国内航班、国际航班和地区航班。按经营时间可分定期航班和不定期航班。定期航班指列入航班时刻表且有固定时间运行的航班,它又可分长期定期航班和季节性定期航班;不定期航班又称为包机飞行,是根据旅客或货主要求,临时增加的航班。

航线(网)结构主要有城市对型和中心辐射型两种。城市对型是指两个城市开通往返航班。它是最早的航线形式,航线之间互不相关,控制容易,缺点是中、小城市航空运输需求不能满足。中心辐射型是以几个交通中心作为它的枢纽机场,以枢纽机场间的航线为骨架,其他中、小城市和相距最近的枢纽航站设立支线,支线航班与干线航班在时间上紧密相连,形成一个覆盖中、小城市的航线网。它的优点是增大了航线网的覆盖面,满足了中、小城市的航空运输需求,提高了航班频率和运载率,其缺点是枢纽机场的负荷加重,尤其是高峰小时的负荷过大,非枢纽航站的城市间长途旅客增加换机次数,以及小型航空公司难以在干线上立足。

美国从在20世纪70年代起,航线结构从城市对型开始向中心辐射型转换,80年代初成型,形成亚特兰大、芝加哥、纽约、洛杉矶、丹佛等超大型枢纽机场。欧洲的中心辐射型航线在20世纪80年代也基本形成。我国的航线结构目前仍以城市对型为主,随着建立中心辐射型航线结构的呼声越来越高,预计在未来,我国的航线结构将逐渐向中心辐射型转换。

第二节 航空运输发展史

一、世界航空运输发展史

航空运输的历史可以追溯到19世纪70年代。1871年普法战争中,法国人用气球把法国政府官员和物资、邮件等运送出被普军围困的巴黎。使用飞机的航空运输始于1918年5月5日在纽约—华盛顿—芝加哥间,同年6月8日在伦敦—巴黎间的定期邮政航班飞行。

第一次世界大战期间,飞机作为新式武器在战争中展露了威力,促使了航空技术的大发展。一战结束后,欧洲列强认识到航空在民用方面的潜力,极力扶植民用航空的发展。1919年巴黎和会上,作为《巴黎和约》一部分的第一个国家间的航空法《巴黎公约》诞生,后来陆续有38个国家签署了该公约。1919年初德国首先开始了国内的民航运输,同年8月英国和法国开通了定期的客运航班,民用航空的历史由此揭开了。

在欧美国家开始使用飞机运送人员和邮件的同时,飞艇运输曾一度辉煌。1910年6月22日,第一艘飞艇从德国法兰克福飞往杜塞尔,建立第一条定期客运空中航线。20世纪20～30年代,德国的"齐伯林伯爵"号飞艇曾多次载客横渡大西洋。第一次环球飞行也是由飞艇创造的,1929年8月8日,"齐伯林伯爵"号飞艇从美国的新泽西州出发,经过德国、前苏联、中国、日本,于8月26日回到洛杉矶市,整个航程历时21天7小时34分。1929年德国制成的大型飞艇"兴登堡"号,长245m,直径超过41m,总重206t,曾10次往返飞行于美国和德国之间,运送旅客1000多人次。但是那时的飞艇大都使用氢气作为浮升气体,易燃易爆,很不安全,特别是1937年,"兴登堡"号在着陆时因静电火花引起氢气爆炸,造成35人遇难。从此,飞艇渐渐退出了商业飞行。

随着航空工业的发展,专门用于运输的飞机相继出现,其中最著名的是美国1935年12月试飞成功的时速接近250km、可载21名乘客的DC—3型客机。它一共生产了1万多架,是史上产量最高的民航机种,直到20世纪50～60年代还翱翔在天空中。1937年世界航空运输客运量达到250万人次。

1939～1945年的二战期间,民用航空发展被战争所打断,但因军需刺激,航空技术在军事领域得到迅猛地发展,各种军用飞机相继诞生,涡轮喷气发动机问世。大战结束后,美英等国将军用运输机改装用于商业运输,战争中发展起来的航空技术,如雷达技术也转入民用,从而真正使航空运输迈向大众化。20世纪50年代,大型民用运输机陆续问世,代表性机型有:英国的"子爵号"、美国的波音707和DC—8、前苏联的图—104。

随着大型民用运输机的陆续问世和喷气发动机技术的应用,世界航空运输进入了高速发展期,1950～1970年的20年间,美国、英国、法国、前苏联、德国和澳大利亚等国家航空运输总周转量的年均增长率均超过10%,建立了以世界各国主要都市为起讫点的世界航线网,年吞吐旅客量超千万人次的超大型机场诞生。

目前,世界航空运输业已发展成一个规模庞大的行业。2009年,全球航空公司的定期航班共运送旅客 25 亿人次。全球定期航班逾 100 架次/日的繁忙航线有 6 条,目前,最繁忙的航线为巴塞罗那—马德里航线,平均每周 971 个航班,然后依次为圣保罗—里约热内卢航线,平均每周 894 个航班,济州岛—首尔航线,平均每周 858 个航班。大型机场日益膨胀,全球最繁忙的前 10 个机场每年共运送旅客 6.22 亿人次,占全球旅客吞吐量的 14.8%,前 25 个最繁忙机场每年共运送旅客 13 亿人次,约占全球定期航班和非定期航班旅客数量的三分之一。

二、我国航空运输发展史(一)民国时代

1918 年,北洋政府交通部成立了筹办航空事宜处,两年后改组为航空署。1920 年 5 月,北京—天津航段开航,1921 年 7 月又开辟了北京—济南航段,同年,还开通了北京—北戴河的暑假临时航线,到 1924 年上述民航业务均已停办。

1929 年 5 月,国民政府成立"沪蓉航线管理处",开辟了上海—南京航线。1930 年 8 月,"沪蓉航线管理处"撤销,并入新成立的中美合资经营的中国航空公司。1931 年 2 月,中德合资经营的欧亚航空公司成立。这两个公司的成立,标志我国商业民航运输的正式起步。中国航空公司逐步开通经停汉口、宜昌、重庆、成都的沪蓉航线,南京—北平、上海—广州、上海—北平、重庆—昆明等国内航线。到 1936 年底,公司共有 6 121km 的航线,当年载运旅客 20 198 人次、货物 48.8t、邮件 102.2t。欧亚航空公司陆续开辟了上海—满洲里、上海—西安、上海—迪化(今新疆乌鲁木齐)线路,北平—广州、北平—银川和西安—成都—昆明等航线。1936 年,欧亚航空公司航线总长达 7 600km,当年载运旅客 7 775 人次、货物 201t、邮件 16.3t。1933 年 6 月,广东和广西的地方政府组织成立了西南航空公司,主要飞行在广东、广西两省部分城市之间,以及经营南宁—昆明的航线。1936 年 2 月,中国航空公司开通第一条国际航线:广州—广州湾(今湛江)—河内。

1937~1945 年的抗战时期,民航运输重心转向西南与西北,先后通航的城市有重庆、昆明、桂林、长沙、泸州、酒泉、哈密等地,以及重庆—桂林—广州—香港、南雄—香港和重庆—昆明—仰光、昆明—河内、重庆—昆明—加尔各答等地区航线或国际航线,年平均客运量约 3 万人次。如 1941 年,"中航"和"欧亚"共载运旅客 29 060 人次、货物 4 151t、邮件 193t。

1939 年 9 月,中苏合资中苏航空公司成立,飞行哈密—迪化(今新疆乌鲁木齐)—伊犁—阿拉木图航线,至抗战胜利的 1945 年,该公司共承运旅客约 2 万人次,货物和邮件 1 000 多吨。1941 年 8 月欧亚航空公司改组为中央航空公司。中国航空公司还充当了军用角色,开辟"驼峰运输"航线,从 1942 年 5 月~1945 年 9 月,共飞行了几千架次,承运援华军用物资 74 810t,对我国的抗战作出了积极贡献。

抗战胜利后,中国航空公司和中央航空公司(以下简称"两航")立即投入了紧张的"复员运输",并先后将其基地分别从重庆和昆明迁回上海,业务也迅速地扩展了起来。1945 年 9 月~1946 年 8 月,"两航"在"复员运输"中,共运送了旅客 15 万多人次、货物及行李逾 8 800t 和邮件 1 820t。1947 年,"两航"共经营航线为 81 550km,合计完成总周转量 5 200 万吨公里,第一

条跨洋航线——上海—旧金山通航。1948年民航运输继续快速增长，"两航"合计完成总周转量为7 500万吨公里，比上年增长了44.2%，在远东民航运输业中处的领先地位。

1949年，随着长江以北的广大地区以及东南沿海的部分地区先后解放，"两航"的通航城市日益减少，业务也相应萎缩，比1948年同期运量下降了约60%。

这期间，从事航空运输的公司，除"中航"和"央航"外，还有规模较小且存在时间不长的"西南航空公司"和"大华航空公司"，以及由抗战时行政院救济总署的航空运输队改组成的"民用航空队"，后者直辖于政府的民航局，后迁往台湾。

三、我国航空运输发展史（二）解放以后

1949年11月2日，隶属军委会的中国民用航空局成立了，至1980年期间，民航局的所属与名称几经变更，但其业务工作、党政工作、干部人事工作等均归空军负责管理。1980年3月5日，民航局正式脱离军队建制，成为国务院直属机构。

在1987年以前，我国的航空运输、通用航空业务，以及飞机、机场和空管等均由民航局直接经营与管理。这一期间，曾短暂有过2个航空公司：1950年7月～1955年1月的中苏民用航空股份公司，1952年7月～1953年6月的中国人民航空公司。前者经营了北京—乌兰巴托—伊尔库茨克、北京—沈阳—哈尔滨—赤塔、北京—兰州—乌鲁木齐—伊犁—阿拉木图3条航线。

解放后，航空运输从零开始，1950年，民航局只拥有飞机17架，其中，12架是"两航"起义后从香港带回，年旅客运输量仅1万人次，运输总周转量仅157万吨公里。后来，逐年从前苏联购买飞机，1963年，购买了英国的"子爵"号飞机。到1965年末，中国民航拥有各类飞机355架，当年国内航线增加到46条，年旅客运输量仅为27万人次，运输总周转量仅4 662万吨公里，尚不及1948年的"两航"运输量。

"文革时期"的前五年，民航受到了严重的破坏和损失。1970年，年旅客运输量仅为22万人次，比1965年下降20%。1971年，随着重返联合国等外交上的胜利，航空运输得到了一定发展，先后从前苏联购买了5架伊尔—62飞机。1973年，从美国购买了10架波音707飞机，同年又从英国购买了三叉戟客机和从前苏联购买了安—24型客机。到1980年，全民航共有140架运输飞机，其中，载客量在100人以上的中、大型飞机17架，定期航班运输机场有79个，年旅客运输量343万人次，年运输总周转量4.29亿吨公里，居新加坡、印度、菲律宾、印尼等国之后，列世界民航第35位。

1987年起，我国对航空运输管理体制开始进行重大调整，1987年组建6个国家骨干航空公司：中国国际航空公司、中国东方航空公司、中国南方航空公司、中国西南航空公司、中国西北航空公司、中国北方航空公司。1989年成立以经营通用航空业务为主的中国通用航空公司，组建北京首都机场、上海虹桥机场、广州白云机场、成都双流机场、西安西关机场（现已迁至

咸阳,改为西安咸阳机场)和沈阳桃仙机场公司。1990年,组建了专门从事航空油料供应保障业务的中国航空油料总公司,从事航空器材(飞机、发动机等)进出口业务的中国航空器材公司,从事全国计算机订票销售系统管理与开发的计算机信息中心,为各航空公司提供航空运输国际结算服务的航空结算中心,以及飞机维修公司、航空食品公司等。

2002年3月,我国对中国民航业再次进行重组。组建与民航总局脱钩的中国航空集团公司、东方航空集团公司、南方航空集团公司、中国民航信息集团公司、中国航空油料集团公司、中国航空器材进出口集团公司6大集团公司。除首都机场、西藏自治区区内的民用机场之外,我国民用机场逐步实行属地与企业化管理,2004年7月8日,随着甘肃机场移交地方,机场属地化管理完成。中国民用航空总局下属设立了7个地区管理局(华北地区管理局、东北地区管理局、华东地区管理局、中南地区管理局、西南地区管理局、西北地区管理局、新疆管理局)和26个省级安全监督管理办公室(天津、河北、山西、内蒙古、大连、吉林、黑龙江、江苏、浙江、安徽、福建、江西、山东、青岛、河南、湖北、湖南、海南、广西、深圳、重庆、贵州、云南、甘肃、青海、宁夏)。2002年民营资本进入航空运输业,先后成立了鹰联、春秋、奥凯和吉祥航空公司。

随着国民经济的持续高速增长以及机构和管理体制改革的深化,我国的航空运输进入了迅猛发展期,民航运输总周转量、旅客运输量和货物运输量年均增长率均高出世界平均水平2~3倍。2011年,年运输总周转量577亿吨公里,其中,国内航线占66.7%(其中港澳航线占国内航线的3.4%),国际航线占33.3%;旅客吞吐量4.1亿人次,其中国内、国际航线各占90.7%和9.3%;货邮吞吐量883万吨,其中国内、国际航线各占65.9%和34.1%。截至2011年年底,我国共有民用运输飞机1 764架,共有颁证运输机场180个,定期航班国内通航城市175个(不含香港、澳门、台湾),定期航班通航香港的内地城市有45个,通航澳门的内地城市有14个,通航台湾的内地城市有37个。截至2011年年底,我国共有定期航班航线2 290条,按重复距离计算的航线里程为512.77万千米,按不重复距离计算的航线里程为349.06万千米;其中国内航线1 847条(至香港、澳门、台湾航线91条),国际航线443条。

2005年,我国民航的年运输总周转量(不包括香港、澳门特别行政区以及台湾省)在国际民航组织189个成员国中名列第2位。也就是说1980~2005年的26年间,我国的航空运输量从世界排名的第35名跃居至第2位。

第三节　航空运输的特点

一、运输特点

现代交通运输有5大方式,道路、铁路、水上(内河和海洋)、航空和管道运输,其中,管道运输仅限于货运,而前4种方式兼有客、货运功能。与道路、铁路、水上运输方式相比,航空运输尽管出现得最迟但发展十分迅速,它具有如下的显著特点。

1. 快捷

从航空业诞生之日起,航空运输就以快速而著称。目前常用涡轮风扇发动机飞机的经济巡航速度大都在每小时850~900km,比道路运输快10倍以上,比高速铁路快3倍以上。快捷对于客运来说,节省了在途时间,提高了工作效率,拓宽了人与人的交流范围;对于货运,在途

7

时间大大缩短,使那些易腐烂、变质的鲜活商品和时效性强的商品的远距离运输变得可能,使国际合作加强,市场分工进一步深化,同时,也使货物在途风险降低。

2.安全舒适

航空运输的安全性高于其他运输方式,航空事故率和事故死亡率均低于其他运输方式。例如,普遍认为安全性良好的火车,1亿客公里因事故死亡约1人,而1亿客公里空难死亡人数,1960年为0.8人,到1991年下降到0.04人。现代涡扇客机,性能好,飞机高度一般在一万米左右,不受低空气流影响,飞行平稳,客舱宽敞明亮,噪声低,为旅客提供了一个优美、舒适的旅行环境,免去了长时间旅途跋涉之苦。航空公司的运输管理制度也比较完善,货物的破损率低,安全可靠。

3.节约包装、仓储等费用

由于货物在途时间短,资金周转快,可为企业减少利息支出和仓储费用。航空货物运输安全、准确,货损少,故保险费用较低。与其他运输方式相比,航空运输的包装简单,包装成本减少。这些都使得企业隐性成本下降,收益增加。

4.灵活机动

航空运输是在空间进行生产活动的,受地形、地貌、地质等自然条件制约的程度小,开辟新航线,只需修建机场和必备的通信导航设施就可,比道路与铁道的建设期短、投资少,并且能按照不同的联络方法组成若干条航线,可以定期飞行,也可以作不定期飞行。根据客、货运量大小和流向,可及时调整航班或改变机型予以适应。

5.建设周期短,基建投资少

不同地区欲建立航空运输联系,只需在两地修建机场,以及沿航线布设若干个导航站即可,其建设期远比修建公路、铁路的建设期短得多,基建投资也低很多。

6.运输费用高

航空运输的费用明显高于其他运输方式,因此,客运是主体,尤其是国际间长途客运具有无可争议的优势,我国的国际间客运97%以上是由航空承担的。对于货运,货物限于易腐烂、变质的鲜活商品和时效性强的商品以及高附加值商品。

二、产业、市场特点

航空运输业是具有多重属性的行业,它具有公共性、生产服务性和企业性,这几点与道路、铁道和水上运输业相同,另外,与铁道运输相似,具有明显准军事性和自然垄断性。

航空运输的公共性是指从事航空运输的企业应承担服务、交付、合理收费和无差别待遇4项义务。航空运输业的生产服务性是指从社会再生产来看,它直接参与物质生产过程,但不创造产品。航空运输的企业性是随着航空技术的发展和大众消费水平的提高逐步形成的,在航空运输发展的初期乃至中期,航空公司和机场必须依赖国家和地方政府的财政补贴,随着经营条件和环境的改善,尤其是航空器的大型化以及在市场经济条件下,航空公司和大机场逐步走上自负盈亏、自我发展的企业化道路,成为自主经营的法人。

航空运输的准军事性体现在它的潜在军事性和预备性。潜在的军事性,即航空运输业的飞机、机场、空地勤人员都是未来战争中的军事运输设施和实力,空中交通管制系统是国土防空作战系统的一部分。预备性,就是在和平时期,航空运输业进行商业性航空运输活动,为经济贸易发展和大众交往服务,并建立适当的组织和制度,以保证在发生战争和紧急状态时,可随时服从军事部门调遣或完全转为战时军事运输体系。

各国颁布施行的《航空法》或《民航法》以及其他行政法规,都对航空运输的军事性做了规定。例如,美国总统第 11161 号令,规定联邦航空局保持有适当的应变能力,在战时由国防部接管,成为国防部的有关部门。美国总统第 1100.2B 令《美国联邦航空局组织的政策和标准》第七条,规定了美国联邦航空局的战时任务。此外,美国政府认为,为了处理"世界紧急事件"的需要,必须保持一支既适应需求而又能节约开支的空运力量,而这单靠军事空运是不够的。于是,国防部制订了"民运后备队计划",将战略空军寓于民航机队之中。这项计划分三阶段,第一阶段是通过包机或正常航班运送军事空运司令部安排的任务;第二阶段是由国防部长下令抽调部分民用飞机和人员执行军事运输;第三阶段是当总统或国会宣布国家处于紧急状态时,抽调全部民用后备航空队的飞机和人员参加军事空运。1990 年 8 月,海湾战争爆发后,美国国防部于 8 月 17 日发出命令向"民用航空后备队"(CRAF)征用远程货机和客机,先后从航空公司抽调 200 架大型民用运输机,一个月内从美国本土及欧洲运送 20 万军人及装备到海湾战场。

航空运输业是典型的自然垄断行业,一是资源稀缺,政府对涉入航空运输业的企业实行进入管制;二是规模效应明显,航空公司与机场有着明显"马太效应",规模愈大,生产成本就愈低;三是投入易"沉淀",航空运输业固定资产投资巨大,一旦投入,难以改为其他用途;四是运营依赖网络,不仅仅指连接各地城市之间的航线网络,还表现在遍布世界各地的网络销售系统上;五是服务的公共性,需要保证所提供服务的稳定性、可靠性和可信赖性等;六是产权国有,大型航空公司、重要机场多数为国家所垄断,至少也是被国家所控股。

由于航空运输具有很强的准军事性和自然垄断性,政府对其监管较其他运输方式更为严格及微观。例如,公司的准入、航线的分配、票价的确定、飞行执照的发放、训练计划的制订等都受到政府直接监管。对航空运输业的管制,发达国家有放松之势,1975 年,美国航空运输委员会开始推行了部分市场化政策,1977 年放松对航空货运的管制,之后逐渐推广;日本到 1996 年开始放松航运价格管制。我国 2002 年放松了航空准入管制,民营资本开始进入航空运输业,先后成立了鹰联、春秋、奥凯和吉祥等航空公司。

另外,航空运输业还是资金、技术、信息密集型,以及经营风险较高型行业。无论是航空公司还是机场经营公司,初期投入资金量十分庞大,此外经营成本也很高,燃油大量消耗,技术更新快,人力资本明显高于其他行业。

总之,航空运输在国民经济和社会发展中具有十分重要的地位。在经济上它是社会经济生活中的一部分,反映一个国家的交通运输发展水平。它不仅能满足社会公众的需要,而且是发展旅游业、促进对外交往不可缺少的工具。一个国家国民经济的发展,需要航空运输业得到相应的发展。美国就认为"航空运输体系对于国家的公众和商业来说已成为经济进步的基础。若没有这一体系,我们的国家就无法跻身于全球正在增长的跨国集团和市场。航空运输使数以百万计的人快速往来,以价值数十亿美元的货物快速进入国际市场。我们需要在国际航空运输市场上有竞争能力,而没有其他选择。同样,竞争性的国内经济的增长也越来越依靠我们的航空运输能力。"另外,发展航空运输业还具有政治意义。各国开辟国际航线,除经济利益外,都有一定的战略考虑,无不为政治服务。一个国家的航班飞机在世界各地出现,这无疑体现着国家的政治声望和经济实力。同时,民用航空也是国家的军事后备力量。

三、与其他行业的联系

与航空运输最密切的行业是航空工业,航空运输业的主要活动都是在航空工业的产品上完成和实现的。航空运输业购买飞机、导航设备等产品后,在使用、维护中必须依靠航空工业的技术支持,例如:资料、信息、备件等,才能保证产品的无故障运行。

旅游业与航空运输的关系也较为密切。航空旅客出行目的,旅游占较大比例,在欧美,它一直位于出行目的第 1 位,我国的旅游出行比例也在逐年增加。旅游业与航空运输互相提供了大量客源,例如,以娱乐为主的美国拉斯维加斯,其机场的旅客吞吐量在全美排名第 6 位,全球排名第 22 位。另外,航空运输业与餐饮、旅馆业在市场服务上是衔接的,组成了一个共同服务网络。

第四节 航空工业

航空工业是指研制、生产和修理航空器的工业,通常包括航空飞行器、动力装置、机载设备、机载武器等多种产品制造和修理行业,以及独立的或隶属于企业的研究设计单位、试验基地和管理机构等。航空工业是国家战略性产业,是国家国防安全的重要基础,也是一个国家工业发展程度和综合国力的体现。

一、航空工业的基本特征

航空工业是国防的重要基础。现代局部战争的实践表明,航空武器装备对战争的进程和结局都发挥着关键性作用。世界军事大国均把航空武器的发展放到了更加突出的位置,以争夺新世纪军事斗争的"制高点"。在美国的国防预算(装备采购)中,1/3 以上的投资是用于飞机项目的。

航空工业是带动国民经济发展的重要产业,是尖端技术发展的引擎。现代航空产品是尖端技术的集成,先进航空产品的研制生产必然带动尖端技术的发展,同时也有力地促进了冶金、化工、材料、电子和机械加工等领域的技术进步,从而在技术层面上提升了国民经济。据国外有关统计,有广阔市场的航空产品的投入产出比可达 1:20,向航空工业投资 1 万美元,10年后航空工业及其相关产业的产出可达 20 万美元。日本曾作过一次 500 余项技术扩散案例分析,发现 60% 的技术源于航空工业。

航空工业对国民经济发展的贡献率日益增大。美国航空航天业的年销售额维持在 1 500亿美元,雇员人数达到 80 多万,2000 年出口额达 546.79 亿美元,外贸顺差 267.34 亿美元,是美国制造业中对进出口贸易平衡贡献最大的行业。2000 年法国航空航天工业营业额 248 亿欧元,其中出口占 75%,外贸顺差达 97.5 亿欧元,直接从业人员逾 10 万人。

二、航空强国的战略

世界各个大国无一不高度重视国内航空工业的发展,各国纷纷在财政预算、政府政策方面向航空工业倾斜,大力支持航空工业的发展。

美国政府历来重视和扶持航空航天工业的发展,2002 年,国家成立了"美国航空航天产业未来委员会",该委员会向美国总统和国会提交了《美国航空航天产业未来委员会最终报告》,该报告要求"现在就要采取行动,促使政府、行业、劳工和研究机构的领导人采取行动,确保航空航天工业继续保持杰出地位",强调"强大的航空航天工业是美国必须具备的"。该报告还指出："航空航天工业是美国经济领域内一支强大的力量,是在全球市场最有竞争力的部门之一。航空航天工业产值占国内生产总值的 15％ 以上并提供 1 500 万个以上高质量的就业岗位。航空航天产品提供比其他任何生产部门都高的贸易盈余……航空航天技术是构成美国军事能力的战略战术骨干技术,它可提供全球机动、空间通信和情报、抵御空降威胁、制海和制空权、远距离精确打击以及为地面部队提供保护和战术机动。发展航空航天技术"过去是现在是将来也是我们国家安全战略的重点"。

欧盟认为,航空航天工业在确保欧洲的安全和繁荣方面有着关键的战略作用,是提升欧洲民用和国防产品在国际市场竞争力的基础,也是欧洲独立和安全的重要保证。2002 年 3 月,欧洲各国的高层政府官员提出了将欧盟 15 个成员国的总研究投资从以前占国民生产总值的 1.9％ 增加到 3％ 的计划。提出这项计划的出发点主要是为了满足未来航空运输安全的发展需求和解决环境问题。2003 年,欧洲航空研究咨询委员会(ACARE)向欧盟递交了一份《欧盟航空工业研究发展战略报告》,再次强调欧洲需要进一步加大航空科研投入力度。

2001 年 10 月,俄罗斯政府作出关于"俄罗斯 2002～2015 年民用航空技术装备发展"联邦专项纲要的决议。纲要提出："取消购买外国航空技术产品来更新俄罗斯民航机队,从而防止约 500 亿美元的可自由兑换外汇流到国外;保住俄罗斯国家安全保障所必需的航空工业的战略潜力"。纲要还规定了航空工业发展的主要方向、发展目标及优先项目,强调："俄罗斯航空工业是国内主要科学技术密集型行业之一,航空工业的运转保证为本身及相关行业创造大量的工作岗位,并且对保障国防能力具有重大意义。机械制造、设备制造、无线电技术及其他行业的近 1 500 个企业参与航空技术装备的制造。发展本国的航空工业是国家的首要任务之一"。

20 世纪 70 年代,为发展本国航空工业,巴西政府制订了武器装备更新计划,巴西航空工业公司获得大量飞机订单。80 年代以后,巴西航空工业加强了国际合作,并成为世界生产支线客机、通用航空飞机和初级教练机的主要供应国之一,产品已销往美、英、法等航空工业发达国家,航空工业已成为巴西较为突出和成功的高技术产业。进入 90 年代以来,私有化后的巴西航空工业公司致力于研制新型支线飞机。经过 30 多年的发展,巴西航空工业公司已经成为全世界第四大民用飞机制造者。

三、我国的航空工业

目前,中国航空工业主体由中国航空工业第一集团公司(AVIC1)(下简称"中国一航")和中国航空工业第二集团公司(AVIC2)(下简称"中国二航")构成,它们是 1999 年 7 月由中国航空工业总公司分拆而来。

中国一航拥有大中型工业企业 47 家,科研院所 31 个,直属专业公司及事业单位 22 个,共有员工 24 万人,资产总额 1 000 多亿元。中国一航是固定翼飞机生产企业,主要承担军用飞机、民用飞机和航空发动机、机载设备、武器火控系统的研制生产与销售。军品包括歼击机、歼击轰炸机、轰炸机、空中加受油机、运输机、教练机、侦察机等。歼击机有正在成批生产的歼 7、歼 8 系列;歼击轰炸机有飞豹;轰炸机有轰 6 系列;教练机有歼教 7、轰运教等。航空发动机形成了涡喷 6、涡喷 7、涡喷 13、"昆仑"、"秦岭"等系列;空空导弹形成了霹雳 5、霹雳 8 等系列;航空机载设备基本满足整机配套需要。新品有歼 10、"枭龙"新型歼击机、"山鹰"高级教练机等,其中,歼 10 的性能超过美国的三代战斗机 F—16B。民用飞机有中短程运输机运 7 及其改进型和新舟 60,并与国外合作生产了大型干线飞机;小型通用飞机有 EV—97 等。具有国际先进水平的 ARJ21 新型涡扇支线客机已经完成了适航取证;C919 大型飞机研发项目已于 2008

年启动。

中国二航拥有工业企业、研究院所和其他企事业成员单位共78个，和中国一航分别持有中国航空技术进出口总公司、中国航空工业供销总公司50%股份。中国二航主要以研制直升机、运输机、教练机、强击机、通用飞机、无人驾驶飞行器等军民用航空器和相关发动机、机载设备等航空产品为主，同时经营航空产品的国际转包业务。民用品主要有汽车、摩托车及其发动机、零配件；燃气轮机、风力发电；纺织、制药、医疗、环保设备等非航空产品。其生产的Z—9轻型直升机达到国际先进水平，可用于武装直升机、武警、边防、消防、救援等。

尽管近年来，中国航空业取得了长足的发展，已经成为世界上少数几个能够生产全系列航空军品的国家，但是与航空强国——美国、欧盟、俄罗斯甚至巴西相比仍存在较大差距。军方主要装备仍然是20世纪80年代前美苏的产品，第三代军品（20世纪80年代后），例如歼10，近年才开始批量装备。民机市场几乎被波音、空客、庞巴迪和巴西航空等国外航空业巨头所占据，仅邮政运输、军用运输等领域有部分国内企业生产的航空产品。

我国政府从战略高度认识到推动航空产业快速发展的重要性，"十一五"规划纲要中明确提出要"坚持远近结合、军民结合、自主开发与国际合作结合，发展新支线飞机、大型飞机、直升机和先进发动机、机载设备，扩大转包生产，推进产业化"。2007年，空客飞机的总装线在天津开始；150座以上大型飞机项目列为国家重大专项，研制中国大飞机项目的中国商用飞机有限责任公司于2008年5月11日在上海正式挂牌成立。未来的10～20年之后，在国际大型民航飞机市场将出现中国制造的身影。

第五节　民用航空的国际组织

民用航空具有天然的国际性，1919年第一次世界大战结束后的巴黎和会上，国家间的航空法——《航空管理公约》（简称《巴黎公约》）诞生了。随着航空运输业不断发展，一些国际性组织应运而生，以协调和处理具体事务，如各国的航行程序、技术规范的统一等。这些国际性组织在整个航空运输中扮演着十分重要的角色，成为国际人员之间交往的主要桥梁。目前，航空运输业的主要国际组织有：国际民用航空组织、国际航空运输协会、国际机场理事会、驾驶员协会国际联合会、国际空中交通管制员联合协会、国际商会国际航空工业联合协会、国际货物发运人协会等。其中，前3个组织影响最大，起着制订标准、规则和惯例等作用。

一、国际民用航空组织（International Civil Aviation Organization，ICAO）

协调各国政府有关民航经济和法律事务并制订各种民航技术标准和航行规则的国际组织，简称国际民航组织。它的宗旨是促进国际航空运输的规划和发展。

1944年11～12月，52个国家在美国芝加哥举行国际民用航空会议，制定了《国际民用航空公约》（习称《芝加哥公约》），并成立国际民用航空临时组织。该公约于1947年4月4日生效，内容分空中航行、国际民用航空组织、国际航空运输和最后条款4个部分。根据公约规定，国际民用航空组织自公约生效之日起正式成立，总部设在加拿大蒙特利尔。1947年5月，国际民用航空组织成为联合国专门机构之一，截至1985年12月底，共有成员国156个，至2011年年底成员国数量已达到191个。

国际民航组织的最高权力机构为成员国大会，大会每3年召开一次。常设机构为理事会，由33个成员国组成。理事国由大会推选，任期3年。理事会下设航行、航空运输、法律、共同经营导航设施、财务 5 个委员会。秘书处是常设的执行机构,下设航行、航空运输、技术援助、法律、行政服务 5 个局。在达喀尔、巴黎、曼谷、开罗、墨西哥城和利马分别设置非洲区、欧洲区、亚洲太平洋区、中东和东非区、中美和加勒比区、南美区 6 个地区办事处,督促并协助各地区内有关国家建立航行设施和实施航行计划。

中国是《芝加哥公约》的签约国,中华民国政府于 1946 年 2 月 20 日提交了批准书,成为国际民航组织成员国。1971 年 11 月 19 日,国际民航组织第 74 届理事会通过决议,承认中华人民共和国为中国的唯一合法代表。1974 年 2 月 15 日,中华人民共和国政府决定承认《国际民用航空公约》,并自同日起参加国际民用航空组织的活动。1977 年国际民航组织第 22 届大会决定将中文作为该组织的工作语言之一。

国际民用航空组织的主要活动如下:

(1)统一国际民航技术标准和国际航行规则。至 1984 年底,国际民航组织已制定了 18 个国际标准和建议措施文件作为《国际民用航空公约》的附件,即:

①人员执照;

②空中规则;

③航空气象;

④航图;

⑤计量单位;

⑥航空器运行;

⑦航空器国籍和登记标志;

⑧航空器的适航;

⑨简化手续;

⑩航空通信;

⑪空中交通服务;

⑫搜寻和援救;

⑬航空器失事调查;

⑭机场;

⑮航空情报服务;

⑯航空器噪声;

⑰安全保卫;

⑱危险品运输。

此外,还制订了若干航行服务程序。

(2)协调世界各国国际航空运输的方针政策,推动多边航空协定的制定,简化联运手续,汇编各种民航业务统计,制订航路导航设施和机场设施服务收费的原则。此外,还编印了关于国际航空运输发展情况、运价、航空邮运、货运、联营、旅游等研究文献。

(3)研究与国际航空运输有关的国际航空公法和影响国际民航的司法中的问题。截止到1981 年,已制定了包括关于航空客货赔偿、防止危及航空器安全的非法行为、对地(水)面上第三者造成损害的赔偿、承认航空器所有权等 13 项公约或议定书。

(4)利用联合国开发计划署的技术援助资金,向发展中国家提供民航技术援助。方式是派遣专家、顾问、教员,提供助学金和设备等。

(5)组织联营公海上或主权未定地区的导航设施与服务。

(6)出版月刊《国际民航组织公报》。

二、国际航空运输协会(International Air Transport Association，IATA)

国际航空运输协会 IATA 是一个由世界各国航空公司所组成的大型国际组织，其前身是 1919 年在海牙成立并在二战时解体的国际航空业务协会。1944 年 12 月，出席芝加哥国际民航会议的一些政府代表和顾问以及空运企业的代表聚会，商定成立一个委员会为新的组织起草章程。1945 年 4 月 16 日，在哈瓦那会议上修改并通过了草案章程后，国际航空运输协会成立。总部设在加拿大蒙特利尔，执行机构设在日内瓦。

国际航协从组织形式上是一个航空企业的行业联盟，属非官方性质组织，但是由于世界上的大多数国家的航空公司是国家所有，即使是非国有的航空公司也受到所属国政府的强力参与或控制，因此，航协实际上是一个半官方组织。它制订运价的活动，也必须在各国政府授权下进行。它的清算所对全世界联运票价的结算是一项有助于世界空运发展的公益事业，因而国际航协发挥着通过航空运输企业来协调和沟通政府间政策，解决实际运作困难的重要作用。

协会的宗旨是"为了世界人民的利益，促进安全、正常和经济的航空运输，扶植航空交通，并研究与此有关的问题"；"对于直接或间接从事国际航空运输工作的各空运企业提供合作的途径"；"与国际民航组织及其他国际组织协力合作"。凡国际民航组织成员国的任何空运企业，经其政府许可都可成为其会员。从事国际飞行的空运企业为正式会员，只经营国内航班业务的为准会员。

截至 2012 年 4 月，国际航空运输协会共有 243 名会员。我国的中国国际航空公司、中国东方航空公司和中国南方航空公司于 1993 年正式入会，成为正式会员；1997 年，中国西南航空公司为国际航协的多边联运协议成员；中国国际旅行社总社于 1995 年成为该协会在中国内地首家代理人会员。

IATA 的年度大会是最高权力机构，执行委员会有 27 个执行委员，由年会选出的空运企业高级管理人员组成，任期 3 年，每年改选 1/3，协会的年度主席是执委会的当然委员。常设委员会有运输业务、技术、财务和法律委员会；秘书处是办事机构；在新加坡、日内瓦、贝鲁特、布宜诺斯艾利斯、华盛顿设地区运输业务服务处；在曼谷、日内瓦、伦敦、内罗毕、里约热内卢和达喀尔设地区技术办事处；在日内瓦设清算所。

协会的基本职能包括：国际航空运输规则的统一，业务代理，空运企业间的财务结算，技术上合作，参与机场活动，协调国际航空客货运价，航空法律工作，帮助发展中国家航空公司培训高级和专门人员。

国际航空运输协会的活动分为 3 种：①同业活动，代表会员进行会外活动，向具有权威的国际组织和国家当局申述意见，以维护会员的利益；②协调活动，监督世界性的销售代表系统，建立经营标准和程序，协调国际航空运价；③行业服务活动，承办出版物、财务金融、市场调研、会议、培训等服务项目。通过上述活动，统一国际航空运输的规则和承运条件，办理业务代理及空运企业间的财务结算，协调运价和班期时刻，促进技术合作，参与机场活动，进行人员培训等。

指定代理人有权使用国际航协代理人的专用标志，取得世界各大航空公司的代理权，使用国际航协的统一结算系统。多边联运协议（MITA）的主要职能是为成员航空公司进行旅客、行李、货物的接收、中转、更改航程及其他相关程序提供统一的标准，成员航空公司间可互相销售而不必再签双边联运协议。

三、国际机场理事会（Airports Council International，ACI）

国际机场理事会 ACI 成立以前，世界机场行业有 3 个国际性组织：国际机场经营者协会（AOCI）、国际民航机场协会（ICAA）和西欧机场协会（WEAA）。为协调 3 个机场协会之间的关系，建立与各政府机构、航空公司、生产商和其他有关方面的正式联系，1970 年，机场协会协调委员会（AACC）成立。1985 年，西欧机场协会解散。1991 年 1 月，机场协会协调委员会与国际机场经营者协会和国际民用机场协会合并为国际机场联合协会（AACI），1993 年 1 月正式更名为国际机场理事会（ACI）。

国际机场理事会是全世界所有机场的行业协会，是一个非盈利性组织，其宗旨是加强各成员与全世界民航业各个组织和机构的合作，包括政府部门、航空公司和飞机制造商等，并通过这种合作，促进建立一个安全、有效、与环境和谐的航空运输体系。国际机场理事会的发展目标为：

①保持和发展世界各地民用机场之间的合作，相互帮助。

②就各成员机场所关心的问题，明确立场，形成惯例，以"机场之声"的名义集中发布和推广这些立场和惯例。

③制订加强民航业各方面合作的政策和惯例，形成一个安全、稳定、与自然环境相适应的高效的航空运输体系，推动旅游业和货运业乃至各国和世界经济的发展。

④在信息系统、通信、基础设施、环保、金融、市场、公共关系、经营和维修等领域内，交流有关提高机场管理水平的信息。

⑤向国际机场理事会的各地区机构提供援助，协助其实现上述目标。

国际机场理事会目前有 5 个常务委员会，就其各自范围内的专业制订有关规定和政策。

（1）技术和安全委员会

缓解空域和机场拥挤状况；未来航空航行系统；跑道物理特征；滑行道和机坪；目视助航设备；机场设备；站坪安全和场内车辆运行；机场应急计划；消防救援；破损飞机拖移等。

（2）环境委员会

喷气式飞机、螺旋桨飞机和直升机的噪声检测；与噪声有关的运行限制；发动机排放物及空气污染；机场附近土地使用规划；发动机地面测试；跑道化学物质除冰；燃油储存及泼溅；除雾；鸟类控制等。

（3）经济委员会

机场收费系统；安全、噪声和旅客服务收费；用户咨询；商业用地收入及发展；高峰小时收费；硬软货币；财务统计；机场融资及所有权；纳税；各种影响经济的因素；航空公司政策变动、合并事项；航空运输协议的签署；航空业与其他高速交通方式的竞争；计算机订座系统。

（4）安全委员会

空陆侧安全；隔离区管理措施；航空安全技术；安全与设备之间的内在关系等。

（5）简化手续和便利旅客流程委员会

客、货、邮处理设备；旅客及货物的自动化设备；对付危险物品、走私毒品的措施；设备与安全之间和内在关系等。

国际机场理事会在国际民航组织内享有观察员身份，在联合国经济理事会担任顾问。它代表并体现了全体成员的共同立场，反映了机场共同利益。

国际机场理事会目前拥有 179 个国家和地区的 580 名正式会员，涵盖 1 650 余个民用机场。国际机场理事会总部设在瑞士的日内瓦，6 个地区分会为：非洲地区分会、亚洲地区分会、欧洲地区分会、拉丁美洲/加勒比海地区分会、北美地区分会、太平洋地区分会。

第二章　飞机及飞行原理

第一节　飞机的种类

飞机是指具有机翼、靠自身动力在大气中飞行的重于空气的航空器。

飞机主要分为民用飞机和军用飞机 2 大类。民用飞机可分为客机、货机、农用机、森林防护机、航测机、医疗救护机、游览机、公务机、体育机、试验研究机、气象机、特技表演机、执法机等。军用飞机通常分为歼击机、强击机、轰炸机、侦察机、运输机、预警机等。

飞机还可按组成部件的外形、数目和相对位置等构造形式进行分类，见图 2-1。例如，按机翼的数量可以将飞机分为单翼机、双翼机；按机翼的形状分为平直翼飞机、后掠翼飞机和三角翼飞机；按飞机的发动机类别分为螺旋桨式和喷气式 2 种。

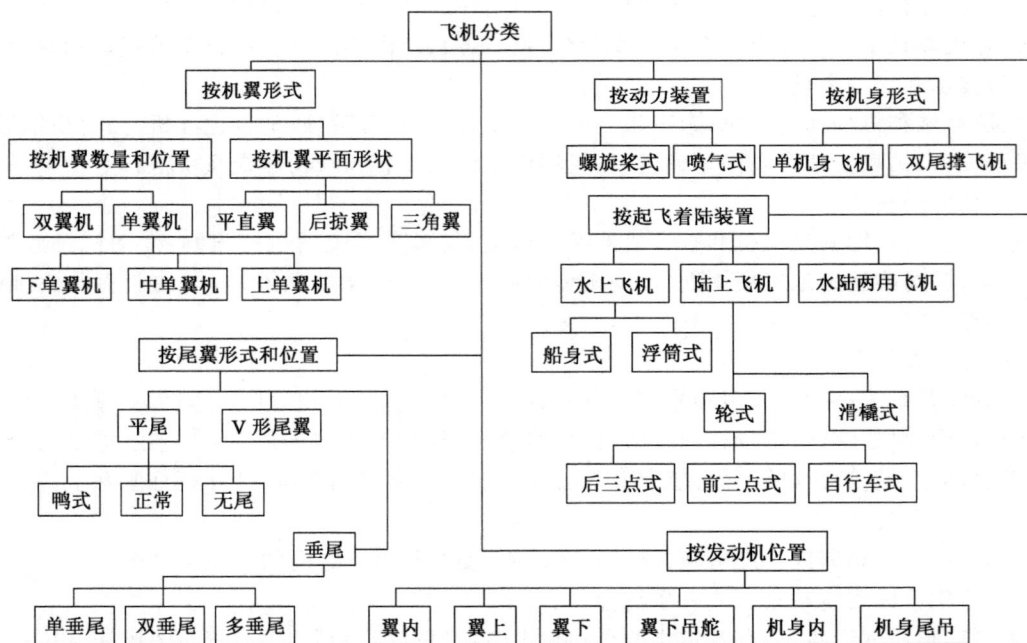

图 2-1　按构造形式的飞机分类

另外，还可按飞机的飞行速度分为亚音速飞机、超音速飞机和高超音速飞机。按飞机的航程分为短程飞机、中程飞机和远程飞机等。

我国民航总局对客机按飞机客座数划分大、中、小型飞机，飞机的客座数在 100 座以下的为小型，100～200 座之间为中型，200 座以上为大型。短、中、远程飞机的航程划为标准为：航程在 2 400km 以下的为短程，2 400～4 800km 之间为中程，4 800km 以上为远程。

第二节　飞机发展史

一、飞天之梦

人类自古以来就梦想着能像鸟儿一样在天空中飞翔。神话传说中有不少这样的例子,例如偷吃了长生不老药飞上月亮的嫦娥,希腊诸神乘骑的带翼飞马,女巫的条帚,阿拉伯飞毯等。

历史上还曾出现过不少为飞天梦想而努力乃至献出生命的"飞人"。这些"飞人"大都绑上自制的飞翼或翅膀,然后从高处跳下滑翔,他们想着能像鸟儿那样拍拍翅膀直冲云霄,然而结果大都非伤即亡。例如,1507 年约翰·达米安从苏格兰的斯特林城堡跳下,结果摔断了大腿骨;六百多年前一个被称作"君士坦丁堡的撒拉逊人",穿上一件宽大的带硬性支撑的斗篷从高处跳下,结果一根支撑架中途折断,他当场坠地身亡。15 世纪,伟大画家和科学家达·芬奇曾致力于研究模仿鸟类飞行的扑翼机,虽然没有成功,但在某种意上来说他是降落伞和直升机的发明人。

1783 年 11 月 21 日,法国罗齐尔和德尔朗达在巴黎的米也特堡,乘坐蒙特哥菲尔两兄弟制作的热气球(图 2-2)升空。气球上升到了 900m 的高度,最后平安降落在 9km 以外,共飞行了 25min。人类终于梦想成真,进入航空时代!

二、飞艇时代

自蒙特哥菲尔兄弟的热气球成功升空以后的一百多年可称之为飞艇时代,氢气球和飞艇也都陆续升上了天空。

靠充气产生升力、由发动机推进、可驾驶其向任意方向飞行的飞艇就应运而生。世界第一艘接近实用、能操纵的飞艇由法国人亨利·吉法尔于 1852 年 9 月 24 日试飞成功,他驾驶飞艇以 10km/h 的速度飞行了 27km。第一艘由金属、木材等制成框架,再在表面蒙上蒙布的,靠完整的骨架结构保持外形,具有实用意义的硬式飞艇(图 2-3),由德国的齐伯林伯爵于 1900 年制造成功,定名为 LZ—1 号。该艇长 129m,直径 11.6m,装有 2 台 16 马力❶的发动机,艇内有 16 个气囊,容积为 22 500m³,载重量为 8 700kg,总升力达 13t,升限为 2 500m。

图 2-2　热气球

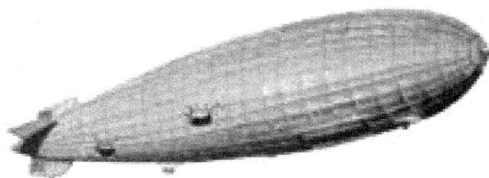

图 2-3　硬式飞艇

---

❶1 马力=735.499W。

20世纪的前30多年,硬式飞艇进入了高速发展和实用化,其间最辉煌的成就莫过于一架名为"挪威号"的飞艇于1925年5月成功开辟了北极航线。然而,这些轻于空气的航空器飞行速度低,飞行受天气尤其是风的影响较大,且难以操纵和控制,安全性差。随着飞机的实用化进程,飞艇逐渐走向衰败。其标志性事件是1937年5月6日,当时世界最大飞艇LZ—129"兴登堡"号(艇长244m,最大直径39.65m),在飞抵美国新泽西州的莱克赫斯特上空准备系留停泊时,尾部突然起火并点燃了氢气,飞艇焚烧殆尽,35人不幸遇难,从此飞艇退出商业飞行。

然而近些年,随着航空技术的进步,飞艇又开始得到人们的重视。尽管同飞机相比,飞艇显得大而笨,操纵不便,速度也较慢,易受风力影响;但飞艇也有其突出的优点,如垂直起降,留空时间长,可长时间悬停或缓慢行进且不因此消耗燃料,噪声小,污染小,经济性好,而且随着飞艇广泛使用氦气填充,安全性也大大改善。根据计算,用飞艇运送一吨货物的费用,要比飞机少68%,比直升机少94%,比火车少50%。因此,世界各国纷纷又重新开始研制飞艇,集中了20世纪90年代先进技术的新型号现代飞艇不断涌现,如英国的"哨兵"系列、德国的LZ—07、俄罗斯的"科学静力"系列以及中国的"中华号"等。现代飞艇在空中勘测、摄影、宣传、救生以及航空运动中得到了广泛的应用。

三、飞机的诞生

被后人誉为"航空之父"的英国人乔治·凯利男爵(1773-1857年)创立了重于空气的航空器的飞行原理,并曾多次制造了改进型的滑翔机原型机。英国工程师威廉·塞缪尔·亨森于1843年提出的飞机设计方案——"空中蒸汽车"几乎具备了成功载人动力飞行所需要的一切要素,但是他未付诸实践。德国工程师奥托·李林塔尔(1848-1896年)于1889年出版了一部航空经典著作《作为航空基础的鸟类飞行》,并亲自进行了2 000多次滑翔飞行试验。1896年8月9日,这位伟大的先驱驾驶滑翔机不幸从空中坠落而亡,他的临终遗言是:"要想学会飞行,就要做出牺牲"。

经过无数先驱者的不懈努力,自由飞行的梦想变成了现实,飞机终于诞生了,但由此也引发了多国之间的飞机发明权之争。俄国人认为世界上最早的飞机是由俄国人亚·费·莫扎伊斯基制造,1881年获得专利特许证,1882年7月20日首次试飞。法国人认为是由法国人克雷芒·阿德尔(Clément Ader)发明,于1890年10月9日在法国试飞成功。美国人认为飞机的发明者是美国人莱特兄弟(Wilbur Wright 和 Orville Wright),于1903年12月17日在美国试飞成功。巴西人认为是由巴西人阿尔贝托·桑托斯·杜蒙特(Alberto Santos-Dumont)发明的,1906年10月12日,桑托斯·杜蒙特的"14bis"飞机成功地飞至60m高空,这是世界上第一次成功的动力飞行,之前的飞行并没有达到真正意义上"飞"的标准。不过俄国人莫扎伊斯基与法国人阿德尔都是采用的蒸汽发动机,而美国人莱特兄弟采用了内燃机,它更具有实用意义,因此,普遍认为是由美国人莱特兄弟发明了"真正"的飞机。

莱特兄弟试飞成功的飞机叫作"飞鸟"一号(flyer No.1)(图2-4),它的机身骨架和机翼都是用又轻又牢的枞木和桉木制成的,螺旋桨也是枞木的,弯曲的机翼上蒙着薄薄的但十分结实的棉布。飞机的长度为6.5m,翼展12.3m,整架飞机的重量为280kg,飞机完全靠螺旋桨的推动力起飞。1903

图2-4 莱特兄弟的"飞鸟"一号

年 12 月 17 日,在北卡罗莱纳州的基蒂霍克海滩上,"飞鸟"一号进行了 4 次飞行,第一次试飞是由弟弟奥维尔·莱特驾驶的,飞机摇摇晃晃在空中飞行了 12s,在 36m 远的地方降落下来,而后来得到世界公认的第一次自由飞行则是由哥哥威尔伯·莱特驾驶的第 4 次飞行,飞机在空中用 59s 的时间飞行了 260m。

四、战火中的飞机

1909 年 8 月,法国飞行员路易·布莱里奥驾驶飞机成功飞越英吉利海峡,降落到了大不列颠国土上,使英国人相信单凭海上防御力量已不可能保证国家安全了。1913 年,欧美大国开始组建航空部队,但军方对飞机无明确的作战任务,主要用于陆、海军执行侦察、搜索任务。

人类史上首次空战:第一次世界大战时期,法国飞行员安德烈驾驶一架双翼飞机飞往比利时列日一带执行侦察任务时,与执行同样任务的德国飞行员汉斯在空中迎面相遇,两人用手枪互射,然而两人却弹弹虚发,最后草草收场。但空战却愈演愈烈,各种用于空中格斗的战斗机应运而生。

第一次大战的 4 年中,交战双方用于作战的飞机有十几万架之多,战争末期,各国在前线作战的军用机达到 8 000 多架。在这 4 年里,飞机的性能有了很大的提高。飞行速度在 1914 年时一般是 80~115km/h,4 年后增至 180~220km/h;飞行高度从 200m 提高到 8 000m;飞行距离从几十公里增大到 400 多公里。大战初期飞机的重量只有几百公斤,到大战后期,有的战略轰炸机如英国的汉德莱佩季 V/1500,总重约 13 600kg,最多可装弹 3 400kg。一战中著名的战机有号称"福克灾难"的德国福克 E 型战机,创造了击落敌机 1 294 架单机种最高记录,单机最好战果的是英国"骆驼"F.1 战机。

战后 20 年间,世界上几个主要军事大国认识到空战将对战争的胜负起决定性的作用。为此,他们利用国家财力,建立和充实了航空科学研究机构,对航空基础和实用科学技术进行了研究,促使飞机进行了一系列改进。飞机的外形由双翼式改进为单翼张臂式,以减小飞行阻力,提高飞机速度;起落架由固定式改为可收放式;开敞式座舱由密封式座舱替代;安装了襟翼和其他增加升力的装置,以缩短起飞滑跑距离。飞机的动力——活塞式螺旋桨发动机也有了长足的进展,单台发动机的功率由一次大战时的 400 马力增大到约 2 000 马力,而且装有增压器以利于高空飞行。螺旋桨由定距改进为恒速变距。在飞机构造方面,木布结构由金属替代,其主要结构材料为铝合金。

1939~1945 年的第二次世界大战极大地刺激了飞机的发展,飞机技术发生了第二次飞跃,主要表现在以下两方面:一方面是活塞发动机飞机的性能发展到巅峰状态;另一方面,一种全新的动力飞机——喷气式飞机开始登上战争的舞台,并从此一统军用飞机的天下。

二次大战的主力作战飞机仍是活塞式飞机。它们品种齐全、装备良好,有雷达和电子设备,能担负各种作战任务。当时优秀战斗机的时速为 600~700km/h,最大飞行高度超过 10 000m,装有 2~4 门 20~23mm 口径的机关炮或 6~8 挺 12.7mm 口径的机枪。轰炸机的最大载弹量可达几吨。如当时美国最大的轰炸机 B—29 "超级空中堡垒",总重 62.5t,最大航程 5 000 多公里,最大飞行高度 10 200m,载弹量为 9t。就是该型号飞机于 1945 年 8 月 6 日和 9 日,分别在日本广岛和长崎投下两颗原子弹。

战争伊始,德国利用了飞机在速度和火力上的优势,短时间内击败波兰、法国等国,战火燃遍半个欧洲,只有在顽强的英国人面前才陷于苦战;在浩瀚的太平洋战场,1941 年 12 月 8 日,日本利用 6 艘航母载着 360 架飞机,对美军太平洋最大的海军基地珍珠港发动了突袭,几乎摧毁了美太平洋舰队的主力。也就是由于这次突袭,迫使美军放弃了装有大口径舰炮的战列舰,转而大力发展航空母舰,逐渐改变了劣势,并最终取得了太平洋战争的胜利。

喷气发动机和喷气飞机的出现则是二次大战中航空科技的一项伟大成就。真正参战的首批喷气式飞机,主要是德国的梅塞施米特 Me—262,它的时速为 850km/h,超过当时英美飞机时速约 160km/h,在速度上占有很大优势。

从 1939~1945 年,仅英美两国生产的各式飞机就多达 441 729 架,其中美国生产了 322 250 架。飞机数量的增多,反映了航空工业生产能力有巨大的增长。

五、喷气机的崛起

二战以前,活塞式飞机一统天下。活塞式发动机结构相对简单,耗油率低,能很好地满足当时低速飞行的要求。但随着飞机速度的不断提高,活塞式发动机暴露出了它致命的弱点,即功率太低,无法为飞机在高速飞行时提供足够的推力。到 1945 年,空气动力学家和飞机设计师们清楚地认识到,要靠活塞式发动机进一步提高飞行速度已经没有指望了。他们的注意力转向了一种全新的航空发动机——喷气发动机上,从而揭开了航空史上重要的一页——超音速飞行。

喷气发动机飞机的雏形早在 1910 年就已出现,那年的 12 月 10 日,在法国巴黎展览会上,有一架飞机在表演时坠毁,驾驶员被抛出燃烧的机舱。设计者就是飞机驾驶员本人,名叫亨利·科安达。他设计的发动机是用一台 50 马力的发动机使风扇向后推动空气,同时增设一个加力燃烧室,使燃气在尾喷管中充分膨胀,以此来增大反推力。

但喷气发动机的实用化却晚了 20 多年,德国人恩斯特·亨克尔于 1937 年 9 月首次运转成功。几乎与此同时,英国的弗兰克·惠特尔爵士也独立研制出了"U 形"喷气发动机。1939 年 8 月 27 日,一架亨克尔公司制造的,装有一台推力为 838 磅的 HeS3B 涡轮喷气发动机的飞机,伴随着发动机的巨大轰鸣声冲上了蓝天。

战后仅几年时间,各大国军用飞机大都改为喷气式发动机。1947 年出现了第一批机翼后掠的高亚音速喷气式战斗机——前苏联的米格—15 和美国的 F—86。1951 年 12 月,美国 B—47 后掠翼喷气轰炸机试飞成功,接着又出现了大型四发动机的战略轰炸机 B—52,它的最大航程可达 20 000 余公里。1953 年,美国 F—100 喷气式战斗机平飞速度首次超过音速,20 世纪 60 年代,平飞速度已突破 3 马赫❶。随后,人们对飞机高机动性的追求取代了对高速的追求。现役使用的喷气式歼击机、轰炸机、强击机和军用运输机等,如美国的 F—14、F—15、F—16 和 F—18,前苏联米格—23、米格—27、米格—29 和米格—31 以及苏霍伊设计局苏—27、苏—30、苏—34、苏—35 等军用飞机,速度多为 2~2.5 马赫,升高 15 000~30 000m,且有良好的机动性并装有先进的机载设备、火控系统和多种形式的武器配备。

另外,军用飞机还逐渐向短距起降、隐身技术发展。其中,英国的"鹞"式飞机(图 2-5)和俄罗斯的雅克—36 和雅克—141 为垂直起落飞机的代表;已服役的隐身飞机有美国的隐身战斗机 F—117A、F—22 和隐身轰炸机 B—2(图 2-6),即将服役的隐身战斗机有美国的 F—35、俄罗斯的苏—37。

---

❶1 马赫即 y1 倍音速。

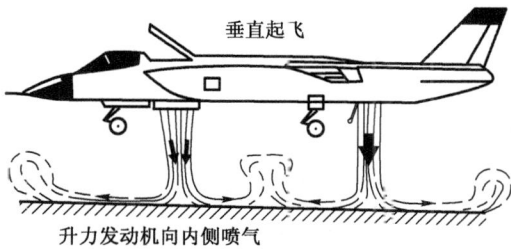

图 2-5 英国的"鹞"式飞机

图 2-6 美国的隐身轰炸机 B—2

六、客运飞机

飞机载客服务从 20 世纪 20 年代就开始了,一战之后的载客飞机以载客 18 人的美国 DC—3 最为著名,但航空真正作为大众的运输方式是第二次世界大战之后。

二战结束后,美国等国把大量的军用运输机改装成为客机,航空客运成为了水上运输、公路运输、铁道运输之后的第四大旅客运输方式。20 世纪 60 年代以来,专门为客运研发的大型亚音速、超音速客机相续问世。其中,著名的亚音速客机有前苏联生产的安—22、伊尔—76,美国生产的 C—141、C—5A、波音 737、波音 747、波音 777,法国的空中客车 A300、A380 等,超音速客机有英法联合研制的"协和"和前苏联的图—144。

客运飞机的技术要求与军用机有所不同,它们对安全性和经济性的要求高于军用机,随着 20 世纪 70 年代末的石油危机,高耗油的超音速客机慢慢退出了竞争舞台。"协和"于 20 世纪 80 年代停止生产,21 世纪初停航,前苏联的图—144 也因为同样的原因于 20 世纪 80 年代末停航。

目前,世界上具有制造大型客机能力的只有美国、欧盟和俄罗斯,而国际大型客机市场为美国波音公司与欧洲空客公司所垄断,随着俄罗斯经济复苏,未来有可能参与竞争。支线飞机和公务飞机,除美国、欧盟之外,巴西和加拿大具有很强的竞争力。我国大型机项目已启动,预计五到十年以后,我国将有可能进入民用飞机的国际市场。

第三节 飞 行 原 理

一、马格努斯效应

通过观察气流中旋转的圆柱可以很好地解释升力的原因。靠近圆柱的局部速率由气流速度和圆柱的旋转速率共同决定,距离圆柱越远其速率越低。对于圆柱,顶部表面的旋转方向和气流方向一致,顶部的局部速率高,底部的速率低。如图 2-7 所示,在 A 点,气流线在分支点分开,这里有个停滞点,一些空气向上,一些空气向下;另一个停滞点

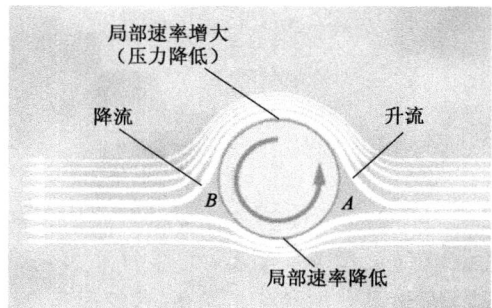

图 2-7 马格努斯效应

21

在 B 点,两个气流汇合,局部速度相同。在圆柱面前部有了升流,后面有降流。表面局部速度的差别说明了压力的不同,顶部压力比底部低。低压区产生向上的力称为"马格努斯效应"。

二、伯努利原理

瑞士数学家丹尼尔·伯努利在 1726 年首先提出"伯努利原理"。这是在流体力学的连续介质理论方程建立之前,水力学所采用的基本原理,其实质是流体的机械能守恒,即:动能+重力势能+压力势能=常数。它是空速测试和机翼产生升力能力分析的基础。

伯努利原理解释了运动流体(液体或者气体)的压力是如何随其运动速度而变化的,它指出运动或者流动的速度增加会导致流体压力的降低。伯努利原理的试验采用的是文氏管,文氏管的入口比喉部直径大,出口部分的直径也和入口一样大。在喉部,气流速度增加,压力降低;在出口处,气流速度降低,压力增加,如图2-8所示。

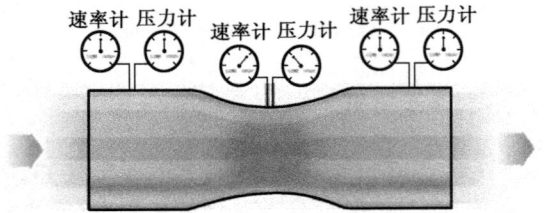

图 2-8 伯努利原理

三、机翼的升力

马格努斯效应、伯努利原理解释了为什么比空气重的飞机能够维持飞行的问题,即飞机的升力就是机翼上空气流动的结果。

机翼是一种利用其表面上运动的空气来获得反作用力的结构。当空气收到不同的压力和速度时,其运动方式多种多样。图 2-9 为典型的机翼剖面图,机翼的上表面和下表面的弯曲(拱形)是不同的。上表面的弯曲比下表面的弯曲更加明显,下表面在大多数具体机翼上是有点平的。机翼两个端的外观也不一样,飞行中朝前的一端叫前缘,呈圆形,而另一端叫尾缘,呈锥形。

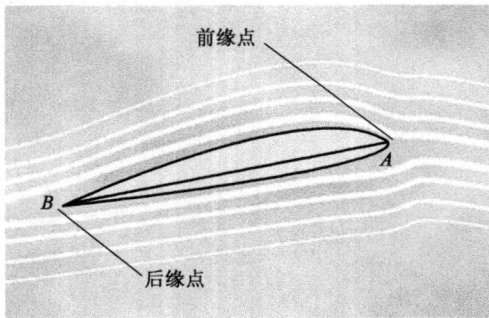

图 2-9 机翼的升力

在讨论机翼的时候经常使用一条称为弦线的参考线,一条连接剖面图中两个端点前缘和后缘的直线 AB。弦线到机翼上下表面的距离表示上下表面任意点的拱形程度。机翼从空气中获得两种作用力:一种是从机翼下方空气产生的正压升力,另一种是从机翼上方产生的反向压力。

当机翼和其运动方向成一个小角度倾斜时,这个角度称为迎角,气流冲击相对较平的机翼下表面,空气被迫向下推动,从而产生了一个向上作用的升力,且同时冲击机翼前缘上曲面部分的气流斜向上运动,迫使机翼向上。如果构造机翼的形状能够导致升力大于飞机的重量,飞机就可以飞起来。当然,大部分升力来自机翼上部气流的下洗流(因机翼所产生的下降气流),机翼上表面产生的力和下表面产生的力的比例,不仅仅取决于机翼的形状,还与飞行条件有关。

四、机翼的压力分布

从风洞模型和实际大小的飞机上所做的试验表明,在不同迎角的机翼表面气流中,表面的不同区域压力有负的(比空气压力小)也有正的(比空气压力大)。上表面的负压产生的力比下表面空气冲击机翼产生的正压得到的力更大。图2-10显示了3个不同迎角时沿机翼的压力分布。通常,较大迎角时压力中心前移,小迎角时压力中心后移。在机翼结构的设计中,压力中心的移动是非常重要的,因为其影响作用于机翼结构上的空气动力负荷的位置。飞机的航空动力学平衡和可控制性是由压力中心的改变来控制的。压力中心是通过计算和机翼迎角在正常的极值范围内变化的风洞测试得到的。当迎角变化时,压力分布特性也就不同。

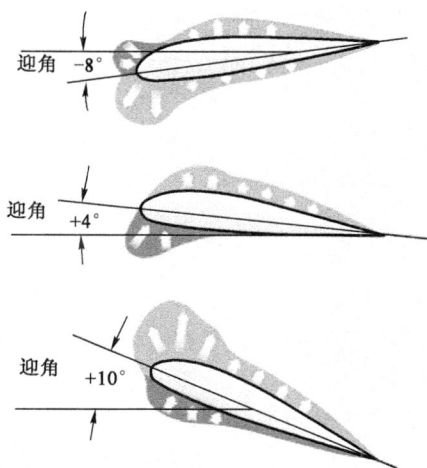

图 2-10　机翼的压力分布

机翼正负压力的合力矢量如图2-11所示,力矢量的作用点称为"压力中心CP"。对于任意给定的迎角,压力中心在合力矢量和弦线的交点位置,以机翼弦的百分比来表示。这个玉力中心就是在飞机的重心,然而,压力中心的位置随机翼迎角的变化而改变。在飞机的正常飞行姿态范围内,如果迎角增加,压力中心就向前移动;反之则后移。因为飞机的重心是固定,当迎角增加时,升力中心朝重心的前面移动,产生一个抬升机头的力,因此,必须增加一个额外的辅助设备如水平尾翼来维持飞机纵向平衡。

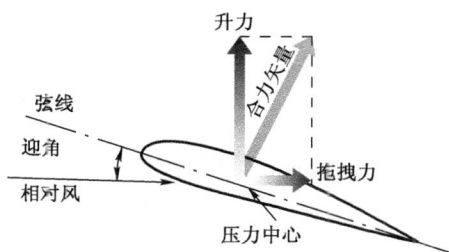

图 2-11　机翼的合力

飞机的总升力 F 则可表示为:

$$F = \frac{SC_F}{2}\rho v^2 \qquad (2-1)$$

式中:S——机翼水平投影面积(m^2);

　　　C_F——机翼的升力系数;

　　　ρ——空气密度(kg/m^3);

　　　v——飞机与空气的相对速度(m/s)。

机翼水平投影面积 S 除了与机翼的翼展、翼厚度有关之外,襟翼伸出和迎角的增加均可增加机翼水平投影面积。机翼的升力系数 C_F 主要取决于机翼形状,故又称之为机翼形状系数,伸出襟翼、增加迎角时,升力系数均会有所下降,当迎角过大时,翼面后端产生低压区有可能转为乱流,使升力大幅度下降,严重时会造成失速。空气密度 ρ 与海拔、温度、湿度等气象条件有关,海拔升高、温度和湿度上升,空气密度均会下降。飞机与空气的相对速度 v 为影响升力的主要因素,为了增加飞机与空气的相对速度 v,故飞机总是逆风起降。

第四节　飞　机　结　构

飞机主要由机身、机翼、尾翼、起落架和发动机组成,见图2-12。

一、机身

机身包含驾驶舱和客舱，其中有供乘客使用的座位和飞机的控制装置，另外可能也提供货舱和其他主要飞机部件的挂载点。早期的飞机大都使用开放的桁架结构。桁架结构包含纵梁、斜管子和竖直的管子等单元，外壳用轻金属比如铝包裹。

随着技术的进步，外壳的承载能力得到了大幅度提高，它可支持所有或者主要部分的飞行载荷。其结构可分为单体构造或者半单体构造2种。单体构造设计使用加强的外壳来支持几乎全部的载荷。单体造型结构主要由外壳、隔框、防水壁组成，隔框和防水壁形成机身的外形。由于没有支柱，外壳必须足够坚固以保持机身的刚性。半单体造型结构使用飞机外壳可以贴上去的亚结构（由隔框和不同尺寸的防水隔壁以及桁条组成），通过来自机身的弯曲应力来加固加强机身外壳。

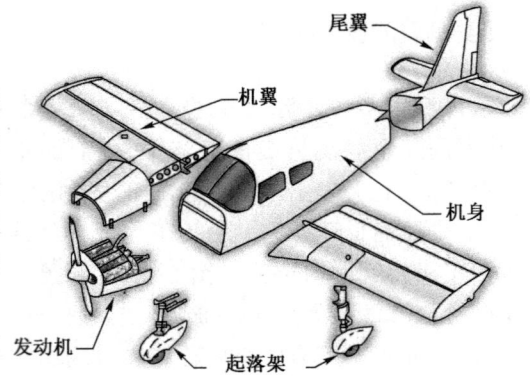

图 2-12　飞机结构

二、机翼

机翼是连接到机身两边的"翅膀"，是支持飞机飞行的主要升力表面。机翼有多种样式和外形，可以安装在机身的上、中或较低部位，分别称为高翼、中翼、低翼设计。机翼的数量也可以不同，有一组机翼的飞机称为单翼机，有两组机翼的飞机称为双翼飞机，见图 2-13。

a)

b)

图 2-13　飞机的机翼数
a)单翼机；b)双翼飞机

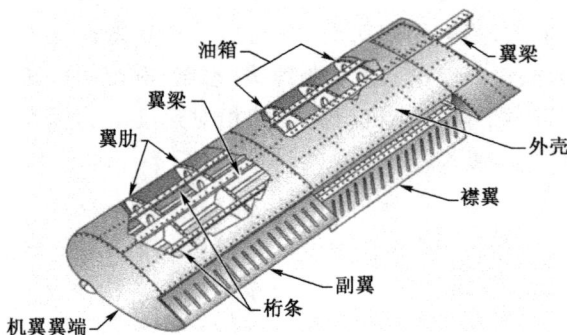

图 2-14　机翼的主要结构部件

许多高翼飞机有外部支柱或者机翼支杆，它可以通过支杆把飞行和着陆负荷传递到主机身结构。由于支杆一般安装在机翼突出机身的一半位置上，所以这种类型的机翼结构也叫半悬臂机翼。少数高翼飞机和多数低翼飞机用全悬臂机翼而不用外部支杆来承载负荷。机翼的主要结构部件有翼梁、翼肋、桁条，如图 2-14 所示。在大多数现代飞机上，油箱也是机翼的一个集成部件，或者由灵活的安装在机翼里的容器组成。

安装在机翼后面的或者尾部和边缘的是两种类型的控制面,称为副翼和襟翼。副翼大约从机翼的一半处向外伸出,以利于创造使得飞机侧滚的反方向移动和倾斜的空气动力。襟翼从靠近机翼中点处向外伸出。襟翼在巡航飞行时通常是和机翼表面齐平的,当向外伸出时,襟翼同时向下延伸以在起飞或者着陆时增加机翼的升力。

三、尾翼

飞机尾巴部分叫尾翼,由固定翼面如垂直尾翼和水平尾翼组成。可活动的表面包括方向舵、升降舵、一个或者多个配平片(补翼),如图 2-15a)所示。

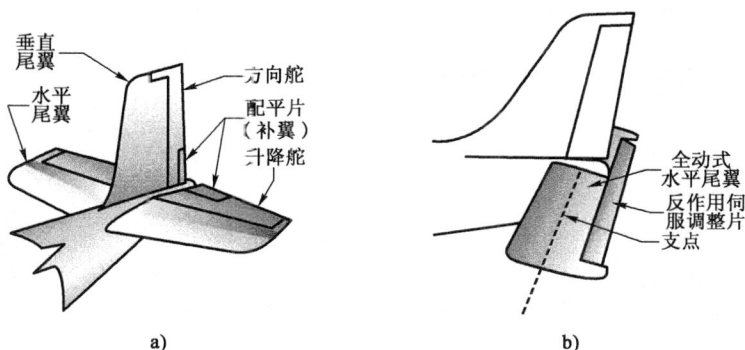

图 2-15　飞机的尾翼
a)有升降舵的尾翼;b)全动式水平尾翼

另一种尾翼不需要升降舵,称之为全动式水平尾翼,如图 2-15b)所示它在中央的铰链点安装一片水平尾翼,铰链轴是水平的,通过控制轮移动,起到升降舵作用。例如,当你向后拉控制轮时,水平尾翼转动,拖尾边缘向上运动。水平尾翼还有一个沿尾部边缘的防沉降片。防沉降片也可作为减轻控制压力的配平片,帮助维持水平尾翼在需要的位置。

垂直方向舵安装在垂直尾翼的后部,飞行时,它用来使飞机头部向左或者向右运动。在飞行转弯时,垂直方向舵需要和副翼配合使用。升降舵安装在水平尾翼的后面,用于控制在飞行中飞机的头部向上或者向下运动。

配平片是位于控制面的尾部边缘可活动的一小部分。这些可活动的配平片,从驾驶舱控制,降低控制压力。配平片也可以安装在副翼、方向舵或升降舵上。

四、起落架

起落架是飞机停放、滑行、起飞或者着陆时的主要支撑部分。大多数普通类型的起落架由轮子组成,但是飞机也可以装备浮管以便在水上起降。

起落架一般由 3 组或 3 组以上轮子组成,其中,操控飞机在地面上滑行的 1 组轮子简称鼻轮,另外 2 组及以上主要承重的轮子称之为主起落架。鼻轮安装在飞机头部位置时称为前三点式飞机,也叫作三轮车式起落架,鼻轮安装在主起落架之后的称为后三点式飞机。

五、发动机

从飞机问世以来,飞机发动机得到了迅速的发展,从早期低速飞机上使用的活塞式发动机,到可以推动飞机以超音速飞行的喷气式发动机,时至今日,飞机发动机已经形成了一个种类繁多、用途各不相同的大家族。

飞机发动机有活塞式发动机、燃气涡轮发动机、冲压喷气式发动机和脉动喷气式发动机等,其中燃气涡轮发动机又可分为涡轮喷气发动机、涡轮风扇发动机、涡轮螺旋桨发动机、涡轮轴发动机和螺桨风扇发动机。它们均属吸气式发动机,即它必须吸进空气作为燃料的氧化剂(助燃剂),因此,不能在大气十分稀薄的外太空工作。可在外太空工作的发动机称之为火箭发动机。

火箭喷气式发动机是一种不依赖空气工作的发动机,航天器由于需要飞到大气层外,所以必须安装这种发动机。它也可用作航空器的助推动力。按形成喷气流动能的能源不同,火箭发动机又分为化学火箭发动机、电火箭发动机和核火箭发动机等。

第五节　飞机发动机

一、活塞式发动机

活塞式发动机主要由汽缸、活塞、连杆、曲轴、气门结构、螺旋桨减速器、机匣等组成。

汽缸是混合气(汽油和空气)进行燃烧的地方。汽缸头上装有点燃混合气的电火花塞(俗称电嘴),以及进、排气门。发动机工作时汽缸温度很高,所以汽缸外壁上有许多散热片,用以扩大散热面积。汽缸在发动机壳体(机匣)上的排列形式多为星形或 V 形。常见的星形发动机有 5 个、7 个、9 个、14 个、18 个或 24 个汽缸不等。在单缸容积相同的情况下,汽缸数目越多,发动机功率越大。活塞承受燃气压力在汽缸内做往复运动,并通过连杆将这种运动转变成曲轴的旋转运动。连杆用来连接活塞和曲轴。曲轴是发动机输出功率的部件。曲轴转动时,通过减速器带动螺旋桨转动而产生拉力。除此而外,曲轴还要带动一些附件(如各种油泵、发电机等)。气门结构用来控制进气门、排气门定时打开和关闭。

活塞式航空发动机大多是 4 冲程发动机,即一个汽缸完成一个工作循环,活塞在汽缸内要经过 4 个冲程,依次是进气冲程、压缩冲程、膨胀冲程和排气冲程。活塞航空发动机要完成 4 冲程工作,除了上述汽缸、活塞、连杆、曲轴等构件外,还需要一些其他必要的装置和构件。主要有进气系统(为了改善高空性能,在进气系统内常装有增压器,其功用是增大进气压力)、燃油系统、点火系统(主要包括高电压磁电机、输电线、火花塞)、起动系统(一般为电动起动机)、散热系统和润滑系统等。

二、涡轮喷气发动机

在第二次世界大战以前,所有的飞机都采用活塞式发动机作为飞机的动力,这种发动机本身并不能产生向前的动力,而是需要驱动一副螺旋桨,使螺旋桨在空气中旋转,以此推动飞机前进。

到了 20 世纪 30 年代末,尤其是在二战中,由于战争的需要,飞机的性能得到了迅猛的发展,飞行速度达到 700～800km/h,高度达到了 10 000m 以上,但人们突然发现,螺旋桨飞机似乎达到了极限,尽管工程师们将发动机的功率越提越高,从 1 000kW 提高到 2 000kW 甚至 3 000kW,但飞机的速度仍没有明显的提高,发动机明显感到"有劲使不上"。问题就出在螺旋桨上,当飞机的速度达到 800km/h,由于螺旋桨始终在高速旋转,桨尖部分实际上已接近了音速,这种跨音速流场的直接后果就是螺旋桨的效率急剧下降,推力下降。同时,由于螺旋桨的迎风面积较大,带来的阻力也较大,而且,随着飞行高度的上升,大气变稀薄,活塞式发动机的功率也会急剧下降。这几个因素合在一起,决定了"活塞式发动机+螺旋桨"的推进模式已经走到了尽头,喷气发动机应运而生。

早在 1913 年,法国工程师雷恩·洛兰就获得了一项喷气发动机的专利,但这是一种冲压式喷气发动机,在当时的低速下根本无法工作,而且也缺乏所需的高温耐热材料。1930 年,弗兰克·惠特尔取得了他使用燃气涡轮发动机的第一个专利,但直到 11 年后,他的发动机才完成其首次飞行。惠特尔的这种发动机形成了现代涡轮喷气发动机的基础。

现代涡轮喷气发动机的结构由进气道、压气机、燃烧室、涡轮和尾喷管组成,战斗机的涡轮和尾喷管间还有加力燃烧室。涡轮喷气发动机仍属于热机的一种,就必须遵循热机的做功原则:在高压下输入能量,低压下释放能量。因此,从产生输出能量的原理上讲,喷气式发动机和活塞式发动机是相同的,都需要有进气、加压、燃烧和排气 4 个阶段,但不同的是,在活塞式发动机中这 4 个阶段是分时依次进行的,而在喷气发动机中则是连续进行的。气体依次流经喷气发动机的各个部分,相当于对应着活塞式发动机的 4 个工作位置,见图 2-16。

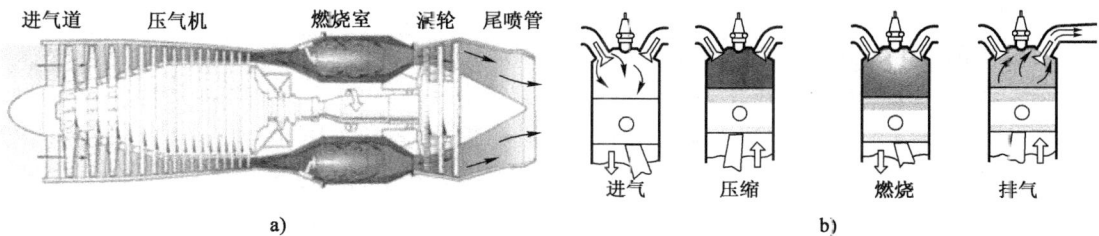

图 2-16 涡轮喷气发动机的进气、加压、燃烧和排气
a)涡轮喷气发动机;b)活塞式发动机

空气首先进入的是发动机的进气道,进气道后的压气机是专门用来提高气流的压力的。空气流过压气机时,压气机工作叶片对气流做功,使气流的压力、温度升高。在飞机低速飞行时,压气机是气流增压的主要部件。在超音速飞行时,气流的冲压很大,不需要压气机提高气流的压力,因而产生了单靠速度冲压,不需压气机的冲压喷气发动机。

从燃烧室流出的高温高压燃气,流过同压气机装在同一条轴上的涡轮,燃气的部分内能在涡轮中膨胀转化为机械能,带动压气机旋转。在涡轮喷气发动机中,气流在涡轮中膨胀所做的功正好等于压气机压缩空气所消耗的功以及传动附件克服摩擦所需的功。经过燃烧后,涡轮前的燃气能量大大增加,因而在涡轮中的膨胀比远小于压气机中的压缩比,涡轮出口处的压力和温度都比压气机进口高很多,发动机的推力就是这一部分燃气的能量而来的。

从涡轮中流出的高温高压燃气,在尾喷管中继续膨胀,以高速沿发动机轴向从喷口向后排出。这一速度比气流进入发动机的速度大得多,使发动机获得了反作用的推力。

一般来讲,气流从燃烧室出来时的温度越高,输入的能量就越大,发动机的推力也就越大。但是,由于涡轮材料等的限制,目前气流温度只能达到 1 650K 左右。现代战斗机有时需要短时间增加推力,就在涡轮后再加上一个加力燃烧室,喷入燃油,让未充分燃烧的燃气与喷入的燃油混合再次燃烧,由于加力燃烧室内无旋转部件,气流温度可达 2 000K,可使发动机的推力增加至原来的 1.5 倍左右,见图 2-17。其缺点就是油耗急剧加大,同时过高的温度也影响发动机的寿命,因此发动机开加力一般是有时限的,低空不过十几秒,多用于起飞或战斗时,在高空则可开较长的时间。

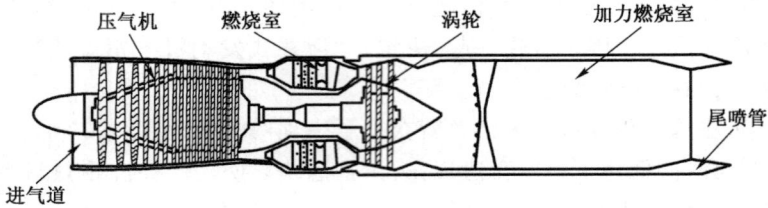

图 2-17　加力式涡轮喷气发动机

喷气发动机尽管在低速时油耗要大于活塞式发动机,但其优异的高速性能使其迅速取代了后者,成为航空发动机的主流。

三、涡轮风扇发动机

随着喷气技术的发展,涡轮喷气发动机的缺点也越来越突出,那就是在低速下耗油量大,效率较低,使飞机的航程变得很短。尽管这对于执行防空任务的高速战斗机的影响还并不十分严重,但若用在对经济性有严格要求的亚音速民用运输机上却是不可接受的。

发动机的效率包括热效率和推进效率两方面。为提高热效率,一般来讲需要提高燃气在涡轮前的温度和压气机的增压比,但在飞机飞行速度不变的情况下,提高涡轮前温度将会使喷气发动机的排气速度增加,导致在空气中损失的动能增加,降低了推进效率。由于热效率和推进效率对发动机循环参数的矛盾要求,致使涡轮喷气发动机的总效率难以得到较大的提升。涡轮风扇发动机解决了热效率和推进效率之间的矛盾。涡轮风扇发动机在涡轮喷气发动机的基础上增加了几级涡轮,并由这些涡轮带动一排或几排风扇。风扇后的气流分为两部分,一部分进入压气机(内涵道),另一部分则不经过燃烧,直接排到空气中(外涵道)。由于涡轮风扇发动机一部分的燃气能量被用来带动前端的风扇,从而降低了排气速度,提高了推进效率。

目前航空用涡轮风扇发动机主要分为 2 类,不加力式涡轮风扇发动机和加力式涡轮风扇发动机,见图 2-18。不加力式涡轮风扇发动机不仅涡轮前温度较高,而且风扇直径较大,涵道比可达 8 以上。这种发动机的经济性优于涡轮喷气发动机,而可用飞行速度又比活塞式发动机高,在现代大型干线客机、军用运输机等最大速度为 M0.9 左右的飞机中得到广泛的应用。加力式涡轮风扇发动机在飞机巡航中是不开加力的,这时它相当于一台不加力式涡轮风扇发动机,但为了追求高的推重比和减小阻力,这种发动机的涵道比一般在 1.0 以下。在高速飞行

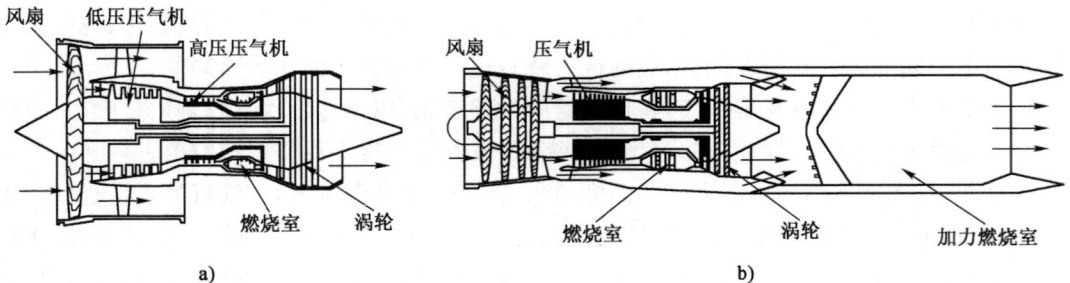

图 2-18　涡轮风扇发动机原理图
a)不加力涡轮风扇发动机;b)加力式涡轮风扇发动机

时,发动机的加力打开,外涵道的空气和涡轮后的燃气一同进入加力燃烧室,喷油后再次燃烧,使推力可大幅度增加,甚至超过了加力式涡轮喷气发动机,而且随着返度的增加,这种发动机的加力比还会上升,并且耗油率有所下降。加力式涡轮风扇发动机由于具有这种低速时油耗较低,开加力时推重比大的特点,目前已在新一代歼击机上得到广泛应用。

四、涡轮轴发动机

在带有压气机的涡轮发动机这一类型中,涡轮轴发动机出现得较晚,但已在直升机和垂直/短距起落飞机上得到了广泛的应用。涡轮轴发动机于 1951 年 12 月开始装在直升机上,作第一次飞行。那时它属于涡轮螺旋桨发动机,并没有自成体系。以后殖着直升机在军事和国民经济上使用越来越普遍,涡轮轴发动机才获得独立的地位。

在工作和构造上,涡轮轴发动机同涡轮螺旋桨发动机很相近。它们都是由涡轮风扇发动机的原理演变而来,只不过后者将风扇变成了螺旋桨,而前者将风扇变成了直升机的螺旋翼。除此之外,涡轮轴发动机也有自己的特点:它一般装有自由涡轮(即不带动压气机,专为输出功率用的涡轮),而且主要用在直升机和垂直/短距起落飞机上。

在构造上,涡轮轴发动机也有进气道、压气机、燃烧室和尾喷管等燃气发生器基本构造,但它一般都装有自由涡轮。如图 2-19 所示,前面的是 2 级普通涡轮,它带动压气机,维持发动机工作;后面的 2 级是自由涡轮,燃气在其中做功,通过传动轴专门用来带动直升机的旋翼旋转,使它升空飞行。此外,从涡轮流出来的燃气,经过尾喷管喷出,可产生一定的推力,由于喷速不大,这种推力很小,如折合为功率,大约仅占总功率的十分之一左右。有时喷速过小,甚至不产生什么推力。为了合理地安排直升机的结构,涡轮轴发动机的喷口,可以向上、向下或向两侧,不像涡轮喷气发动机那样非向后不可,这有利于直升机设计时的总体安排。

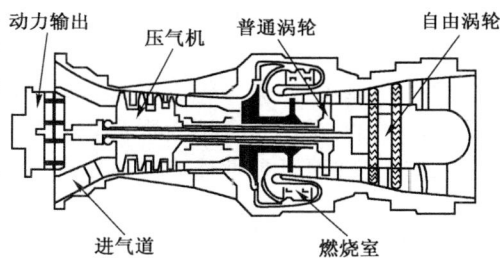

图 2-19　涡轮轴发动机结构图

涡轮轴发动机是用于直升机的,它与旋翼配合,构成了直升机的动力装置。与直升机另一种常用的动力装置——活塞发动机相比,涡轮轴发动机的功率以及功率重量比均大得多,耗油率略高于最好的活塞式发动机,但它所用的航空煤油要比前者所用的汽油便宜,这在一定程度上得到了弥补。

五、涡轮螺旋桨发动机

一般来说,现代不加力涡轮风扇发动机的涵道比是有着不断加大的趋势的。因为对于涡轮风扇发动机来说,若飞行速度一定,要提高飞机的推进效率,也就是要降低排气速度和飞行速度的差值,需要加大涵道比;而同时随着发动机材料和结构工艺的提高,涡轮前的允许温度也不断提高,这也要求相应地增大涵道比。对于一架低速(500～600km/h)的飞机来说,在一定的涡轮前温度下,其适当的涵道比应为 50 以上,这显然是发动机的结构所无法承受的。

为了提高效率,人们索性抛去了风扇的外涵壳体,用螺旋桨代替了风扇,便形成了涡轮螺旋桨发动机,简称涡桨发动机。它实际上是一台超大涵道比的涡轮风扇发动机,如图 2-20 所示。

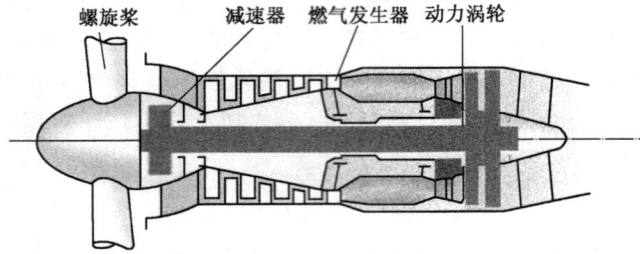

图 2-20 涡轮螺旋桨发动机

涡轮螺旋桨发动机和涡轮风扇发动机在产生动力方面有所不同。涡轮螺旋桨发动机的主要功率输出方式为螺旋桨的轴功率，而尾喷管喷出的燃气推力极小，只占总推力的 5% 左右，为了驱动大功率的螺旋桨，涡轮级数也比涡轮风扇发动机要多，一般为 2～6 级。

同"活塞式发动机＋螺旋桨"相比，涡轮螺旋桨发动机有很多优点。首先，它的功率大，功重比(功率/重量)也大，最大功率可超过 10 000 马力，功重比为 4 以上；而活塞式发动机最大不过 3 000～4 000 马力，功重比为 2 左右。其次，由于减少了运动部件，尤其是没有做往复运动的活塞，涡轮螺旋桨发动机运转稳定性好，噪声小，工作寿命长，维修费用也较低。而且，由于核心部分采用燃气发生器，涡轮螺旋桨发动机的适用高度和速度范围都要比活塞式发动机高很多。在耗油率方面，二者相差不多，但涡轮螺旋桨发动机所使用的煤油要比活塞式发动机使用的汽油便宜。

由于涵道比大，涡轮螺旋桨发动机在低速下效率要高于涡轮风扇发动机，但受到螺旋桨效率的影响，它的适用速度不能太高，一般速度为 M0.6～M0.65。目前，涡轮螺旋桨发动机在中、低速飞机或对低速性能有严格要求的巡逻、反潜或灭火等类型飞机中得到广泛应用。

六、螺桨风扇发动机

螺桨风扇发动机是一种介于涡轮风扇发动机和涡轮螺旋桨发动机之间的一种发动机形式，其目标是将前者的高速性能和后者的经济性结合起来，目前正处于研究和实验阶段。

螺桨风扇发动机的结构见图 2-21，它由燃气发生器和一副螺桨—风扇组成。螺桨—风扇由涡轮驱动，无涵道外壳，装有减速器，从这些来看它有一点像螺旋桨；但是它的直径比普通螺旋桨小，叶片数目也多(一般有 6～8 叶)，叶片又薄又宽，而且前缘后掠，这些又有些类似于风扇叶片。

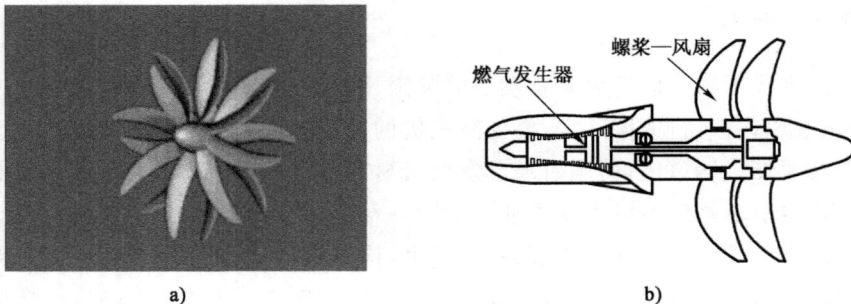

a)   b)

图 2-21 螺桨风扇发动机

a)螺桨风扇发动机叶片；b)螺桨风扇发动机结构

由于无涵道外壳,螺桨风扇发动机的涵道比可以很大。以正在研究中的一种发动机为例,在飞行速度为M0.8时,带动的空气量约为内涵空气流量的100倍,相当于涵道比为100,这是涡轮风扇发动机所望尘莫及的,将其应用于飞机上,可将高空巡航耗油率较目前高涵道比涡轮风扇发动机降低15%左右,速度也可达M0.8以上。由于叶片转速较高,螺桨风扇发动机产生的振动和噪声较大,这对舒适性有严格要求的客机来讲是一个难题。

七、冲压喷气发动机

冲压喷气发动机是一种利用迎面气流进入发动机后减速,使空气提高静压的一种空气喷气发动机。它通常由进气道(又称扩压器)、燃烧室、推进喷管3部分组成。冲压发动机没有压气机(也就不需要燃气涡轮),所以又称为不带压气机的空气喷气发动机,见图2-22。

冲压发动机压缩空气是靠飞行器高速飞行时的相对气流进入发动机进气道中减速,将动能转变成压力能。冲压发动机工作时,高速气流迎面向发动机吹来,在进气道内扩张减速,气压和温度升高后进入燃烧室与燃油混合燃烧,将温度提高到2 000~2 200℃甚至更高,高温燃气随后经推进喷管膨胀加速,由喷口高速排出而产生推力。冲压发动机的推力与进气速度有关,如进气速度为3倍音速时,在地面产生的静推力可以超过200kN。

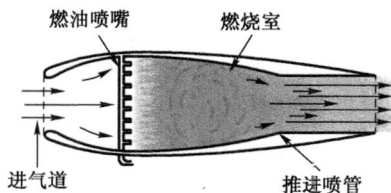

图2-22　冲压喷气发动机原理图

冲压发动机的构造简单、重量轻、推重比大、成本低。但因没有压气机,不能在静止的条件下起动,所以不宜作为普通飞机的动力装置,而常与别的发动机配合使用,成为组合式动力装置,如冲压发动机与火箭发动机组合、冲压发动机与涡喷发动机或涡扇发动机组合等。安装了组合式动力装置的飞行器,在起飞时先开动火箭发动机、涡喷或涡扇发动机,待飞行速度足够使冲压发动机正常工作时,再使用冲压发动机而关闭与之配合工作的其他发动机;在着陆阶段,当飞行器的飞行速度降低至冲压发动机不能正常工作时,又重新起动与之配合的发动机。如果冲压发动机作为飞行器的动力装置单独使用时,则这种飞行器必须由其他飞行器携带至空中并具有一定速度时,才能将冲压发动机起动后投放。冲压发动机的速度可高达10马赫以上。

八、几个术语

1.喷气发动机的热效率

喷气发动机的热效率为输出的机械能与输入的热能的比值。

2.喷气发动机的推重比

喷气发动机的推力和发动机的净重之比,称为发动机的推重比。目前,高性能的加力式涡轮风扇发动机的推重比可达8~10。

3.推进效率

发动机推进效率就是指发动机传递给飞行器的推进功率与其产生的总机械功率之比。喷气发动机的推进效率由排气速度和飞行速度的比值决定,比值越大,推进效率越低。

4.涡轮风扇发动机的涵道比

当空气流经涡轮风扇发动机的前端风扇后,分为两个部分:一部分气流进入燃气发生器,称为内涵道；另一部分从燃气发生器的外围通过，称为外涵道。外涵道与内涵道的流量之比，叫做涵道比，也叫流量比。

第六节　飞机的飞行性能

一、速度性能

最大平飞速度：是指飞机在一定的飞行高度上作水平飞行时，发动机以最大推力工作所能达到的最大飞行速度，通常简称为最大速度。这是衡量飞机性能的一个重要指标。

最小平飞速度：是指飞机在一定的飞行高度上维持飞机定常水平飞行的最小速度。飞机的最小平飞速度越小，它的起飞、着陆和盘旋性能就越好。

巡航速度：是指发动机在每公里消耗燃油最少的情况下飞机的飞行速度。这个速度一般为飞机最大平飞速度的 70%～80%，巡航速度状态的飞行最经济而且飞机的航程最大。这是衡量远程轰炸机和运输机性能的一个重要指标。

二、高度性能

最大爬升率：是指飞机在单位时间内所能上升的最大高度。爬升率的大小主要取决于发动机推力的大小，是衡量歼击机性能的重要指标之一。

理论升限：是指飞机能进行平飞的最大飞行高度，此时爬升率为零。由于达到这一高度所需的时间为无穷大，故称为理论升限。

实用升限：是指飞机在爬升率为 5m/s 时所对应的飞行高度。升限对于轰炸机和侦察机来说有相当重要的意义，飞得越高越安全。

三、飞行距离

航程：是指飞机在不进行空中加油的情况下所能达到的最远水平飞行距离。发动机的耗油率与装载量（商业航空中称之为商务载重）是决定飞机航程的 2 个主要因素。在一定的装载条件下，飞机的航程越大，经济性就越好（对民用飞机），作战性能就更优越（对军用飞机）。

航程与商务载重的关系如图 2-23 所示。图中，A 点表示飞机的装载最大商务载重 P_a 和以最大起飞重量起飞时所能飞的最远距离 R_a，此时飞机油箱不能装满燃油；B 点表示飞机油箱完全装满燃油并以最大起飞重量起飞时所能飞行的最远距离 R_b，此时商务载重 P_b 不满载；C 点表示油箱完全装满燃油且不带任何商务载重时所能飞行的最远距离 R_c，这距离常称之为"转场距离"；DE 表示某些情况下，飞机的最大结构着陆重量对飞机航程的影响，即商务载重与航程的关系曲线沿着 DEBC 而不是沿 ABC 变化。

活动半径：对军用飞机也叫作战半径，是指飞机由机场起飞，到达某一空中位置，并完成一定任

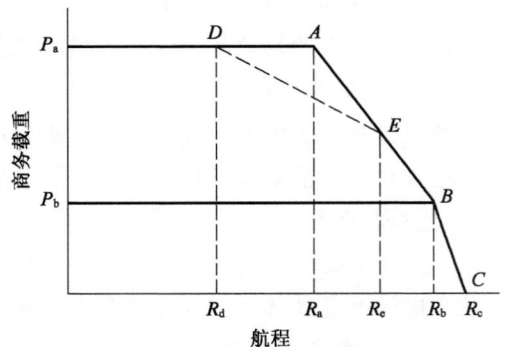

图 2-23　航程与商务载重的关系

务(如空战、投弹等)后返回原机场所能达到的最远单程距离。飞机的活动半径略小于其航程的一半，这一指标直接构成了歼击机的战斗性能。

续航时间：是指飞机耗尽其可用燃料所能持续飞行的时间。这一性能指标对于海上巡逻机和反潜机十分重要，飞得越久就意味着能更好地完成巡逻和搜索任务。

飞机起飞着陆的性能主要是看飞机在起飞和着陆时滑跑距离的长短，距离越短则性能越优。

四、飞机的机动性

飞机的机动性是飞机的重要战术、技术指标，是指飞机在一定时间内改变飞行速度、飞行高度和飞行方向的能力，相应地称之为速度机动性、高度机动性和方向机动性。显然飞机改变一定速度、高度或方向所需的时间越短，飞机的机动性就越好。在空战中，优良的机动性有利于获得空战的优势。

为了提高飞机的机动性，就必须在最短的时间内改变飞机的运动状态，为此就要给飞机尽量大的气动力以造成尽量大的加速度。因此可以说，飞机所能承受的过载越大，机动性就越好。

飞机为在短时间内尽快改变运动状态所实施的飞行动作称为飞机的机动动作。飞机的机动动作包括盘旋、滚转、俯冲、筋斗、战斗转弯、急跃升等。为获得尽量大的升力，飞机在机动过程中应该尽量增加迎角。然而正常飞机的极限迎角是有限的，飞机不能超过极限迎角飞行，否则就会失速。为了实现更大的机动性，人们通过不懈的努力，通过使用推力矢量技术等途径，已经能够克服失速迎角的限制，进行过失速机动了。

飞机的稳定性是飞机设计中衡量飞行品质的重要参数，它表示飞机在受到扰动之后是否具有回到原始状态的能力。如果飞机受到扰动(例如突风)之后，在飞行员不进行任何操纵的情况下能够回到初始状态，则称飞机是稳定的，反之则称飞机是不稳定的。飞机的稳定性包括纵向稳定性，反映飞机在俯仰方向的稳定特性；航向稳定性，反映飞机的方向稳定特性；以及横向稳定性，反映飞机的滚转稳定特性。

飞机的稳定与否，对飞行安全尤为重要，如果飞机是稳定的，当遇到突风等扰动时，飞行员可以不用干预飞机，飞机会自动回到平衡状态；如果飞机是不稳定的，在遇到扰动时，哪怕是一丁点扰动，飞行员都必须对飞机进行操纵以保持平衡状态，否则飞机就会离初始状态越来越远。不稳定的飞机不仅极大地加重了飞行员的操纵负担，使飞行员随时随地处于紧张状态，而且飞行员对飞机的操纵与飞机自身运动的相互干扰还容易诱发飞机的振荡，造成飞行事故。

虽然越稳定的飞机对于提高安全性越有利，但是对于操纵性来说却越不利。因为越稳定的飞机，要改变它的状态就越困难，也就是说，飞机的机动性越差。所以如何协调飞机的稳定性和操纵性之间的关系，对于现代战斗机来说是一个非常值得权衡的问题。实际上为了获得更大的机动性，目前最先进的战斗机都已经被设计成不稳定的飞机。当然这样的飞机不能再通过飞行员来保持平衡，而是通过一系列其他的增稳措施，比如电传操纵等主动控制手段来自动实现飞机的稳定性。

五、飞机的操纵性

飞机的操纵性又可以称为飞机的操纵品质，是指飞机对操纵的反应特性。操纵则是飞行员通过驾驶机构改变飞机的飞行状态。

操纵主要通过驾驶杆和脚蹬等驾驶机构来实现。驾驶员推拉驾驶杆和踩脚蹬的力量被视为操纵的"输入量",驾驶杆和脚蹬所产生的位移也可以被视为"输入量",而飞机的反应,如迎角、侧滑角、过载、角速度、飞行速度的变化量等则被视为操纵的"输出量"。

飞机操纵品质的好坏是一个与飞行员有关的带一定主观色彩的问题。操纵品质常以输入量和输出量的比值(操纵性指标)来表示,这些比值不宜过小或过大。如果比值太小,则操纵输入量小,输出量大,这种飞机对操纵过于敏感,不仅难于精确控制,而且也容易因反应量过大而产生失速或结构损坏等问题;如果比值过大,则操纵输入量大,输出量小,飞机对操纵反应迟钝,容易使飞行员产生错误判断,也可能造成飞机的大幅度振荡,同样导致失速或结构破坏。如果飞机在作机动飞行时,不需要飞行员复杂的操纵动作,驾驶杆力和杆位移都适当,并且飞机的反映也不过快或者过分的延迟,那么就认为该飞机具有良好的操纵性。

按运动方向的不同,飞机的操纵分为纵向、横向和航向操纵。

改变飞机纵向运动(如俯仰)的操纵称为纵向操纵,主要通过推、拉驾驶杆,使飞机的升降舵或全动平尾向下或向上偏转,产生俯、仰力矩,使飞机作俯、仰运动。

使飞机绕机体纵轴旋转的操纵称为横向操纵,主要由偏转飞机的副翼来实现。当驾驶员向右压驾驶杆时,右副翼上偏、左副翼下偏,使右翼升力减小、左翼升力增大,从而产生向右滚转的力矩,飞机向右滚;向左压杆时,情况完全相反,飞机向左滚转。

改变航向运动的操纵称为航向操纵,由驾驶员踩脚蹬,使方向舵偏转来实现。踩右脚蹬时,方向舵向右摆动,产生向右偏航力矩,飞机机头向右偏转;踩左脚蹬时正相反,机头向左偏转。实际飞行中,横向操纵和航向操纵是不可分的,经常是相互配合、协调进行,因此横向和航向操纵常合称为横航向操纵。

第七节　飞　行　仪　表

飞机的飞行仪表有很多,见图2-24,按其原理可分为皮托—静压类飞行仪表、陀螺类飞行仪表、磁罗盘和外部空气温度计4大类。

一、皮托—静压类飞行仪表

皮托静压系统有两个主要的部分:冲压腔和管子,以及静压腔和管子。它们为高度表、垂直速度表和空速表提供运行所需的环境空气压力源。

飞机向前运动,空气冲击飞机的大气压力(称之为冲压)是从一个皮托管获取的,它安装在一个干扰和紊流最少的位置。静压通常从连接到通风口的管子或者从安装在机身一侧和机身水平的通风管获取。

图2-24　飞机驾驶室的飞行仪表

1. 高度计

高度计是飞机上最重要的仪表之一。压力高度计通过测量高度计所处高度的大气压力,并利用高度与气压的关系换算得到飞机的飞行高度。

由于大气压力不仅仅与高度有关,还与空气温度、地区的气象条件有关系,因此,高度计需要标定与修正。高度计应标定为附近气象站压力减去海平面压力,因此,高度计必须殖着飞行进程从一个气象站调节到另一个气象站,并根据实测温度进行温度修正。但是,这种标定和修正并不是完全解决较高飞行高度时气压的不规则性,当飞过高的山地地形时,遇到高原风有关的强烈向下气流,高度计指示值比实际高度可能高出300m或者更多。

根据测量时参考平面的不同,有多种类型的高度。

(1)指示高度

当高度计设定为当前高度计设定时,直接从表(未校正的)上读出的高度。

(2)真实高度

飞机距离海平面的垂直距离,即真实高度。机场、地表和障碍物的高度在航图上是真实高度。

(3)绝对高度

飞机在地表之上的垂直距离,或者距离地面(AGL)的垂直距离。

(4)压力高度

当高度计设定窗口(大气压力数值)调节到76cm汞柱时的指示高度。这是标准数据平面之上的高度,它是一个气压(被校正到15℃)等于76cm汞柱的理论平面。

(5)密度高度

这个高度是为标准温度的变化而校正的压力高度。这是一个重要的高度,因为它直接和飞机性能有关。

2.垂直速度指示器

垂直速度指示器(VSI),有时也称为垂直速率指示器(VVI),它显示飞机是否爬升、下降或者水平飞行。它是利用静压的变化率换算获得的。

3.空速指示器

空速指示器是一个灵敏的差压表,它可以迅速测量皮托或冲压和静压之间的差值,并换算成空速表示在仪表盘面上。飞机空速有以下多种类型:

(1)指示空速(IAS)

从空速指示器上获得的直接仪表读数,没有根据大气密度变化、安装误差或者仪表误差而校正。

(2)标定空速(CAS)

校正安装误差和仪表误差之后的指示空速。

(3)真实空速(TAS)

按照高度和非标准温度修正后的标定空速。因为空气密度随高度增加而降低,飞机在较高的高度上必须飞得更快才能在皮托冲压和静压之间产生相同的压力差。因此,对于一个给定的标定空速,真实空速随高度增加而增加;或者对于一个给定的真实空速,标定空速随高度增加而降低。

(4)地面速度(GS)

飞机相对于地面的实际速度,它是因风而调整过的真实空速。地面速度随迎风而减小,随顺风而增加。

二、陀螺类飞行仪表

转弯协调仪、航向指示仪和姿态指示仪等飞行仪表是利用陀螺仪的特性进行工作的。

陀螺效应有两个基本的特性：空间内的刚度和进动。空间内的刚度是指陀螺仪保持在它所旋转平面内的固定位置这个原理。通过把这个轮子或者陀螺仪安装在一组万象环上，陀螺仪能够在任何方向自由旋转。因此，如果万象环是倾斜的、螺旋的或者是移动的，陀螺仪还是会保持在它最初所旋转的平面内。进动是陀螺对偏转力的反应形成的倾斜或者旋转。对这个力的反作用不是发生在它所施加的那个点上，而是发生在旋转 90°方向以后的点上。这个原理使陀螺能够通过检测方向变化产生的压力大小来确定旋转的速度。陀螺进动的速度与旋转速度成反比，与偏转力大小成正比。

1. 转弯指示仪

飞机使用两种转弯指示仪：转弯侧滑指示仪和转弯协调仪。因为陀螺仪安装的方式，转弯侧滑指示仪只以°/s 指示转弯的速度。由于转弯协调仪上的陀螺仪以一个角度安装，或者说是倾斜的，开始它可以显示侧滚速度，一旦侧滚稳定后，它就指示转弯的速度。两个仪表都显示转弯方向和质量（转弯协调性），也可以用作姿态指示仪失效时倾斜信息的备用来源。协调性是通过使用倾角计获得的。

2. 倾角计

倾角计用于表示飞机的偏航，它是飞机机头的边对边运动。在协调转弯和平直飞行时，重力使得小球位于弯管的参考线中间。协调转弯飞行是通过保持小球居中而维持的。如果小球没有居中，它可以用方向舵来居中。为此，要在小球偏转的一边施加方向舵压力。

3. 姿态指示仪

姿态指示仪使用它的缩微小飞机和地平线显示飞机的姿态情况。缩微小飞机和地平线的关系和真实飞机相对实际地平线的关系是一样的。仪表指示出飞机瞬时姿态，即使是最微小的变化。

姿态指示仪中的陀螺仪安装在水平平面内，它的运行取决于空间内的刚性。地平线线条表示真实地平线。这个地平线被固定到陀螺仪，保持在水平平面内，当飞机绕它的横轴或者纵轴俯仰或者倾斜时，它能够指示飞机相对于真实地平线的姿态，如图 2-25 所示。

4. 航向指示仪

航向指示仪是磁罗盘的辅助仪表。磁罗盘有时误差较大，例如在紊流的空气中。航向指示仪从磁性辅助传送器接受磁北极参考，通常不需要调整。没有这样一个自动寻找北极能力的航向指示仪称为"自由"陀螺，需要定期调整。

三、磁罗盘

磁罗盘依据磁力原理工作，是飞机上寻找方向的重要仪表。地球磁场的南极和北极与地球旋转地理南极和北极并不完全重叠，寻找地球磁场方向的磁罗盘不会指向真

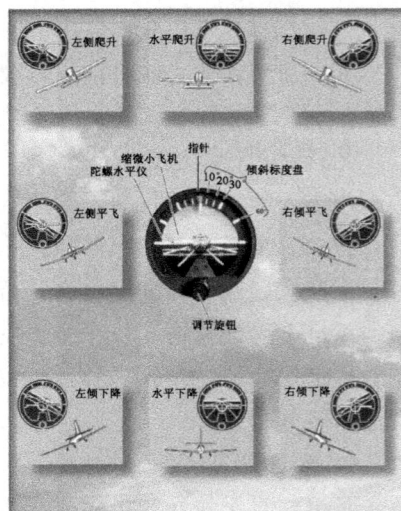

图 2-25　姿态指示仪

北极,况且,矿藏或者其他情况导致的局部磁场会扭曲地球的磁场,磁罗盘的指向会偏离磁北,而航图中使用的是地理极,因此,磁罗盘的指向必须修正。

磁罗盘指向与真北的角度偏差称之为磁偏角。图 2-26 为美国本土的等磁偏线,向东飞行减去偏差,向西飞行增加偏差。

除了地球产生的磁场之外,飞机内的金属或电子附件,以及飞机的加减速和转向均会产生其他磁场,导致磁罗盘指针摆动从而离开正确的航向。这个误差称为罗盘偏差。制造商在罗盘盒子内安装了补偿磁体来降低偏差的影响。当发动机运行和所有电子设备工作时,磁体通

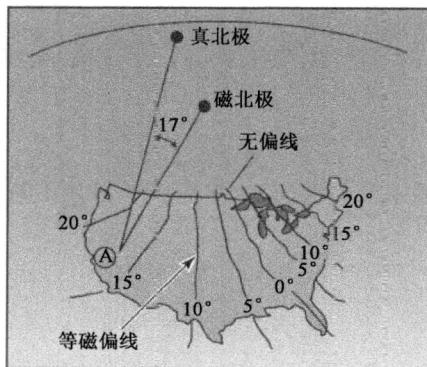

图 2-26　美国本土的等磁偏线

常是被调整过的。但是,完全消除偏差误差是不可能的,因此在罗盘边上安装了罗盘纠正卡。这个卡用于纠正从一个航向向另一个航向磁力线在不同角度时发生的相互影响,如图 2-27 所示。

仪表读数	0°	30°	60°	90°	120°	150°	180°	210°	240°	270°	300°	330°
纠正读数	359°	30°	60°	88°	120°	152°	183°	212°	240°	268°	300°	329°
雷达开启 ☑					雷达关闭 ☐							

图 2-27　罗盘纠正卡

四、外部空气温度表

外部空气温度表是一个简单而有效的装置,它的传感元件暴露在外部空气中。

第八节　飞 行 气 象

一、大气特性

大气是包围地球的一层气体混合物。它使我们免受紫外线的伤害,维持人类、动物和植物的生命。其中,氮气占 78%,氧气占 21%,氩气、水蒸气、二氧化碳以及微量的其他气体组成了其余的 1%。根据大气组成、温度和运动状况等特性,大气可划分对流层、平流层、中间层、热层和外层 5 层。

1. 对流层

自地面到 8~18km,纬度越高越薄,绝大多数的天气现象(风、云,雨、雷)和温度变化都发生在此层,每上升 1 000m,温度平均下降 6.5℃。

2. 平流层

它从对流层顶延伸到大约 50km 的高度,很少有天气现象,而且空气保持稳定。平流层下部温度不变,又叫做同温层;中部 25~36km,气温升高,称为逆温层;顶部温度下降。

3. 中间层

自平流层到 85km 的高度,温度随着高度增加快速降低,可能下降到 −100℃ 以下。

37

4. 热层

自平流层到 800km 的高度,大气稀薄,呈电离状况,也称之电离层,温度迅速上升,据测可达 1 000℃。

5. 外层

又称散逸层,空气极稀薄并不断向星际空间散逸,是大气上界。

二、大气压力

大气压力随着高度、温度、空气密度而变化。随着海拔高度增加,空气密度下降,压力减小。温度上升,湿度增大会使空气密度下降,并导致气压下降。在理想状态下,空气压力与密度、温度的关系为:

$$\frac{p}{\rho t} = 摩尔常数 \tag{2-2}$$

式中：p——大气压力(Pa);

ρ——大气密度(mol/m^3);

t——温度(℃);

摩尔气体常数($8.314J \cdot K^{-1} \cdot mol^{-1}$)。

为了提供参照标准,国际标准化组织规定了国际标准大气(ISA),它基于国际民用航空组织(ICAO)确定的中纬度地区的平均条件而定。在海平面,温度为 15℃,国际标准大气压力为 76cm 汞柱高(0.101 3MPa)。随着海拔高度的上升,温度与大气压力如表 2-1 所示。

国际标准大气(ISA)　　　　　　　　　　　　　　　　　　表 2-1

大 气 层	海拔高度 z(km)	温度梯度(℃/km)	温度 t(℃)	大气压力 p(Pa)
对流层	0.0	−6.5	+15.0	101 325
对流层顶	11.0	+0.0	−56.5	22 632
平流层	20.0	+1.0	−56.5	5 474.9
平流层	32.0	+2.8	−44.5	868.02
平流层顶	47.0	+0.0	−2.5	110.91
中间层	51.0	−2.8	−2.5	66.939
中间层	71.0	−2.0	−58.5	3.956 4
中间层顶	84.9	—	−86.2	0.373 4

三、风

风是由于地球表面的不均匀受热引起的。气流会从高压区域向低压区域流动。高压区域一般是干燥稳定的下降气流,好天气通常和高压系统有关。低压区域是潮湿不稳定的上升气流,它伴随云量和降水量的增加。因此,坏天气通常和低压区域有关。

小范围空气的不均匀受热产生局部循环流气流,使较低高度飞行的飞机产生颠簸。上升气流很可能发生在路面和荒地上空,下降气流经常发生在水体或者类似成片树林的广阔植被区域之上。在大陆直接和一大片水体相邻的区域特别明显,例如海洋、大的湖泊。

地面上的障碍物会影响风的流动。这些障碍物包括从人造建筑物，如飞机棚等，到大的自然障碍物，如山脉、峭壁或者峡谷。当飞机沿着迎风侧平稳地向上流动，上升的气流会帮助飞机飞越山脉的顶峰，而背风侧的效果则不一样。当空气流在山的背风侧向下时，空气顺着地形的轮廓流动，气流逐渐增加，对飞行安全很不利，如图 2-28 所示。

图 2-28 地形对气流的影响

风切变是指在一个非常小的区域内风速和/或方向发生突然、激烈的变化。风向和速度的快速变化改变了飞机的相对风，破坏了飞机的正常飞行高度和性能。低空的风切变特别危险，低空风切变通常会伴随偶然的锋面系统、雷暴。最严重类型的低空风切变和对流性降水或来自雷暴的降雨有关。当接近地面时，这些过快的气流和风向的快速变化会产生飞机难以控制的条件，如图 2-29 所示。

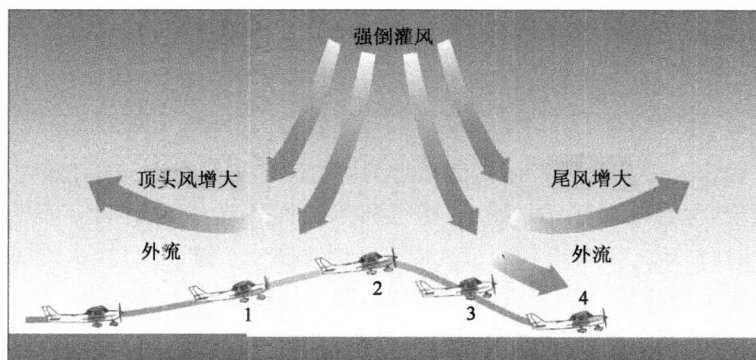

图 2-29 低空风切变对飞行的影响

四、雾

雾是从地表开始 15m 内的云。它通常发生在接近地面的空气温度冷却到空气的露点时，空气中的水蒸气凝结，变成雾这种可见的形式。

根据其成因，雾可分为地面辐射而快速冷却形成的辐射雾，温暖潮湿的空气在寒冷地面上移动产生的平流雾，蒸汽在干冷空气沿温暖的水面移动形成的蒸汽雾或者海雾，以及发生在北极地区寒冷的天气，水蒸气直接变成了冰晶状态的冰雾。

五、云

云可根据其云底高度分为低云、中云、高云以及垂直扩展的云。

低云是指距地面小于 2 000m 高度的云。它主要是由小水滴组成的，也可能包含会导致飞机结冰引发危险的过度冷却水滴。低云妨碍能见度，会导致不能进行目视飞行。

中云形成在大约距离地面高度 2 000m 延伸到距离地面 6 000m 的高度。它们是由水、冰晶和过度冷却的水滴组成。典型的中高度云包括高层云和高积云。在较高海拔高度越野飞行的时候可能会遇到这些类型的云。高层云会产生紊流，可能发生中度结冰情况。高积云通常形成在高层云散开时，也可能发生轻度紊流和结冰情况。

高云是指距地面 6 000m 以上的云，通常在稳定空气中形成，由冰晶组成，不影响飞行安全。

大范围垂直扩展的云称之为积云。这些云的底部大多形成在低高度到中高度云底区域。高耸的积云是大气中不稳定的区域，其周围和内部的空气是紊乱的。这些类型的云经常发展成积雨云或者雷暴。积雨云包含大量水汽和不稳定空气，经常会产生危险的天气现象，如闪电、冰雹、龙卷风、强阵风和风切变。

对于飞行来说，积雨云可能是最危险的云类型。它单独或者成片出现，靠近地表的空气变热产生气团雷暴，在山脉地区的空气上坡运动导致地形雷暴。以连续线形式形成的积雨云是雷暴或者飑线的非锋面带。如果一架飞机进入雷暴，飞机将会遇到每分钟超过 900m 的上升或者下降气流。另外，雷暴还会产生大冰雹、破坏性闪电、龙卷风和大量的水，所有这些对飞机都是潜在的危险。

轻型飞机是不可能飞越雷暴的。在雷暴雨下飞行，使飞机受到雨、冰雹、破坏性闪电和猛烈的紊乱气流的影响。一个好的经验规则是以至少 5n mile 绕飞雷暴，如果不能选择绕飞雷暴的话，那么就留在地上等待雷暴过去。

六、降水

降水发生是因为云中的水或者冰粒逐渐增大，直到大气不能再支持它们。它落向地面时会以多种形式出现，包含细雨、暴雨、冰粒、冰雹和冰冻。通常，降雨伴随着低云幕高度和降低的能见度，因而任何形式的降雨对飞行安全都是一个威胁。飞机表面的冰、雪或者霜会改变飞机与空气的相对流动而导致飞机失去升力，因此，在飞行前必须予以清除。雪、冰、雨会使跑道摩阻系数下降，使得飞机起飞和降落变得困难和不安全。

七、气团和锋面

气团是呈现出环绕区域或者源地特性的很大体积的空气。通常的源地是指空气在其中保持相对停滞几天或者更长时间的区域。在这个停滞时间内，气团获得了源地的温度和湿度特性。气团按照它们的发源地区分为大陆型极地气团和海洋型热带气团。大陆型极地气团在极地区域的上空形成，它携带有寒冷干燥的空气。海洋型热带气团在温暖的海洋水面上形成，如加勒比海形成的气团，它携带有温暖潮湿的空气。

当空气团沿水体或大陆运动时，它们最终会和另一个不同特性的空气团相遇。两种类型空气团之间的边界层称为锋面。靠近任何类型锋面总是意味着天气即将变化。锋面根据前进的空气温度相对于被取代的空气温度来命名，分为暖锋、冷锋、静止锋、锢囚锋 4 种。

暖锋面前后，能见度差且常伴降雨，不适合目视飞行；冷锋对飞行安全影响较大，能见度差，风向多变，有可能形成大阵雨并伴随闪电、雷鸣和/或冰雹；静止锋有可能具有冷锋和暖锋两种特性；锢囚锋是指快速移动的冷锋追上一个慢速移动的暖锋的现象。当暖锋前的空气比冷锋的空气还冷时，称之为暖锋锢囚，这时就有可能产生影响飞行安全的雷暴、雨、雾等天气现象。

八、航空气象报告

航空气象资料由地面的、高空的以及雷达的 3 部分组成。

地面航空气象资料,由地面站当前天气的气象要素汇编而成,如有风、能见度、跑道可视范围、天气现象、天空条件、温度/露点、气压等关于机场的有价值信息。

高空航空气象资料,由无线电探空仪观测和飞行员天气报告构成。无线电探空仪使用探空气球和无线电遥测技术,提供高度达到或超过 30 000m 范围内的温度、湿度、压力和风数据。飞行员提供飞行中收集与探测到的关于紊流、结冰、云高度等有关的实时信息。

在大、中机场设置的多普勒天气雷达、进近终端雷达和机场监控雷达,对风切变、阵风带、强降雨等气象信息,进行适时监控和预报。

航空飞行服务机构根据上述的气象资料,汇编整理成供飞行员在每次飞行出发之前了解始发地、航线、目的地气象状况的航空气象简报,导航设施上转录的天气报告,以及持续的广播危险天气信息,并且专门用于飞行员请求时提供及时的航路气象信息。

第三章　空中交通管理

第一节　空中交通管理史

一、自由飞行时代

飞机出现后的前十几年,飞机的飞行均在白天进行,靠盯着公路、铁路、河流、输电线等线状地标,山峰、灯塔、公路交汇点等点状地标,湖泊、城镇等面状地标进行飞行。首次夜航是美国邮政飞行员 J. H. 杰克于 1921 年 2 月完成的,他从旧金山出发,经奥马哈和芝加哥,最后到达纽约,其中近 450km 的航线是在夜间飞行的。航线导引采用了非常原始的办法,那就是农民们沿线在地面燃起篝火。这种参照地标进行的飞行可称之为"地标导航"。

后来,空勤人员利用航空地图、磁罗盘、计算尺、时钟等工具以及天文、地理、数学知识,根据风速、风向计算航线角,结合地标修正航线偏差,这种工作叫做"空中领航"。这种方法虽然"原始",但航空先驱林伯于 1927 年 5 月 21 日就是据此驾驶一架活塞式单发动机飞机"圣路易斯精神号"独自由美国西海岸启程,直接飞越大西洋到达巴黎的,他飞越茫茫大西洋时还通过观察海上的洋流、夜空中的星座来辨别方向,确定位置。空中领航学是当时飞行员的一门必修课,其核心是用矢量合成原理修正风对飞行航迹的影响。

1929 年 9 月 24 日,美国飞行员 P. 考斯曼的试飞又前进了一步,仅靠无线电导航,首次完成了航线"盲飞"的试验。这次试验的成功,使人们不再怀疑依靠仪器导航的可能性,也使美国航空界认识到仪器导航的可靠性和安全性。

二、空中管制的成形

从 1926 年起,空中管制的雏形就已经开始出现了。当时的做法是,一位地面工作人员站在跑道的尽头,穿着颜色十分醒目的衣服,挥动着表示允许着陆或起飞的绿色小旗和表示暂不放行的红色小旗,指挥着来来往往的飞机。这种用旗语指挥飞机起飞比指挥飞机着陆更有效一些,缺点是夜间无法使用。到 20 世纪 20 年代末,在一些主要机场,这种指挥旗被信号枪所取代。当时的做法是将信号枪对准起飞或者降落的飞机上方发射。在晴天,16km 之外都可以看到那绿色或红色的光亮,但这种信号的作用距离也很有限。同期,一批飞行员开始使用15W 的民用电台与地面联络,联络距离可达到 24km。1930 年 2 月,克利夫兰机场开始使用无线电空中交通指挥塔。地面人员可以通过指挥塔与空中联络,告诉飞行员着陆条件和天气情况,并引导飞机的起飞或着陆。

20 世纪 30 年代中期,航空运输业迅速发展,当时芝加哥纽瓦克机场是美国最繁忙的航空港,在运营高峰期,一小时内起降飞机达 60 余架。虽然飞机的起飞可以由机场方面指挥控制,但对着陆缺乏有效的控制,飞行员常常未经机场的允许就抓紧机会着陆。而且,许多大城市的机场都充斥着大量的、未经事先通知而飞来着陆的私人飞机,这些情况均可能导致严重的安全问题。为此,1934年秋季,在华盛顿召开了由美国航空委员会主持的商业航线飞行员会议,要求各条航线都要立即建立起自己的空中交通管理系统。该年年底联合航空、东方航空等4家航空公司联合在纽瓦克机场附近的一个废弃的高塔上,建立了一个试验性的空中交通管制中心,负责控制机场四周80km之内的空中交通。

1936年6月,纽瓦克、芝加哥和克利夫兰正式建立了机场塔台。不久,在一些航空业发达的欧洲国家也陆续建立了负责管理空中交通的指挥塔。最初的空中交通管制塔台的工作还比较简单,每天工作12~16h,每个工作站只配备一块黑板、一张大型地图、一台打字机和一部电话。黑板上标明飞机的到达时间,而飞机航线则用活动标签标在地图上。塔台之间每隔15min互相通报一次飞机的出港和到港情况。

在空中交通管制塔台建立的初期,最大的问题就是指挥人员无法直接与飞行员们通话,只能靠商业性无线电来互相沟通。当然,因信息的误传而造成的飞行事故也屡见不鲜。为此,美国民航局于1938年发布了民航管理法则与空中交通规则,要求飞行员按照仪表的指示,严格遵守空中交通管制中心的指令飞行。

三、管制向管理的转变

第二次世界大战爆发后,由于战争的需要,飞行管制技术得到了迅速发展。雷达是英国在第二次世界大战中为防御德国飞机空袭而发明的,很快就成为空中交通管制和天气预报的重要工具。20世纪60世代,世界上许多重要的机场都用上了雷达装置,交通管制技术有了质的飞跃。

随后,各国的空中交通指挥体系相继建立起来,飞机的精确跟踪与准确的天气预报使飞行的安全系数大大增加。空中交通管制系统已不仅仅限于初创期控制指挥飞机起降,已涉及飞行的全过程,即从驶出机坪开始,经起飞爬升,进入航路,通过报告点到目的地机场降落为止,飞机始终处于监视和管制之下,而且还扩展至提供情报和警告服务等有效管理的层面。因此,20世纪80年代,沿用多年的"空中交通管制"名称逐渐被涵盖面更宽的"空中交通管理"所取代。

四、空中管理的未来

1988年,国际民航组织ICAO提出在25年内,实施新一代通信(C)、导航(N)、监视(S)技术为一体化的未来航行系统(FANS)方案。根据ICAO的未来航行系统(FANS)特别委员会的定义,空中交通管理(ATM)由地面和空中2部分组成。其中,ATM的地面部分包括空中交通服务(ATS)、空域管理(ASM)和空中交通流量管理(ATFM)3部分。

在一些发达国家,已经制订了一项于2010年实施的被称为"自由飞行"的方案,它将允许飞行员们选择自己的飞行路线,由卫星导航系统导引飞行,而塔台控制人员的责任仅仅是防止事故的发生。如果该方案得以实施,空中交通管理将揭开新的一页。

第二节 空域、航路

一、空域划分

空域是指飞机飞行所占用的空间。空域一般可划分为情报区、控制区、咨询区和特殊用途区4大类。

1.情报区

ICAO在有关的文件、公约中承认每个主权国家对境内的空域拥有主权。因此,在绝大部分情况下,空中交通服务ATS的提供与其疆域是一致的。也有一些情况例外,例如在国际空域如公海上空的空域的服务则由具备实力并可承担此责任的国家或地区承担,在此需要强调的是,受权国无权将本国的规章强加于有关的航空器,大家共同遵守的是ICAO的附件和有关的地区协议。上述的空域就是一种飞行情报区(简称情报区),另外一种就是每个国家根据本国的实际情况(如无线电的覆盖范围、行政大区的确定、人员的配备管理的方法),划分为若干个情报区,在本区的服务可由本区飞行情报中心提供,也可以由区域管制中心提供,我国更多选后者。

我国共划分沈阳、北京、上海、广州、昆明、武汉、兰州、乌鲁木齐、香港和台北10个飞行情报区。

2.控制区

控制区是指为飞行提供空中交通管制服务的空域。根据不同的空域种类,服务有所不同。每个管制区的确定取决于无线电的覆盖范围,地理边界,配备的人员、设施及管理的手段等。根据飞行量、空域的结构、活动的构成等,在垂直方向可划分为高空、中低空管制区,在水平面方向可划分为多个管制区或多个扇区。

3.咨询区

咨询区是介于情报区和管制区之间的一种临时性的、过渡性区域。筹建咨询区便于未来在人员的选拔、培训,设备(设施)的添置等满足要求时,再平稳地过渡到能提供更多、更及时服务的管制区。我国目前未设立此类型区域。

4.特殊用途区

特殊用途区又可为危险区、限制区、禁飞区、放油区和预留区等。

(1)危险区

可以由每个主权国家根据需要在陆地或领海上空建立,也可以在无明确主权的地区建立,它在所有限制性空域中,约束、限制最少。被允许在其内运行的飞机受到保护,其他航空器的运行会受到可能的影响,基于此,有关国家应在其正式的文件、通告中发布该区建立的时间、原因、持续的长短,以便于其他飞行员作决策——能否有足够的把握、充足的信心面对如此的危险。ICAO规定,在公海区域只能建立危险区,因为谁也无权对公海飞行施加更多的限制。建立在国际水域上空的危险区,当建立所依赖的条件不存在时,应立即撤销。我国在航图上以D表示危险区。

(2)限制区

是限制、约束等级较危险区高,又比禁区低的一种空域,在该空域内飞行并非是绝对禁区,而是否有危险,已不能仅仅取决于飞行员自身的判别和推测。此种类型空域的建立一般不是长期的,所以最重要的是要让有关各方知道,该区何时开始生效,何时将停止存在,赖以建立的条件、原因是否依然存在。与建立限制区相关的活动包括有空中靶场、高能激光试验、导弹试验等。有些限制区的生效时间持续24h,有些仅仅作用于某些时段,其他时段对飞行无任何影响。美国FAA规定,一旦限制区生效,有关空中交通管制(ATC)机构应立即得到通知,以指挥仪表飞行规则(IFR)飞行的飞机远离该区,目视飞行规划(VFR)飞行的飞机可获得来自ATC机构的导航帮助,以保持与限制区的间隔;限制区失效或取消,应立即通知ATC机构,然后才可允许IFR、VFR飞行的飞机进入该区域。该区在VFR、IFR航图上用R字母加以标注。

（3）禁止区

可划分为永久性禁区和临时性禁区2种,是在各种类型的空域中,限制、约束等级最高的。一旦建立,任何飞行活动都将被禁止,除非有特别紧急的情况,否则将遭受致命的灾难。这些区域主要用来保护关系到国家利益的重要设施,如核设施、化学武器生产基地以及某些敏感区域,不仅本身很重要,而且一旦发生飞行事故,波及到上述目标后,将产生极大的危害。所以,该区的建立各国都比较慎重,常以醒目的 P 在航图上加以标注。

（4）放油区

围绕大型机场建立的供飞机在起飞后由于种种原因不能继续飞行,返回原起飞机场又不能以起飞全重着陆时而划定的一片区域。设计该区域的主要目的是放掉多余燃油,使飞机着陆时不超过最大允许着陆重量,从而对飞机不造成结构性损伤。这样的区域一般规划在远离城市的地带。

（5）预留区

一般分为两种,参照地面相互位置不动的空域即为固定性预留区,相互位置移动的空域即为活动性预留区。前者往往涉及一些飞行活动,如军事训练、飞行表演等,后者往往涉及空中加油、航路编队飞行等。无论是哪种,在预留区的外围应建立缓冲区,以便 ATS 机构能有足够的裕量保证其他飞行的安全。无论是何种预留区,使用时间有长有短,当建立预留区的相关活动或飞行结束后,应及时予以撤销。

二、控制区的空域类型

根据控制空域内的航路结构和通信、导航、气象、监视能力,在控制区划分了若干个管制区,划分标准各国不尽相同。表 3-1 为国际民航组织（ICAO）空域（含情报区）种类划分标准。

国际民航组织（ICAO）空域种类划分标准 表 3-1

空域种类	飞行种类	提供对向间隔	提供的服务类型	能见度及距云的距离	速度限制	双向通信
A	IFR	所有飞行	空中交通管制服务	无	无	有
B	IFR	所有飞行	空中交通管制服务	无	无	有
	VFR	所有飞行	空中交通管制服务	≥3 050m:8km,<3 050m:5km 无云	无	有
C	IFR	IFR	空中交通管制服务	无	无	有
	VFR	IFR	1.IFR与IFR间隔服务; 2.VFR与VFR间活动信息	≥3 050m:8km,<3 050m:5km 距云水平:150m,垂直:300m	3 050m以下 250 节	有
D	IFR	IFR	包括目视活动信息的管制服务	无	3 050m以下 250 节	有
	VFR	无	目视和仪表飞行的活动信息	≥3 050m:8km,<3 050m:5km 距云水平:1 500m,垂直:300m	3 050m以下 250 节	有
E	IFR	IFR	空中交通管制服务,提供有关目视飞行的活动信息	无	3 050m以下 250 节	有
	VFR	无	尽可能提供活动信息	≥3 050m:8km,<3 050m:5km 距云水平:1 500m,垂直:300m	3 050m以下 250 节	无

空域种类	飞行种类	提供对向间隔	提供的服务类型	能见度及距云的距离	速度限制	双向通信
F	IFR	尽可能 IFR	空中交通咨询服务,飞行情报服务	无	3 050m 以下 250 节	有
	VFR	无	飞行情报服务	≥3 050m:8km,<3 050m:5km 距云水平:1 500m,垂直:300m,900m 及以下 5km	3 050m 以下 250 节	无
G	IFR	无	飞行情报服务	无	3 050m 以下 250 节	有
	VFR	无	飞行情报服务	≥3 050m:8km,<3 050m:5km 距云水平:1 500m,垂直:300m,900m 及以下 5km	3 050m 以下 250 节	无

(1)美国的控制区分为 A、B、C、D、E 5 类。

A 类:绝对管制区。横跨美国全境,从 18 000ft[1](5 486.4m)MSL(平均海平面)至 60 000ft(18 288m),只有 IFR 飞行,ATC 机构负责所有飞行间的间隔。

B 类:终端管制区。一般建立在繁忙机场附近,从地面至 8 000ft(2 438.4m)MSL,每个终端区的建立应极大地满足当地地形特点和航线的要求。IFR、VFR 均可飞行,ATC 机构负责飞行间的间隔,每架飞机应有通信、导航、应答机等设备。

C 类:机场雷达服务区。一般建立在中型机场,从地面或从某一高度至地面以上 4 000ft(1 219.2m)。该区域一般由两部分组成,即内环[半径 5n mile]和外环[半径 10n mile,下限 1 200ft(365.76m)]。飞行员要保持和管制员的通信联络,飞机具有应答机。间隔的提供取决于飞行的种类,此乃 B、C 类空域的最大区别之一。

D 类:管制地带。一般建立在有管制塔台的机场,半径 5n mile,从地面至管制空域的下限,通常是航路的下限 1 000~3 000ft(304.8~914.4m)AGL(距地面垂直高度)。这样设计的目的是:使飞机从航路飞行至目的地机场的全过程能为管制空域所覆盖。

E 类:过渡区。一般从 1 200ft(365.76m)AGL 至管制空域的下限,除 A、B、C、D 以外部分,也可以是 1 200ft(365.76m)AGL 以下的空域,以确保飞机的进近过程为管制空域所包围。ATC 机场只负责 IFR 间的间隔。

(2)我国的控制区分为 A、B、C、D 四类。其中,A、B、C 类空域的下限应当在所划空域内最低安全高度以上第一个高度层,D 类空域的下限为地球表面。A、B、C、D 类空域的上限,应当根据提供空中交通管制的情况确定,如无上限,应当与巡航高度层上限一致。

A 类:高空管制空域。在我国境内 6 600m(含)以上的空间,划分为若干个高空管制空域,在此空域内飞行的航空器,必须按照仪表飞行规则飞行,并接受空中交通管制服务。

B 类:中低空管制空域。在我国境内 6 600m(不含)以下最低高度层以上的空间,划分为若干个中低空管制空域。在此空域内飞行的航空器,可以按照仪表飞行规则飞行。如果符合目视飞行规则的条件,经航空器驾驶员申请,并经中低空管制室批准,也可以按照目视飞行规则飞行,并接受空中交通管制服务。

---

[1] 1ft=0.304 8m。

C类:进近管制空域。通常是指在一个或几个机场附近的航路汇合处划设的便于进场和离场航空器飞行的管制空域。它是中低空管制空域与塔台管制空域之间的连接部分,其垂直范围通常在 6 000m(含)以下最低高度层以上;水平范围通常为半径 50km 或走廊进出口以内的除机场塔台管制范围以外的空间。在此空域内飞行的航空器,可以按照仪表飞行规则飞行。如果符合目视飞行规则的条件,经航空器驾驶员申请,并经进近管制室批准,也可以按照目视飞行规则飞行,并接受空中交通管制服务。

D类:塔台管制空域。通常包括起落航线、第一等待高度层(含)及其以下地球表面以上的空间和机场机动区。在此空域内运行的航空器,可以按照仪表飞行规则飞行。如果符合目视飞行规则条件,经航空器驾驶员申请,并经塔台管制员批准,也可以按照目视飞行规则飞行,并接受空中交通管制服务。

三、航路

航路是由地面导航设施建立的走廊式保护空域,供飞机作航线飞行之用。划定航路是以连接各个地面导航设施的直线为航路中心线,在航路范围内规定有上限高度、下限高度和航路宽度。航路的宽度取决于飞机能保持按指定航迹飞行的准确度、飞机飞越导航设施的准确度、飞机在不同高度和速度时的转弯半径,并需加必要的缓冲区,因此,航路的宽度不是固定不变的。《国际民用航空公约》附件十一中规定,当两个全向信标台之间的航段距离在50n mile(92.6km)以内时,航路的基本宽度为中心线两侧各 4n mile(7.4km);航段距离在50n mile 以上时,根据导航设施提供飞机保持航迹飞行的准确度进行计算,扩大航路宽度,一般为 20km。

飞机在航路内飞行必须实施空中交通管制。为便于驾驶员和空中交通管制部门工作,航路标有明确的名称代号。国际民用航空组织规定航路的基本代号由一个拉丁字母和 1～999的数字组成。A、B、G、R 用于表示国际民航组织划分的地区航路网的航路,H、J、V、W 为不属于地区航路网的航路。对于规定高度范围的航路或供特定的飞机飞行的航路,则可在基本代号之前增加一个拉丁字母,如 K 用于表示直升机低空的航路,U 表示高空航路,S 表示超音速飞机用于加速、减速和超音速飞行的航路等。

最初建立的航路为低空航路(6 000m 以下),航路的导航设施为低频、中频导航台和无线电四航道信标台,20 世纪 50 年代后期逐渐为全向信标(VOR)和塔康组合(VORTAC)所代替。喷气式飞机投入航空运输飞行后,使用全向信标、全向信标/测距仪(VOR/DME)和塔康组合建立起包括 6 000m 和以上高度的高空航路。随着空中交通密度的增大,为了使航路能有更大的容纳量,减少航班飞行的延误,对航路内的飞行实施雷达管制,以缩小航路上飞机之间的间隔。另外,在飞机上增加了区域导航系统,以便在根据全向信标/测距仪建立的航路两侧建立平行航路——区域导航航路。它不仅减轻了主航路上空中交通的压力,增加了同方向飞行的总交通量,而且使飞机进出机场区域的飞行更加机动和安全。

四、飞行间隔

为了保证飞机的飞行安全,飞机间的垂直、纵向、横向必须保持足够的间隔。在目视飞行时,飞行间隔取决于飞机的绝对速度、前后飞机间的速度差、前飞机尾流对后飞机的影响程度等因素。在仪表飞行时,飞行间隔取决于仪表的识别精度。

飞机的飞行高度用高度层表征。飞行高度层是指以标准海平面气压（0.101 3MPa）为基准，每 30m 或 100ft 作为一个高度分层，记作 FL*n*，其中，*n* 为层数，例如，气压高程 18 000～18 100ft 之间的高度层称之为 FL180。

飞行的最小垂直间隔，在 20 世纪 60 年代，国际民用航空组织（ICAO）的规定为：FL290（8 850m）及以下，采用 300m（1 000ft）为高度层，FL290（8 850m）以上，采用 600m（2 000ft）为高度层。1997 年，北大西洋航路的空域从 FL370 以下实施了 300m（1 000ft）的垂直间隔试运行，一年以后，试运行高度层扩展到 FL390。我国的最小垂直间隔一直偏严，随着空中交通压力的增大和空管设备改进和管理水平提高，2007 年 11 月，8 400m 以下由 600m 缩为 300m，8 900～12 500m 仍维持 600m。

横向间隔一般以 20km 控制，跨洋飞行时一般为 50n mile。

同航迹、同高度、同速度目视飞行的纵向间距一般规定为：指示空速大于等于 250km/h 时为 5km；指示空速小于 250km/h 时为 2km；跨海洋飞行时为 10min。有测距仪的仪表飞行时，同航迹、同高度的纵向间隔为 60km；前机真实空速大于后机 40km/h 时可减至 40km。

飞行近进与着陆的纵向间距以尾流影响程度而定：前后飞机同为重型或中型时，间隔时间不得少于 2min；当前后飞机不同型时，间隔时间不得少于 3min。采用雷达导航时，前后飞机同为重型时纵向间距为 8km；前重后中时 10km；前重后轻时 12km；前中后轻时 10km；其他为 6km。

第三节　助航设备

一、机场导航

机场区域的助航设备主要是供着陆飞机使用的，主要有：仪表着陆系统、微波着陆系统、精密进近雷达、机场监视雷达、机场地面探测设备，以及助航灯光系统等。其中，助航灯光系统将在第十五章中论述。

1. 仪表着陆系统 ILS

仪表着陆系统是目前应用最为广泛的飞机进近和着陆引导系统。它的作用是由地面发射的两束无线电信号实现航向道和下滑道指引，建立一条由跑道指向空中的虚拟路径，飞机通过机载接收设备，确定自身与该路径的相对位置，使飞机沿正确方向飞向跑道并且平稳下降，最终实现安全着陆。

仪表着陆系统包括方向引导、距离参考两大系统，见图 3-1。

方向引导系统由航向台和下滑台组成。航向台位于跑道进近方向的远端，波束为角度很小的扇形，提供飞机相对于跑道的航向道（水平位置）指引；下滑台位于跑道入口端一侧，通过仰角为 3°左右的波束，提供飞机相对跑道入口的下滑道（垂直位置）指引。

距离参考系统由指点标构成，距离跑道从远到近分别为外指点标（OM）、中指点标（MM）和内指点标（IM），提供飞机相对跑道入口的粗略的距离信息，通常表示飞机在依次飞过这些信标台时，分别到达最终进近定位点（FAF）、I 类运行的决断高度、II 类运行的决断高度。

有时测距仪 DME 会和仪表着陆系统同时安装，使得飞机能够得到更精确的距离信息，或者在某些场合替代指点标的作用。应用 DME 进行的 ILS 进近称为 ILS-DME 进近。

2.微波着陆系统 MLS

仪表着陆系统的使用受到许多限制,第一,它只提供单一坡度为3°的进近通道,该通道在低高度上延伸10n mile,从而对机场在这一方向上的净空要求非常严格,而且飞机只能在这个距离之外以一定角度进入航路,使交通流量受到限制;第二,系统的性能受到地形和建筑物的影响,有时还受到移动车辆的影响;第三,在60m(200ft)以下,下滑道信号有时因受地面干扰不够稳定。

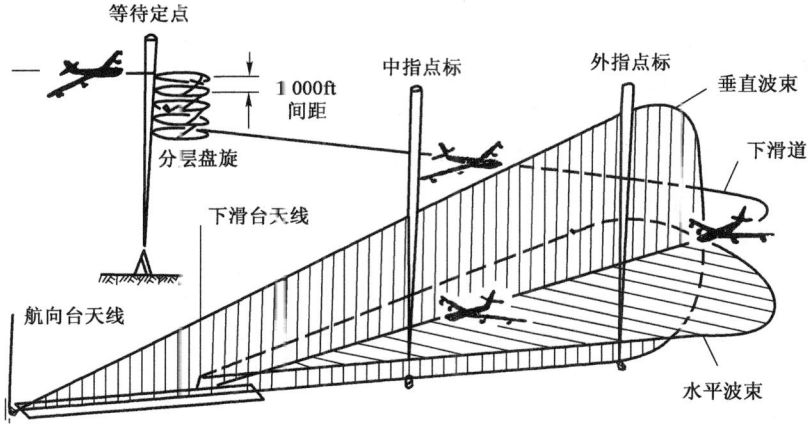

图 3-1 仪表着陆系统 ILS

在20世纪70年代开发了微波着陆系统,国际民航组织也推荐这一系统,作为20世纪90年代末逐步取代现有的仪表着陆系统的标准系统。20世纪80年代末,在北美和欧洲开始使用微波着陆系统。微波着陆系统使用5 031~5 091MHz 的频段,这是超高频(UHF)波段,不易受干扰,而且频道数目为ILS 的5倍。它的组成部分与仪表着陆系统类似,以方位发射机发射相当于ILS 中的航向道波束,以确定飞机的水平位置,飞机可在跑道中线两侧40°范围内进入航道。它的高度发射机发射出垂直导航波束,相当于仪表着陆系统中的下滑道波束,驾驶员可选择的下滑坡度范围在3°~15°之间。同时,微波着陆系统使用精密测距仪为驾驶员提供准确的距离信号以取代仪表着陆系统的指点标系统,见图3-2。这样,微波着陆系统以和仪表着陆系统相似的方法实现飞机着陆导航任务。但微波着陆系统的流量、通过能力、精确度和安装的初始成本都比仪表着陆系统优越。

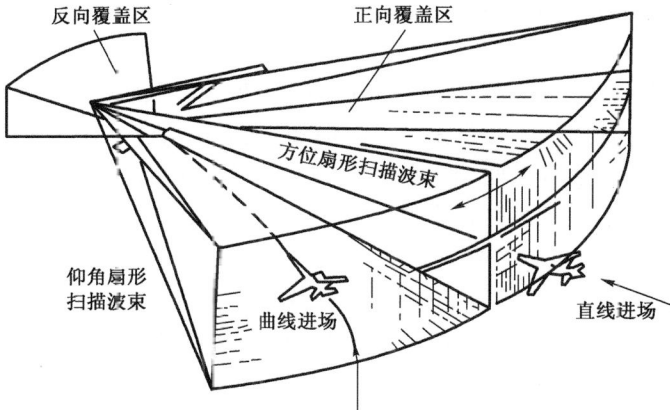

图 3-2 微波着陆系统 MLS

卫星导航技术的迅速发展超过了人们的预计,在 20 世纪 90 年代初,人们已经看出卫星着陆系统要大大优于微波着陆系统,因而国际民航组织不再积极推荐微波着陆系统,美国 FAA 也已终止进一步研制微波着陆系统,转向卫星着陆系统研发。

3. 精密进近雷达系统 PAR

精密进近雷达系统由发射器、显示器和两个天线组成。一般装在可移动的车辆上,一个天线水平扫描,确定飞机相对跑道的横向位置,另一个天线垂直扫描显示飞机的飞行高度,这两个信号同时出现在管制员的显示屏上,管制员根据显示出的航道向驾驶员发出指令或建议,引导飞机安全着陆。精密进近雷达系统装置体积小,可移动而且不需要在飞机上装很多设备,因而成为军用导航的首选系统。但它的精确程度和可靠性受管制员的水平影响很大,且不如 ILS 系统稳定和易于掌握,因而民用航空最终在 20 世纪 70 年代选定 ILS 系统作为标准系统。精密进近雷达系统目前只有在偏远地区或紧急情况(如出现地震、突然事件等)时才在民航中使用。

4. 机场监视雷达 ASR

机场监视雷达 ASR 可 360°监视机场周围空域中的飞机正在进行的活动,作用半径为 50～80km,它在显示器的亮点显示飞机的相应平面位置,移动中的飞机的亮点遗留下一条明亮的痕迹,指出飞机正在移动的方向并可能显示其速度。

5. 机场地面探测设备

在大型、高密度机场,为了管理滑行中的飞机情况,装备了一种名为"机场地面探测设备"的专门雷达,它能将跑道、滑行道和站坪上飞机位置以图像显示出来。

二、近距助航

尽管全球定位系统(GPS)近几年得到广泛应用,但近距导航仍以甚高频全向无线电信标导航系统(VORTAC)为主。VORTAC 是 VOR(甚高频全向无线电信标)、VOR/DME(甚高频全向无线电信标与测距仪组合)和 TACAN(塔康组合)的统称。其中,后两者 VOR/DME 和 TACAN 的工作原理和技术规范有所差异,但作用和使用上是完全一样。

1. 甚高频全向无线电信标 VOR

VOR 信号发射机和接收机的工作频率在 108.0～117.95MHz 之间。VOR 台站发射机发送的信号有两个:一个是相位固定的基准信号;另一个信号的相位是变化的,像灯塔的旋转探照灯一样向 360°的每一个角度发射,而向各个角度发射的信号的相位都是不同的。向 360°发射的信号(指向磁北极)与基准信号是同相的,而向 180°发射的信号(指向磁南极)与基准信号相位差 180°。飞机上的 VOR 接收机根据所收到的两个信号的相位差就可判断飞机处于台站向哪一个角度发射的信号上。也就是说,可以判断飞机在以台站发射机为圆心的哪一条"半径"上。VOR 台站发送的信号成 360 条"半径",以辐射状向各个方向传送,每条"半径"就是一条航道,称为"Radial"。当飞机沿某条 Radial 飞离台站,其磁航向就是该条 Radial 号数;但当飞机沿某条 Radial 飞向台站,其磁航向就与该条 Radial 的号数差 180,见图 3-3。由于 VOR 的无线电信号与电视广播、收音机的 FM 广播一样,是直线传播的,会被山峰等障碍物阻隔,所以即使距离很近,在地面也很少能接收到 VOR 信号,通常要飞至离地 600～900m 高才收到信号,飞得越高,接收的距离就越远,见图 3-4。在 5 500m 以下,VOR 最大接收距离约在 40～130n mile(1n mile=1.852km)之间,视障碍物等因素而定。在 5 500m 以上,最大接收距离约为 130n mile。

2. 测距仪 DME

有的 VOR 台站是带有 DME 的，DME 工作在 UHF 频段，其工作原理是：机载 DME 发射信号给地面台站上的 DME，并接收地面 DME 应答回来的信号，测量发射信号与应答信号的时间差，取时间差的一半，就可计算出飞机与地面台站的直线距离。但应注意，仪表板上显示的距离是飞机与地面台站的斜线距离，DME 仪表板上显示的速度也是"斜"的，表示飞机与台站的"距离缩短率"，单位是节，它既不等于地速，也不等于表速。

图 3-3　VOR 接收机指示器　　　　　　　　　　　图 3-4　VOR 的工作范围

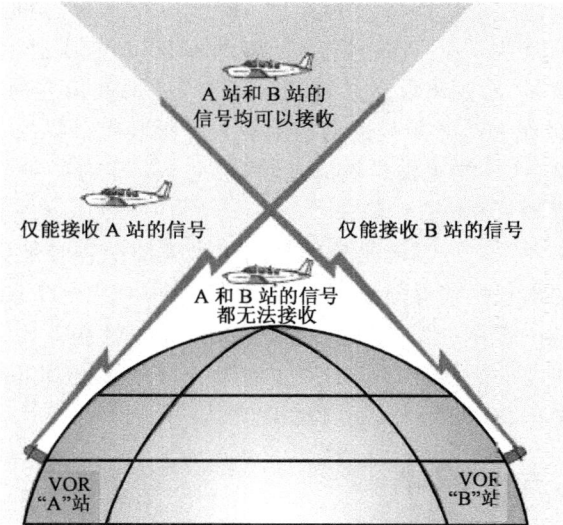

DME 是对 VOR 导航非常有用的辅助。单独的 VOR 只给出了飞机相对于 VOR 的方位角信息。加上 DME，飞行员就可以精确地定位飞机相对于 VOR 的方位和距离。

3. 无向信标 NDB

NDB 是现今仍在使用中的最古老的电子导航设备，在一些没有仪表着陆系统的小机场附近，常建有廉价的 NDB 台站，用作导航、着陆指引。其名称"无向"是指台站向各个方向发射的信号都是一样的，不像 VOR 那样互相有（相位）差别。飞机上的 NDB 信号接收机叫做方位角指示器（ADF）。ADF 的仪表头只有一支指针，当接收到 NDB 信号时，ADF 的指针就指向 NDB 台站所在的方向。如果飞机径直朝台站飞去，指针就指着前方，当飞机飞过台站并继续往前飞时，指针会转过 180°指向后方。

三、洲际导航

目前的洲际导航称之为奥米加导航系统（OMEGA）。它是一种超远程双曲线无线电导航系统，其作用距离可达 1 万多公里。只要设置 8 个地面台，其工作区域就可覆盖全球。8 个地面台分布在美国的夏威夷和北达科他州以及挪威、利比里亚、留尼汪岛、阿根廷、澳大利亚和日本。第一个奥米加导航台，于 1972 年在美国北达科他州建立；最后一个台，于 1982 年在澳大利亚伍德赛德建成。

奥米加导航系统是全球范围的导航系统，定位精度为 1.6～3.2km，它由机上接收装置、显示器和地面发射台组成。飞行器一般可接收到 5 个地面台发射的连续电磁波信号。电波的行程差和相位差有确定的关系，测定两个台发射的信号的相位差，就得到飞行器到两个地面台的距离差,进而确定飞机的位置。

由于奥米加导航定位系统工作频率较低,在水中的衰减相对较小,所以奥米加可以为水下10~20m航行的潜艇进行导航定位,在军事上的用途十分明显。随着卫星导航技术的逐步完善,该系统将逐渐被取代。

四、大洋导航

适用于广阔海面的罗兰系统(LORAN)最初是出于军事需要,由美国在二战期间开发的,名为罗兰—A。它的作用距离约1 300km,工作区定位范围约为926~14 852m,夜间利用天波,作用距离可达2 600km。它广泛地使用在海事应用上,定位误差通常小于0.25n mile。20世纪80、90年代逐渐被罗兰—C所取代。罗兰—C单元必须能够接收到至少一个主台和两个副台,才能提供导航信息,其信息是基于对射频(RF)能量脉冲的到达时间差的测量,脉冲频率范围为90~110kHz。

罗兰—D系统是美国军用战术机动中程导航定位系统,是在罗兰—C原理基础上研制成功的最新一代导航系统。经实地试验,罗兰—D系统在463km范围内定位准确度为180m,在926km范围内准确度一般为463m,重复性误差为18m。目前,这个系统主要是为海上石油开发所需的高精度导航定位实施服务,分别设在北欧的北海海域、西北欧、英国西南部、马来西亚和中国黄海海区。

五、卫星导航

目前,实用化的卫星导航系统有美国开发的全球定位系统GPS、欧盟开发的"伽利略"全球定位系统、俄罗斯"格洛纳斯"全球卫星定位系统,中国的"北斗"卫星定位系统正在研发与装备之中。

GPS系统有以下3个主要的组成部分。

1. 太空部分

由一群26个绕距离地球大约为10 900n mile的轨道运行的卫星组成。运行的卫星经常称为GPS星群。卫星是不同步的,相反是绕地球轨道大约12h的周期运行。每一个卫星装配了高稳定度的原子钟,且发送一个唯一的代码和导航信息。以超高频(UHF)传播就意味着其信号尽管受视距限制的影响,但不受天气影响。卫星必须位于水平面之上(被接收机天线"看"到),才可以用于导航。

2. 控制部分

由一个在科罗拉多州Springs的Falcon空军基地主控站、5个监控站和3个地面天线组成。监控站和地面天线分布在地面上,允许连续的监控和与卫星的通信。每个卫星的导航信息广播的更新和修正在其通过地面天线时上行传送到卫星上。

3. 用户部分

由所有和GPS接收机有关的部件组成,范围从轻便的手持接收机到永久安装在飞机上的接收机。接收机通过在一个匹配过程中移位它自己的同一代码来匹配卫星的编码信号,精确地测量到达的时间。知道了信号传播的速度和准确的传播时间,信号传播的距离可以从它的到达时间来推断。

飞机上GPS接收机要利用至少4个良好定位的卫星的信号来得出一个三维方位(纬度、经度和高度)。二维方位(只有纬度和经度)只要3个卫星就可以确定。

第四节　空中交通管制

一、目的与任务

空中交通管制的目的：①防止飞机在空中相撞；②防止飞机在跑道滑行时与障碍物或其他行驶中的飞机、车辆相撞；③保证飞机按计划有秩序地飞行；④提高飞行空间的利用率。

现代空中交通管制涉及飞行的全过程，从驶出机坪开始，经起飞爬升，进入航路，通过报告点到目的地机场降落为止，飞机始终处于监视和管制之下。在这个过程中，管制分为三级：塔台管制、进近管制和区域管制。

1. 塔台管制

塔台设在机场，主要是维持机场的飞行秩序，指挥滑行和起降，防止发生碰撞。各国的管制范围不一，视空域、飞行量和管制能力而定，在中国通常为 100km 左右。

2. 进近管制

对处于塔台管制范围和区域管制范围之间的进场或离场飞机实施管制。其范围有时较大，可达 180km 以上，可以包括几个机场。

3. 区域管制

也称航路管制，由区域管制中心执行，主要是使航路上的飞机之间保持安全间隔。它能对飞机实施竖向、纵向或横向调配，以避免碰撞，确保安全。

二、管制系统

管制系统主要有两类：执行塔台和进近管制的终端区管制系统，执行区域和高空管制的区域管制系统或区域管制中心。

1. 终端区管制系统

通常包括由一次雷达、二次雷达构成的数据获取分系统、由电子计算机构成的数据处理分系统、由雷达综合显示器和高亮度显示器构成的显示分系统，以及由图像数据传输、内部通信、对空指挥通信构成的通信分系统等，执行塔台和进近两级管制任务。这个系统的主要功能是：对装有应答机的飞机进行自动跟踪；进行代码呼号；显示飞行航迹和有关数据；用人工输入或直接接收邻近管制中心的飞行计划；对输入的计划进行简单处理；进行低高度数据处理。美国的自动雷达终端系统 ARTS—II 和 ARTS—III 是典型的终端区管制系统，前者用于中小型机场，后者用于大型机场。

2. 区域管制系统

执行区域管制任务，有时也担负高空管制。它通常包括：由多部远程一次雷达与二次雷达以及由雷达与飞行计划数据传输设备构成的数据获取和传输分系统，由多部计算机构成的飞行计划和雷达数据处理分系统，由雷达综合显示器、飞行数据显示器和飞行单打印机等组成的显示和数据终端分系统，由内部通信、对外直通电话和对空指挥通信组成的通信分系统。区域管制系统的主要功能是：自动接收、处理多部雷达数据和飞行计划信息；跟踪监视飞机、预测碰撞并提供可选择的调配方案；实行区域管制和区域间的自动管制交接；显示各种有关飞行的数据；自动打印飞行进程单和同相邻中心交换飞行数据。美国的国家空域管制系统（NAS）和法国的自动化综合空中交通雷达管制系统都属于典型的区域管制系统。

三、管制方法

空中交通管理的手段主要有两种：程序管制、雷达管制。

1. 程序管制

程序管制方式对设备的要求较低，不需要相应监视设备的支持，其主要的设备环境是地空通话设备。管制员在工作时，通过飞行员的位置报告分析，了解飞机间的位置关系，推断空中交通状况及变化趋势，同时向飞机发布放行许可，指挥飞机飞行。

飞机起飞前，机长必须将飞行计划呈交给报告室，经批准后方可实施。飞行计划内容包括飞行航路（航线）、使用的导航台、预计飞越各点的时间、携带油量和备降机场等。空中交通管制员根据批准的飞行计划的内容填写飞行进程单。当空中交通管制员收到机长报告的位置和有关资料后，立即同飞行进程单的内容校正，当发现航空器之间小于规定的垂直和纵向、侧向间隔时，应立即采取措施调配间隔。这种方法速度慢、精确度差，为保证安全因而对空中飞行限制很多，如同机型同航路同高度需间隔10min，因而在划定的空间内所能容纳的航空器较少。这种方法是我国民航管制工作在以往很长一段时间内使用的主要方法。

该方法也在雷达管制区雷达失效时使用。随着民用航空事业的迅速发展，飞行量的不断增长，中国民航加强了雷达、通信、导航设施的建设，并协同有关部门逐步改革管制体制，在主要航路、区域已实行先进的雷达管制。

2. 雷达管制

雷达管制与程序管制相比是巨大进步，它可有效缩短飞机纵向间隔，提高空域利用率，保持空中航路指挥顺畅，更有利于提高飞行安全率和航班正常率。

雷达管制员根据雷达显示，可以了解本管制空域雷达波覆盖范围内所有航空器的精确位置，因此能够大大减小航空器之间的间隔，使管制工作变得主动。管制人员由被动指挥转变为主动指挥，提高了空中交通管制的安全性、有序性和高效性。

目前在民航管制中使用的雷达种类为一次监视雷达和二次监视雷达。在航路上，一般使用一次监视雷达，覆盖范围可达370km（半径），监视高度可达18km，但低空覆盖范围较差。在终端区和机场上的雷达，其作用距离也达100km以上。终端区雷达可用来指引飞机进入跑道延长线上空。二次雷达也称为雷达信标，从地面向飞机发送雷达信标数字通信询问信号，飞机向地面应答。询问与应答信号均采用编码方式，应答中含有飞机识别信息，如标牌、符号、编号、航班号等，以及高度和运行轨迹数据。雷达信标可以单独工作，但常与航路雷达和机场雷达配合工作。

第五节　航行情报服务与流量管理

一、航行情报服务

航行情报服务是指收集整理、审校编辑和出版发布为保证航空器飞行安全和正常所需的各种航行资料。主要包括：编辑出版航行资料汇编，编绘出版各种航图，收集、校核和发布航行通告,向机组提供飞行前和飞行后航行资料服务。

航图是为保证飞机飞行的有关规定、限制、标准、数据和地形等,以一定图表形式集中编绘出版,提供给飞行人员以及各种与飞行有关人员使用的各种图的总称。它包括航空地图、航路图、区域图、标准仪表进场航线图、标准仪表离场图、仪表进近图、目视进近图、精密进近地形图、机场图、机场地面运行图、停机位置图等。

航行通告是飞行人员和各种与飞行有关人员必须及时了解的有关航行设施、服务、程序的建立、状况或者变化以及对航行有危险情况的出现、变化的通告。分为一级航行通告、二级航行通告(包括定期制航行通告)和雪情通告。航行通告由民用航空的各级航行情报部门按照规定收集、校核和发布。一级航行通告和雪情通告用电信手段发布,二级航行通告(包括定期制航行通告)用电信以外的手段发布。

二、航空气象情报

航空气象情报主要有各种观(探)测资料,包括空气温度、湿度、大气压力、风向、风速、云和能见度等的实测数据,以及气象卫星资料和气象雷达图片等。此外还有各种天气报告和航空天气预报、各种航空危险天气警报和通报等。这些情报是实施气象保障的基本依据,其中航空天气预报是直接提供给空勤人员和航空管制部门的重要气象情报。

航空气象勤务通常由航空气象观测哨、机场气象台(站)、区域航空管制中心气象室和国家范围的航空气象中心等各级组成。根据民用和军用的不同需要,各国一般都有民航和空军两套航空气象服务机构。世界性的航空气象服务机构有国际民用航空组织的区域气象中心(如欧洲区、亚洲区等)。

气象卫星和气象雷达是现代重要的航空气象设备。气象卫星能提供可见光云图、红外云图、空中风场、高空急流位置和强度、气温和水汽的垂直分布等。通过对卫星资料的分析,可获得准确的国际航线大气风的预报,从而使远程航行的意外事故大为减少。气象雷达包括测风、测云、测雨等多种类型,其中测雨雷达是掌握对飞行安全威胁严重的强对流天气的有效工具。

三、流量管理

随着空中交通流量的持续增加,民用航空可用空域资源的相对有限,使得以保证飞行安全为主要目标的空中交通管制系统越来越不能满足广大旅客和各航空公司的要求,由于流量控制而导致的航班延误频发,旅客和航空公司因此蒙受重大损失。为此,从 20 世纪 60、70 年代起,美国、欧洲、日本都先后着手建立以减少航班延误、提高空中交通流量为目标的空中交通流量管理系统 ATFM。经过 80 年代和 90 年代的发展,ATFM 已成为空中交通管理系统 ATM中必不可少的重要组成部分。

美国联邦航空局 FAA 的空中交通管理系统 ATM 被称为增强的交通管理系统 ETMS,在其重要组成部分如空中交通系统指挥中心、20 个航路交通管制中心、重要终端雷达进近管制中心增设功能强大的飞行状态显示处理设备。欧洲的流量管理系统包括空中交通需求数据库、飞行计划的数据库和处理系统、间隔自动分配功能与中央流量管理机构连接的数据网络等。我国的流量管理系统尚在研发之中。

第四章 机场功能与组成

第一节 概 述

一、机场定义

机场是航空运输系统中运输网络的节点(航线的交汇点),是地面交通转向空中交通(或反之)的接口(交接面)。用于公共航空运输的机场称为民用运输机场。

机场的另一名词是航空港。日常生活中,航空港与机场几乎是同义词,但从专业角度来看,它们是有区别的。所有可以起降飞机的地方都可以叫机场,而航空港则专指那些可以经营客货运输的机场。航空港必须设有候机楼以及处理旅客行李和货物的场地和设施。

二、机场功能

不同类型的机场所具有的功能并不完全一致,如民用运输机场、通用航空机场、军用机场等的功能各不相同。民用运输机场应具有的功能是:

(1)保证飞机安全、及时起飞和降落;

(2)安排旅客准时、舒适地上下飞机和货物的及时到达;

(3)提供方便和迅捷的地面交通与市区连接。

三、机场分类

世界各国的机场除了可以按照国际民航组织的飞行区指标进行划分外,还可以根据其功能和客运周转量来进行划分。其中以美国联邦航空局的分类最具代表性。

美国联邦航空局将机场划分为商业服务机场和非商业服务机场。把经营定期航班、年旅客登机人数在 2 500 人以上的机场归类为商业服务机场,其他的为非商业服务机场。商业服务机场可进一步分为主要机场和非主要机场。主要机场是指年旅客登机人数在 10 000 人以上的商业服务机场,非主要机场是指年旅客登机人数在 2 500～10 000 人的商业服务机场。

美国联邦航空局又将主要机场划分为两类,一类是枢纽机场,即占全美国总登机人数 0.05％以上的机场,其中又分为大型枢纽、中型枢纽和小型枢纽;另一类是非枢纽机场,即占全美国总登机人数 0.05％以下的机场。具体分布为:

(1)大型枢纽机场——年登机人数占全美国登机人数总量 1％以上;

(2)中型枢纽机场——年登机人数占全美国登机人数总量 0.25％～1％;

(3)小型枢纽机场——年登机人数占全美国登机人数总量 0.05％～0.25％;

(4)非枢纽主要机场——年登机人数占全美国登机人数总量的不足 0.05％,但在 1 万人以上,每个机场年登机人数在 1 万~30 万人。

美国联邦航空局把非商业机场分为疏缓机场、通用航空机场和非 NPIAS(国家综合机场系统计划)通用航空机场 3 类。

(1)疏缓机场——指为拥挤的主要机场提供疏通缓解作用的通用航空类机场。为鼓励通用航空从较拥挤的大、中型枢纽分离出来,联邦航空局指定位于大城市的一些非商业机场为疏缓机场,并鼓励这类机场的发展。

(2)通用航空机场——通常来讲,这类机场至少有 10 架属当地拥有的飞机(基地飞机)在此停放和飞行。

我国把机场分为大型枢纽机场、中型枢纽机场、干线机场和支线机场 4 大类。截至 2011年年底,我国共有颁证运输机场 180 个。

第二节　机场发展史

一、世界机场发展史

机场的发展历史可分为三个阶段。

第一阶段:莱特兄弟发明的飞机是在美国卡罗莱纳州的基蒂·霍克附近的一片海滩上飞升上天的,这是最早起降飞机的地方,但不能算严格意义上的机场。1910 年在德国出现了第一个机场,这个机场只是一片划定的草地,安排几个人来管理飞机的起飞和降落,设有简易的帐篷来存放飞机。由于当时的飞机在安全性和技术方面尚不稳定,也没有被社会所广泛接受,使用十分有限。在 1920 年之前,飞机还只是用于航空爱好者的试验飞行或军事目的飞行,所以机场也只是为飞机和飞行人员服务,基本上不为社会服务。这一阶段是机场发展的萌芽期,该阶段建立的机场一般没有人工的道面,只是把地面经过整平、压实。为了提高土质道面的承载能力,并减小扬尘的影响,机场上一般都种植草皮。当时的飞机在侧风下起降能力低,机场多是建成方形或圆形,以保证飞机在任何风向时都能起飞。

第二阶段:1920 年之后,欧洲开始建立最初的民用航线,随着航空运输的发展,机场被大量建设起来。特别是在 1920~1930 年之间,欧美国家的航线大量开通,同时为了和殖民地联系,各殖民国家和殖民地之间开通了跨洲的国际航线。如英国开通了到印度和南非的航线,荷兰开通由阿姆斯特丹到雅加达的航线,美国开通到南美和亚洲的航线,与之相伴的是机场在全世界各地的大量出现。同时,随着航空技术的进步,飞机对机场的要求也提高了。机场建设中出现了各种新兴的需求,如:航空管制和通信的要求、跑道强度的要求、一定数量乘客进出机场的要求等。为满足这些要求出现了塔台、有铺面的跑道和候机楼,现代机场的雏形已经基本形成。20 世纪 30 年代初开始出现了压石料铺筑的机场道面,也有用结合料处治的道面。20 世纪 40 年代,喷气式飞机投入使用,使水泥混凝土和沥青混凝土铺筑的道面开始在机场大量采用。美国在第二次世界大战期间修建了 300 多个有水泥混凝土跑道的机场。

第二次世界大战以后,出现了更加成熟的航空技术及飞行技术,加上全世界经济复苏发展的推动,国际交往得到增加,客货运输量快速增长,开始出现大型中心机场。1944 年国际民航组织成立,出现了一个对世界航空运输统一管理的机构。在其倡导下,52 个国家在美国芝加哥签署了关于国际航空运输的《芝加哥公约》,这成为现行国际航空法的基础。20 世纪 50 年代,国际民航组织为全世界的机场制定了统一标准和推荐要求,使全世界的机场建设有了大体统一的标准,机场建设开始有章可循。

第三阶段:20 世纪 50 年代末,大型喷气运输飞机投入使用,使飞机变成了真正的大众交通运输工具,航空运输成为地方经济的一个重要的、不可缺少的组成部分。此时为了满足航空运输和安全的需求,机场开始设立了比较完善的基础设施,如跑道、滑行道、机坪、塔台、航站楼、停车场、交通枢纽等。

二、我国机场发展史

中国的第一个机场是 1910 年在北京的南苑练兵场内开辟的。1920 年开通了京沪航线京津段及京济段后,在北京南苑、济南张庄、上海虹桥、上海龙华和沈阳东塔等地出现了民用机场,随后在全国各大城市都建立了机场,开辟了航线。在 1949 年 10 月新中国建立之前,中国内地能用于航空运输的主要航线机场只有 36 个,大都设备简陋,且多是小型机场。新中国成立后,军委民航局立即着手进行了机场建设工作,先是改建天津张贵庄机场、太原齐贤机场和武汉南湖机场,新开工建设北京首都机场、昆明巫家坝机场、南宁吴墟机场、贵阳磊庄机场、成都双流机场等。20 世纪 60 年代,为了开辟国际航线,并适应喷气式大型飞机的起降技术要求,中国又快速改扩建了上海虹桥、广州白云机场,使其成为国际机场,随后,中国又新建、改建、扩建了太原武宿机场、杭州览桥机场、兰州中川机场、乌鲁木齐地窝铺机场、合肥骆岗机场、天津张贵庄机场、哈尔滨阎家岗机场等一批机场。由于这一时期航空运输还是只能为较少的人员提供服务,对机场的需求也只处于第二阶段。此时,中国内地用于航班飞行的机场达到 70 多个,形成了大、中、小机场相结合的机场网络,基本上能适应当时中国的航空运输要求。

中国机场建设的真正跃进是从改革开放的 1978 年开始的。改革政策的实施,使民航机场的作用日益显现,特别是 4 个经济特区和 14 个沿海开放城市及海南省,把机场建设作为开发特区和发展本地经济和旅游必不可少的工作,竞相新建和改建机场,于是厦门高崎机场、汕头外砂机场、大连周水子机场、上海虹桥机场、广州白云机场、湛江霞山机场、福州义序机场、青岛流亭机场、连云港白塔埠机场、烟台莱山机场、秦皇岛机场、北海福城机场、南通兴东机场、温州永强机场、宁波栋社机场、海口大英山机场、三亚凤凰机场、桂林奇峰岭机场、敦煌机场、黄山屯溪机场、张家界机场等得到新建、改建或扩建。

1984 年后,内地省会以及各大中城市也掀起了民用机场的建设热潮,其数量之多、范围之广均为民航史上少见,新建或扩建的大型机场有:洛阳北关机场、重庆江北机场、西宁曹家堡机场、长沙黄花机场、沈阳桃仙机场、长春大房身机场、南京大校场机场、昆明巫家坝机场、西安咸阳机场。扩建或改建的中型机场有:成都双流机场、呼和浩特白塔机场、包头东山机场、齐齐哈尔机场等;新建或改建的小型机场有:黑河机场、榆林机场、银川新城机场、佳木斯机场、丹东机场、赣州机场、常州机场、石家庄机场等。

中国国民经济的持续快速发展和民航运输突飞猛进的增长,进一步要求更大规模的现代化机场的建设,自 20 世纪 90 年代起,深圳黄田机场、石家庄正定机场、福州长乐机场、济南遥墙机场、珠海机场、武汉天河机场、南昌昌北机场、上海浦东机场、南京禄口机场、郑州新郑机场、海口美兰机场、三亚凤凰机场、桂林两江机场、杭州萧山机场、贵阳龙洞堡机场、银川河东机场、广州新白云机场等现代化机场相继投入使用。同时,一大批中、小型机场也完成了新建、改建和扩建。

北京首都国际机场的建设和发展是中国机场发展历程的最好缩影。1954年，为改变民航和空军共用北京西郊机场的状况，中央同意在北京东北部兴建民用机场。在机场建设过程中，它先后被称为"北京中央航空港"、"北京天竺机场"、"北京中央机场"等名称。1957年11月，经国务院批准命名为"中国民用航空局首都机场"，简称首都机场，1958年3月1日正式投入使用。它是新中国成立后新建的第一个大型机场，建有长2 500m、宽30m的水泥混凝土跑道和相应的滑行道、机坪，有全套助航和通信设备、航站楼（图4-1）及其他附属设施，并设有飞机修理基地。其规模和现代化程度，在当时的远东地区居于前列。20世纪60年代中期，为使首都机场开放国际通航，能够接收当时国际通用的大型客机，首都机场进行了跑道扩建，长度由原先的2 500m延长至3 200m。

20世纪70年代，为了提高首都机场的总体水平，满足日趋繁忙的国内及国际运输业务，首都机场进行了第二次大规模扩建，包括修建新的T1航站楼（图4-2），新建一条长3 200m、宽60m的平行跑道（西跑道）及加长原有跑道（东跑道延长至3 800m），建立先进的航行指挥和通信导航系统，修建大型飞机维修基地，新建和扩建供电、供水、供暖、供油及其他生产生活所需配套设施等。扩建工程于1974年3月动工，边建设边投入使用，至1984年全部项目完成。

图4-1 首都机场的第一个航站楼（1958年）

图4-2 首都机场的T1航站楼（1984年）

然而，民航发展的速度大大超过了机场管理者和建设者们的预料，刚刚完工不久的首都机场再次遇上了需要扩建才能适应民航发展速度和规模的情况。经过长时间调研，1995年10月，首都机场进行第三次大规模扩建，工程包括新建24万平方米的T2航站楼（图4-3）、17万平方米的停车楼、47万平方米的机坪和14项相关配套工程，总投资额共计76亿元人民币。这在当时是中国民航发展建设史上规模最大、投资最多的工程，经过近4年的建设，于1999年10月投入使用。

为了满足北京2008年奥运会航空运输的需要，实现首都机场作为大型综合枢纽机场的功能，北京首都机场自2005年3月开始第四次大规模扩建，包括新建第三条平行跑道（长3 800m、宽60m）及4F级飞行区，建立主降方向Ⅱ类精密进近、次降方向Ⅰ类精密进近的助航灯光系统和空管工程，修建98.6万平方米的T3航站楼，以及货运区及配套的交通中心、供水、供油、供电、供气等设施。工程于2008年初完工，总投资逾300亿元人民币，见图4-4。

在今后一段时间内，中国民航基础设施建设投资将进一步加大，主要方针是建设枢纽机场、完善干线机场、发展支线机场。据统计，至2011年年底，中国内地共有各类民用机场500多个，其中民用颁证通航机场180个，有固定航班使用的机场150个，可以起降波音747的机场25个。但是与国土面积相当的美国比较，中国公用机场数量只有美国的1/17，航班运输机场只有美国的1/5，无论数量还是业务量方面都还有很大的差距，因此，中国的机场建设仍有很长的路要走。

图 4-3　北京首都机场的 T2 航站楼（1999 年）

图 4-4　北京首都机场的 T3 航站楼（2008 年）

第三节　机场系统组成

一、机场的主要组成部分

机场系统包括空域和地域两部分。前者为航站空域，供进出机场的飞机起飞和降落。后者由飞行区、航站区和进出机场的地面交通 3 部分组成，见图 4-5。

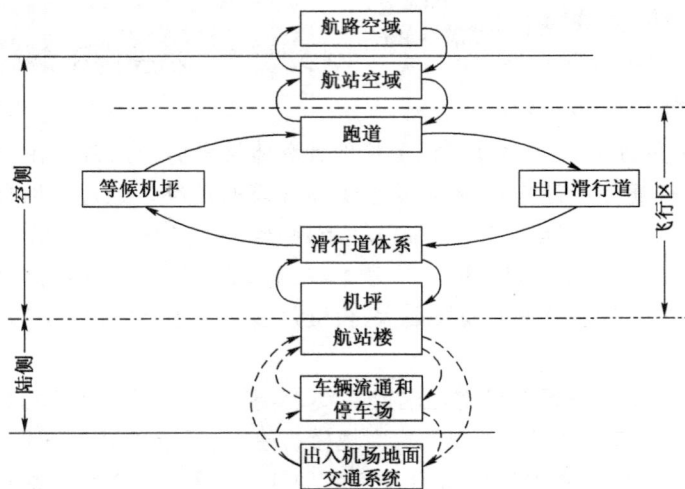

图 4-5　机场系统的组成

飞行区为飞机活动的地域，主要包括跑道、升降带、跑道端安全区、滑行道和机坪以及机场净空。国际民航组织的飞行区指标划分见表 4-1。其中，指标 I 按基准场地长度划分为 4 级，以数字表示；指标 II 按飞机的翼展大小和主起落架外轮缘之间的距离划分为 6 级，以英文字母表示。采用数字和字母作为机场的基准代码，其用意是提供一个简单的方法，把有关机场特性的各项规定互相联系起来，以便提供与使用该机场的飞机相适应的各项机场设施。指标 I 主要决定跑道的长度，指标 II 则在很大程度上决定了机场的几何设计标准。

机场飞行区等级指标（ICAO） 表 4-1

指标 I		指标 II		
数 字	基准场地长度 RFL(m)	字 母	翼展 WS(m)	主起落架外轮缘之间的距离 OMG(m)
1	RFL<800	A	WS<15	OMG<4.5
2	800≤RFL<1 200	B	15≤WS<24	4.5≤OMG<6
3	1 200≤RFL<1 800	C	24≤WS<36	6≤OMG<9
4	1 800≤RFL	D	36≤WS<52	9≤OMG<14
		E	52≤WS<65	9≤OMG<14
		F	65≤WS<80	14≤OMG<16

我国的机场规划与设计均采用国际民航组织的分类方法与标准。美国 FAA 采用与国际民航组织类似的方法，将飞行区等级指标按照飞机的进近速度和飞机的翼展来进行划分，分级标准如表 4-2 所示。

机场飞行区等级指标（FAA） 表 4-2

指标 I		指标 II	
飞机进近等级	飞机进近速度 AS(节)	飞机设计组别	翼展 WS(m)
A	AS<91	I	WS<15
B	91≤AS<121	II	15≤WS<24
C	121≤AS<141	III	24≤WS<36
D	141≤AS<166	IV	36≤WS<52
E	166≤AS	V	52≤WS<65
		VI	65≤WS<80

航站区为飞行区与出入机场的地面交通的交接部，由以下 3 个主要部分组成。

（1）地面交通出入航站楼的交接面——包括公共交通的站台、停车场，供车辆和行人流通的道路等设施。

（2）航站楼——用于办理旅客和行李从地面出入交接面到飞机交接面之间的各项事务。

（3）飞机交接面——航站楼与停放飞机的联结部分，供旅客和行李上下飞机。

由市区进出机场的地面交通，则可以采用各种公共交通（公共汽车、轻轨、地铁、磁悬浮等）和小汽车（私人车和出租车）。

机场系统根据设施所处的位置和对应功能，也可以分为空侧部分和陆侧部分。

二、空侧设施

空侧部分有时也称为航空作业面，或者更简单地称作飞行场地，包含了提供飞机运行的设施。这些设施主要包括：供飞机起降的跑道，供飞机在跑道和航站之间滑行的滑行道体系，供旅客上下飞机和飞机停放的机坪和门位区域，供飞机等待用的等候机坪等。由于包括进近航迹和离场航迹的飞行场地空域对跑道利用有着重要影响，因此习惯性地将机场空域也作为空侧的组成部分。

空侧设施包括跑道、滑行道、等候区和等候机坪、机坪和地面管制设施，其中跑道包括进近类别、标志和助航灯光以及上节所述的着陆引导系统。

1. 跑道进近类别

跑道是供飞机起飞和着陆的平台，是空侧中最主要的设施。跑道根据进近的方式可以分为目视跑道、非精密仪表跑道和精密仪表跑道。目视跑道仅供运行目视进近程序的飞机使用。

非精密仪表跑道和精密仪表跑道均是供飞机采用仪表进近程序飞行的跑道。非精密仪表跑道装备有只能够提供水平方向引导的航空助航设施,供在批准使用直接进近的非精密进近程序情况下使用。精密仪表跑道的飞行程序采用仪表着陆系统(ILS)、微波着陆系统(MLS)、精密进近雷达引导(PAR)。

2. 跑道标志

在跑道上为了辅助飞机起飞和降落设有一系列标志,主要有跑道号码标志、中线标志、入口标志等。非精密仪表跑道标志有跑道瞄准点等,精密仪表跑道标志还包括接地地带标志、边线标志等。

3. 跑道和滑行道灯光

跑道设置有一系列灯光系统以辅助驾驶员在夜晚和能见度较差的情况下安全使用跑道,包括进近灯光系统、目视进近坡度指示系统、中线灯、边灯、入口灯等。在滑行道上也设有中线灯和边灯。

4. 滑行道

滑行道的主要功能是提供跑道与机场其他区域(包括航站区)之间的快速进出通道。出口和入口滑行道一般位于跑道端部。在大型机场,为了减少飞机的跑道占用时间,往往设置有快速出口滑行道。在繁忙机场中,滑行中的飞机以不同方向同时在运行,为此需提供2条单向的平行滑行道。

5. 等待区

等待区位于或非常接近跑道端,用于驾驶员做最后的检查和等待最后的起飞放行指令。这些区域的面积一般较大,以便如果有一架飞机不能起飞时,另一架飞机能够绕过它。等待区通常可以接纳2~3架飞机,并拥有足够的空间供一架飞机绕过另一架飞机,见图4-6。

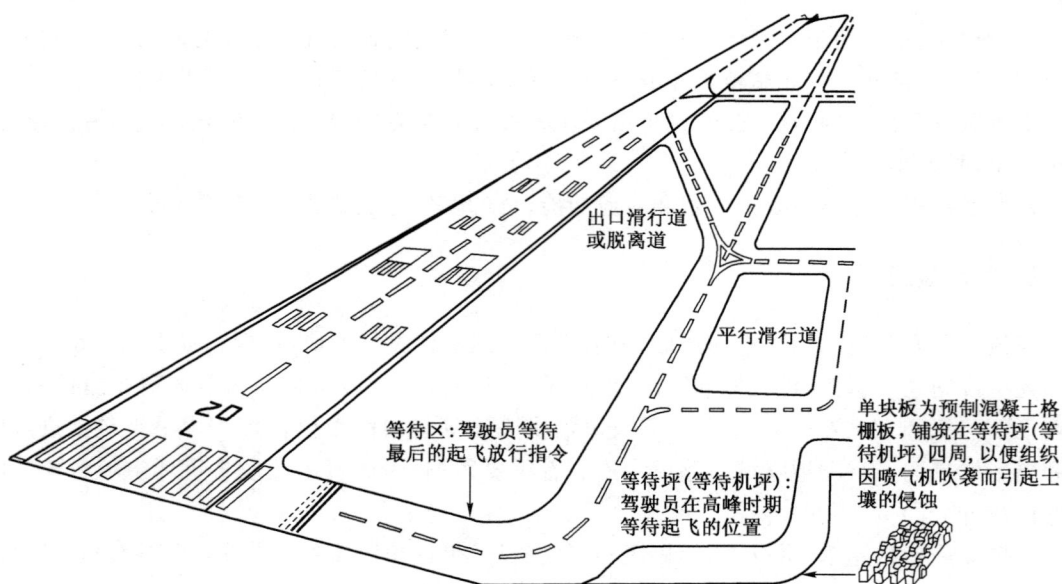

图 4-6 滑行道和等待区

6. 等候机坪

等候机坪是临时停放飞机的机坪,它一般位于滑行道外的不同位置。一些机场的高峰需求导致所有的机位被全部占用,为此地面管制部门经常引导飞机进入等候机坪,直到空出可以使用的机位为止。

7.机坪

机坪是供飞机停放的区域,在机坪上设有若干个机位和滑行通道。

8.滑行引导标志

在靠近滑行道或机坪的区域往往设置滑行引导标志牌,以告知驾驶员不同的联络道、滑行道、机坪所在的区域。

9.塔台

塔台是供机场管制人员工作的场所,一般是机场范围内的最高建筑物,能够清楚地观察飞机的滑行和起降情况。

10.其他设施

空侧还设有除冰坪、排水系统、驱鸟装置、加油管线、消防站等。

三、陆侧设施

陆侧设施是指机场中为旅客提供直接服务的组成部分,主要包括航站楼、车辆流通和停车场。其中航站楼包括旅客上下机区域和候机区域、办票柜台、行李处理设施、餐厅、商店、汽车租赁处等设施。此外,为航空货物和邮件的装卸、处理及其存储的设施也是航站楼的重要组成部分。旅客航站楼和货运航站楼一般分开设置。

陆侧设施也包括机动车环状车道和停车设施,在某些情况下,作为大城市公共交通系统组成部分的轨道交通、公共汽车站等也是陆侧的组成部分。一般而言,只有在机场地界范围内的道路和交通设施被认为是陆侧的组成部分,虽然它们实际上是城市或区域交通网络的延伸部分。

此外在陆侧还设有防疫、急救、警局、邮局等基础设施。

第四节 机场基本构型

一、跑道构型

跑道构型可以归纳为4种基本构型的不同组合:单条跑道、平行跑道、开口 V 形跑道、交叉跑道。

1.单条跑道

单条跑道是最简单的构型,即为一条直线跑道。

2.平行跑道

根据平行跑道之间距离的差别,又可分为4种:近距平行跑道(跑道间距少于 760m)、中距平行跑道(跑道间距在 760~1 300m)、远距平行跑道(跑道间距超过 1 300m)、双组跑道(间距大于 1 300m 的两组近距离平行跑道),见图 4-7。

3.开口 V 形跑道

从不同方位叉开且没有相交的跑道构型。在少风或无风的情况下,两条跑道能够同时使用。而当某一风向强劲时,开口 V 形跑道作为单跑道来使用,见图 4-8。

4.交叉跑道

两条或两条以上相互交叉的跑道构型称为交叉跑道,见图 4-9。

二、航站楼布局

航站楼的布局形式也主要有 4 种：前列式、指廊式、卫星式和转运式，如图 4-10 所示。

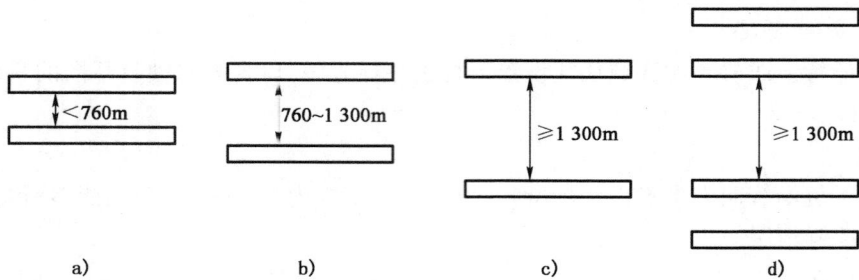

图 4-7　平行跑道
a)近距平行跑道；b)中距平行跑道；c)远距平行跑道；d)双组跑道

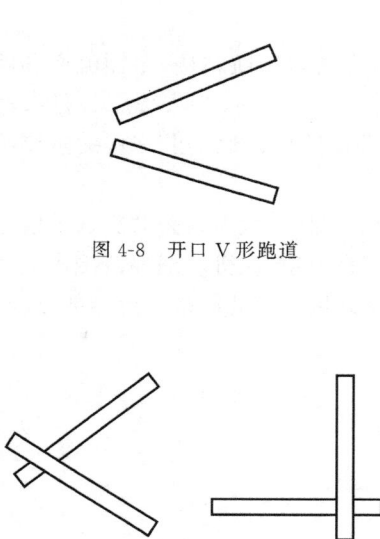

图 4-8　开口 V 形跑道

图 4-10　航站楼布局形式
a)前列式；b)指廊式；c)卫星式；d)远端卫星式；e)转运式

图 4-9　交叉跑道

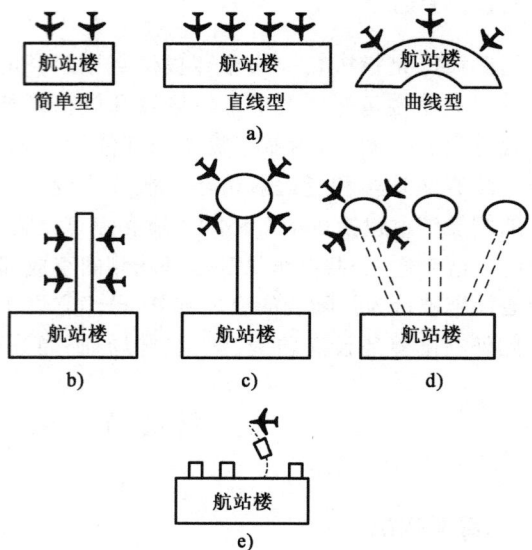

1.前列式

航站楼为直线形或曲线形，飞机沿着航站楼停靠，通过登机廊桥连接航站楼和飞机。在某些简单的机场，则通过步行出航站楼，由登机桥上飞机。

2.指廊式

在前列式航站楼的基础之上，设置从中央航站楼到登机口的封闭式进入通道，飞机沿着指廊停放。

3.卫星式

由指廊与一个或多个卫星式建筑结构连接在一起所构成的简单型航站楼，飞机在指廊末端集中停放。

4.转运式

飞机机坪远离航站楼，通过转运车运输上下飞机的旅客。

第五章　机场系统规划

第一节　概　　述

一、机场系统

机场系统是指由若干机场组合而成的系统。每个机场实际上是一个或多个相关的机场网络系统的一个组成部分。这些机场网络系统可以从地域或实际运营的层面来进行划分。

以地域划分为例，机场网络系统包括以下几种形式：

(1)区域网络是将众多小型机场与区域或国家的中心机场连接起来的机场网络系统，如众多的民用飞机将美国西南地区的客货流量汇集到亚特兰大，或是阿根廷的布宜诺斯艾利斯机场将阿根廷国内的若干机场连接起来。

(2)大都市的多机场系统是用于满足单个大都市的需要的机场网络，如上海的浦东机场、虹桥机场、龙华机场，巴黎的奥利机场和戴高乐机场等。

(3)国家网络将某个国家的重要城市连接起来的机场网络，如北京、上海、广州、昆明等可以通过城市的机场连接在一起。

(4)国际或洲际网络则将不同国家连接起来。

另外一种将机场网络系统进行划分的方式是根据交通流量的特点或承运人的类型等职能性特点去进行划分，包括：

(1)货运网络，如为 UPS、FedEX 等货运巨头所建立的货运网络，这些机场的大部分交通流都源自于相关的货运公司。

(2)低成本网络，例如在美国，建立了面向美国西南航空公司和欧洲瑞安航空公司等低成本航空公司的网络，这些网络主要面对一些不是很重要的中小机场。

通常一个机场会隶属于上述的多个机场系统。如美国田纳西州的孟菲斯机场既是FedEX机场系统的一个枢纽机场，同时还是西北航空公司的一个客运枢纽机场；而伦敦斯坦斯特德机场既是低成本网络的一个组成机场，同时还是伦敦多机场系统的组成部分之一。因而，任何一个机场系统都不能与其他机场系统完全分割开来，不同的机场系统划分往往相互重叠。

二、规划的层次

规划根据时间、目标不同，一般可以划分为3个不同的层次：

(1)战略规划。这是一种长期规划，一般瞄准长期的系统结构，考察不同的结构与预定目标的吻合程度。战略规划会建立一系列的程序，从而获得一个优化的长期系统结构。

（2）战术规划。这是一种中、短期的规划,根据战略规划和自身的规划目的,确定中、短期的规划措施。

（3）项目计划。针对某个项目的计划,在战术规划的指导下制订计划,实施一个战术规划或战术规划的某一个方面。

在航空运输系统中存在航空系统规划、机场系统规划和机场总体规划,这些规划的目的和功能如表5-1所示。

航空规划的层次

表 5-1

规 划 层 次	规 划 内 容	规 划 种 类
战略规划层面	设定目标和任务; 调查现有战略系统; 需求预测; 比选方案; 评价; 选择未来战略系统	航空运输系统规划
战略规划层面	调查现有系统; 需求预测; 系统发展方案; 评价; 选择最优的机场系统	机场系统规划
战略和战术规划层面	调查现有设施; 需求预测; 机场发展方案; 方案评价; 选择最优方案	机场总体规划
战术和项目计划层面	选择单独的项目; 建议不同的项目计划方案; 选择首选方案; 项目执行优化	项目计划

三、航空运输系统规划

航空运输系统包括航路、机场、航线、航空器、运行环境等多种因素,不同定位的规划涉及内容有一定的区别。航空运输系统是综合运输系统的重要组成部分,近年来随着社会的发展,国内航空运输系统的市场份额正在逐渐增加。

航空运输系统规划是把目标和政策转换成计划的一个过程,通过该过程的执行,引导航空运输系统的发展。这个过程是一个连续的过程,包括对系统发展的监测,以及对发展过程的再规划。航空运输系统的规划过程可以在国家的层面考虑,也可以在地区、省(市)一级的层面考虑。

从宏观视角而言,机场系统的规划应该纳入到航空运输系统规划内,作为航空运输系统规划的一个分部执行。但是,在大多数情况下,机场系统规划是独立进行的,或者与单个机场或多个机场的总体规划同时进行。

第二节 机场系统规划的制订与执行

机场是航空运输系统的一个重要组成部分。机场系统规划是指满足一个城市、省、区域、国家目前和将来的需要所需的机场设施的描述。它提出新机场的大致位置及特性,对现有机场扩充性质的建议,包括建设的时间安排及费用估计,并将机场系统规划同有关政府机关的政策和目标联系起来。

一、规划的层次

根据所涉及的地域范围不同,机场系统规划可划分为不同的层次。

(1)国家级:地域范围为一个国家,如美国的国家机场系统规划,我国的国家中长期机场规划等。

(2)大地区级:地域范围为跨域多个省(市)的大地区,如长三角地区机场系统规划、珠三角地区机场系统规划、环渤海地区机场系统规划。

(3)经济区或省市级:地域范围为一个省、直辖市或经济特区,如上海市的机场系统规划、重庆市的机场系统规划、浙江省的机场系统规划等。

(4)地方级:由当地政府执行的机场系统规划,如四川成都地区的机场系统规划等。

二、规划的目标

机场系统规划总的目的是为明确而详尽的机场规划(如总体规划)提供依据,具体目标包括:

(1)按时按序建设一系列机场,以满足地区目前和将来的航空需求,促进地区在工业、就业、社会、环境、娱乐等各方面持续增长。

(2)完善地区的整个运输系统的规划和地区综合发展规划。

(3)采用避免生态及环境损坏的方式来安排机场设施的位置和改扩建,以保护生态和环境。

(4)制订土地使用和空域规划的实施计划,以有效地使用这些资源。

(5)制订长期财政计划并在政府预算程序中建立机场资助的优先程序。

(6)通过正常的政策与措施建立实施系统规划的途径。

三、规划的内容

机场系统规划的主要内容包括:

(1)现有机场系统的评价。

(2)航空需求量的预测。

(3)机场的数量、规模、位置比较方案。

(4)社会经济效益评价。

(5)环境影响评估。

(6)系统规划编制。

四、规划的流程

为有效地执行机场系统规划，规划流程可以参照图 5-1 中所示的步骤。

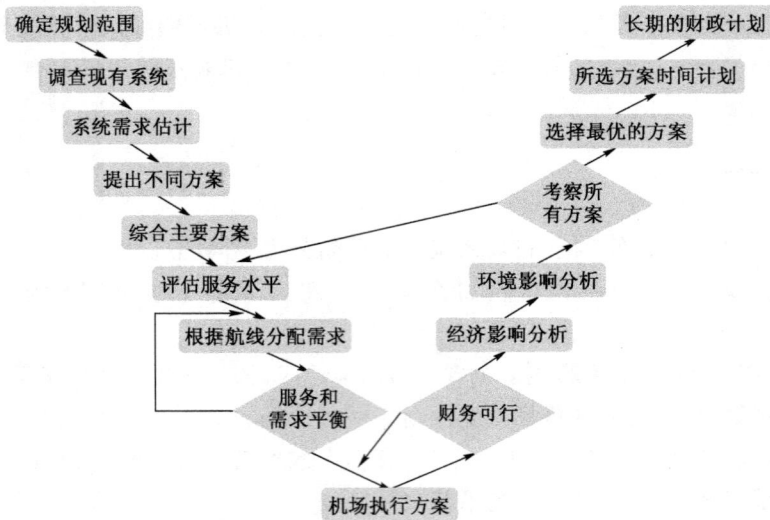

图 5-1　规划的流程

五、规划的执行

机场系统规划的执行可以由不同的主体和方法完成。根据在规划中所起的作用不同，系统规划的执行可以分为政府导向、市场导向以及政府与市场的结合。政府导向的系统规划，也可称为有序的规划。在这种规划中，政府为制订规划的主体，通过经济、社会、国防、运量等的分析，由政府主导制订相关的规划，然后由各个地方政府或市场执行规划。市场导向的规划也称为自由化规划，在这种规划中，是否建设或改扩建一个机场完全由市场确定，政府不作任何干预。政府导向的系统规划由于缺乏与市场的有效结合，往往缺乏规划的柔性与弹性；而缺乏政府引导的纯市场的规划，则会造成重复建设和资源的浪费，以及机场之间的无序竞争。因此，现在许多国家都常用由政府主导，结合实际市场需求的系统规划。

机场系统规划的制订，特别是国家级的机场系统规划，可以由国家的某个部门，或委托某个单位进行机场系统的规划，然后各个地区、省、市参照国家的系统规划执行当地的机场建设，我们把这种规划称之为"自上而下"的规划。我国的机场系统规划即属于这一类。此外，还有一种称之为"自下而上"的机场系统规划。即各个省、直辖市分别根据各地的经济发展形势，制订本地区的机场系统规划，然后由国家的职能部门进行汇总，必要时进行适当的干预，从而形成国家的机场系统规划，如美国的机场系统规划即属于这一类规划。

六、规划的动态性

机场系统规划是一个中长期的行为，规划的制订基于当时的经济、社会分析，以及当时的预测。但是，由于政治、社会、经济发展的影响因素多，预测并非十分准确的，这会导致一个机场系统规划在制订之初的目标会随着时间的推移而变得不准确。因而,机场的系统规划应该是一个动态的、持续的规划。在规划执行的过程中需要根据当时的社会经济发展情况对规划进行实时的调整。如美国的机场系统规划,基本每3～5年调整一次。

第三节 美国国家机场系统规划

美国的国家综合机场系统规划 NPIAS(National Plan of Integrated Airport Systems)是世界上做的比较完善的机场系统规划。早在20世纪50年代,美国就开始制订机场系统规划,随后根据实际情况进行了多次的修订,最新的版本为 NPIAS 2009～2013。美国的 NPIAS 是一种"自下而上"的规划,机场系统规划由州和区域规划为主,FAA 起政策导向和汇总作用。

一、NPIAS 的组成

美国现有各类机场共19 734个,其组成如图5-2 所示。其中对公众开放的公有机场共

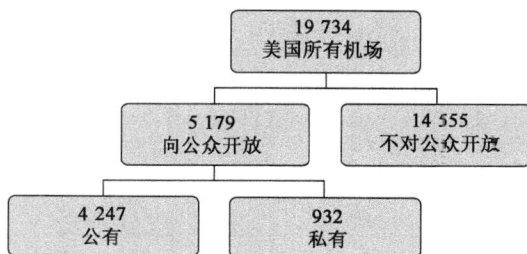

图 5-2 美国现有机场系统的组成(单位:个)

5 179个。美国的国家综合机场系统规划,并不是针对所有的机场,而是以为公众服务的公有机场为主体。纳入到2011～2015规划版本中的机场共有3 380个,其中现有机场3 332个,拟建机场48个,如图5-3所示。NPIAS 的机场数量随着美国社会经济的发展在不断的变化,从1963年以来基本稳定在3 100～3 400个。

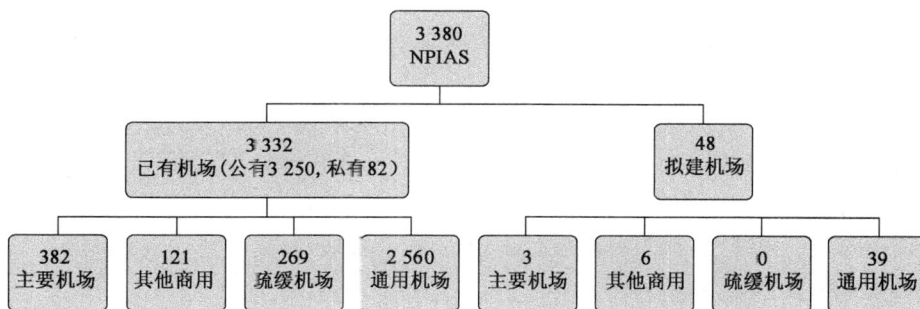

图 5-3 NPIAS 的机场组成(单位:个)

在商用服务机场中现有大型枢纽机场30个,这30个机场承担了全美68.7%的航空旅客运输;中型枢纽机场37个,年旅客登机量约占20.0%;小型枢纽机场72个,年旅客登机量约占8.1%;非枢纽机场244个,年旅客登机量约占3.0%。各类机场在美国航空体系中的作用见表5-2。

二、NPIAS 的规划过程

美国的机场系统规划以各个州的系统规划为主,然后根据一系列原则以及与 FAA 预测的吻合程度,决定各个州规划的机场是否成为 NPIAS 的一部分。NPIAS 和各个州机场系统规划制订和修订流程如图5-4所示。

机场数量 （个）	机场类型	年旅客登机量 （%,2008）	基地飞机 （%）	NPIAS 投资 （%,2011~2015）	机场 32km 内的人口 （%）
29	大型枢纽机场	68.0	0.7	33.8	26
37	中型枢纽机场	20.0	2.1	14.1	18
72	小型枢纽机场	8.0	4.0	8.6	14
244	非枢纽机场	3.0	10.1	11.3	20
121	其他商用服务机场	0.1	1.6	1.9	3
269	疏缓机场	0.0	21.9	7.2	56
2 560	通用航空机场	0.0	34.4	21.4	69
3 332	现有 NPIAS 机场	99.1	74.8	98.3	98
16 402	低活动起降区 （非 NPIAS）	0.9	25.2	—	—

由于 NPIAS 是综合运输系统的一部分,所以美国的机场系统规划需同时满足运输部（DOT）和 FAA 的目标。DOT 的目标主要包括:

（1）安全:通过减少与交通运输相关的死亡和受伤,以保障民众的健康和生命。

（2）减少拥挤:减少拥挤或其他使用国家交通运输系统的障碍。

（3）联通全球:便利国际交通运输体系,以促进发展与增长。

（4）环境保护:提升交通运输体系在保护社区、自然环境和已建环境等方面的作用。

（5）保安、预案和响应:提升交通安全与国家安全、机动性和经济性的需求,并对突发的威胁交通运输系统生存的特殊事件有准备和响应。

与 DOT 的战略目标相适应 FAA 的目标主要包括:

（1）安全:追求最低的事故率,持续改进安全措施。

（2）容量:与当地政府和航空用户合作,提供必要的航空容量,减少航空拥挤。

（3）国际指导:以环境友好的方式增加全球民航的安全和容量。

（4）组织优秀:通过更优秀的领导、更专业和安全的员工、增强的投资控制、改进以可靠数据为基础的决策,以保证 FAA 目标的顺利完成。

```
规划区域的航空任务
    ↓
现有机场现状分析
    ↓
空中交通要求确定
    ↓
系统需求预测
    ↓
考虑可选的系统方案
    ↓
建议系统变化,资金策略和机场发展
    ↓
定义机场的角色和策略
    ↓
准备执行方案
```

图 5-4　美国机场系统规划流程

以这些战略目标为指导,FAA 对机场的安全、容量、道面状况、财政特性、地面交通和环境（包括空气质量、水质量、噪声、野生动物等）等方面进行了充分的评估,并对未来的航空运输的活动进行了合理的预测。美国 2009~2030 年的航空活动预测如表 5-3 所示。为了有效地支撑这些评估和预测活动,美国设立专门的合作研究计划（Airport Cooperative Research Program,ACRP）对其中的各项技术进行系统的研究。

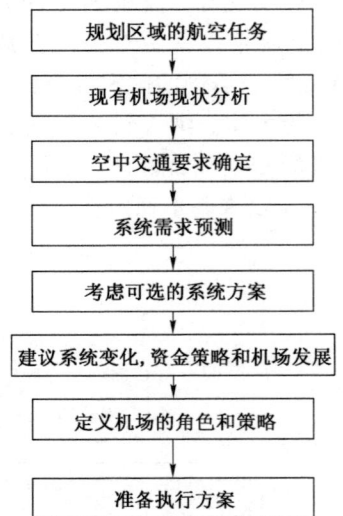

FAA 的航空活动预测　　　　　　　　　　　　　　　　表 5-3

航空活动	2009*	2030*	年平均增长率(%)
登机量(百万)			
国内	631.3	1 045.5	2.4
国际	75.3	174.7	4.8
大西洋	24.7	47.5	3.1
拉丁美洲	35.3	85.6	4.2
太平洋	12.3	31.4	4.7
合计	704.0	1 210.0	2.6
飞机运行架次(百万)			
航空运输	12.3	19.5	2.0
上下班/空中的士	9.5	12.5	1.3
通用航空	28.0	35.1	1.1
军事	2.6	2.5	0.1
合计	52.9	69.6	1.3

注:* 指美国的财政年。

　　结合研究、现状、容量预测和可持续发展,FAA 针对不同的机场和地区的性能,提出合适的规划方案,包括扩建(增加航站楼、跑道、滑行道、导航设施等)、改建(优化跑道方位、延长跑道等)、新建、优化(航路优化、飞行程序优化、航班优化等)等一系列措施,并制订详细的财政投入与计划。2011~2015 年 NPIAS 的财政投入如表 5-4 所示。

2011~2015 年 NPIAS 的投资分配(单位:百万美元)　　　　　表 5-4

项 目	大型枢纽	中型枢纽	小型枢纽	非枢纽	其他商用	疏缓	同用	合计	比例(%)
安全	586	265	214	642	89	81	225	2 101	4
保安	540	104	33	70	13	73	258	1 091	2.1
改建	2 800	1 636	1 218	1 762	289	1 083	2 859	11 748	22.2
标准化	1 122	1 381	1 439	1 966	492	1 982	6 698	15 116	28.4
环境	1 404	649	222	180	7	64	103	2 633	5
容量	6 823	1 288	313	278	41	292	515	9 573	19.5
航站楼	3 009	1 473	793	787	37	53	162	6 315	11.9
地面交通	1 355	553	121	182	34	83	231	2 561	4.8
其他	27	17	55	49	7	23	97	275	0.5
新机场	0	0	0	0	0	0	0	869	1.6
合计	17 668	7 366	4 489	5 916	1 009	3 734	11 148	52 199	100
比例%	33.8	14.1	8.6	10.3	1.9	7.2	21.4	100	—

第四节　我国国家机场系统规划

2008 年,我国民用航空局公布了 2008～2020 年的《全国民用机场布局规划》(不含通用航空机场)。该规划主要着眼于解决我国民用机场空间布局及功能结构问题,通过统筹兼顾、科学布局、完善结构、合理定位来指导机场的建设和发展,实现资源的优化配置和有效利用,增强我国民航事业的可持续发展能力。同时,民用航空是系统性、关联性和专业性很强的行业,在机场属地化管理、建设主体发生重大变化的情况下,编制全国民用机场布局规划是加强民航业宏观调控的重要手段。

一、现状及评价

(1)机场数量

《2016—2020 年中国机场业投资分析及前景预测报告》提到,截至 2014 年底,我国共有颁证运输机场 202 个,比 2013 年增加 9 个。2015 年,我国境内民用航空(颁证)机场共有 210 个(不含香港、澳门和台湾地区,下同),其中定期航班通航机场 206 个,定期航班通航城市 204 个。2011—2015 年全国民用航空机场数量如图 5-5 所示。

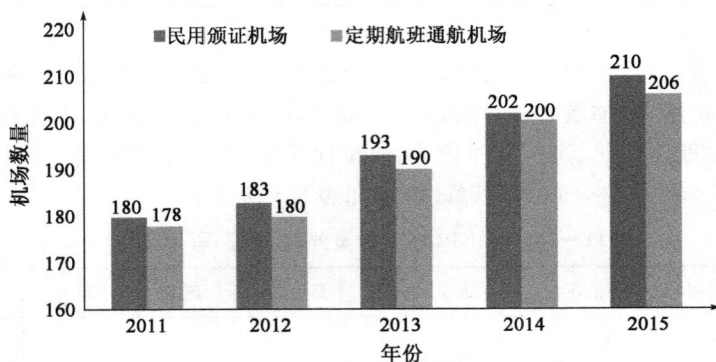

图 5-5　2011—2015 年全国民用航空机场数量

数据来源:中国民用航空局

(2)旅客吞吐量

《2016—2020 年中国机场业投资分析及前景预测报告》指出,2015 年我国机场主要生产指标保持平稳增长,其中旅客吞吐量 91477.3 万人次,比 2014 年增长 10.0%。其中,国内航线完成 82895.5 万人次,比 2014 年增长 9.0%;国际航线完成 8581.8 万人次,比 2014 年增长 21.1%。2011—2015 年全国机场分航线旅客吞吐量如图 5-6 所示。

(3)货邮吞吐量

2014 年全国运输机场完成货邮吞吐量 1356.08 万 t,比 2013 年增长 7.8%。各机场中,年货邮吞吐量 10000t 以上的有 51 个,比 2014 年增加 1 个,完成货邮吞吐量占全部机场货邮吞吐量的 98.4%;北京、上海和广州三大城市机场货邮吞吐量占全部机场货邮吞吐量的 50.9%。全国各地区货邮吞吐量的分布情况是:华北地区占 16.5%(16.9%),东北地区占 3.5%(3.4%),华东地区占 40.7%(41.1%),中南地区占 25.9%(25.4%),西南地区占 9.9%(9.7%),西北地区占 2.3%(2.1%),新疆地区占 1.3%(1.4%)。2011—2015 年全国机场分航线货邮吞吐量如图 5-7 所示。

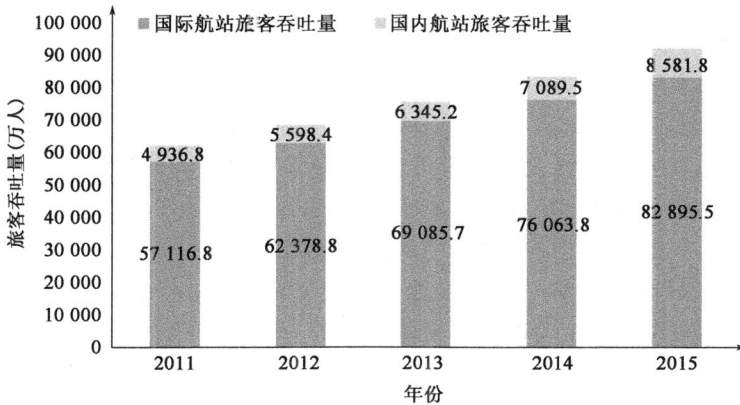

图 5-6　2011—2015 年全国机场分航线旅客吞吐量

数据来源：中国民用航空局

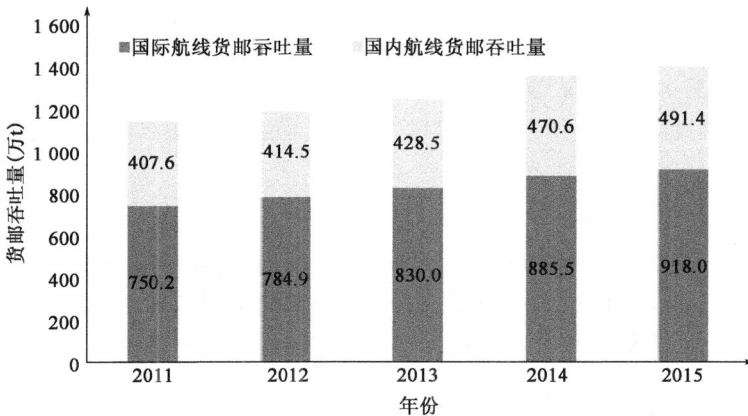

图 5-7　2011—2015 年全国机场分航线货邮吞吐量

数据来源：中国民用航空局

2. 基本评价

（1）机场总体布局基本合理

绝大多数机场的建设和发展是以航空运输市场需求为基础，初步形成了与我国国情国力相适应的机场体系，为促进和引导国民经济社会发展，加强国防建设和保障国家安全发挥着重要作用。若以地面交通 100km 或 1.5h 车程为机场服务半径指标，既有机场可为 52% 的县级行政单元提供航空服务，服务区域的人口数量占全国人口的 61%，国内生产总值（GDP）占全国总量的 82%。

（2）机场区域布局与经济地理格局基本适应

机场区域分布的数量规模和密度与我国区域经济社会发展水平和经济地理格局基本适应，民用机场呈区域化发展趋势，初步形成了以北京为主的北方（华北、东北）机场群、以上海为主的华东机场群、以广州为主的中南机场群三大区域机场群体，以成都、重庆和昆明为主的西南机场群和以西安、乌鲁木齐为主的西北机场群两大区域机场群体雏形正在形成，机场集群效应得以逐步体现，这对带动地区经济社会发展、扩大对外开放，提高城市发展潜力和影响力发挥了重要作用。

（3）机场体系的功能层次日趋清晰

我国民航运输基于机场空间布局的中枢轮辐式与城市对相结合的航线网络逐步形成，机场体系的功能层次日趋清晰、结构日趋合理，国际竞争力逐步增强。一批主要机场的综合功能逐步完善、业务能力不断提高，北京、上海、广州三大枢纽机场的中心地位日益突出，昆明、成都、西安、乌鲁木齐、沈阳、武汉、重庆、大连、哈尔滨、杭州、深圳等省会或重要城市机场的骨干作用进一步增强，尤其是昆明、成都、重庆、西安、乌鲁木齐等机场分别在西南、西北区域内的中心作用逐步显现，诸多中小城市机场发挥着重要的网络拓展作用。

（4）航空运输在综合交通运输体系中的地位不断提高

以机场布局规模不断扩大和航空网络逐步拓展完善为基础，航空运输以其快捷、方便、舒适和安全的比较优势，在我国中长途旅客运输、国际间客货运输、城际间快速运输及特定区域运输方面逐步占据主导地位，对促进国际间人员交往、对外贸易和出入境旅游发展发挥了重要作用。"十五"期间民航运输机场旅客吞吐量、货邮吞吐量和飞机起降架次分别年均增长16.3％、9.6％和11.7％，2006年旅客吞吐量达3.32亿人次，是2000年的2.5倍，年旅客吞吐量达到1 000万人次以上的机场共有7个（其中：北京首都机场4 875万人次、上海浦东机场2 679万人次、上海虹桥机场1 933万人次、广州白云机场2 622万人次），占全国机场总旅客吞吐量的52％。民航客运量、客运周转量在全社会客运总量和客运总周转量的比重从1985年的0.12％、2.64％提高到2006年的0.8％和12.3％，航空运输在综合交通运输体系中的作用日益重要。

3. 存在问题

机场布局上存在的主要矛盾和问题：一是机场数量较少、地域服务范围不广，难以满足未来经济社会发展的要求，尤其是"东密西疏"的格局与带动中西部地区经济社会发展、维护社会稳定与增进民族团结、开发旅游资源等的矛盾比较突出；二是民航机场体系内部未能充分协调，区域内各机场间缺乏合理定位和明确分工，机场对干、支航空运输协调发展的合理引导作用薄弱，参与全球竞争的国际枢纽尚未形成，难以有效配置资源和充分发挥民用航空资源整体优势和作用；三是部分机场的建设和发展与其所在城市规划、军航规划以及其他运输方式规划缺乏有效衔接，尤其是军民航空域使用矛盾日益尖锐，较大程度上制约了民航的发展，与国防交通的需要也有较大差距；四是大部分中型以上机场容量已饱和或接近饱和、综合功能不健全，与提高航空安全保障能力和运输服务质量水平的客观要求存在较大差距。

二、规划的目标与原则

规划的目标：以市场需求为基础，通过优化机场布局结构和增加机场数量规模，加强资源整合，完善功能定位，扩大服务范围和提高服务水平，适应经济社会和民航事业的发展，到2020年初步形成规模适当、布局合理、层次分明、功能完善的现代化民用机场体系。

规划的布局原则为：

（1）机场总体布局应与国民经济社会总体发展战略和航空市场需求相适应，促进生产力合理布局、国土资源均衡开发和国民经济社会发展。

（2）机场区域布局应与区域经济地理和经济社会发展水平相适应，与城市总体规划相符合，促进区域内航空资源优化配置、社会经济协调发展和城市功能提升完善。

（3）机场布局应与其他运输方式布局相衔接，促进现代综合交通运输体系的建立和网络结构优化,并充分发挥航空运输比较优势,提高综合交通运输整体效率和效益。

(4)机场布局应与航线网络结构优化、空管建设、机队发展、专业技术人员培养等民航系统内部各要素相协调,增强机场集群综合竞争力,进一步提高民用航空运输整体协调发展能力和国际竞争力。

(5)机场布局应与加强国防建设、促进民族团结及开发旅游等资源相结合。重视边境、少数民族地区、特别是新兴旅游地区机场的布局和建设,拓展航空运输服务范围,增强机场的国防功能。同时考虑充分有效利用航空资源,条件许可时优先合用军用机场或新增布局军民合用机场。

(6)机场布局应与节约土地、能源等资源和保护生态环境相统一。充分利用和整合既有机场资源,合理确定新增布局数量与建设规模,注重功能科学划分,避免无序建设和资源浪费,提高可持续发展能力。

三、布局方案

根据布局规划的指导思想、目标和原则,依据已形成的机场布局,结合区域经济社会发展实际和民航区域管理体制现状,按照"加强资源整合、完善功能定位、扩大服务范围、优化体系结构"的布局思路,重点培育国际枢纽、区域中心和门户机场,完善干线机场功能,适度增加支线机场布点,构筑规模适当、结构合理、功能完善的北方(华北、东北)、华东、中南、西南、西北五大区域机场群。通过新增布点机场的分期建设和既有机场的改扩建,以及各区域内航空资源的有效整合,机场群整体功能实现枢纽、干线和支线有机衔接,客、货航空运输全面协调,大、中、小规模合理的发展格局,并与铁路、公路、水运以及相关城市交通相衔接,搞好集疏运,共同构成现代综合交通运输体系。

至2020年,布局规划民用机场总数达244个(不含港澳台地区),其中新增机场97个(详见表5-5)。

中国民用机场系统规划列表　　　　　　　　　　　　表5-5

北方机场群	华东机场群	中南机场群	西南机场群	西北机场群
北京、天津、河北、山西、内蒙古、辽宁、吉林、黑龙江	上海、江苏、浙江、山东、安徽、江西、福建	广东、广西、海南、河南、湖北、湖南	重庆、四川、云南、贵州、西藏	陕西、甘肃、青海、宁夏、新疆
北京首都、南苑、天津、石家庄、秦皇岛、太原、运城、大同、长治、呼和浩特、包头、海拉尔、满洲里、锡林浩特、赤峰、通辽、乌兰浩特、乌海、沈阳、大连、丹东、锦州、朝阳、长春、延吉、哈尔滨、牡丹江、齐齐哈尔、佳木斯、黑河	上海浦东、上海虹桥、南京、无锡、常州、徐州、连云港、南通、盐城、杭州、宁波、温州、舟山、黄岩、义乌、衢州、济南、青岛、烟台、威海、临沂、潍坊、东营、合肥、黄山、安庆、阜阳、南昌、赣州、井冈山、九江、景德镇、福州、厦门、晋江、武夷山、连城	广州、深圳、珠海、梅州、汕头、湛江、南宁、桂林、北海、柳州、梧州、海口、三亚、郑州、洛阳、南阳、武汉、宜昌、恩施、襄樊、长沙、张家界、常德、永州、怀化	重庆、万州、成都、九寨沟、攀枝花、西昌、宜宾、绵阳、南充、泸州、广元、达州、昆明、西双版纳、丽江、大理、芒市、迪庆、保山、临沧、思茅、昭通、文山、贵阳、铜仁、兴义、安顺、黎平、拉萨、昌都、林芝	西安、延安、榆林、汉中、安康、兰州、敦煌、嘉峪关、庆阳、西宁、格尔木、银川、乌鲁木齐、喀什、伊宁、库尔勒、阿勒泰、和田、阿克苏、库车、塔城、且末、那拉提、克拉玛依
已有30个	已有37个	已有25个	已有31个	已有24个

北方机场群	华东机场群	中南机场群	西南机场群	西北机场群
北京第二机场、良乡、邯郸、衡水、承德、张家口、吕梁、五台山、鄂尔多斯、阿尔山、二连浩特、巴彦淖尔、达来库布、霍林河、加格达齐、长海、长白山、通化、白城、漠河、大庆、鸡西、伊春、抚远	淮安、苏中、丽水、济宁、九华山、蚌埠、芜湖、宜春、赣东、三明、宁德、平潭	韶关、百色、河池、玉林、东方、五指山、琼海、信阳、商丘、神农架、衡阳、岳阳、武冈、邵东	黔江、巫山、乐山、康定、亚丁、马尔康、腾冲、红河、怒江、会泽、勐腊、泸沽湖、荔波、毕节、六盘水、遵义、黄平、黔北、阿里、日喀则、那曲	壶口、宝鸡、商洛、天水、夏河、金昌、陇南、张掖、武威、航天城、玉树、花土沟、德令哈、果洛、青海湖、固原、中卫、喀纳斯、吐鲁番、哈密、博乐、奎屯、楼兰、富蕴、塔中、石河子
新增24个	新增12个	新增14个	新增21个	新增26个

1. 北方机场群

北方机场群由北京、天津、河北、山西、内蒙古、辽宁、吉林、黑龙江8个省（自治区、直辖市）内各机场构成。在既有30个机场的基础上，布局规划新增北京第二机场、邯郸、五台山、阿尔山、长白山、漠河、抚远等24个机场，机场总数达到54个，为促进华北、东北地区经济社会发展、东北亚经济合作和对外开放提供有力的航空运输保障。在此机场群中，重点培育北京首都机场为国际枢纽机场，进一步增强其国际竞争力；提升和发挥天津、沈阳机场分别在滨海新区发展和东北振兴中的地位作用；进一步完善哈尔滨、大连、长春、石家庄、太原、呼和浩特等机场在区域中的干线机场功能，稳步发展阿尔山、长白山、漠河、大庆等区域内支线机场。

2. 华东机场群

华东机场群由上海、江苏、浙江、安徽、福建、江西、山东7个省（直辖市）内各机场构成。在已有37个机场基础上，布局规划新增苏中、丽水、芜湖、三明、赣东、济宁等12个机场，机场总数达到49个，以满足华东地区经济社会发展、对外开放和对台"三通"的交通需要。在此机场群中，重点培育上海浦东机场为国际枢纽，增强其国际竞争力；进一步完善上海虹桥、杭州、厦门、南京、福州、济南、青岛、南昌、合肥等机场的干线机场功能；稳步发展苏中、三明、宜春、济宁等区域内支线机场。

3. 中南机场群

中南机场群由广东、广西、海南、河南、湖北、湖南6省（自治区）内各机场构成。在既有25个机场基础上，布局规划新增信阳、岳阳、衡阳、邵东、河池等14个机场，机场总数达到39个，以满足中南地区经济社会发展需要，促进东南亚经济合作、泛珠区域经济一体化和对外开放。在此机场群中，重点培育广州白云机场为国际枢纽，增强其国际竞争力；提升武汉、郑州机场在中部崛起中的地位；完善长沙、南宁、海口、三亚、深圳、桂林等机场在区域中的干线机场功能；进一步稳步发展河池、神农架等区域内支线机场。

4. 西南机场群

西南机场群由重庆、四川、云南、贵州、西藏5省（自治区、直辖市）内各机场构成。在既有31个机场的基础上，布局规划新增黔江、康定、腾冲、六盘水等21个机场，机场总数达到52个，以适应西南地区经济社会发展需要，促进中国—东盟自由贸易区的合作发展，以及为少数民族地区经济社会发展和旅游资源开发提供交通保障。在此机场群中，重点培育昆明机场成为连接南亚和东南亚的门户机场，强化成都、重庆机场的枢纽功能，发挥其在西南地区和长江中上游区域经济社会发展中的中心地位作用;完善贵阳、拉萨等机场功能;稳步发展黔江、康定、腾冲、六盘水等其他支线机场。

5.西北机场群

西北机场群由陕西、甘肃、青海、宁夏和新疆5省(自治区)内各机场构成。在既有24个机场的基础上,布局规划新增天水、陇南、玉树、喀纳斯等26个机场,机场总数达到50个,以满足西北地区经济社会发展需要,促进中国—中亚地区贸易的发展,以及为少数民族地区发展和旅游资源开发提供航空运输保障。在此机场群中,重点加快培育乌鲁木齐机场为连接中亚的西北门户机场,提升西安机场在区域内的中心地位;进一步完善兰州、银川、西宁等机场的功能;稳步发展天水、固原、玉树、喀纳斯等区域内支线机场。

四、近期实施方案

2010年前,主要通过部分新增机场的建设和既有机场的改扩建,逐步完善各区域机场体系,近期完成北京、浦东、广州、太原、呼和浩特、九寨沟等机场扩建,鄂尔多斯、阿尔山、长白山、腾冲、康定、荔波、喀纳斯等机场新建;实施天津、虹桥、杭州、南昌、深圳、长沙、南宁、成都、乌鲁木齐、西安、银川、西宁等既有机场的改扩建,昆明、合肥、汕头、库车等机场的迁建及三明、河池、阿里、玉树等机场的新建;积极推进沈阳、哈尔滨、南京、厦门、海口、重庆、兰州等机场扩建及北京第二机场、苏中、亚丁、六盘水、夏河等新建机场项目的前期工作并适时开工建设,新设良乡、济宁、日喀则等军民合用机场。至2010年,机场总数预计达到190个左右,其中军民合用机场达到55个。

五、预计效果

上述布局规划实施后,全国省会城市(自治区首府、直辖市)、主要开放城市、重要旅游地区、交通不便地区以及重要军事要地均有机场连接,逐步形成北方、华东、中南、西南、西北五大机场群,形成功能完善的枢纽、干线、支线机场网络体系,大、中、小层次清晰的机场结构,航空运输整体发展能力和国际竞争力显著增强;机场与其他交通方式的衔接更加紧密,与城市发展更加协调,与军航发展相互促进;社会服务范围进一步扩大、服务水平显著提高。到2010年,全国75%的县级行政单元能够在地面交通100km或1.5h的车程内享受到航空服务(现状为52%),服务的总人口达到全国总人口的78%(现状为61%),上述区域内的国内生产总值(GDP)达到全国总量的93%(现状为82%);到2020年全国80%以上的县级行政单元能够在地面交通100km或1.5h车程内享受到航空服务,所服务区域的人口数量占全国总人口的82%、国内生产总值(GDP)占全国总量的96%。

第五节 城市多机场系统

一、"一市多场"定义

随着经济的发展,某些大城市的航空业务需求巨大,有时需要修建2个及2个以上的机场才能满足需求。我们把这种在一个城市修建有2个及2个以上机场的系统简称为"一市多场"。如上海拥有浦东国际机场和虹桥机场,美国旧金山市有旧金山国际机场、奥克兰机场和圣何塞机场。国际上也把"一市多场"广义地定义为某一区域拥有多个机场。如英国的大伦敦地区有5个机场，即分别是希思罗机场、盖特威克机场、斯坦斯特德机场、卢顿机场和伦敦城市机场。在本节中，"一市多场"指一个城市内建有多个机场的情况。

二、"一市多场"现状及发展趋势

随着世界范围机场建设的迅速开展，"一市多场"模式在全球绝大多数的超大型或大型城市成为越来越普遍的现象。所有年旅客运量达到1000万人次的大城市（区域）都需要有几个机场为其空运服务，其中已有30多个城市建成了2座以上的机场为该城市（区域）服务，而还有相当数量的城市迫于城市建设等多方面的考虑，在短期内只是对现有机场进行扩建，而没有计划修建机场，但是从这些城市发展规划和用地规划来预测，在不久的将来，其中的大多数都将修建第2座机场以满足航空运输的需求。

"一市多场"在美国、欧洲的超大型城市特别普遍，这是和这些国家的城市经济水平密切相关的。亚洲、北美和欧洲的"一市多场"城市及机场列于表5-6。中国目前只上海拥有浦东国际机场和虹桥国际机场2个机场，具备较完整的"一市多场"体系；北京的首都机场在远期建成4条跑道后也难以满足预测需求，在京郊修建第2座机场也势在必行。

世界上主要"一市多场"城市及机场 表5-6

城　市		数　量	机　场　名　称
亚洲	上海	2	虹桥机场(SHA)，浦东机场(PVG)
	东京	2	羽田机场(HND)，成田机场(NRT)
	大阪	2	关西机场(KIX)，伊丹机场(ITM)
	首尔	2	仁川机场(ICN)，金浦机场(GMP)
	台北	2	国际机场(TPE)，松山机场(TSA)
	吉隆坡	2	吉隆坡国际机场(KUL)，苏邦机场(SZB)
	迪拜	2	迪拜机场(DXB)，沙迦机场(SHJ)
北美	纽约	4	肯尼迪机场(JFK)，纽瓦克机场(EWR)，拉瓜迪亚机场(LGA)，艾斯利普机场(ISP)
	华盛顿	3	杜勒斯机场(1AD)，华盛顿围立机场(DCA)，巴尔的摩机场(BWI)
	芝加哥	2	奥黑尔机场(ORD)，米德韦机场(MDW)
	波士顿	4	波士顿洛根机场(BOS)，曼彻斯特机场(MHT)，普罗维登斯机场(PVD)，伍斯特机场(ORH)
	旧金山	3	旧金山国际机场(SFO)，奥克机场(OAK)，圣何塞机场(SJC)
	达拉斯	2	达拉斯沃斯机场(DFW)，拉夫菲尔德机场(DAL)
	迈阿密	3	迈阿密国际机场(MIA)，劳德代尔堡机场(FLL)，西棕榈滩机场(PBI)
	洛杉矶	5	洛杉矶国际机场(LAX)，橙县机场(SNA)，安大略机场(ONT)，伯班克机场(BUR)，长滩机场(LGB)
	休斯敦	2	布什洲际机场(IAH)，霍比机场(HOU)
	蒙特利尔	2	多尔瓦机场(YUL)，米拉贝尔机场(YMX)
	多伦多	2	皮尔森国际机场(YYZ)，汉密尔顿机场(YHM)

城　市		数　量	机　场　名　称
欧洲	伦敦	5	希思罗机场(LHR),盖特威克机场(LGW),斯坦斯特德机场(STN), 卢顿机场(LTN),伦敦城市机场(LCY)
	曼彻斯特	3	曼彻斯特国际机场(MAN),利物浦雷侬机场(LPL), 利兹/布拉德福机场(LBA)
	巴黎	2	戴高乐机场(CDG),奥利机场(ORY)
	罗马	2	菲乌米奇诺机场(FCO),钱皮诺机场(CIA)
	米兰	3	摹尔彭萨机场(MXP),利纳特机场(LIN),奥里奥赛机场(BGY)
	柏林	3	泰格尔机场(TXL),滕伯尔霍夫机场(THF),舍讷费尔德机场(SXF)
	杜塞尔多夫	3	杜塞尔多夫国际机场(DUS),科隆/波恩机场(CGN), 门兴格拉德巴赫机场(MGL)
	斯德哥尔摩	2	阿兰达机场(ARN),布罗马机场(BMA)
	奥斯陆	2	加勒穆恩机场(OSL),桑讷菲尤尔机场(TRF)
	莫斯科	4	谢诺梅杰沃机场(SVO),多莫杰多沃机场(DME), 伏务科沃机场(VKO),贝科沃机场(BKO)

三、构建"一市多场"标准

"一市多场"的构建准确地说是针对航空枢纽城市的,因为只有航空枢纽城市才具备多机场体系的基本要素,因此,构建"一市多场"的标准也主要是基于航空枢纽城市来进行研究的。

判断"一市多场"体系成功与否非常简单直观的标准,即基于客运和货运,一个多机场系统能否将航班和旅客使用系统内若干个机场达到理想和满意的程度。如果系统中的次要机场相对于其投资未能得到充分利用,可以说这就是一个失败的运输投资。对于这样的建设投资,更多的是获得其技术上的进步和建筑学上的收获。如英国的大伦敦地区"一市多场"体系中的斯坦斯特德机场未能充分发挥其作用,其建成后的运能超过了其预期运量,从这个角度来看,该机场是"一市多场"的失败例子。因此,构建"一市多场"的标准对机场建设显得尤为重要。

成功的"一市多场"系统肯定是该城市(区域)的航班和旅客出行始终保持在一个较高的水平,出行量越大,"一市多场"越有可能得到充分利用。然而,即使是航班和旅客出行始终保持在一个较高的水平,也并非一定要修建第2个或更多的机场,如亚特兰大国际机场是世界上最忙的机场、法兰克福国际机场是德国最忙的机场,但其所在城市都不是"一市多场"。

1. 地方经济指标

根据世界银行的发展报告,人均GDP 3 000美元左右被认为是现代化的门槛,而从民航发展的规律可知,当某一城市或区域的人均GDP达到4 000~7 000美元,该城市处于航空运输快速发展阶段,应考虑修建第2机场。

由于欧美的机场建设大发展时期大多集中在20世纪50~60年代,甚至更早的时期,考虑经济指标换算的因素及标准的不同,以GDP为建设新机场的指标更容易在韩国、日本等90年代以后才大力发展"一市多场"国家的大都市中得到证明,更有可信度。

韩国的首尔是根据GDP发展"一市多场"最典型的例子之一。韩国的金浦机场距离首尔市区不到10km,曾经是东北亚地区最繁忙的机场之一,该机场2001年旅客吞吐量2 206万人次,世界排名第 38 位。1990 年,首尔地区的人均 GDP 增至 6 287 美元,原有的机场不能满足需求,政府当局开始考虑修建第 2 座机场,位于首尔西部距离市中心 52km 的仁川机场从 1992 年开始设计,2001 年 3 月正式对外开放,"一市两场"对首尔及整个韩国的经济推动作用明显。

当然,单纯以 GDP 来确定是否该新建机场是不科学的,在亚特兰大已经得到充分说明。但是,不可否认的是,在现阶段 GDP 比其他宏观经济指标更能直观有效地反映出经济对机场体系的需求。

2.运量指标

(1)旅客吞吐量

当某一城市中最繁忙的机场年旅客吞吐量超过 5 000 万人次时可考虑新建机场。这里需要特别指出的是,旅客吞吐量虽然是根据实际统计数据得出的,对预测数据也适用的。

(2)机场运力

机场运力是指单机场所能提供的最大运输能力,对旅客指的是客运能力,对货物指的是货运能力。由于机坪、航站楼和机场陆侧等影响机场运力的设施一般可以通过改扩建或提高效率来获得提高,而跑道对机场的限制显得更为直接,且同一城市(区域)共用航路的现象非常普遍,所以主要根据机场跑道来判断机场运力。

一般中小型机场都只有单条跑道,大型机场随着运量的上升,跑道数量逐渐增加,在一个机场内修建 2～4 条跑道是最先被采用的措施,以满足城市日益增长的航空运输需求。将这样一种方式发展到极致的是美国达拉斯的达拉斯沃斯机场(DFW)。该机场是美利坚航空公司的中枢与总部所在地,也是达美航空公司的中枢之一,机场占地面积 73km^2,拥有 7 条跑道和 4 个航站楼,还在规划修建第 8 条跑道和 1 个新的国际候机楼。该机场的规划和运营固然有其特殊和可取之处,但并不是每个城市都能如此的,机场用地、环境因素、交通换乘及跑道之间的互相制约都是必须认真考虑的。根据现有资料统计,当机场跑道数和机场运力达到一定指标时,应考虑修建新的机场,如表 5-7 所示。

新建第二机场的运力指标

表 5-7

跑道数量(条)	旅客年运量(万人次)	跑道数量(条)	旅客年运量(万人次)
1	1 500～2 000	3	4 500～5 000
2	3 000～3 500	≥4	6 000～7 000

3.航空公司选择指标

航空公司选择指标是指航空公司进行航线选择和航班安排时依据的机场指标。目前对于航空公司选择指标还没有统一的标准,如航空公司可能根据机场的技术条件(如跑道长度或容量)选择机场,也可能因为政府的政策导向选择机场。一般情况下,主要依据备选机场是否能提供更好的服务水平,并产生更大的经济效益。

首先,备选机场是否拥有很好的市场。研究资料表明,影响旅客选择机场的因素主要有 3 个,即机场通达性、航班频率和票价。这 3 个方面影响机场的市场占有量,进而影响航空公司的利益。

其次,为备选机场安排的航线是否有利于占据航线支配力。理论和实践显示,航线对航空运输市场的分配是不成比例的,如当航空公司提供某一航线 60% 的航班,该航空公司将获得该航线上 75% 的乘客。对航线的支配力越大,航空公司获得的收益和利润也越大。这就导致航空公司总是集中航班来占领市场,至少要阻止与其竞争的航空公司获得更大的市场份额。

基于以上经济利益及相应的乘数效应,航空公司在选择航线时都十分仔细。航空公司在遇到"一市多场"的情况时,会研究把航班分配到第2个机场中的可能性,在衡量是否可以在二级市场获得竞争运力的因素的同时,会考虑是否有足够额外交通量可以弥补其在主要航线市场中份额减少的损失。

可见,航空公司对机场进行选择时可能会造成主要机场和次要机场的竞争,竞争不当容易造成主要机场旅客集中,而次要机场旅客流失。只有次要机场充分发挥应有的作用,"一市两场"才是成功的,所以必须处理好两者的竞争关系。

四、上海"一市两场"案例

1.上海"一市两场"概况

上海构建国际航空枢纽需要解决的一个非常重要的问题就是"一市两场"。《上海航空枢纽战略规划》把"一市两场、两位一体、合理分工、互为备降"作为发展的优势和有利条件,但是,以目前上海机场的基础设施与构建航空枢纽相比仍有较大差距。

上海是国内第1个拥有2个大型国际机场的城市,即浦东国际机场和虹桥国际机场。浦东国际机场位于上海市东部,1997年开始建设,1999年投入使用,面积40km²,距市中心约30km。虹桥国际机场位于上海市西郊,距市中心仅13km,占地面积为4.55km²,距浦东国际机场约40km。

2.上海"一市两场"模式分析

上海机场2h飞行圈覆盖区资源丰富,这一区域不仅覆盖中国80%的前100大城市、54%的国土面积,还分布着中国90%的人口,是全国93%的GDP产出地。2004年上海人均GDP达到了55 306元,按当时的汇率折算约为6 661美元,这一数字已超过地方经济指标中人均GDP4 000美元的最低指标。实践证明,两场的管理和运营在经过开始磨合阶段后已逐步稳固。

尽管在规划初期,上海虹桥机场的运量指标均未充分达到要求,但是《上海航空枢纽战略规划》预测2010年上海两场旅客运量达到6 000万人次、货邮吞吐量达到400万吨。以运量指标中的出行量和机场运力指标来衡量,都是十分充分的。如果乐观的估计,在2015年两大机场基本建成时,能满足8 000万人次的航空出行量。

上海"一市两场"的容量分配指标已经有向合理方向发展的趋势,如表5-8所示。同时,民航总局已经批准国航在上海建设自己的基地,目前,国航正与上海空港有关方面洽谈具体项目。而南航早有在上海建设基地的想法。加上东航,中国三大航空集团聚集上海,无疑将大大加快上海"一市两场"体系的建设步伐。

上海机场的旅客吞吐量(单位:万人次)　　　　　　　　　　　　　　表5-8

年　份	浦东国际机场	虹桥机场	年　份	浦东国际机场	虹桥机场
1999	30	1 433	2004	2102	1 489
2000	554	1 214	2005	2 365	1 780
2001	690	1 376	2006	2 679	1 934
2002	1 105	1 367	2007	2 892	2 263
2003	1 506	969	远期规划	8 000	3 000

第六章　航空运输需求预测

第一节　概　　述

机场的新建或改、扩建目的是为了满足未来航空运输需求,也就是说,机场的建设规模取决于未来航空业务量。例如,机场飞行区大小取决于起降飞机类型,侧风强度与频率,高峰小时的起降架次与机队组成;旅客航站楼规模及功能分区取决于预测目标年旅客吞吐量,以及高峰小时各类旅客(国内、国际、出发、到达、中转、过境)及商务贵宾、政务贵宾的吞吐量;机场与城市的交通联系方式,以及机场停车场等地面交通设施取决于预测目标年的客、货高峰小时流量和机场工作人员、驻场单位数量。因此,对未来航空业务量的预测是机场规划、设计的基础。

未来航空业务量的预测方法有2大类,定性预测法和定量预测法。其中,定性预测法主要用于判断性预测和没有足够信息资料的中长期预测。按照预测时间的长短又可分为长期预测、中期预测和短期预测。长期一般为30年,中期为15～20年,短期5～10年。

对未来航空业务量的预测,可分为宏观和微观两个层次。在机场的规划阶段初期,需考量规划机场在整个机场系统中的作用和地位,因此,需要了解全国各个机场的航空活动情况,对旅客周转量、货运周转量、旅客数、飞机保有量和机队组成、飞机运行架次等情况进行宏观预测。当机场规划进入确定机场规模和设施量,或进入具体设计阶段时,必须对如下微观指标进行预测:

(1)旅客、货物、快件、邮件的数量和高峰特性。

(2)为上述交通量服务所需的飞机数量和机种。

(3)驻场的通用航空飞机的数量和由此产生的活动量。

(4)机场地面进入系统的性能和运行特性。

在预测未来航空业务量之初,必须尽可能收集机场服务区(可分为直接服务区、辐射影响区)历年的各方面资料,主要有如下几类:

(1)人口、年龄结构和增长率。

(2)居民和非居民旅行的始发点和目的地。

(3)经济规模和产业特点等经济活动情况:

①个人自由支配的收入、银行存款;

②零售扣批发销售量和商业活动;

③不同产业:农业、建筑、制造、旅游、矿业、金融、保险、房地产等的产值及雇员数量;

④宾馆床位和入住率。

(4)旅客、货物、快件、邮件各类模式的交通活动。

(5)国家交通运输规划等可能影响未来运输需求的影响因素。

(6)影响交通需求的地理因素。

(7)各航空公司之间和各类交通形式之间对票价、旅行时间、服务频率等方面的竞争情况。

第二节 运输需求理论

一、运输需求源于经济活动

人类经济活动包括生产活动和人们的消费活动两方面。人类经济活动总是在特定的地理空间,即经济活动空间中进行的。所谓经济活动空间,是指人们生产和消费活动所在的区位和涉及的区域范围。消费活动空间是指人们工作、居住所在的区位和日常生活、上班、购物、休闲、旅游等活动涉及的地理空间范围。生产活动空间是指企业的研发、设计、生产和销售活动的所在区位和涉及的区域分布,在生产活动中使用的原材料、零部件、能源动力来源的地理区域分布范围,所生产的产品销售所涉及的地理区域分布,生产活动中进行人员交往所涉及的地理分布范围和交流的频次。

随着经济的增长,产业分工细化,经济活动空间呈扩张之势,从而导致了运输需求的增长。在农耕经济中,农民的经济活动空间可能从来不超过其住所100km以外的地区,他的衣食住行和社会交往都局限在这一地理范围之内。在工业社会中,工业原材料可能来自上千公里以外的矿山或原材料加工厂;产品则要在几千公里范围的区域内销售,甚至出口到世界各地;人们交流、访问和商业活动的范围明显地扩大。同时,随着人们生活水平的提高,旅游出行会持续增长,旅游的范围则从国内扩大到世界各地,人们出行的距离也会增大,人们的经济活动空间趋向扩张,人们的出行距离也越来越远,需要运输的货物的数量和运距也随之增长。

如果把国家作为一个经济区域,那么一国的经济发展水平与该国居民的经济活动空间有着紧密的联系。美国经济学家欧文(Owen,1987年)曾经用37个国家的统计资料研究人均国民生产总值、人均旅客周转量、人均货物周转量等因素之间的关系,并以法国的人均收入水平和居民运输流动性为基准,构造了居民流动指数,进行国际比较。他发现法国的居民运输流动性指数为100时,人均收入在1 000美元以下国家的居民运输流动性指数则在10以下。欧文发现人均收入水平与各国居民的运输流动性有极为紧密的正相关关系。我国的人均出行里程从1978～2004年,年均增长7.73%,说明我国人均国民生产总值的提高与人均出行距离的增长有同样紧密的相关关系。英国运输经济学家肯尼思·巴顿把该问题称为"鸡还是蛋"的问题,他认为,是高收入导致高水平的流动性,抑或是高收入来自高水平的流动性,二者的因果关系尚不清楚。实际上,欧文对二者的关系已经做出了某些解释,他认为个人的流动性是大多数经济活动的一个基本组成部分,它使得二人可以进行更广泛的工作选择,企业可以在更大的地理区域中招收工人;飞机和汽车等现代运输工具使得销售人员在成倍扩大的区域内进行销售活动,经理可以在全国和世界范围内从事管理活动。经济活动空间的扩张与人均收入水平的增长是同一事物的两个方面。

二、交通设施供给诱发运输需求

运输是指人和物的空间位移。运输活动是人类生产和生活活动的一部分,自有人类存在,就有了运输活动。在远古时代,运输活动几乎不依赖交通基础设施,人们总是可以靠人力或牲畜实现最基本的运输需要,例如,居住在山洞中的古代先民们要把狩猎获得的猎物运回山洞。

但是，没有交通基础设施的运输活动的成本是极为高昂的，人们的经济活动只能局限于极为狭小的地理空间之内，而且人们的大部分劳动要花费在与生产和生活有关的运输活动中。现代的运输活动都是在特定的交通基础设施上进行的，例如，铁路运输需要铁道和火车站，汽车运输则需要道路，航空运输必须有机场和航路导航站。

满足现在与未来的运输需求是人们修建交通基础设施的目的。然而，交通基础设施建成后可以使用上百年，由于运输成本的降低，它对周围土地的利用具有长期和持久的影响，能够吸引生产和生活活动在交通设施沿线集聚，导致经济活动空间和土地利用模式的改变，这通常表现为居住人口和工业服务业的集聚和原有规模的扩大，从而产生巨大的运输需求。因此从长期的观点考察问题，是交通基础设施诱发出运输需求，或者说，交通设施的供给创造出运输需求。

三、运输需求的路径依赖性

经济活动空间演化导致的土地利用模式改变和交通运输之间存在相互作用的关系，这种相互作用形成具有正反馈的自我强化过程。这种自我强化机制产生出不断积累的沉没成本和人们的习惯性适应，以至很难脱离某种交通方式的发展轨道，这表现为运输需求的路径依赖性，也可称之为偏好或锁定效应。这在美国的交通运输方式选择上表现得非常突出。

美国有迅速发展汽车产业和公路运输的多方面的资源条件，1919年美国登记的汽车数量为700万辆，1929年为2 670万辆（平均每4.5人一辆），这一数量比我国2003年的全国汽车保有量还要高。汽车数量的增加，引起了公路建设的高潮，美国的公路里程1940年为220万公里。发达的公路交通网络使郊区的房地产业繁荣起来，美国的商业和服务业、工作场所和住宅呈现出低密度的蔓延式发展状态。经济活动空间的这种状态产生出对私人汽车的强烈依赖，没有私人汽车就无法购物、无法出行，由此造成了巨大的公路运输需求。

2001年美国1.2亿工作人口中，每天有1亿人是驾驶私人汽车上班的，只有560万人乘坐公共交通，340万人步行上班，还有340万人在家上班。根据美国的抽样调查，1995年美国家庭出行160km（100mi）以上的次数为5亿次，其中77%是自己驾车出行，22.3%是依靠飞机、长途汽车和火车等公共交通；个人出行160km以上的次数为8亿次，其中81.3%是自己驾车出行，16.2%是依靠公共交通，这些出行大多是为了工作、休闲、购物、访友或旅游。2001年美国由私人汽车完成的客运周转量占总客运周转量的85%。2000年美国的公路里程达到633万公里，在美国登记的各种汽车数量达到2.2亿辆。

20世纪末期，美国开始遇到交通拥挤、环境污染、能源和土地紧缺的问题，这使美国的一些州开始考虑改变过度依赖私人汽车和公路交通的发展模式。美国亚特兰大市投资35亿美元修建了77km的地铁，但亚特兰大的地铁每天仅吸引11万人，2001年亏损2 000万美元，2004年亏损5 400万美元。人们仍然主要依靠私人汽车出行，地铁的建设对解决亚特兰大高速公路堵塞和空气污染问题几乎没有多少帮助。亚特兰大的人口密度为每平方英里1 366人，在市中心为每平方英里3 775人，亚特兰大的城市分散扩张形态和人口低密度分布使公共交通难以吸引足够的客流。这种由高度发达的公路交通系统支持的低人口密度、多就业中心的状况阻碍了公共交通的发展，美国对依靠私人汽车的运输需求具有强烈的路径依赖性。

经济活动空间演化导致的土地利用模式变化和交通运输之间的相互作用是在一个连续的时间过程中进行的，这种相互作用形成具有正反馈的自我强化过程。运输需求是在这一持续进行的过程中产生和增长的。因此，运输需求的预测不能忽略在十年、几十年时间中持续进行的相互作用过程形成的路径依赖性。

四、运输需求的增长趋势

现代经济中的货运需求不断增长的另一个原因是专业化分工和规模经济的不断发展。现代经济是专业化分工程度不断提高的经济,进行专业化生产的企业位于不同的地理区域,这些企业有进一步在某些区域集聚和扩大规模的趋势。而具有规模经济的企业在其生产中需要的大量各种不同的投入要素和中间产品,只能从更加广泛的区域获得,并且与资源来源地的距离有不断增长的趋势;同时大规模生产的产品要在更广阔的市场范围中销售,特别是全球化使得生产和销售的范围超越了传统的国家疆界,资源和产品可以从全球不同的地区获得,产品则在世界不同国家销售。在专业化分工体系中具有规模经济的企业总是在特定的地理区位存在的,企业的专业化和规模经济的程度愈高,它与其他区域企业的联系就愈紧密越广泛。具有规模经济的专业化分工的发展表现为企业经济活动空间的不断扩大,并产生出更大的运输需求。而高效率的交通运输系统通过低成本高质量的运输可以促进专业化分工和贸易的发展,经济活动空间不断扩大,由此又会进一步产生出更多的运输需求。

经济中的客运需求则与国民收入水平有紧密的联系,收入水平的提高使更多的人能够对居住方式和生活方式进行选择。人们能够从地理上把工作与休闲分开,可以选择到更远的地方工作;因工作出行的次数和出行的距离不断增长,可以选择到更远的地方甚至世界各地旅游,这些都会显著地增加客运需求。收入水平的提高与经济活动空间的扩大成正比。从各国的发展趋势看,客运周转量的增长率基本与 GDP 的增长率保持在相同的水平。英国的 1960 年的客运周转量为 282 亿人公里,2000 年的客运周转量为 728 亿人公里,年均增长率 2.4%,相当于英国 GDP 的增长率。美国的客运周转量 1960 年为 21 352 亿人公里,2000 年的客运周转量为 79 888 亿人公里,年均增长率为 3.35%,与美国的 GDP 的增长率相当。我国的客运周转量 1955 年为 697 亿人公里,2003 年为 13 811 亿人公里,增长率为 8.18%,也与 GDP 的增长率相近。

五、经典运输需求—供给函数

从经典经济学角度来看,运输需求可表述为是运输服务的消费者在一定时期内,在一定的价格水平下,愿意而且能够购买的运输服务量。因此,运输需求函数可表示为:

$$Q = f(P, I, Y) \tag{6-1}$$

式中:Q——运输需求量;

P——运输价格;

I——运输服务消费者的收入水平;

Y——其他影响因素,如运输的服务水平(班次频率、舒适性、可达性和安全性等)、消费者偏好等。

一般情况下,需求量 Q 与价格 P、消费者收入水平 I 的关系为如图 6-1 所示的一组曲线,即:Q 随 P 上升而下降,随收入水平 I 增大而增加。P 与 I 变动对 Q 影响通常用价格弹性 E_P 与收入弹性 E_I 表征。弹性有 2 种形式,弧弹性和点弹性。当需求函数已知时,点弹性为:

$$E_P = \frac{\partial Q}{\partial P} \frac{P}{Q} \qquad E_I = \frac{\partial Q}{\partial I} \frac{I}{Q} \tag{6-2}$$

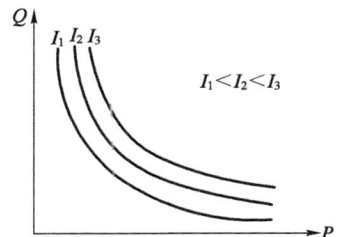

图 6-1 运输需求函数

在统计分析价格 P、消费者收入水平 I 变化与需求量 Q 变化关系时，需采用弧弹性：

$$E_P = \frac{Q_2 - Q_1}{P_2 - P_1} \cdot \frac{P_2 + P_1}{Q_2 + Q_1} \qquad E_I = \frac{Q_2 - Q_1}{I_2 - I_1} \cdot \frac{I_2 + I_1}{Q_2 + Q_1} \qquad (6\text{-}3)$$

当弹性绝对值 $|E| > 1$ 时，称为富有弹性，它说明当价格或收入增加或减少引起需求量变化幅度超过价格或收入的变幅；弹性绝对值 $|E| < 1$，称为缺乏弹性，它说明当价格或收入增加或减少引起需求量变化幅度小于价格或收入的变幅；弹性绝对值 $|E| = 1$，称为单位弹性，它说明当价格或收入增加或减少引起需求量变化幅度与价格或收入的变幅相等。

研究表明，航空需求的价格弹性远大于其次运输方式。奥姆（Oum，1992 年）等人对英国、美国、澳大利亚等地的研究表明，航空旅客商务旅行的需求价格弹性 E_P 为 0.65，休闲旅行的 E_x 为 0.40～1.98；美国、意大利、英国、荷兰、德国、法国等国在大西洋空中旅行的平均需求价格弹性 E_x 为 0.89(0.14～0.99)；长距离旅行的价格弹性 E_P 明显大于短程的 E_P，美国航空旅行中，700km 左右行程的 E_P 为 -0.25（商务旅行）和 -0.97（休闲旅行），1 300km 行程的 E_P 为 -1.0（商务旅行）和 -1.13（休闲旅行）。

运输服务价格 P 是由供给成本、市场化程度等因素决定的。表征运输供给量 Q_s 与影响因素的关系函数称之为供给函数：

$$Q_s = g(P, X) \qquad (6\text{-}4)$$

式(6-4)中的 X 为市场化程度、供给成本等影响运输供给量 Q_s 的因素。运输供给量 Q_s 随着价格 P 的上升而增大，如图 6-2 所示。运输供给量 Q_s 对价格 P 敏感程度也可用弹性表征，弹性的计算式见式(6-2)，对于投资巨大的航空运输业而言，短期影响不甚显著，但长期影响是十分明显的。

由于运输需求量 Q 是随价格 P 上升而下降，而运输供给量 Q_s 是随价格 P 上升而增加，因此，总存在着一价值 P_0，使需求量 Q 与供给量 Q_s 相等，这个状态称为均衡市场，P_0 称为均衡价格，其对应的运量称为均衡运量，见图 6-3。但在现实中，这种均衡状态是暂时的，随着外部条件的变化而被打破。如新技术出现使成本下降，供给增加至 Q_s'，均衡价格下降为 P_1；或收入水平提高使需求旺盛 Q'，则均衡价格上升为 P_2。因此，可以说需求与供给这一对矛盾始终处于动态均衡。

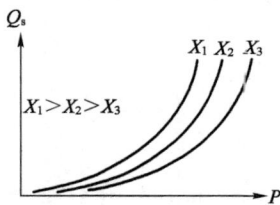

图 6-2　运输供给函数

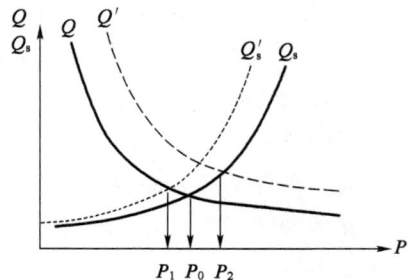

图 6-3　均衡市场

第三节　定性预测方法

定性预测方法是基于经验和判断对预测对象作定性分析，一般不单纯依赖当前的系统数据。主要有类推预测法、专家会议法和德尔菲法。

一、类推预测法

类推预测法是由局部、个别到特殊的分析推理方法,具有极大的灵活性和广泛性。根据预测目标和市场范围的不同,类推预测法可以分为产品类推预测、行业类推预测、地区类推预测3种。在航空运输需求预测中应用较多是地区类推预测法。

根据经济活动空间演化与交通运输相互作用的理论分析,经济增长、经济活动空间的演化与运输需求是同一过程的不同方面,由于各国的经济发展水平和产业结构不同,会有不同的运输收入弹性,但运输收入弹性有较为稳定的发展趋势。通过国际比较可以大致判断我国运输收入弹性的基本走势。因此从 GDP 的增长率出发就可以计算出规划期的客、货周转量,以此作为运量的预测值,然后再考虑什么样的交通设施规模才能完成这样的客、货周转量。

类推结果存在非必然性,运用类推预测法需要注意类别对象之间的差异性,特别是地区类推时,要充分考虑不同地区政治、社会、文化、民族和生活方面的差异,并加以修正,才能使预测结果更接近实际。

二、专家会议法

专家会议法就是组织熟悉预测问题有关方面的专家,通过会议的形式,对某个或几个未来航空运输问题发表看法、进行探讨,然后在专家判断的基础上,综合专家意见,得出预测结论。它既能在充分利用专家丰富的知识和经验基础上,较全面地考虑事件发生的可能性,对事件做出预测,又简单易行,节省时间。专家会议有交锋式、非交锋式和混合式 3 种形式。

非交锋式会议也称头脑风暴法。会议不带任何限制条件,鼓励与会专家独立、任意地发表意见,没有批评或评论,以激发灵感,产生创造性思维,但往往意见很发散,难以汇总。交锋式会议法则与此相反,与会专家围绕一个主题,各自发表意见,并进行充分讨论,最后达成共识,取得比较一致的预测结论,但容易受权威人士意见的左右,不能充分发表意见和看法。混合式会议法是交锋式与非锋式的混合,也称质疑式头脑风暴法,会议分为两个阶段,第一阶段是非交锋式会议,产生各种思路和预测方案;第二阶段是交锋式会议,对上一阶段提出的各种设想进行质疑和讨论,也可提出新的设想,相互不断启发,最后取得一致的预测结论。

三、德尔菲法

德尔菲法是在专家会议法的基础上发展起来的一种专家调查法,它广泛应用在预测、方案比选、社会评价等众多领域。德尔菲法尤其适用长期需求预测,特别是当预测时间跨度长达10~30 年,其他定量预测方法无法做出较为准确的预测时,以及预测缺乏历史数据,应用其他方法存在较大困难时,采用德尔菲法能够取得较好的效果。

德尔菲法一般包括以下 5 个步骤:

1. 建立预测工作组

德尔菲法对于组织的要求很高。进行调查预测的第一步就是成立预测工作组,负责调查预测的组织工作。

2. 选择专家

要在明确预测的范围和种类后,依据预测问题的性质选择专家,这是德尔菲法进行预测的关键步骤。专家不仅要有熟悉本行业的学术权威,还应有来自生产一线从事具体工作的专家。

一般而言,选择专家的数量为 20 人左右,可根据预测问题的规模和重要程度进行调整。

3.设计调查表

调查表设计的质量直接影响着调查预测的结果。调查表没有统一的格式,但基本要求是:所提问题应明确,回答方式应简单,便于对调查结果的汇总和整理。

4.组织调查实施

一般调查要经过 2～3 轮,第一轮将预测主体和相应预测时间表格发给专家,给专家较大的空间自由发挥。第二轮将经过统计和修正的第一轮调查结果表发给专家,让专家对较为集中的预测事件进行评价、判断,提出进一步的意见,经预测工作组整理统计后,形成初步预测意见。如有必要,可再依据第二轮的预测结果制订调查表进行第三轮预测。

5.汇总处理调查结果

将调查结果汇总,进行进一步的统计分析和数据处理。有关研究表明,专家应答意见的概率分布一般接近或符合正态分布,这是对专家意见进行数理统计处理的理论基础。一般计算专家估计值的平均值、中位数、众数以及平均主观概率等指标。

德尔菲法具有匿名性、反馈性、收敛性,以及低成本和应用范围广等特点,且便于专家独立思考和判断,而不受权威人士意见左右,能真正做到集思广益,对解决探索性问题特别有利。其缺点是预测所需时间较长,且易忽视少数人的意见和存在组织者主观影响等。

第四节　定量预测方法

定量预测方法是依据历史数据的统计资料,利用数学的方法,推测出预测对象未来的发展趋势。在机场规划与设计中较常用的预测方法有趋势外推法、份额分析法、计量经济模型法等。

一、趋势外推法

趋势外推法的基本思想是:历史上对预测量影响的因素在未来仍持续且相似地影响着,因此,可以通过对历史数据的分析,找到其随时间变化的规律,进而外推得到其未来量。也就是说,趋势外推法适用于过去、现在和将来的客观条件基本保持不变的场合,否则,历史数据解释的规律是不能延续到未来的。

历史数据中有些受偶然因素的影响而出现随机波动,因此,对历史数据往往需要进行平滑处理,以减少这种随机波动影响以及周期变动成分。常用的数据平滑处理方法有 3 种:简单滑动、加权滑动和指数平滑。

上述 3 种方法对历史数据 $x_i(i=1,2\cdots)$ 平滑处理得到新数据序列 $y_i(i=1,2\cdots)$ 的公式为:

简单滑动
$$y_i = \frac{1}{n}\sum_{j=1}^{n} x_{i-j+1} \tag{6-5}$$

加权滑动
$$y_i = \frac{\sum_{j=1}^{n}\beta_j x_{i-j+1}}{\sum_{j=1}^{n}\beta_j} \tag{6-6}$$

指数平滑
$$y_i = \alpha x_i + (1-\alpha)y_{i-1} \tag{6-7}$$

式中： n——平滑时期数；

$\beta_j(j=1,2,\cdots,n)$——加权系数；

α——指数平滑系数。

平滑时期数 n 值越小，表明对近期观测值越重视，对数据变化的反应速度也越快，但数据修匀程度较低。加权系数 β_j 一般为递减序列，递减速率越快，越重视近期观测值。指数平滑系数 α 在观测值较稳定时，一般取 0.1～0.3；观测值波动较大时，α 值取 0.3～0.5；观测值呈波动很大时，α 值取 0.5～0.8。

简单滑动和指数平滑实际上均可视为加权滑动的 2 个特例。$\beta_j=\beta_i(i\neq j)$ 即为简单滑动；加权系数 β_j 序列如式(6-8)所示，即为指数平滑。

$$\beta_1=\alpha \qquad \beta_2=c(1-\alpha) \qquad \cdots \qquad \beta_i=\alpha(1-\alpha)^{i-1} \tag{6-8}$$

对历史数据进行必要的平滑处理后，以时间为自变量，预测对象的观测值为因变量，进行一元回归分析，建立两者之间的预测模型。比较常用的预测模型有线性模型、指数模型和 S 形成长模型。

线性模型、指数模型和 S 形成长模型的方程式为：

线性模型 $\qquad\qquad\qquad\qquad y=at+b$

指数模型 $\qquad\qquad\qquad\qquad y=ab^t$ $\qquad\qquad$ (6-9)

S 形成长模型 $\qquad\qquad\qquad 1/y=a+b^{ct}$

式中：a、b、c——回归系数。

指数模型在预测交通设施的交通量中经常被采用，在内在本质是增长率不变的情况，在用于估计未来年交通量时，a 就是基年交通量，$b-1$ 则为年增长率。但是，这些以时间为自变量的趋势外推法，忽略未来事物发展变化可能的内、外因变化，因此，过度外推可能会造成难以估计的误差，不太适用中长期的预测。

二、份额分析法

份额分析法就是研究某一预测对象与更易预测且精度较高的另一预测对象之间比例关系，从而利用另一个预测对象的预测结果，推出所预测对象的结果。例如，在预测未来全国航空旅客周转量时，往往先研究全国各种交通方式旅客总周转量的增长规律，再研究航空旅客周转量在全国各种交通方式旅客总周转量中所占的比例关系，进而获得未来航空旅客周转量的预测值。因此，全国各种交通方式旅客总周转量与国民总产量、人均收入等经济指标之间关系，较与全国航空旅客周转量之间关系更为密切；航空旅客周转量在全国旅客总周转量中所占的比例，可通过回归或研究国际上已有相关关系获得。

预测新建机场年旅客量时，常采用此方法，先研究机场所在地的各类方式旅客交通量，然后，参照相近条件城市的航空旅客交通量所占的份额，并根据当地情况予以修正，进而推算出未来的新机场的年旅客量。大都市建设第二个民用机场时，如上海浦东国际机场，第二机场客、货运量需采用份额分析法，先预测上海市客、货运输总量，再根据两机场的功能定位以及相互间的协调与竞争分析，预测两机场份额，最后得到它们的预测值。

份额分析法是"由大到小"的分析模式，一般来说，在对未来的预测中，往往"大的"或总体的预测均比"小的"或局部的预测更方便且精度更好。例如，我国机场旅客年吞吐总量与国内生产总值之间关系，明显优于北京首都机场与北京市国内生产总值之间关系，见图 6-4。

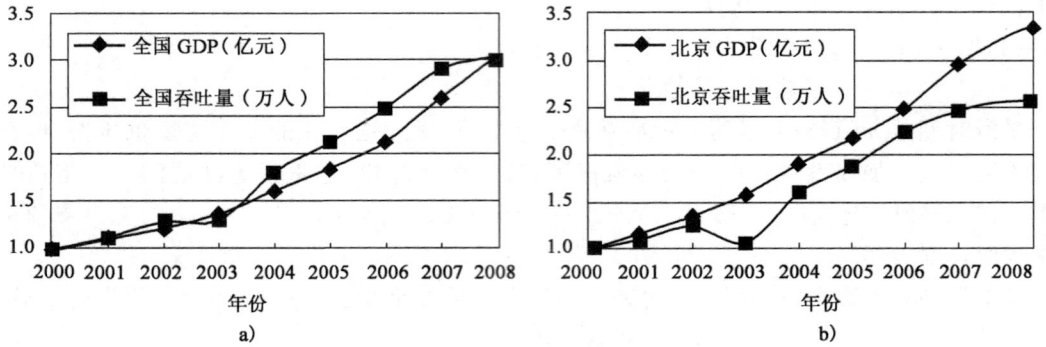

图 6-4　机场旅客年吞吐总量与国内生产总值之间关系

三、计量经济模型法

计量经济模型法是通过研究航空运输需求及供应与社会经济活动之间的内在关系,进而建立需求模型或需求—供应模型,而后通过对影响变量的预测,由模型得到航空运输需求的预测结果。

需求、供应与社会经济活动之间建立需求模型或需求—供应模型,不仅可提供预测值,而且给出影响预测结果的主要因素及其影响方式和影响程度的分析,特别适用于影响变量有可能发生较大变化的场合。例如,在研究我国将面临的航线结构由城市对型向中心辐射型转变引起的航空运输需求变化,京沪高速铁路与航空客运的影响。

计量经济模型方法不仅需要采集各方面的大量数据,而且其建模与分析过程较复杂,主要步骤如下:

(1)确定并选择影响预测对象的主要因素作为自变量。

(2)分析自变量之间的相关性。

(3)建立因变量和自变量之间的回归方程。

(4)检查回归方程的有效性。

(5)预测自变量的未来发展。

(6)代入回归方程,获得预测对象的预测值。

计量经济模型方法可分为整体模型与局部模型两种。

所谓整体模型就是全面研究需求和供应与国家、地区的社会、经济活动之间关系,建立如式(6-1)和式(6-2)所示的航空需求函数和供给函数方程,再预测那些表征社会、经济活动自变量的变化规律,进而利用航空需求函数和供给函数方程获得预测量。在分析未来的航空需求量发展趋势时,一般先从出行者的行为特性入手,将出行者分为个人出行和公务出行两类。分析个人出行时,将人口按照收入、职务、教育和年龄的组合特性分为不同的群组;分析公务出行时,将职工按照收入、职务和产业类型的组合特性分为不同的群组。针对不同的群组,分析收入、价格、国家与地区的经济总量、航空运输服务水平,以及其他运输方式的相互替代性等的影响规律,分别建立预测模型,预测未来的发展趋势。最后,结合不同群组的未来的人数,预测出总的航空需求量。

建立整体模型需要收集大量的社会、经济活动资料,并进行大量的梳理、相关性分析等工作,而且需预测众多的表征社会、经济活动的自变量发展趋势,分析工作十分复杂、过程漫长且十分昂贵。因此,建立以研究弹性为基础的局部模型更为常用,对于式(6-1)的需求函数来说,在仅讨论价格 P 变化引起的需求 Q 变化时,由微分中值定理可知,需求函数可表示为:

$$Q(P_0 + \Delta P, I_0, Y_0) = Q_0 + \frac{\partial f}{\partial P}\Big|_{(P_1, I_0, Y_0)} \Delta P$$

$$Q_0 = f(P_0, I_0, Y_0) \qquad P_1 \in [P_0, P_0 + \Delta P] \tag{6-10}$$

上式中,如果 P_1 取 P_0,则其数学意义就是函数的一阶泰勒展开。整理可得到用价值弹性 E_P 表示的预测公式:

$$Q \approx Q_0 \left(E_P \frac{\Delta P}{P_0} + 1 \right) \qquad E_P = \frac{\partial f}{f_0} \frac{P_0}{\partial P} \tag{6-11}$$

如果需讨论 2 个或 2 个以上自变量(例如价格 P 与收入 I)变化引起的需求 Q 变化时,当 P、I 相互独立,则需求函数可表示为:

$$Q(P_0 + \Delta P, I_0 + \Delta I, Y_0) = Q_0 + \frac{\partial f}{\partial P}\Big|_{(P_1, I_1, Y_0)} \Delta P + \frac{\partial f}{\partial I}\Big|_{(P_1, I_1, Y_0)} \Delta I$$

$$Q_0 = f(P_0, I_0, Y_0) \qquad P_1 \in [P_0, P_0 + \Delta P] \qquad I_1 \in [I_0, I_0 + \Delta I] \tag{6-12}$$

则可得到用价值弹性 E_P 和收入直弹性 E_I 表示的需求预测公式:

$$Q \approx Q_0 \left(E_P \frac{\Delta P}{P_0} + E_I \frac{\Delta I}{I_0} + 1 \right)$$

$$E_P = \frac{\partial f}{f_0} \frac{P_0}{\partial P} \qquad E_I = \frac{\partial f}{f_0} \frac{I_0}{\partial I} \tag{6-13}$$

如果自变量 P、I 不独立,式(6-12)误差可能过大,需纳入泰勒二阶展开中的交叉偏微分项,即:

$$Q = Q_0 + \frac{\partial f}{\partial P}\Big|_{(P_1, I_1, Y_0)} (P - P_0) + \frac{\partial f}{\partial I}\Big|_{(P_1, I_1, Y_0)} (I - I_0) + \frac{\partial^2 f}{\partial P \partial I}\Big|_{(P_1, I_1, Y_0)} (P - P_0)(I - I_0)$$

$$\tag{6-14}$$

式(6-14)中的二阶交叉偏微分可写为:

$$\frac{\partial^2 f}{\partial P \partial I} = \rho_{PI} \frac{\partial f}{\partial P} \frac{\partial f}{\partial I} \tag{6-15}$$

上式中的 ρ_{PI} 就是概率统计中自变量 P、I 的相关系数,值域为 $1 \sim -1$。整理得:

$$Q = Q_0 \left[E_P \frac{\Delta P}{P} + E_P \frac{\Delta I}{I} + Q_0 \rho_{PI} E_P E_P \frac{\Delta P}{P} \frac{\Delta I}{I} + 1 \right] \tag{6-16}$$

由式(6-16)可以看到,当多个自变量之间非两两独立时,多变量的弹性分析也较复杂。尤其是在分析确定多变量的弹性时,自变量之间的相关性分析很复杂,一般来说,相关性较大的自变量宜剔除。

四、再预测方法

综上所述,各种预测方法既有优点,也有不足之处。因此预测时最好采用多种方法,详细说明所采用的假设、数据和分析技术,对结果进行再预测。

目前常用的再预测方法主要是从相当多的预测数中,用算术平均数方法计算出一个平均预测数,而这个平均预测数常常接近于实际数。这是因为,个别预测数包含偶然性,而在计算平均预测数时,个别预测数的误差可以互相抵消,从而能透过事物的偶然性看出其必然性,对事物的真相作出概括的有代表性的数字说明。

在根据预测资料进行再预测时,除计算平均预测数以外,把最高预测数和最低预测数列出来,对估计再预测的准确性是具有重要意义的。在一组资料中,最高预测数和最低预测数之差,即预测数的全距,是个别预测数之间的最大离差,其大小能说明平均预测数的作用。一般说来,可以认为预测数的全距越大,反映预测者的意见分歧越大,平均预测数的作用也就越小。反之,预测数的全距越小,反映预测者的意见越接近,平均预测数的作用也就越大。

第七章　环境影响分析

第一节　概　　述

　　机场是占地达数平方公里至数十平方公里的功能区。机场的安全和有效使用对机场的环境提出一系列要求,例如,飞机出入机场的空域内无障碍,对无线电通信和导航无电波干扰,附近的灯光不迷惑驾驶员识别导航灯光,降低能见度的烟雾很少或不出现等。而另一方面,机场的修建会改变该地区的地形、地物和生态,机场运营吸引大量飞机、地面车辆和人的活动,不仅给该地区的社会经济带来各种影响,而且对周围的环境造成许多不利作用。因而,机场规划要尽量使机场与周围环境相协调,控制好各种污染环境的源,协调机场周围土地的使用,为机场使用、周围居民生活和环境生态提供尽可能最佳的条件。

　　许多航空专家都认为,环境影响将成为阻碍未来航空运输业发展的一个最重要因素。由于担心噪声污染和空气污染对人们的健康和生活质量造成不利影响,相关部门已在全球范围内对航空运输业进行越来越严格的限制。对机场来说,这些限制已对机场的正常运营、运营成本以及机场为满足航空运输需求不断增长而进行的容量扩展造成了很大影响。

　　从历史角度来看,喷气飞机尽管使航空旅行更为便利、便宜和可靠,但同时也使机场招致了来自环保方面的反对。在 20 世纪 50 年代末至 60 年代初投入运营的第一代涡轮喷气飞机(如彗星、Caravelles、颇为成功的 B—707 和 DC—8 等机型),都是会发出高频尖啸、噪声大的飞机。这些飞机的噪声极大地干扰了机场周边居民的生活,不可避免地引起一些居民和一些组织对机场扩建的反对,进而吸引了新闻媒体的广泛关注,导致政府介入。虽然这些现象开始只限于世界上的发达国家,但是机场噪声和其他环境影响在 20 世纪末已成为世界广泛关注的问题。

　　商用喷气飞机投入运营产生了三方面的影响。

　　(1)首先,在如下几个方面取得了巨大进步:

　　①对机场环境噪声特征的了解;

　　②国际上或许多国家都制定了飞机制造商和发动机制造商必须遵守的、更为严格的、技术上可以达到的飞机噪声和发动机排放标准;

　　③技术进步使最新一代喷气式飞机与老式飞机相比,产生的噪声大幅度降低。

　　(2)其次,许多政府和机场当局研究、探索出了一套更为完善的消减机场噪声和减弱其他环境影响的方法和措施。政府和机场当局应尽量与机场周边地区的社区进行紧密合作,解决居民所关心的问题。

　　(3)第三,机场周边居民和一些环保主义者对机场环境影响的反对声有增无减。其原因一方面是随着经济的发展,民众对环境和生活质量更加关注;另一方面是虽然单一飞机的噪声强度比以前有很大程度的降低,但随着机场航班的大幅增加,机场周围受飞机噪声影响的居民每天遭受飞机噪声的次数和频度大幅增加,飞机噪声的累积影响在增长;再次是城市的发展使更多人暴露在机场噪声影响之下。

近期的机场环境问题听证会表明,飞机发动机的气体排放可能损害人体健康的问题越来越引起人们的关注,机场环境问题的重点有从噪声污染逐步地转向大气污染之趋势。

机场规划人员和管理者们必须对机场环境和公众生活质量加以关注,了解最新动态、熟悉解决问题的最佳方法。在 21 世纪初,许多发达国家都要求对机场陆侧和空侧的设施改造、改进和扩建所带来的环境影响进行详细研究。这些研究和对公众关注问题的评估,可能会使一个机场建设项目的规划和批准过程增加几年时间。例如,对伦敦希思罗机场新航站楼建设的公众咨询研讨就花费了 8 年时间。

第二节 机场噪声的度量

一、噪声度量方法

根据物理学,声音是由声源所产生的能量,并以声波的形式在大气中传播。当声波传到人耳时产生振动压力,进而转化成人们所能听见和感知的声音。从这个观点来看,噪声可简单定义为人们所不需要的、几乎不含任何有用信息的声音。

人耳能接受和处理的声强范围较大。人耳不感疼痛时听到的最响声音的声压,比人耳刚好能感知声音的声压大 100 万倍。心理测量学专家已发现,人耳对声音响度变化的感知是非线性的。声压级从 10 000dB 线性增加到 20 000dB,你会感到声音的响度有明显变化;而声压级从 200 000dB 增至 210 000dB,一般感觉不到声音响度的变化。

由于人耳能感知宽广的声压范围,且对声压的反应是非线性的,所以人们采用对数来量化和测量响度和声压级。国际上通用测量声音的单位为分贝 dB(即十分之一贝尔,根据科学家亚历山大·贝尔而命名),定义式见式(7-1)。健康的人耳所能听到的声压级在 0~120dB 范围内。在非常安静的环境下,声压级刚好大于 0 的声音可被灵敏的人耳感知;而声压级超过 120dB 的声音则会引起人耳的疼痛并造成伤害。

$$\beta = 20\lg(p/p_0) \qquad (7\text{-}1)$$

式中:β——声压级(dB);

p_0——基准声压,即人耳能听到的最微弱的声音强度,等于 $20\mu\text{Pa}$;

p——测量声音的声压(μPa)。

在一般生活环境中,大多数声音都在 30~100dB 范围内,如图 7-1 所示。

二、机场噪声的度量

飞机的发动机以及飞机在飞行过程中与空气的摩擦会产生大量的噪声,机场是飞机起降的平台,是公众对飞机噪声关注的焦点。采用分贝来度量声音响度非常方便,但在衡量机场噪声的情况时可能造成混淆。例如,当公众被告知,在临近跑道的某一地点测得的飞机起飞平均噪声从 100dB 减少到 92dB 时,大多数人都会认为飞机噪声只减少了 8%,而事实

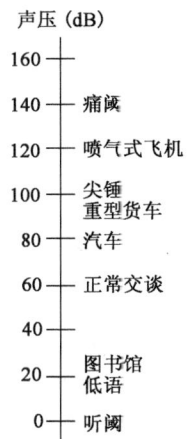

声压 (dB)

160

140 — 痛阈

120 — 喷气式飞机

100 — 尖锤 重型货车

80 — 汽车

60 — 正常交谈

40

20 — 图书馆 低语

0 — 听阈

图 7-1 各种噪声对应的声压级举例

上噪声已减少了2/3。针对机场的特点，国内外提出了多种机场噪声的度量方法。

1. A计权

采用声压级来度量飞机活动产生的噪声，不足以刻画飞机噪声所引起的烦恼度，因为声音的频率或节拍非常重要，人们对两个声压相同而频率不同的声音所感觉到的响度会有明显差异。尽管人类的耳朵能感觉到16~16 000 Hz频率的噪声，但其实当声音达到2 000~4 000 Hz的时候，人就变得非常敏感烦躁了。

根据人对不同频率噪声的敏感程度进行加权，即对人耳较敏感的2 000~4 000 Hz频率范围的声音增加大约2~3 dB，而对该频率范围之外的声音减少几分贝。目前机场噪声和其他形式的交通噪声一般都采用A计权的噪声测量仪来测量。A计权噪声量的单位用dBA来表示，以表示该值经过了人耳敏感特性校正。

2. 单一事件噪声度量

对机场噪声，常用的度量指标可分为以下两种：

（1）一架次飞机活动所产生的单一事件噪声度量指标；

（2）在一定时间内，多架飞机活动所产生噪声的累积影响度量指标。

飞机活动产生的能被听见的噪声，在其持续的10 s至几分钟范围内变化。持续时间的长短，取决于接听者位置和飞机的运动状态（进近、离场、飞越、地面运动等）。

可以采用以下两个指标来度量单一事件的噪声水平：

（1）L_{max}表示噪声持续时间T内所达到的噪声水平。简单地说，就是在持续时间T内噪声传感器dBA值的最大读数。

（2）SEL表示噪声暴露级。它考虑了单个噪声时间持续时间T内的所有噪声级，而不只是期间的最大噪声级。实际上，SEL综合了时间T内噪声传感器记录的各噪声级，并给出了一个总噪声水平的估算结果，即SEL试图度量一个噪声事件对接听者的全部噪声影响。

若用$L(t)$表示飞机在时间t内的A计权噪声级（单位dBA），并假定在持续时间间隔$0 \leqslant t \leqslant T$内其值不为零，则$L_{max}$和SEL可计算如下：

$$L_{max} = \text{Max}[L(t)]_{0 \leqslant t \leqslant T} \tag{7-2}$$

$$\text{SEL} = 10 \times \lg \left[\int_0^T 10^{L(t)/10} dt \right] \tag{7-3}$$

在实际应用中，一般采用n个时刻$\Delta t, 2\Delta t, 3\Delta t, \cdots, n\Delta t$的离散值$L_i$来代替连续函数$L(t)$。$L_i$表示在$i\Delta t$时刻噪声读数[即$L_i = L(i\Delta t), 1 \leqslant i \leqslant n$]。此时，式（7-2）和式（7-3）可改写为：

$$L_{max} = \text{Max}(L_i)_{1 \leqslant i \leqslant n} \tag{7-4}$$

$$\text{SEL} = 10 \times \lg \left(\sum_{i=1}^{n} 10^{L_i/10} \times \Delta t \right) \tag{7-5}$$

3. 累积噪声度量

累积噪声度量指标，用来评价一定时间内所有飞机活动在特定地点形成的噪声影响。其定义旨在将各个独立噪声事件（A声级）与其发生频率导致的影响进行综合考虑。累积噪声度量指标采用对数函数，将不同时段发生的噪声暴露级相加有两个重要的指标：

（1）等效声级或等效噪声级L_{eq}，是一种普遍的累积噪声度量指标，适用于各种情况。

（2）昼夜平均声级，通常用L_{dn}表示，在美国一般用DNL表示。它可以被看成是L_{eq}的特例，其特点在于对夜间的噪声有一个显著的调整量。美国FAA将其作为优先于其他指标的标准累计噪声评价量。

L_{eq}可用于任何时段。它通过测量各个单位时间段内的平均 dBA 值来度量总体噪声暴露水平,单位时间通常取 1s。例如,要计算 2h 内的 L_{eq} 值,则需将期间所有飞机噪声事件产生的 SEL 在对数函数下相加,然后再除以 7 200s 得出平均值。

L_{dn}可视为时段为一昼夜(86 400s)的 L_{eq}。但不同的是,对于夜间(22:00~07:00)飞机运行产生的 SEL,则要增加 10cBA 的"惩罚"。

假定以 SEL_j 表示某一地点在时间间隔 T 内第 j 架飞机的声暴露级,假定在 T 时间内有 m 架飞机运行。则等效声级 L_{eq} 为:

$$L_{eq}=10\times\lg\left(\frac{1}{T}\sum_{j=1}^{m}10^{SEL_j/10}\right)$$ (7-6)

令 T 表示一天的时间(86 400s),在 m 架次飞机活动中,白天的运行架次为 J,夜间的运行架次为 K。则昼夜平均声级为:

$$L_{dn}=10\times\lg\left[\frac{1}{86\ 400}\times\left(\sum_{j=1}^{J}10^{SEL_j/10}+\sum_{k=1}^{K}10^{(SEL_k+10)/10}\right)\right]$$ (7-7)

从式(7-7)可以看到,在计算 L_{dn} 时要对夜间的架次施加 10dBA 的"惩罚",因为夜间飞机活动要比白天对人的生活干扰大得多。在相同条件下,夜间一架次飞行对 L_{dn} 的贡献相当于白天 10 个架次。应该注意,L_{eq} 和其他累积噪声评价量是计算一个时间段内的平均噪声暴露水平。

4. 有效感觉噪声级

有效感觉噪声级(EPNL)是另一个值得说明的噪声度量指标,该指标用于飞机噪声适航认证。与 SEL 类似,它也是单一事件噪声度量指标,噪声暴露值以 EPNdB 为单位(与 dBA 类似)。EPNL 考虑了声音的频率(类似 A 计权),同时还考虑了飞机噪声的纯音修正(即对某些由发动机产生,特别刺耳的纯音增加权重)。由于 EPNL 定义式很复杂,在飞机噪声认证中 EPNL 计算非常复杂。

三、机场噪声等值线

噪声影响分析是机场环境影响研究的主要内容。为了直观地展现机场的噪声影响程度,目前国际上普遍采用噪声等值线图来进行衡量与描述。噪声等值线图是根据噪声的度量指标与度量值在机场及周边图上绘制的一系列封闭曲线。每一条封闭曲线表示一个噪声度量值,从而描述机场建设工程完成后各区域的噪声暴露水平。若以 L_{dn} 作为度量指标,一般等值线所代表的 L_{dn} 值分别为 55dBA、60dBA、65dBA、70dBA 和 75dBA。

一个机场噪声暴露水平等值线计算极为复杂,需借助计算机软件实现。美国 FAA 开发的综合噪声模型 INM(Integrated Noise Model)及软件最有代表性,至今已更新了几个版本,几乎已成为国际通用的机场噪声软件。图 7-2 为采用 INM 软件绘制的波士顿洛根机场噪声等值线图。INM 软件要求输入以下两个方面的数据:

(1)评价机场或区域所运行的各类飞机的噪声和性能数据,INM 软件自带了国际上常见飞机的噪声和性能数据。

(2)评价机场或区域的特性数据,如跑道构型、起降架次、机型组合、起降比例、跑道几何参数、进离场飞机的飞行航迹、各飞行航迹的飞机分配比例。

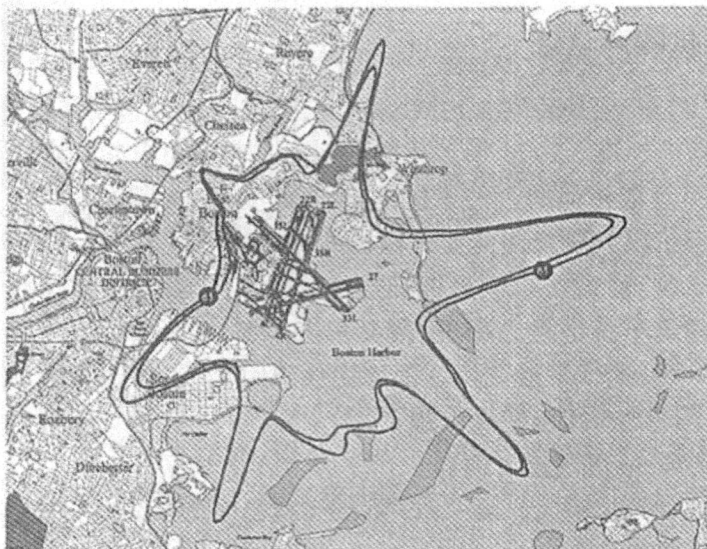

图 7-2　波士顿洛根机场噪声等值线示意图

四、飞机噪声认证

在 20 世纪 60 年代后期,ICAO 和许多国家的民航当局开始制定并实施运输飞机的噪声标准。ICAO 和 FAA 都制定了非常相似的、关于所谓第二章(FAA 称第二阶段)或第三章(FAA 称第三阶段)亚音速商业运输机的噪声标准。第二章/阶段飞机是指那些满足第二章/阶段飞机噪声标准但不满足第三章/阶段飞机噪声标准的飞机。而那些既不满足第二章/阶段又不满足第三章/阶段飞机噪声标准的飞机,被称为第一章/阶段飞机。国际民航组织将上述标准作为国际民用航空公约附件 16 在 1988 年正式出版,而 FAA 则在 2001 年将上述标准作为联邦航空条例第 36 部的修订内容。

20 世纪 70、80 年代,第一章/阶段飞机已全部从发达国家航空公司机队中退役。然而,在 21 世纪伊始,在一些发展中国家仍然有第一代飞机在运营。同样地,所有发达国家的航空公司都要求在 2003 年淘汰第二章/阶段飞机。因此,届时在这些国家运营的飞机应该都是第三章/阶段飞机。

飞机噪声认证必须在标准条件下(根据 FAR 36 部:海平面、无风、25℃、相对湿度70%)进行,要求在如图 7-3 所示的 3 个测点所测得的飞机噪声不超过限值。FAA 和 ICAO的标准有微小差异,例如,FAA 规定从跑道端到 A 点的距离应为 1n mile(1 852m),而 ICAO则规定为 2 000m。但两个标准基本相同,如允许噪声级(以 EPNL 为指标)是飞机平均起飞重量的线性函数。简言之,噪声较大的大型飞机和噪声较小的小型飞机同样都满足噪声标准。

人们对飞机认证时的噪声限值可能会存在误解,即认为所有的飞机(特别是第二、三章/阶段飞机)都必须满足相同的限定值,其实不然。我们可将两架噪声特性有很大差别的飞机都称为第三章/阶段飞机。例如,都是第三章/阶段飞机,具有 4 个发动机的大型飞机(如 A380)可能要比具有 2 个发动机的福克 100 型飞机在测量点 C 的噪声级高 17EPNdB 甚至更多,即分别为 106EPNdB 和 89EPNdB。这些差异促使一些机场当局根据第三章/阶段飞机噪声特性的差异将其进一步划分为不同组别，以便采取不同的限制和噪声收费额度。

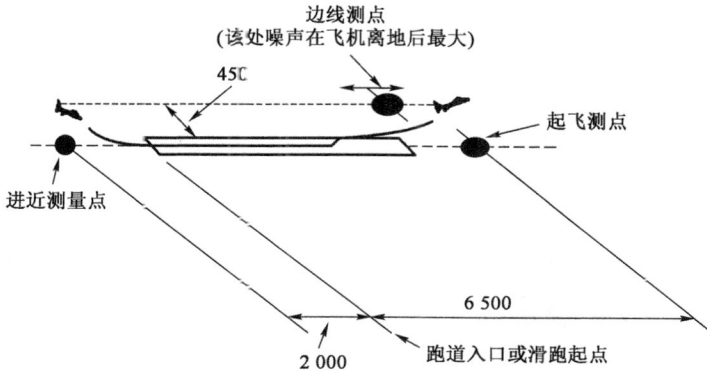

图 7-3 飞机噪声认证中的测点位置(尺寸单位：m)

由于发动机技术的发展，加之政府噪声认证的压力和逐步淘汰高噪声飞机的要求，致使飞机在噪声特性改进方面获得巨大进步。图 7-4 说明了不同飞机在获得运行许可时起飞的单一事件噪声级的降低(以 EPNL 为度量指标)情况。从 20 世纪 60 年代到 90 年代中期，飞机噪声降低了 10～20EPNdB，生活在强烈机场噪声环境条件下的人口数量的降低更为显著。在美国，生活在 $L_{dn}=55$dBA 等值线范围内的人口数量已从 1975 年的 7 000 万减少到 2000 年的 400 万；相应地，生活在 $L_{dn}=65$dBA 等值线范围内的人口数量从 1975 年的 700 万减少到 2 000 年的 60 万，如图 7-5 所示。

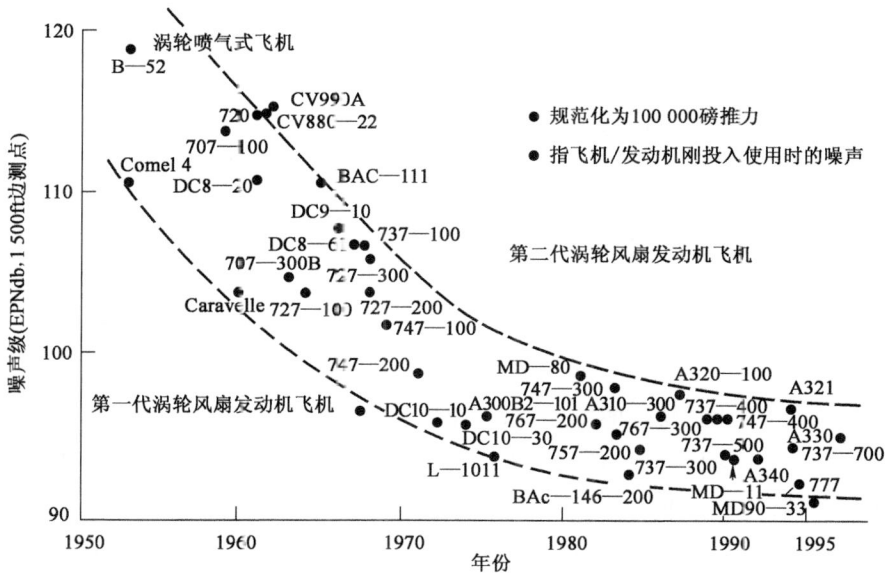

图 7-4 一些著名商用喷气发动机飞机单事件噪声级演变情况

然而，在不远的未来机场噪声不大可能会进一步降低。在美国，预计 2000～2020 年受到机场噪声影响的人口数量将大致保持不变(图 7-5)。这是因为在航空公司机队中淘汰了第二章/阶段飞机之后，并没有进一步大量淘汰正在服役飞机的计划，而大多数现役的第三章/阶段飞机的机龄都还相当小。而且，在 2000～2020 年这段时间内，因发动机技术进展而获得的飞机噪声降低会被机场飞机运行量的增加而抵消。

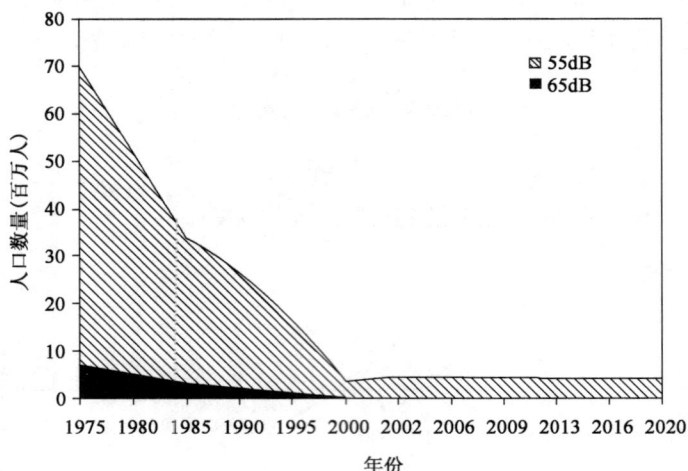

图 7-5　美国处于机场噪声 55dB 和 65dB L_{dn} 范围内的人口数量

第三节　机场噪声的控制

有许多方法可用来降低机场噪声,表 7-1 为美国 FAA 在 FAR150 列出的各种可能的机场降噪方案。该表说明了在机场的各种与噪声相关的活动和飞机运行中可以采取的降噪措施。FAA 指出,一些降噪方法对安全有重要影响,是否可以采用由 FAA 认定。

对机场降噪方法,可作如下简要的分类:

(1)噪声监控系统。

(2)社区关系和公众参与计划。

(3)土地使用政策。

(4)机场设计措施。

(5)地面活动和空中活动限制。

(6)对机场外毗邻地区活动的限制。

(7)进出场飞机限制。

(8)经济途径。

从概念上来说,采用预防性的土地规划(即事先制订机场周边地区的噪声相容性土地使用计划)或者运行低噪声飞机,能获得最大限度的降噪效果。这类措施属于主动性、战略性措施,而其他措施则是战术性、应对性的措施。

国际上定期进行机场降噪措施情况的调查。例如,在 2001 年上半年,波音公司对 601 个机场(其中 304 个在美国境外)的降噪信息进行了更新。所有这些机场都采取了上述第 1～6 种机场降噪措施中的一种或多种方法。其中,近三分之一的机场都强制地采取了一般或严格的进出场航班限制,而 20%的机场声称采用了经济手段。

1.噪声监测系统

发达国家,目前要求机场设置噪声监测系统。因为不管是从短期还是长远来看,噪声监测系统都是机场制订动态和灵活噪声消减策略的必要前提。但在 20 世纪 70 年代,只有少数几个机场有噪声监测系统。直到 20 世纪 90 年代,多数大型商业运输机场才安装了一套监测系统,更多的机场则在计划之中。

机场噪声消减措施   表 7-2

可采取措施		噪 声 源	
		飞 机 运 行	地 面 设 备
机场布局	改变跑道的位置、长度或道面强度	√	
	跑道入口内移	√	
	采用快建出口滑行道	√	
	重新选择航站楼位置	√	
	使用飞机式车消声设施		√
机场和空域使用	优先使用或轮换使用跑道	√	
	改变进近和离场程序	√	
	飞机地面活动限制	√	
	发动机试车及地面设备限制	√	√
	限制飞机和地面设备的类型和运行次数	√	√
	实施运行时间的限制和调整	√	√
	增大飞机下滑角和航道切入角	√	
飞机运行	发动机动力和襟翼调整	√	
	反喷使用限制	√	√
土地使用	土地或地产的获取	√	√
	机场房地产联合开发	√	√
	相容性土地分区规划	√	√
	建筑法规和建筑隔音	√	√
	购买保险	√	√
噪声消减计划	与噪声相关的起降费	√	
	噪声监控		√
	制定设立参与计划	√	√

噪声监测系统由许多(一般为 10 个或更多)位于机场周围的远程传感器/麦克风(设置在航迹下或噪声敏感区)组成。传感器收集噪声数据并把这些数据传至中心计算和报告系统。计算机也实时地接收来自空中交通管制系统、主要是终端区自动装置的飞机运行数据,如各进出港航班的飞行航迹等。噪声监测系统管理人员可以辨别某些飞机,例如那些偏离指定航迹或产生异常噪声的飞机。这样,机场当局就可以更有根据地与周边居民进行交流或就需要调查的噪声事件与航空公司进行接触。通过类似的飞行数据处理,监测系统可将每个航空公司是否遵守减噪飞行程序的数据进行统计。噪声监测系统收集的数据,对校正和改进噪声评估和噪声预测工具的可信性及可靠性也是非常有价值的。

噪声监控系统售价及其他费用都是相当可观的。远程传感器的维护费用相当高,且监测系统需要经常进行昂贵的更新。更重要的是,系统一般需要有几个全职工作人员来监视运行、分析数据、准备相关报告,还要应对与噪声有关的咨询和抱怨,与机场规划人员、公众和机场管理者进行交流和协调。

2.社区沟通和公众参与计划

社区沟通和公众参与计划对许多发达国家尤其是多元政治国家的机场来说是必需的。如果机场当局想向范围尽可能广的公众而不只周边居民表明,其对机场负面环境影响的关注和解决受机场影响社区的环境问题的决心,那么制订这样一个计划是非常必要的。

社区沟通计划所含内容非常广泛。该计划至少应包括有关噪声状况的公共信息,例如每年噪声等值线图的变化、机场及其运营将对噪声形成的影响。随着计划的不断完善,计划将包括下述部分或全部内容:

(1)就机场环境问题与相关方面(机场周边社区、航空公司、空中交通管制员)展开定期咨询。

(2)由周边社区居民代表和其他非政府组织(NGO)成员组成公众咨询小组,小组定期与机场官员会面,告知机场当局目前社区关心的问题并讨论如何解决。

(3)设立机场噪声热线,以便人们进行投诉登记和问询。

(4)周边社区和NGO成员参与机场规划的机制,旨在使社区和NGO成员在机场规划早期有机会介入,也可通过他们确定的独立技术咨询机构,对机场当局的规划施加影响或进行审查。

3.土地使用政策

土地使用政策在减小机场对周边地区的环境和噪声影响方面可能是最有效的方法。这是一种预防性的措施,在预测到未来可能产生的问题时,通过有效的土地使用规划尽量避免问题的产生。土地相容性规划可通过以下措施中的一种或两种来实现:

(1)土地使用分区限制,可确保土地利用方式与噪声暴露级相容。

(2)实施建筑法规和隔音措施,使机场周边建筑物内部的噪声降低到合适水平。

表7-2列出了一系列FAA制订的土地利用原则,对于居民区、公共服务、商业、制造业、娱乐设施等用地的L_{dn}值作出了相应规定。要注意的是,在许多项目中FAA的规定要求室内噪声水平要比室外降低30dBA以上。

完全实施周边土地利用的适应性规划只有在新建机场或处于人烟稀少地区的机场才有可能。目前,大城市周围人口密度小的地区已很少见,在大城市周围建新机场更为鲜见。考虑到城市发展的压力,机场当局和机场规划部门目前已很难抑制机场周边地区的不相容发展。在许多国家的城市,如墨西哥城、曼谷和一些正在发展的大都市里,贫民往往都侵入城市的保护区。因此,表7-2的土地利用指南除了指导新机场选址以及制订周边土地规划之外,也为那些环境不理想的现有机场的地方政府和机场当局对周边土地利用进行干预提供了依据和参考。

4.机场设计措施

机场当局有时可通过机场布局和建筑物的改造、调整或增加,来减缓机场噪声对周边的影响。这类措施有很多,例如:

(1)跑道入口内移。即将跑道入口从原来的位置移开,移动的距离取决于跑道长度、运行类别及其他一些运行因素。尽管大都是因为净空原因导致跑道入口内移,但跑道入口移动后确实会给机场环境带来好的影响,因为进近的飞机会以较大高度飞越机场周边社区,遂使噪声影响相对减弱。

噪声相容性土地利用指南   表 7-2

用途分类	具体用途	年昼夜平均声级,DNL(dB)					
		<65	65~70	70~75	75~80	80~85	>85
居住	居住	Y					
公用	学校	Y					
	医院和护理区	Y	25	30			
	教堂和礼堂	Y	25	30			
	政府机关	Y	Y	25	30		
	运输和停车区	Y	Y	Y	Y	Y	Y
商业	办公室	Y	Y	25	30		
	商品零售	Y	Y	25	30		
	通信部门	Y	Y	25	30		
	批发和零售设备	Y	Y	Y	Y	Y	
	公共设施	Y	Y	Y	Y	Y	
生产和加工	牲畜养殖场	Y	Y	Y			
	照相和光学设备制造	Y	Y	25	30		
	一般制造业	Y	Y	Y	Y	Y	
	农业和林业	Y	Y	Y	Y	Y	Y
	采矿和渔业	Y	Y	Y	Y	Y	Y
休闲娱乐	露天剧场	Y					
	植物园和动物园	Y	Y				
	户外运动场	Y	Y	Y			
	高尔夫球和马术场	Y	Y	25	30		
	娱乐公园和园区	Y	Y	Y	Y	Y	Y

注:Y 表示完全相容,无需限制;25 或 30 表示相容,但室内需比室外噪声低 25dB 或者 30dB;空格表示完全不相容,立予禁止。

(2)布置合理的快速出口滑行道。这样能使飞机在着陆时尽可能不使用反喷。

(3)设置声障。因为声音沿直线传播,在机场周围合适位置布置的墙、建筑物和其他结构物有助于减少地面的飞机、服务车辆和设备等噪声源的噪声影响。许多机场修建了声障,如迈阿密国际机场就砌筑了长 669m、高 6~9m 的隔声墙。对声障建筑,民航管理部门一般要进行审批,以免其对航空安全发生不利影响。

(4)修建新的跑道、滑行道和建筑物。这也是机场当局可以采用的减小机场噪声影响的手段之一。例如,改变现有跑道的位置(修建新跑道),可使进近和离场飞机的航道离开噪声敏感区;调整航站楼和其他建筑物的位置,可能使之成为阻挡噪声传播的声障;增设新的滑行道,有助于减少飞机在机场周边地区的运行。

5.地面运行和飞行

为了减少飞机噪声和发动机气体排放,越来越多的机场开始对飞机运行进行限制。

(1)地面运行措施

在飞机从机位转移到机库或在机位之间转移时,使用顶推车牵引飞机;对飞机发动机起动、运转、试车加以限制;控制出港滑行、等待飞机的数量,以减少飞机噪声和发动机的气体排放。

(2)飞行措施

目前采用飞行降噪措施有:实施飞机起降的减噪飞行程序,调整近进、起飞的飞行航迹,优先使用低噪影响跑道等。

飞机起降的减噪飞行程序是指通过商用喷气飞机、大型运输机的发动机推力调整设计来减少噪声暴露。调整近进、起飞的飞行航迹,避开人口稠密区。在美国,通过 FAA 与机场当局和航空公司的密切合作,在华盛顿里根机场、纽约肯尼迪机场、波士顿洛根机场等设计了多条低噪声飞行航迹。以洛根机场为例,冲着西南方向(22R)起飞的离场飞机离开跑道后马上左转飞向大西洋,而不是继续沿着跑道中线延长线的方向飞入人口稠密地区的上空。

6.对机场周边土地产权的干涉

对机场周边建筑物进行隔声处理,可使室内的噪声比室外降低 25～35dBA,但是隔声处理的成本很高,窗户要封闭,夏季就需要空调。一般仅限于公用建筑,如学校、医院和教堂,但也可延伸到私人住宅。1997 年,芝加哥奥黑尔机场对周边 600 户居民住宅作了隔声,平均每户的花销为 27 500 美元。到 2001 年,波士顿洛根机场大约花费了 9 900 万美元用于建筑隔声;洛杉矶国际机场斥资 1.19 亿美元用于建筑隔声和土地购买。

机场当局和政府机构也可以通过征用、购买或租赁获得周边地产产权,然后重新规划其用途。

7.进出场飞机限制

通过管理和立法规定,来对进出机场的飞机进行某种形式的限制,也可以缓解机场的噪声影响。具体方法是,限制某些机型在机场运行,或一天中某些时段限制飞机运行,或将前述两个方法同时使用。

实施机场宵禁或夜间限制。夜间的飞机活动对人们生活干扰强烈,实施机场宵禁对缓解机场噪声影响成效显著,也是机场周边社区普遍要求的。例如,洛杉矶约翰·维尼机场禁止飞机在 22:00～07:00(08:00,周日)起飞,禁止飞机在 23:00～07:00(08:00,周日)着陆。考虑到某些航班,特别是第二天必须投递的包裹和重要货物,大部分国家政府和机场当局希望夜间能允许一定架次的飞机活动。

"部分宵禁"在国际上更为常见,即政府或机场当局在夜间只限制某些机型进出机场。除了严格的规定,机场当局还常常劝阻航空公司尽量不要在深夜安排航班。阿姆斯特丹史基浦机场是实行部分宵禁的典型,在实行部分宵禁的同时对特定机型实施限制。

北欧、西欧和北美的少数机场采用"噪声预算"来控制噪声,这可能对机场航空业务量构成严重限制。实施"噪声预算"可有两种方式。一种简单的方式是,机场当局或政府承诺对机场的飞行架次和(或)年旅客吞吐量进行限制,因为上述两个指标大致代表了机场的噪声产生量。例如,阿姆斯特丹史基浦机场承诺 2001 年的飞行架次不超过 44 万,2002 年不超过 46 万;多伦多佩尔森机场不允许"夜间限制时间"(00：30～06：30)飞行架次增长率超过同期旅客增长率。

值得注意的是，参照年旅客量来提出"噪声预算"是冒险的主张。荷兰政府在20世纪90年代初为阿姆斯特丹史基浦机场制订的噪声预算是：到2015年机场每年旅客吞吐量不超过4400万。这一数据是当时对2015年机场年旅客量的预测。不幸的是，在21世纪的前几年该机场就达到了这一旅客量，为此，荷兰政府不得不在20世纪90年代末期废除了这一"预算"。英国伦敦希思罗机场在20世纪80年代末也有类似的经历。

"噪声预算"的第二种方式就是采用噪声评价指标。哥本哈根卡斯储普机场同意在1997～2004年期间，机场噪声与1996年水平相比，不超过1dB。从2005年开始，机场希望从1995年的水平不断降低噪声，每年大约降低5dB。从2003年开始，阿姆斯特丹史基浦机场将噪声预算从原来的基于年飞行架次变为基于机场周围地区年噪声总量和一系列最高噪声级(采用L_{dn}评价)。

8.经济手段

飞机起降费的费率按噪声分级，并对噪声超标的飞机追加。按噪声收取起降费在促进航空公司使用更安静的飞机方面起到了积极作用，对超过噪声标准的飞机实施罚款在短期内对保证飞机遵守有关限制非常有效。

根据飞机噪声特性的不同予以增加或减少起降费，这样一种做法正越来越普遍，特别是在欧洲机场。21世纪伊始，几乎所有的欧洲大型机场都采取了不同的噪声收费政策。一些机场对"吵闹"飞机收取的噪声附加费是很高的，例如2001年，夜间在布鲁塞尔机场和慕尼黑机场起降的"第二章"飞机支付的起降费大约为基本费用的2倍。对那些飞机在机场终端区大大偏离了有关部门推荐的、有助于减小飞机噪声影响的离场和进场航迹进行罚款。机场在实施这类罚款时，噪声监测系统显然是必不可少的。

第四节　机场大气污染及控制

飞机发动机需要消耗燃油，发动机排气势必对全球气候变化和当地大气污染发生潜在影响。近年来，大气质量与人体健康之间联系渐渐被人们所认识，因此，机场大气污染越来越受到关注。美国在2001年波士顿洛根机场扩建听证会上，人们对大气质量的担心超过了噪声影响。这标志着已延续了若干年的公众主要关注机场噪声现象的逆转。这同时也给机场—社区关系提出了新问题，因为飞机发动机排气造成的大气污染对人体健康究竟有何种长期影响很难度量，现代医学科学也对此知之甚少。

都市的大型机场显然是空气污染源之一，飞机起降、滑行和汽车等地面交通工具的集散都会排放出大量的废气。飞机发动机排气污染物主要包括氮氧化物(NO_x)、碳氢化合物(HC)、挥发性有机混合物(VOC)、一氧化碳(CO)、硫氧化物(SO_x)和其他一些化学物体以及炭尘等。在繁忙的机场地区，由于飞机运行和地面交通，NO_x、HC、CO等气体的浓度就会偏高。另外，排气中的烟尘会增加环境空气的尘埃含量，飞机排出的低浓度SO_x则会加剧当地酸雨的形成。据估算，纽约的肯尼迪机场和拉瓜迪亚机场每年排放的NO_x(这是导致大雾的主要原因)和挥发性有机化合物(VOC)分别为1900t和1500t。因此，这两个机场被评为纽约大都会地区的第一和第四污染源。排前五名的其他污染源还有两家发电厂和海姆斯戴德焚烧炉。图

7-6 示出了美国环境保护署 1999 年所作的关于美国 10 个大都会地区机场排放 NO_x 气体的比较结果和对 2010 年情况的预测，从中可以看出，机场的大气污染呈快速增长之势。

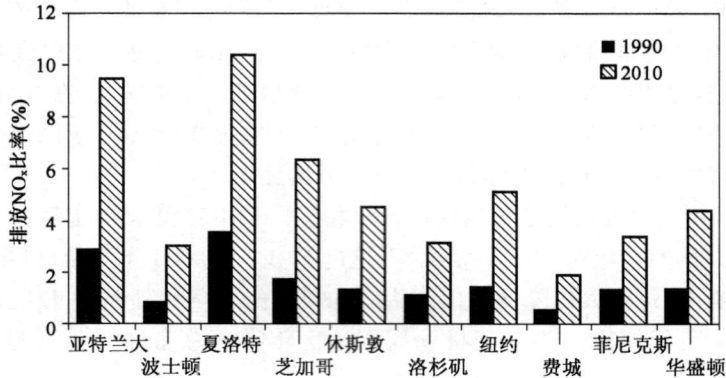

图 7-6　美国各机场 NO_x 排放水平(1999 年)

国际民航组织和一些国家制订的飞机发动机排放气体标准，目前主要是关注排放气体对机场区域的影响。排放标准通常规定为飞机在高度 915m 以下，完成一次起降发动机产生单位推力所释放有害气体(NO_x、CO、未燃 HC 和烟尘)的质量。飞机在 915m 高度以上活动，发动机排气被认为不会对机场附近的地面产生可察觉的影响。

一些发达国家已经立法，要求对机场工程进行环境影响评价，深入研究机场建设对大气质量的影响。美国的机场环境影响评价采用如下的两步评估法：

(1)借助合适的数据库，估算所有飞机、地面服务设备、汽车和油料储存、输送设施的有害物排放量，其中要包含 CO、NO_x、HC、VOC 和尘粒的总排放量、当地浓度，以及有异味的 HC 气体。

(2)根据气体扩散数学模型，利用计算机算出机场内外各个地点的大气污染物浓度。在美国，从 1998 年起 FAA 规定使用"释放和扩散模型(EDMS)"。国际上有时也采用美国环境保护署使用的 ISC 模型。

国家和地方政府正在采用各种环节措施来保护或改善大气质量。与消减机场噪声类似，采取机场大气污染控制措施也力度不一。常见的措施有：

(1)密切监测空气质量。例如，巴黎机场（ADP）在巴黎地区的 80 多个地点设立了监测点，分析 CO、NO、NO_2、SO_2、O_3 以及 HC 的水平，每季度报告监测结果和变化趋势。同样，英国曼彻斯特机场也在机场及其周边设立空气质量监测点并报告监测结果。

(2)减少飞机地面活动。机位和维修区之间的转移采用拖车(旧金山机场和苏黎世机场)；在一天的某些时段对飞机限制使用 APU(辅助动力装置)(哥本哈根机场和苏黎世机场)；将电源引向机坪，减少 APU 的使用；限制发动机试车的时间(哥本哈根机场禁止飞机发动机在 23:00～05:00 期间试车)；通过机场飞行区设计或改造来减小飞机的滑行距离。

(3)减少滑行等待飞机的数量。例如，波士顿洛根机场滑行等待起飞的飞机控制在 9 架以下，因为，滑行等待飞机的数量进一步增加并不能提高跑道的离场容量，而废气排放却大大增加。

(4)对高污染飞机增收起降费。一些机场对污染严重的飞机加收起降费，借此来鼓励航空公司使用更"清洁"的飞机。首先采用上述方法的是苏黎世机场(1997 年)。

第五节　机场水质量控制

与大型工业设施一样,机场也有大量的液体排放物。机场需要加强对运营活动产生的各种排放物的管理。机场液体排放物有雨水、生活污水、机务维修、飞机加油过程中产生含油污的废水,以及冬季用于除冰雪和防冻的除冰液、防冻剂和除冰盐等污染水环境的物质。

一、除冰剂和防冻剂

冬季下雪时,除去并防止飞机机身结冰是一项安全攸关的重要工作,因为当机身上有冰时,飞机就不能安全飞行。1982 年,佛罗里达航空公司一架飞机由于积冰在华盛顿里根机场起飞不久就坠毁了;2004 年,我国东航一架 CRJ—200 型飞机由于起飞前没有进行除霜(冰),直接导致飞机坠毁。在有雪情的机场,机场当局和航空公司都准备了大量的飞机除冰设备,用于在飞机起飞或达到一定高度之前除去飞机积冰或者防止飞机结冰。为了实现这一目的,必须向飞机机身上喷洒除冰剂和防冻剂 ADF(防止飞机结冰的化学药剂)。

目前,最为有效的除冰方法是对飞机喷洒加热的乙二醇溶液(含少量添加剂)。这类化学物质会污染地表水而引起环境问题。但迄今未找到价廉且对环境污染小的乙二醇除冰剂的替代物,因此,控制污染的主要方法是减少除冰液的使用数量,以及收集、处理和再利用。

除冰时,主要在飞机机身上喷洒(不可避免地会流到地面)一定数量的除冰溶液,见图 7-7。通常,除冰液管与除冰车的液罐相连。除冰液的喷流可将飞机上的冰和雪冲走,并且可以破除冰块和保证飞机一定时间内不结冰。减少乙二醇用量的方法是根据当地环境先使用机械方法减少飞机上的积雪,这样就可减少除冰液的浓度。

一些机场和航空公司用高压气体除去飞机上的积雪和冰块。这种方法在 1980 年前后已开始使用,在日本曾经很

图 7-7　正在进行除冰操作的飞机

流行,但在北美使用不太广泛。因为人们发现这一方法对大部分地区普遍存在的湿而重的积雪不太有效,而且设备昂贵。最近,一些机场和航空公司研发了一种通过红外线加热冰雪的系统。但是,上述这些方法都没有能取代除冰液。一旦机身积雪和冰块被除去,防冻剂则被用来防止飞机滑行到跑道以及起飞后机身再结冰。

洒落到地上的除冰液应尽量收集以免渗入地下。美国一些航空公司已建立了它们自己的除冰坪。一些机场,如丹佛国际机场、蒙特利尔多瓦机场、多伦多佩尔森机场等也建造了除冰坪。除冰坪一般设在离起飞跑道较近的位置,能够收集除冰液并将其输送到溶液池或溶液罐中。因为除冰坪要为机场所有的飞机服务,所以设施一般都很大。多伦多佩尔森机场将有 6 个新除冰坪,总共可容纳 12 架 B747 客机。每个除冰坪的长和宽分别为 100m 和 235m,面积大约为 25hm²($1hm^2=10^4 m^2$)。使用证明,集中布置的除冰坪可有效减少除冰液对地下水的污染。另外,有时也可将收集的除冰废液重新利用或出售作其他用途。但是,机场除冰坪并不能满足机场的所有除冰需要,因为有的飞机需在机位上除冰以免带着冰滑行而遭受损坏。

也有机场使用其他方法收集除冰过程中产生的废液。例如,为了防止除冰液与一般的雨水混合,一些机场在机坪设置了专用排水系统或专用阀门、下水口,也有的机场用专用车辆回收洒落的乙二醇。但是,不论采用什么方法,也不可能将所有的除冰液都收集起来。当飞机在机场滑行时,总有一些除冰液从飞机上滴落到地面。

二、除冰盐(液)

在冬季的雪天里除了要给飞机除去表面的积雪和冰外,为了防止在场道的道面上积雪、结冰,或者为了快速除去已经在道面上产生的积雪和冰,往往会在场道撒布除冰盐或除冰液。在场道上采用的除冰盐其主要成分大都为氯化钠。但除冰盐会对水泥混凝土道面的耐久性造成影响,特别是会腐蚀钢筋混凝土道面内的钢筋,从而影响道面的性能。因而,近年来也有使用成本较贵的除冰液,其成分与飞机除冰液类似,主要为醇类溶剂。不管是除冰液或除冰盐,在使用时都会与融化的冰雪一起流入到机场的排水系统中,并进入到机场周边的生态水系之中,从而造成可能的污染。

三、燃油泄漏

一般在机场附近都存有一定数量的航油和其他油品。在一般情况下,燃油储运系统不会污染当地环境,因为人们都比较小心地对待这种昂贵的资源。但是,机场当局仍需小心维护油料储运系统以防止泄漏导致污染地下水,保护储油区以防泄漏事故或者人为蓄意破坏。通常油罐旁边要建防火堤,以防储罐油品溢、漏后漫流和引起火灾蔓延。

四、雨水排泄

机场是由大量铺筑面组成的,雨水径流系数很大。雨水清洗了跑道、滑行道、机坪、机场道路,冲走了沉积在铺筑面上的污物。如果机场排水系统设置不当,大量雨水滞留就可能引起洪水暴发。在机场设计时,应设置调节水池,既可容留雨水防止形成洪水,又可沉淀飞行区的污物。就排水而言,机场与拥有大量铺筑面和硬表面的市区相似。在美国,机场排放标准需满足"国家污染物质排放清除体系"的要求。

第六节 动植物生态影响

机场占地很大,有可能成为许多野生动物包括鸟类和许多小动物的家园。在机场环境影响评价时,应弄清该区域内野生动物种群数量的信息,以及与此对应的保护措施,尤其是当其中某一物种处于濒临灭绝或类似状态。在很多情况下,野生动物问题会延迟或改变机场建设方案。

一、机场的野生动物管理

一般来说,野生动物尤其是鸟类,会对飞机运行安全构成严重威胁。较大的野生动物,比如鹿,会对跑道安全构成危险,机场可通过围栏进行拦阻。鸟击会对飞机造成严重损伤,若鸟在飞行中与飞机相撞并被吸入发动机内,会造成发动机严重毁坏,威胁乘客和机组人员的安全。据专家估计,飞机与野生动物撞击,已在全世界造成多起恶性事故,每年给美国民航造成3.9亿美元的损失。绝大多数机场设有专业驱鸟队,负责驱鸟任务。

二、机场建设对生态的影响

机场是一个基本封闭的区域,为运行安全不允许野生动物的自由活动。然而,大范围的机场设施极容易占据野生动物的栖息地,隔断野生动物已有的活动路线。某些机场的选址可能正好位于野生动物的迁徙路线上,机场的建设势必会对野生动物的生态造成影响。

以上海浦东国际机场为例,机场位置正处于我国候鸟迁徙的主要线路上,周边滩涂、芦苇、湿地等良好生态环境,为鸟类提供翔集栖息的空间,但也给飞机起降带来了安全隐患。初始,机场管理者沿用传统的捕杀方法,成立了打鸟队。为了保护上海鸟类资源,他们改变思路,将打鸟改为驱鸟,采用电子鹰、驱鸟炮和声波等技术驱赶,用电脑技术分析鸟情。同时,他们在起降区拦起网,把捕获的鸟带到崇明、奉贤等地放生。但是这些效果并不理想。

为了更加有效地防鸟击,机场管理者不断求教于植物和动物学专家,一种科学的理念由此进入管理者视野:改变生态环境,通过影响鸟类的生物链,引导鸟群偏离飞行方向 $3\sim5km$,到附近的优良湿地九段沙栖息。上海浦东国际机场的引鸟工程是按照鸟类、昆虫、草类、土地环境的生物链环环推进的:在九段沙种植 $200hm^2$ 芦苇,"种青引鸟";在飞行区内的3 000亩(1亩$=666.6m^2$)草地上密切观察"虫情",让鸟断粮。近两年,机场又采取多种方式,先后对1万多亩建设预留地的生态进行改良,种上鸟类不喜欢的植物。引鸟改道后,飞临浦东机场的鸟类明显减少。同时也不阻隔候鸟的迁徙路线,使得候鸟在迁徙的过程中能在上海浦东得到充分的休息和食物保证。

第八章 机场容量与延误

第一节 概 述

机场系统各项设施在一定时段内（通常为一小时，也可能是一天或一年）通过不同运输对象（飞机、旅客、货物等）的最大能力称之为容量或极限容量。在飞行区内，跑道或滑行道的容量为单位时段内可能容纳的最大飞机运行次数。

为实现极限容量，必须对该设施连续不断地供应均衡的运输对象。而由于运输需求的变化和波动，不可能做到这一点。例如，跑道的极限容量指在满足安全空中管制的条件下飞机连续不断地在跑道上起飞和降落，但实际上由于航班、天气等原因，飞机并不是均匀连续地到达跑道，在繁忙的时刻飞机就会出现等待。因而，在运输需求量接近极限容量时，运输对象必然会因等待通过而出现延误。飞机延误被定义为飞机在机场或各设施上运行或操作所需的实际时间与不受其他任何飞机干扰时的标准时间之间的差异。需求量越接近于极限容量，平均延误时间越大。延误造成经济损失，延误多少也反映了服务水平和服务质量。依据某个可接受的服务水平，也即某个相应的可容许的平均延误时间所确定的容量，称作实际容量（图 8-1）。例如美国 FAA 就把容许平均延误定为 4min。实际容量一般为极限容量的 80%～90%。

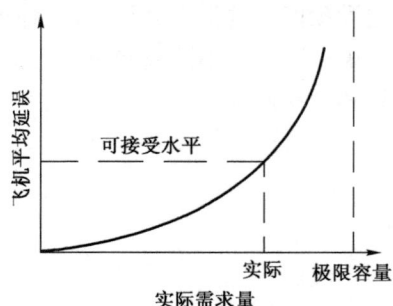

图 8-1 容量与延误的关系

除了极限容量和实际容量两个最常用的容量外，国际上还有持续容量和公布容量在使用。对后两者尚没有明确的统一定义，一般而言，持续容量是指在正常情况下持续几个小时内每小时的飞机运行架次；公布容量指在可接受服务水平下机场每小时可以服务的飞机运行架次。持续容量可用于机场业绩目标的设定，而公布容量则用来限制机场每小时安排的运行架次以维持一定的服务水平。

在了解容量的同时应与需求加以区别。容量指的是机场各基础设施容纳运输设施（主要为飞机）的物理能力。它是对供应的一种描述，独立于需求量及其波动和飞机的延误量。延误则与容量和需求量及其波动密切相关。可以通过增加容量或提高均匀的需求（削减高峰时间的飞机数量）来降低延误量。

机场系统各项设施的容量和延误，可单独地进行分析。而系统的容量取决于最受限制的设施的容量。系统的总延误则为各组成部分（设施）延误的总和。飞行区的容量，通常由跑道的容量控制。

容量分析主要用于判别现有设施是否满足运输需求，确定设施新建或扩建所需的规模；延误分析则主要用于方案比较及经济与服务水平的分析和评价。

第二节 跑道容量分析

一、跑道容量影响因素

影响跑道容量的主要因素有以下 4 个方面：

1. 空中交通管制因素

为保证飞行安全,空中交通管制有如下一般规定：

(1)跑道上不容许同时有两架飞机运行。着陆飞机必须滑行到出口外,起飞飞机才能放行,其时间间隔取决于着陆飞机的跑道占用时间(通常约为 1min);后一架起飞飞机必须待前一架起飞飞机升起后,方可进入跑道,二者的间隔时间也取决于跑道占用时间(约为 1min)。

(2)着陆优先于起飞。当着陆飞机离跑道入口一定距离(约 2n mile)或时间(1min)以内时,应首先安排着陆;否则,可插入一次起飞。

(3)同一飞行路径的两架飞机之间应有足够的水平距离间隔。由于飞机翼端在飞行时产生的尾流涡流会对后随飞机的飞行造成危害,因此,对前后两架飞机间的水平间隔作出了规定。例如,我国规定使用单条跑道起飞时,当前、后起飞离场的航空器为重型和中型、重型和轻型、中型和轻型时,尾流间隔为 2min;同航迹、同高度目视飞行的飞机之间的纵向间隔为 5km(指示空速≥250km/h)或 2km(指示空速<250km/h)。

平行跑道、交叉跑道、开口跑道等对飞机的纵、横向间隔规定更为复杂。

另外,交通管制系统的完善程度(控制精度)和管制员所采用的顺序原则(按速度快慢排序原则或按先到先安排原则)对容量也有着明显影响,按速度快慢排序放行比按先到先服务排序放行的容量有明显的增大,但延误也增加。

2. 机队组成

机队中各种类型飞机的组成比例不同,会影响到其平均水平间隔距离和平均速度,从而影响到容量。FAA 采用机队指数 MI(%)来反映这一点。

$$MI = (C + 3D) \tag{8-1}$$

式中:C——最大起飞重力为 55.6～133.4kN 的飞机的运行次数占总次数的比例;

D——最大起飞重力大于 133.4kN 的飞机的运行次数占总次数的比例。

除了机队组成外,影响容量的飞机组成因素还有在总运行次数中着陆和着陆—离地(飞行训练时采用)所占的比例。

着陆百分率：

$$PA = \frac{A + 0.5TG}{A + DA + TG} \times 100 \tag{8-2}$$

着陆 — 离地百分率：

$$PTG = \frac{TG}{A + DA + TG} \times 100 \tag{8-3}$$

式中:A、DA 和 TG——相应的小时内着陆、起飞和着陆—离地的运行次数。

3. 跑道布置和使用方案

跑道的布置和使用方案是影响跑道容量的最重要因素。当机场容量需扩容时,首先必须考虑改进机场的跑道和滑行道系统。其主要因素有以下 3 点：

(1)跑道的数量、间距、长度和方向；

(2)出口滑行道的数量、位置和设计特征；

(3)入口滑行道的设计。

当跑道为 2 条和 2 条以上时，其布置和使用方案对容量有较大影响。2 条平行跑道，目视飞行规则(简称 VFR)的容量约提高 2 倍。但采用仪表飞行规则(简称 IFR)时，由于仪表的识别精度制约，近距跑道不能同时起降，其容量与单条跑道几乎一样；中距跑道时，两跑道可同时分别进行起飞和着陆，其容量决定于着陆跑道的容量；远距跑道可分别独立起降，在空域不受限时其容量等于单条跑道容量的 2 倍。

4.环境因素

影响容量的主要环境因素为能见度、风、跑道表面状况和噪声减除要求。

能见度差时，需较长的水平间隔距离和跑道占用时间，因而其容量低于能见度好时。FAA 在分析跑道容量时，对能见度分为下述 3 种情况：

(1)当云层高为地面以上 305m 以外，能见度至少为 4.83km 时，可采用 VFR 起降，即驾驶员可凭目视保持飞机间的间隔和观察地面目标；

(2)当云层高在 152m 以上 305m 以下和(或)能见度为 1.61～4.83km 时，需采用 IFR 起降，即由空中交通管制人员利用仪表指定具体航路、飞行高度和飞机间最小间隔；

(3)当云层高为 152m 以下和(或)能见度为 1.61km 以下时，属能见度差和云层低的情况(简称 PVC)，只有在精密仪器条件下才允许飞机起降。

侧风会影响飞机起降，ICAO 规定在侧风超过一定速度时，跑道不能使用，详见第九章。

跑道湿滑或积雪，都会增加跑道使用时间，甚至引起跑道关闭。另外，因降噪要求，也会限制跑道在某一时间段内使用。

二、单跑道容量

单跑道容量估计方法有经验法、排队论法、解析分析法、FAA 图解法和计算机仿真法等。

1.经验法

容量估计的最简单也是最基本的方法就是对现有机场的交通量情况进行调查。这些数据可进一步形成相关的图表，从而可以得到容量。这种经验性的调查同时也是解析和仿真模型的重要组成部分，可用于模型的验证和校准。

2.排队论法

由于在民用机场，飞机都是按照航班制订的要求飞行，人们会很直观地认为飞机的到达是准点的。然而，研究发现飞机到达的时间和预期的时间总是存在一定的差异，到达的规律更接近于随机化。1948 年，Bowen 和 Pearcey 对飞机到达悉尼 Kingsford-Smith 机场的情况进行了经验性的研究，发现飞机到达的规律满足泊松分布。

跑道只有着陆事件可理解为单通道的先到先服务排队模型。服务时间指本次着陆占用跑道到接受下一次着陆的时间长度，它取决于跑道的占用时间或最小交通管制时间间隔要求。

假定飞机的到达服从泊松分布，并且服务时间相等，Bowen 和 Pearcey 推导出了具有平均着陆延误 W 的计算公式：

$$W = \frac{\rho}{2\mu(1-\rho)} \tag{8-4}$$

式中:ρ——强度因素,$\rho=\lambda/\mu$,λ 为飞机到达率(飞机/单位时间);

μ——服务率(飞机/单位时间)-$\mu=1/b$,b 为平均服务时间。

用更一般的形式,上述公式可以改写为 Pollaczek-Khinchin 公式:

$$W = \frac{\rho(1+Cv_b^2)}{2\mu(1-\rho)} \tag{8-5}$$

式中:Cv_b——服务时间的变异系数。

上述公式也可以用于飞机起飞。虽然数学公式能够帮助我们理解延误和容量之间的关系,但是它们在估计平均延误时的准确性不足。这些公式有两个主要的缺点:

(1)在众多影响跑道容量和延误的因素中仅考虑了一部分。

(2)它们给出了一个稳定状态的解,但是实际运行往往很难达到这种稳定状态。

3. 解析分析法

1959 年 Blumstein 开发了单跑道着陆模型,1972 年 Harris 研发了各种条件下的分析模型。其中最简单的模型是着陆间隔模型,它考虑以下一些因素的影响:①一般进近路径的长度;②飞机速度;③空中交通管制所需的最小飞机间隔。

这个简单模型假定无误差进近(error-free approaches),即管制员在期望的时间点放飞机进入进近入口,飞行员能精确地控制速度和飞机间隔。具体进近模式有两种:①靠近模式,尾随的飞机速度等于或大于前行飞机,见图 8-2;②拉开模式,前行飞机的速度大于尾随飞机的速度,见图 8-3。它们的最小时间间隔则为:

当 $v_2 \geqslant v_1$ 时 $\qquad m(v_2,v_1)=\dfrac{\delta}{v_2}$ $\qquad$ (8-6)

当 $v_2 < v_1$ 时 $\qquad m(v_2,v_1)=\dfrac{\delta}{v_2}+\gamma\left(\dfrac{1}{v_2}-\dfrac{1}{v_1}\right)$ $\qquad$ (8-7)

式中: v_i——第 i 飞机的速度;

γ——进近路径的长度;

δ——飞机在空中的最小安全间隔距离。

$m(v_2,v_1)$——无误差进近最小时间间隔,飞机 2 尾随飞机 1。

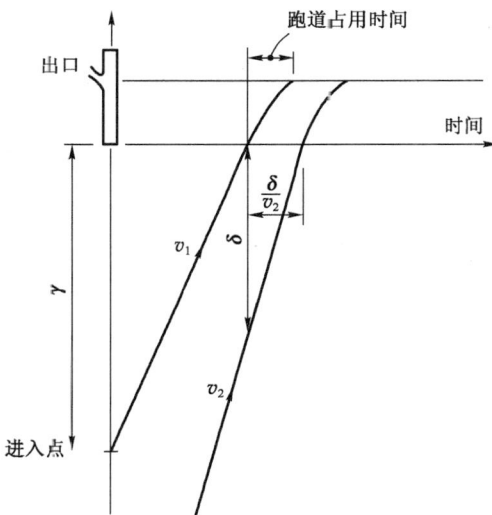

图 8-2 靠近模式的时间间隔图 $\qquad\qquad$ 图 8-3 拉开模式的时间间隔图

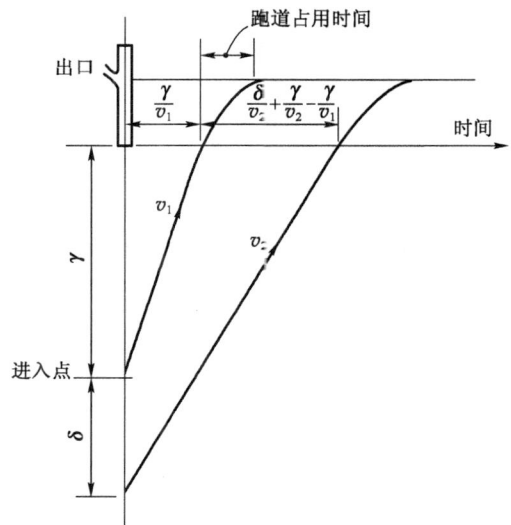

在计算极限容量时,将飞机划分为 n 个离散的速度组$(v_1,v_2,\cdots,v_n)$,从而组成一个最小时间的矩阵:

$$M=[m(v_i,v_j)]=\left\{\begin{array}{c}最小间隔矩阵\\ 飞机速度为 i,尾随速度为 j 时为 m_{ij}\end{array}\right\} \tag{8-8}$$

每个速度飞机出现的比例可以组成速度比例矩阵$[P_1,P_2,\cdots,P_n]$。则期望的着陆间隔(加权平均服务时间)可近似地描述为:

$$\overline{m}=\sum_{ij}P_i m_{ij}P_j \tag{8-9}$$

跑道小时极限容量即为加权平均服务时间的倒数:

$$C=\frac{1}{\overline{m}} \tag{8-10}$$

例 8-1 计算无误差进近条件下的单跑道容量,进近路径的长度 $\gamma=6\mathrm{n\ mile}$,最小的交通管制安全间隔 $\delta=3\mathrm{n\ mile}$,飞机进近速度见表 8-1,并假定跑道的占用时间小于进近交通管制的时间间隔,对容量无影响。

飞 机 数 据   表 8-1

飞 机 比 例	20	20	60
进近速度(节)	100	120	135

由式(8-6)和式(8-7)可以计算不同飞机组合的最小间隔时间。对 $v_i=100,v_j=120$ 的情况,由于 $v_j>v_i$,则最小间隔可计算如下:

$$m(v_j,v_i)=\frac{\delta}{v_j}=\frac{3}{120}\mathrm{h}=90\mathrm{s}$$

对 $v_i=135,v_j=100$,可以得到:

$$m(v_j,v_i)=\frac{\delta}{v_j}+\gamma\left(\frac{1}{v_j}-\frac{1}{v_i}\right)=\frac{3}{100}+6\left(\frac{1}{100}-\frac{1}{135}\right)=0.045\,6\mathrm{h}=164\mathrm{s}$$

根据上述方法还可以计算得到其他各种速度组合的最小间隔时间,完整的矩阵见表 8-2。

各种速度组合的最小间隔时间(s)   表 8-2

前行飞机的速度 v_i(节)		100	120	135	出现频率(P_j)
尾随飞机的 速度 v_j(节)	100	108	144	164	0.2
	120	90	90	110	0.2
	135	80	80	80	0.6
出现频率(P_i)		0.2	0.2	0.6	

在得到不同速度组合的最小间隔时间的矩阵后,结合出现频率,按照式(8-9)可计算得到加权平均服务时间:

$$\overline{m}=(108\times0.2+90\times0.2+80\times0.6)\times0.2+(144\times0.2+$$
$$90\times0.2+80\times0.6)\times0.2=98.16\mathrm{s}$$

最后,由式(8-10)得到跑道容量 C:

$$C=\frac{1}{\overline{m}}=\frac{1}{98.16}=0.010\,2\text{架次}/\mathrm{s}=36.7\text{架次}/\mathrm{h}$$

为了提供更加接近实际的结果,Harris 考察了飞机到达时间呈正态分布的情况。如图 8-4 所示,飞机在到达进近的各控制点时均存在一定的缓冲范围,该缓冲范围的大小可以采用一个

失效概率 p_v 来控制。

在靠近模式（$v_2 \geqslant v_1$）中，缓冲区的大小可由下式计算：

$$b(v_2, v_1) = \sigma_0 \times q(p_v) \tag{8-11}$$

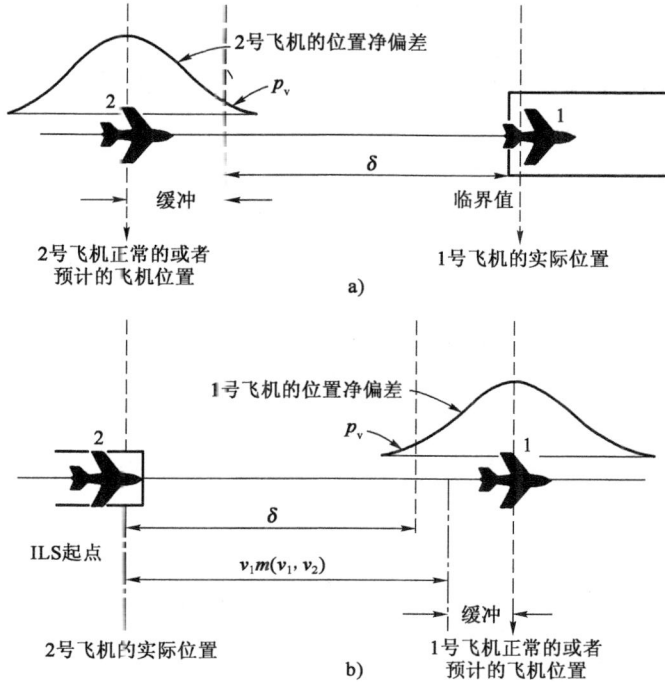

图 8-4　误差分布和间隔缓冲

a) $v_2 \geqslant v_1$；b) $v_2 < v_1$

式中：σ_0——缓冲区正态分布的标准差；

$q(p_v)$——（$1-p_v$）时的正态分布的累积分布概率。

在拉开模式（$v_2 < v_1$）中：

$$b(v_2, v_1) = \sigma_0 q(p_v) - \delta\left(\frac{1}{v_2} - \frac{1}{v_1}\right) \tag{8-12}$$

速度为 v_1 的前行飞机和速度为 v_2 的尾随飞机之间的最小间隔时间为：

$$l(v_2, v_1) = m(v_2, v_1) + b(v_2, v_1) \tag{8-13}$$

把 $b(v_2, v_1)$ 采用矩阵的形式可以描述如下：

$$\boldsymbol{B} = [b(v_i, v_j)] = \left\{ \begin{array}{c} \text{缓冲时间矩阵} \\ \text{飞机速度为 } i\text{，尾随速度为 } j \text{ 时为 } b_{ij} \end{array} \right\} \tag{8-14}$$

则飞机着陆间隔的时间矩阵可描述为：

$$\boldsymbol{L} = \boldsymbol{M} + \boldsymbol{B} \tag{8-15}$$

例 8-2　在例 8-1 中，到达呈正态分布，标准差为 $\sigma_0 = 20\text{s}$，缓冲区的失效概率 $p_v = 0.05$。应用式（8-11）和式（8-12）计算缓冲范围矩阵 $\boldsymbol{B}$（s）：

$$\boldsymbol{B} = \begin{bmatrix} 33 & 15 & 5 \\ 33 & 33 & 23 \\ 33 & 33 & 33 \end{bmatrix}$$

把矩阵 $\boldsymbol{B}$ 加上例 8-1 中的 $\boldsymbol{M}$ 矩阵，可得到最小间隔时间矩阵 $\boldsymbol{L}$：

113

$$L = B + M = \begin{bmatrix} 33 & 15 & 5 \\ 33 & 33 & 23 \\ 33 & 33 & 33 \end{bmatrix} + \begin{bmatrix} 108 & 144 & 164 \\ 90 & 90 & 110 \\ 80 & 80 & 80 \end{bmatrix} = \begin{bmatrix} 141 & 159 & 169 \\ 123 & 123 & 133 \\ 113 & 113 & 113 \end{bmatrix}$$

应用式(8-9)得加权平均服务时间 $\overline{m}=125.88\text{s}$。由式(8-10)得到跑道容量 C 为每小时28.6架次。

其他还有许多模型用来考虑到达时间的误差。这些模型在概念上类似于上述提出的正态分布模型的算法,不再一一叙述。

4. FAA 图解法

美国 FAA 于 1976 年发布一本用于机场规划的跑道容量手册,它以 4 年的调查结果为基础,共包含了 62 张图表。该方法属于经验法的一种。图 8-5 为手册中的一张单跑道 VFR 条件下的小时容量表格。

在手册中把飞机分成 4 个不同的级别:

(1)级别 A:小型单引擎飞机,5 670kg(12 500lb)或更轻。

(2)级别 B:小型双引擎飞机,5 670kg(12 500lb)或更轻。

(3)级别 C:大型飞机,重 5 670~136 078kg(12 500lb~300 000lb)。

(4)级别 D:重型飞机,总重超过 136 078kg(300 000lb)。

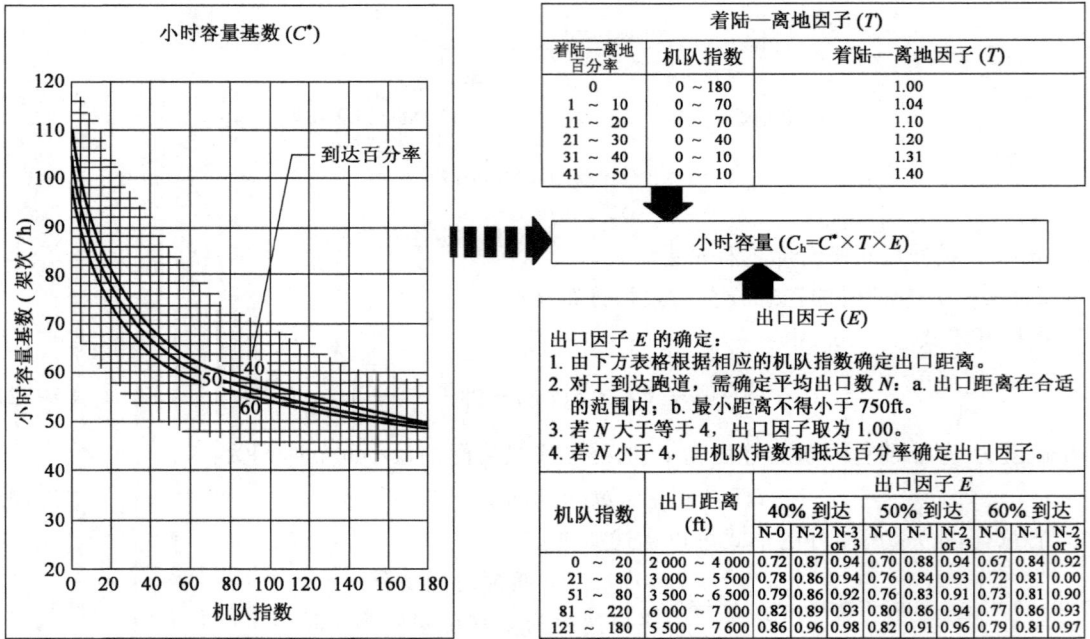

图 8-5 单跑道 VFR 条件下的小时容量

在手册中计算跑道容量和延误时,考虑的影响因素有:

(1)机队组成,采用式(8-1)的机队指数 MI 来衡量。

(2)跑道同时服务于起飞和着陆。

(3)着陆—离地率。

(4)不同的出口滑行道。

(5)环境条件(VFR,IFR)。

(6)跑道构型。

例 8-3   确定 VFR 条件下单跑道(长 3 048m)的容量,机队组成:35％A,30％B,30％C,5％D;飞机的到达百分率:50％;着陆—离地百分率:15％;出口滑行道位置:1 372m(4 500ft)和 3 048m(10 000ft)。

根据上述参数由式(8-1)得到机队指数 MI＝45％;在图 8-5 的 C^* 中,由机队指数 45％,到达百分率为 50％可以查到对应的容量为 65 架次/h。再由图 8-5 的右侧图中,可根据着陆—离地百分率为 15％查到系数 T 为 1.10。由于一个出口滑行道的距离为 4 500ft 位于 3 000～5 000ft 之间,则结合机队指数可以在图 8-5 中查得系数 E 为 0.84。

因此跑道的小时容量为:$C_h＝C^*\times T\times E＝65\times 1.10\times 0.84＝60$ 架次/h。

5.计算机仿真法

特定的机场条件下机场容量可采用计算机仿真技术加以分析。目前世界上较成熟的机场仿真软件为波音公司的 TAAM 和 FAA 的 SIMMOD。这两个软件均基于离散仿真技术。在用户输入机场图、航路图、地理位置、飞行程序、航班计划、机型、停机位、滑行规则、风速等信息后,计算机即可对飞机的飞行进行模拟,获得不同容量条件下的延误信息,从而得到合理的容量。

采用 SIMMOD plus! 7.3 仿真软件对空侧的模拟分析的结果表明,轻型、中型和重型 3 种机型的不同组合条件下,跑道极限小时容量的回归方程:

$$C_1 = \alpha_L P_L + \alpha_M P_M + \alpha_H P_H - \alpha_{LM} P_L P_M - \alpha_{MH} P_M P_H - \alpha_{LH} P_L P_H \qquad (8-16)$$

式中:　　　　　　　　C_1——跑道极限小时容量;

P_L、P_M、P_H——轻型、中型和重型飞机在机队中的比例;

α_L、α_M、α_H、α_{LM}、α_{MH}、α_{LH}——容量回归系数。

根据出口滑行道的条数和位置,跑道布局分为下列 9 种情况。不同跑道布局下的容量回归系数见表 8-3。

①S10:无平行滑行道,出口滑行道设于跑道中部,飞机需在跑道端部掉头。

②S11:有平行滑行道,不设快速出口滑行道,所有飞机由跑道端部脱离跑道。

③S12:有平行滑行道,设端部出口滑行道、轻型快速出口滑行道。

④S13:有平行滑行道,设端部出口滑行道、中型快速出口滑行道。

⑤S14:有平行滑行道,设端部出口滑行道、重型快速出口滑行道。

⑥S15:有平行滑行道,设端部出口滑行道、轻型、中型快速出口滑行道。

⑦S16:有平行滑行道,设端部出口滑行道、轻型、重型快速出口滑行道。

⑧S17:有平行滑行道,设端部出口滑行道、中型、重型快速出口滑行道。

⑨S18:有平行滑行道,设端部出口滑行道、轻型、中型、重型快速出口滑行道。

跑道极限小时容量回归系数　　　　　　　　表 8-3

跑 道 布 局	α_L	α_M	α_H	α_{LM}	α_{MH}	α_{LH}
S10	29	25	18	1.4	3.8	9.1
S11	45	48	42	3.5	5.3	0
S12	67	48	42	18.8	5.3	33.7
S13	58	61	42	3.8	22.6	22.6
S14	52	50	45	3.8	−2.4	4.8
S15	67	61	42	7.2	22.6	33.7
S16	67	50	45	14.9	−2.4	25.0
S17	58	61	45	3.8	13.0	14.9
S18	67	61	45	7.2	13.0	25.0

回归式(8-16)估计跑道的极限小时容量具有良好的精度,其相对误差小于±5%。与图解法相比较,式(8-16)对机队组成影响考虑更详细。与解析方法(Blumstein方法)相比较,式(8-16)可反映跑道布局的影响,而不是只考虑到达飞机的进近间隔。

三、年服务容量

在一些初步的规划中,年服务容量经常被用来代替年实际容量。当年实际容量接近年服务容量时,飞机在该年度内的平均延误的增长趋势会较快,即使在增加飞机架次不多的情况下也会引起服务水平的严重下降。年服务容量指平均飞机延误在8~12min内的年飞机运行架次。

在美国FAA的机场容量手册中提供了年服务容量的计算方法,它的主要步骤如下:

(1)确定不同的运行条件(即VFR、双跑道、IFR、单跑道等),以及跑道系统的使用情况和每种运行条件下的使用时间和比例,确定每种运行条件下的跑道小时容量。

(2)确定一年中使用比例最高的运行条件下的小时容量(支配容量)。

(3)按表8-4确定每种运行条件的容量权重W,其中,支配容量比例为某种运行条件下的小时容量与支配容量的比值。

支配容量的权重系数 W　　　　　　　　　　　　　表8-4

支配容量比例 (%)	权 重			
	MI(VFR)	MI(IFR)		
	0~180	0~20	21~50	51~180
>90	1	1	1	1
81~90	5	1	3	5
66~80	15	2	8	15
51~65	20	3	12	20
0~50	25	4	16	25

(4)根据下面的公式计算跑道的加权小时容量:

$$C_w = \sum_{i=1}^{n} C_i W_i P_i / \sum_{i=1}^{n} W_i P_i \tag{8-17}$$

式中:P_i——年中容量为C_i的比例。

(5)确定年运行架次和高峰月平均日运行架次的比率——日系数γ_D。如果没有足够的调查数据可参考表8-5的数值确定。

日系数 γ_D、高峰小时系数 γ_H　　　　　　　　　　表8-5

机队指数 MI	日 系 数 γ_D	高峰小时系数 γ_H
0~20	280~310	7~11
21~50	300~320	10~13
51~180	310~350	11~15

(6)确定高峰月内日平均运行架次和高峰小时架次的比率——高峰小时系数γ_H。如果没有相关的调查数据可参考表8-5取值。

(7)按下面的公式确定年服务容量ASV:

$$\text{ASV} = C_w \times \gamma_D \times \gamma_H \tag{8-18}$$

例8-4 某机场的年运行架次为367 604,平均日运行架次为1 050,高峰月的高峰小时运行架次为75,跑道使用状况见表8-6。确定年服务容量。

跑 道 使 用 状 况 表 8-6

运 行 条 件			机队指数（%）	使用比例（%）	高峰小时容量（架次）
编号	飞行规则	跑道使用			
1	VFR	⇨▭→ / ⇨▭→	150	70	93
2	VFR	⇨▭→ / ▭	150	20	72
3	IFR	⇨▭ / ▭→	180	10	62

注：⇨表示着陆方向，——表示起飞方向。

由表 8-6 可知，在使用比例中占主导地位的是第 1 种运行条件，双跑道同时用于着陆和起飞，支配比例为 70%，小时容量为 93 架次（支配容量）。根据步骤 3 和表 8-5 可计算得到以下参数，见表 8-7。

权 重 计 算 结 果 表 8-7

运行条件编号	小时容量（架次/h）	支配容量比例（%）	权 重
1	93	100	1
2	72	77	15
3	62	67	15

由式（8-17）可计算得到加权的小时容量：

$$C_w = \frac{(0.70 \times 93 \times 1) + (0.20 \times 72 \times 15) + (0.10 \times 62 \times 15)}{(0.70 \times 1) + (0.20 \times 15) + (0.10 \times 15)} = 72 \text{ 架次}/h$$

由历史交通数据可以得到：

日系数
$$\gamma_D = \frac{367\,604}{1\,050} = 350$$

高峰小时系数
$$\gamma_H = \frac{1\,050}{75} = 14$$

由式（8-18）可以计算得到跑道的年服务量：
$$\text{ASV} = C_w \times \gamma_D \times \gamma_H = 352\,800 \text{ 架次／年}$$

四、规划用容量

为了在初步规划中有跑道容量可供参考，FAA 出版了不同跑道构型的小时容量和年服务容量的近似估计。这些估计值如表 8-8 所示，需要注意的是这些数据仅可用于初步的的容量分析中，并满足如下条件：

（1）满足所有的飞机运行需求的空域。

（2）至少有一条装备仪表着陆系数的跑道。

（3）有足够滑行道系统进出跑道。

（4）着陆—离地飞行的比例在 0～50%（根据机队指数变动）。

跑道构型	跑道图式	机队指数（%）	小时容量（架次/h）		年服务容量（架次/年）
			VFR	IFR	
单跑道		0～20	98	59	230 000
		21～50	74	57	195 000
		51～80	63	56	205 000
		81～120	55	53	210 000
		121～180	51	50	240 000
近距平行跑道	210～760m(700～2 500ft)	0～20	197	59	355 000
		21～50	145	57	275 000
		51～80	121	56	260 000
		81～120	105	59	285 000
		121～180	94	60	340 000
中距平行跑道（间距 760～1 300m）	760～1 300 (2 500～4 300ft)	0～20	197	62	355 000
		21—50	145	63	285 000
		51～80	121	65	275 000
		81—120	105	70	300 000
		121—180	94	75	365 000
远距离平行跑道（间距≥1 300m）	≥1 300m(4 300ft)	0～20	197	119	370 000
		21～50	149	114	320 000
		51～80	126	111	305 000
		81～120	111	105	315 000
		121～180	103	99	370 000
平行跑道加侧风跑道	760～1 060m (2 500～3 500ft)	0～20	197	62	355 000
		21～50	149	63	285 000
		51～80	126	65	275 000
		81～120	111	70	300 000
		121～180	103	75	365 000
4 条平行跑道	210～760m(700～2 500ft) ≥1 060m(3 500ft) 210～760m(700～2 500ft)	0～20	394	119	715 000
		21～50	290	114	550 000
		51～80	242	111	515 000
		81～120	210	117	565 000
		121～180	189	120	675 000
开口 V 形跑道		0～20	150	59	270 000
		21～50	108	57	225 000
		51～80	85	56	220 000
		81～120	77	59	225 000
		121～180	73	60	265 000

跑道构型	跑道图式	机队指数（%）	小时容量（架次/h）		年服务容量（架次/年）
			VFR	IFR	
平行跑道加侧风跑道		0～20	295	59	385 000
		21～50	210	57	305 000
	210～760m(700～2 500ft)	51～80	164	56	275 000
		81～120	146	59	300 000
		121～180	129	60	355 000

第三节　延　误　分　析

飞机延误是表征机场服务水平的最主要指标,是新建机场规划、设计,现有机场改扩建,以及装备更新、改进等方案比选中所不可或缺的技术指标。飞机延误是机场最主要用户——航空公司使用成本的主要构成之一。

一、小时延误分析

飞机的小时延误的估计方法有经验法、排队论法、解析法和仿真法几种。目前使用较多的是经验法和仿真分析法。

1. 经验法

经验法以美国 FAA 的延误计算图表法使用最为广泛。美国 FAA 根据多年的调查结果,编制了一整套计算延误的图表。利用 FAA 图表的步骤如下:

(1)对跑道计算小时需求和容量之比 D/C。

(2)由类似图 8-6 的图表确定飞机到达延误指数 ADI 和出发延误指数 DDI。

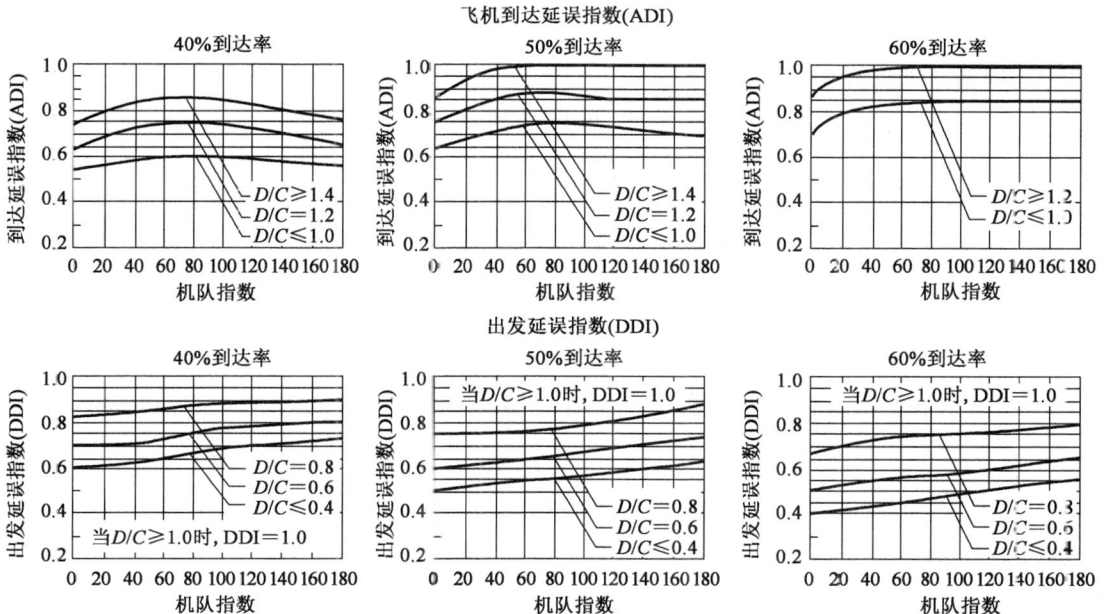

图 8-6　跑道的延误指数图

（3）由下式计算飞机到达延误因子 ADF：

$$ADF = ADI \times (D/C) \qquad (8\text{-}19)$$

（4）由下式计算飞机出发延误因子 DDF：

$$DDF = DDI \times (D/C) \qquad (8\text{-}20)$$

（5）确定需求特征因子 DPF，定义为最繁忙 15min 流量和该小时需求之间的比值。

（6）由图 8-7 确定到达和出发飞机的小时延误。

（7）采用下面的公式计算飞机的小时延误 DTH：

$$DTH = HD \times \{(PA \times DAHA) + [(1 - PA) \times DAHD]\} \qquad (8\text{-}21)$$

式中：HD——跑道的小时需求量；

PA——到达飞机的百分比（%）；

DAHA——跑道的到达飞机平均小时延误；

DAHD——跑道的出发飞机平均小时延误。

上述查图的方法适用于跑道、滑行道和门位的需求不超过容量的情况。当一个或多个设施的需求超过小时容量时，需要考虑一个小时以上的分析时间段。

例 8-5 已知以下参数，计算 VFR 条件下的飞机延误 DTH。

小时需求 $D=59$ 架次/h；高峰 15min 需求为 21 架次；小时容量 $C=65$ 架次/h；到达飞机百分比＝50%；机队指数 MI＝45。

（1）小时需求和小时容量之比 $D/C=59/65=0.91$。

（2）由图 8-6，对机队指数为 45，到达飞机比例为 50% 的情况，可以得到到达延误指数 ADI＝0.71，出发延误指数 DDI＝0.88。

（3）由式（8-19）和式（8-20）计算得到到达延误因子 ADF＝$0.71\times0.91=0.65$，出发延误因子 DDF＝$0.88\times0.91=0.80$。

（4）对给定的高峰 15min 需求，需求特征因子 DPF ＝$(21/59)\times100=36\%$。因而，由图 8-7 可以得到跑道上到达飞机的平均小时延误时间为 1.6min，出发飞机的平均小时延误为 3.1min。

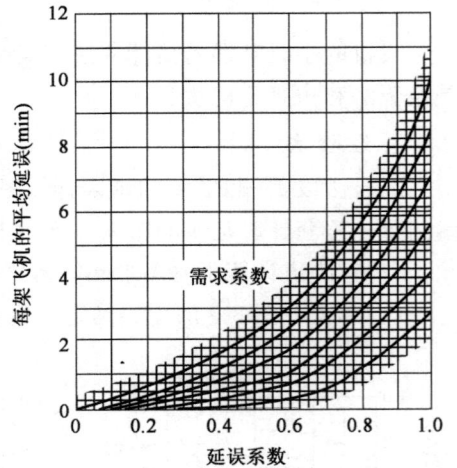

图 8-7 飞机平均小时延误

（5）根据式（8-21）可计算得到跑道的飞机小时延误：

$$DTH = 59 \times \{(0.50 \times 1.6) + [(1 - 0.50) \times 3.1]\} = 139\text{min}$$

2. 解析法

对于一线简单的飞机延误情况可以采用解析法进行计算。专用于到达飞机的跑道的延误计算可采用以下公式：

$$D_a = \frac{\lambda_a \left(\sigma_a^2 + 1/\mu_a^2\right)}{2\left(1 - \lambda_a/\mu_a\right)} \qquad (8\text{-}22)$$

式中：D_a——到达飞机的平均延误时间，时间单位；

λ_a——平均到达率，每单位时间飞机数；

μ_a——到达飞机的平均服务率，每单位时间飞机数，或平均服务时间的倒数；

σ_a——到达飞机的平均服务时间标准差。

平均服务时间可以是占用跑道时间，或者是紧邻跑道外的空间间隔时间，取两者的较大值。

对出发飞机的延误计算方法与到达飞机的计算形式相同，只不过将脚标 a 改为 d 即可。

对混合运行，到达飞机给予优先权，因此这类飞机的延误计算公式可由式（8-22）计算得到；对出发飞机，需考虑排队、放行等因素，可由下式计算：

$$D_d = \frac{\lambda_d(\sigma_j^2 + j^2)}{2(1 - \lambda_d j)} + \frac{g(\sigma_f^2 + f^2)}{2(1 - \lambda_d f)} \tag{8-23}$$

式中：j——两架相随出发飞机之间的平均间隔时间；

g——在相随到达飞机之间发生空档的平均率；

f——不能放行出发飞机的平均时间间隔；

σ_j——两架相随出发飞机之间的平均间隔时间的标准差；

σ_f——不能放行出发飞机之间的平均间隔时间的标准差。

在繁忙时间，如果假设飞机是在跑道端排好队并总是当一得到允许立刻就起飞，那么式（8-23）中的第二项预期为零。必须着重指出，上述公式只有当平均到达率或出发率小于平均服务率时方才有效。

3. 计算机仿真分析法

世界上已经提出了许多蒙特卡洛分析法（随机抽样分析法）的仿真模型用来评估飞机的延误。在机场仿真模型中机场飞机可能的路径被抽象为一系列的连线和节点，如图 8-8 所示，并采用连续的前进时钟，不断地模拟飞机进入仿真系统，并记录、跟踪飞机在任意连线和节点上的时间。因而飞机在整个机场系统中的运行就会被仿真出来，从而得到交通流和延误。

对跑道容量的仿真结果表明，跑道的小时平均延误 DTH 主要取决于跑道实际需求与极限容量之比 D/C，不同跑道布局及机型组合对其影响很小可予忽略。上节 9 种不同跑道布局（S10、S11、…、S18）的小时平均延误 DTH 与需求容量比 D/C 之间关系如图 8-9 所示，也可用下式近似表示：

$$\mathrm{DTH} = 1.85\big[-\ln(1 - D/C)\big]^{4/3}(\mathrm{min}) \tag{8-24}$$

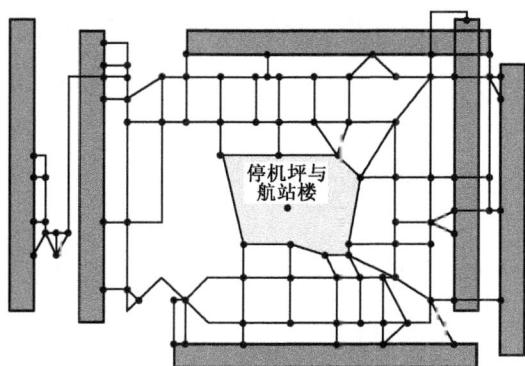

图 8-8　机场的网络化

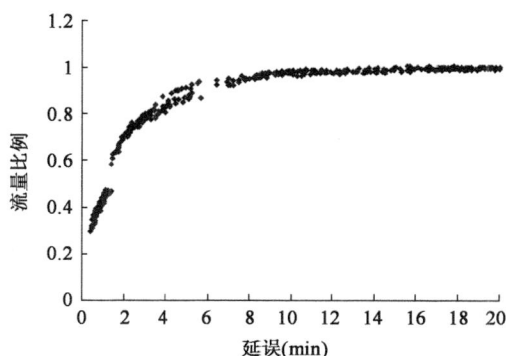

图 8-9　延误与流量比例关系图

二、年飞机延误分析

飞机在跑道、门位/停机位、滑行等飞行区设施上的年延误量受许多因素的影响，包括全年的需求量、需求的小时和日分布特征、不同运行条件（即跑道使用、能见度、飞行规则等）的小时容量，以及整个年度内不同运行条件的发生情况等。因此，年度内不同的季节、不同的天甚至不同的小时飞机延误都不一样。

比较理想的状态是分别计算一年中每一天的延误量然后相加得到年飞机延误,但是这种方法需要巨大的数据、分析时间和精力。

美国FAA推荐可以把一年365天由一些代表性的天来代替,从而缩小分析范围。因而可以先确定代表性天的延误,然后乘以该代表性天所代表的天数就可以得到年的延误。比如在每个月中选择一天作为该月的代表性天,从而只需要计算VFR和IFR两种条件下的24组数据即可得到年延误量。

计算年延误的工作量非常巨大,耗时耗力,一般都通过计算程序来分析得到。美国FAA已经提供了相关的程序来计算分析飞机的年延误。

第四节 门 位 容 量

门位指靠近航站楼的一块供单架飞机停靠的空间,用于上下旅客、装卸货物和邮件。一般来说当有登机桥直接联系航站楼时称为门位,当与航站楼分离时称为机坪,这里统称为门位。门位的容量指在连续需求的情况下门位能够接受飞机上下旅客和装卸物品的能力。它是所有服务飞机加权门位占用时间的倒数。影响门位容量的主要因素有:①飞机类型;②飞机是始发、达到、中转或经停;③上下飞机的旅客量;④机坪工作人员的效率;⑤门位是为所有飞机服务,还是仅服务于某个航空公司或特定的机型。

根据门位的服务时间和飞机的比例,单个门位的容量可以按照式(8-24)计算。若不考虑混合交通的影响,则分别计算得到单个门位的容量然后相加即可得到机场的系统门位容量。

$$C_g = \frac{60}{\sum_i p_i t_i} \tag{8-25}$$

式中:C_g——小时门位容量[架次/(门位·小时)];

p_i——第i种飞机的比例;

t_i——第i种飞机的平均占用时间(min)。

对于混合交通的门位系统来说,门位系统容量取决于系统中最小容量组别,即系统容量为:

$$C_g = \min\left(\frac{G_i}{T_i M_i}\right) \tag{8-26}$$

式中:G_i——接受i类飞机的门位数量;

T_i——i类飞机的平均占用门位时间;

M_i——需要服务的i类飞机的分数比例。

例8-6 共有10个门位分别指定给了不同类型的飞机使用,数据见表8-9,则机场的小时门位容量为多少?

飞 机 数 据 表8-9

飞 机 类 别	门 位 组 别	门位数量 G	百分比 M(%)	平均占用时间 T(min)
1	A	1	10	20
2	B	2	30	40
3	C	7	60	60

忽略混合交通的影响,A组的单机位容量为服务时间的倒数:$C_A = 1/T_A = 3.0$(架次/h)。类似地,$C_B = 1.5$(架次/h),$C_C = 1.0$(架次/h)。则门位的总容量为$(1 \times 3.0) + (2 \times 1.5) +$

$(7 \times 1.0) = 13$(架次/h)。

若考虑混合交通的影响,根据式(8-26),对于门位组别 A:$\dfrac{G_A}{T_A M_A} = 30$(架次/h),门位组别 B:$\dfrac{G_B}{T_3 M_B} = 10$(架次/h),门位组别 C:$\dfrac{G_C}{T_C M_C} = 11.67$(架次/h),容量最小的门位组别为 B,由此得到门位系统的容量为 10(架次/h)。

第五节　滑行道容量

许多研究结果和经验表明,滑行道系统的容量一般远超过跑道和门位的容量。需要注意的是当滑行道穿越正在运行的跑道时,为了避让飞机的起降,滑行道可能会成为一个瓶颈。在这种情况下,滑行道系统的容量取决于跑道的利用率、飞机的组成、滑行道离跑道端部的距离等。

对于穿越跑道的滑行道体系,通过调查的数据,美国 FAA 也编制了相应的计算图表,计算步骤如下:

(1)确定滑行道与跑道交叉口距离跑道端部(起飞点)的距离。

(2)确定跑道的运行率,即在被穿越跑道上的需求。

(3)计算被穿越跑道的机队指数。

(4)根据到达或出发图表确定滑行道的容量(图 8-10)。

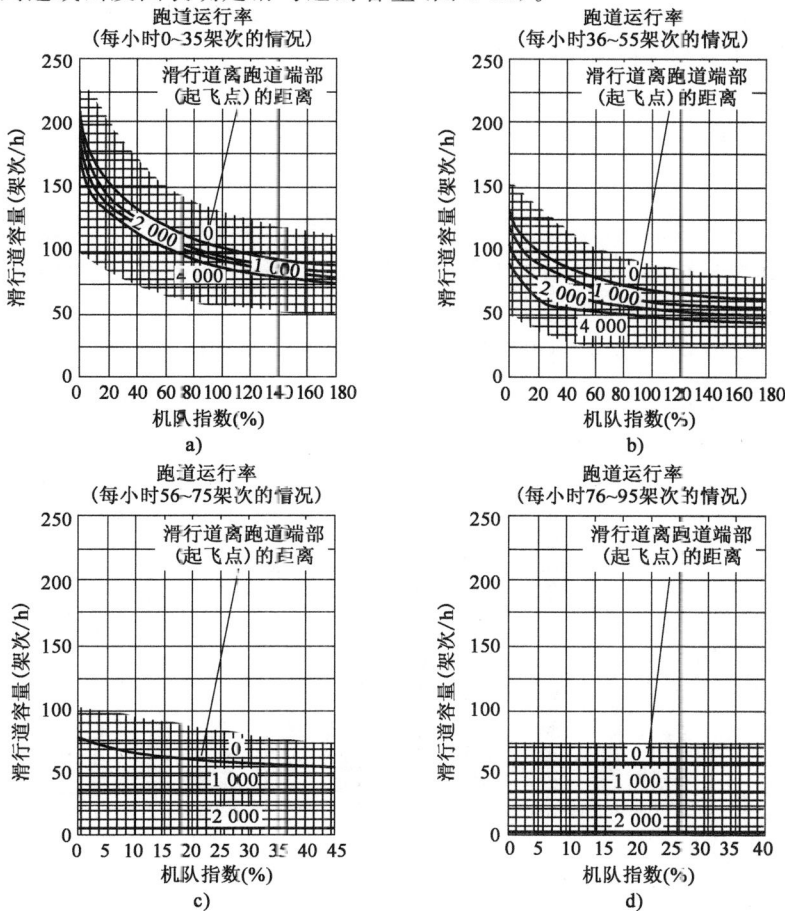

图 8-10　滑行道容量计算图

第六节　飞行区的地面延误

飞机在飞行区滑行、上下客、装卸货物时均有可能发生延误,这部分延误称为地面延误,包括机位延误、滑出延误和滑入延误。

一、机位延误

机位延误指飞机在一个机位上停留的时间超过预定值。机位延误可以由多种因素引起,主要包括:由于滑行系统、跑道等待区,或空中交通管制的原因,飞机只能在机位上等待,无法推出滑行;由于天气的原因,或除冰等操作,使得飞机在机位上停留时间过长;旅客、货物和地面配合系统,未能在规定时间内完成相应的运作,超过了预定的时间。

二、滑出延误

滑出延误定义为实际的滑出时间与平均滑出时间的差值。实际滑出时间被定义为从飞机脱离机位到离地升空的这段时间。平均时间一般根据航空公司的历史数据统计得到,不同的航空公司由于机型、机位等的差别,会采用不同的滑行线路,因此,其平均滑行时间以及统计的方式均会有所差别。产生滑出延误的主要原因有起飞前的排队等候、与机场管制员的通信等待、滑行线路的选择不佳、滑行道体系的容量不足等。滑出延误严重时可以占到地面延误的50%以上。

三、滑入延误

滑入延误是指实际滑入时间与平均滑入时间的差值。实际滑出时间被定义为飞机接地到在机位中停稳的时间段。90%~95%的滑入延误是由于停机位被占用,或停机位不足引起。与滑出延误相比,滑入延误的程度要轻得多。

图 8-11 为美国 1994 年对大型枢纽机场的各类延误的调查结果。由图 8-11 可以看出,地面的延误远大于空中的延误。地面延误中以门位的延误最为严重,滑出延误次之,滑入延误最小。各大机场对产生延误的航班而言,地面延误的平均延误时间在 5~15min 之间。

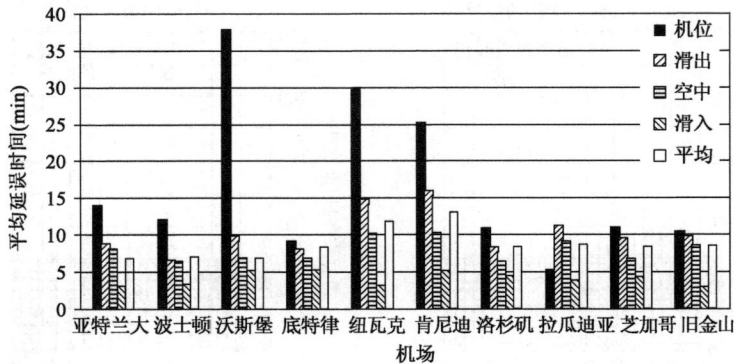

图 8-11　美国一些机场各类地面延误(1994 年)

第九章　机场总体规划与设计

第一节　概　　述

一、规划目的

机场规划是规划人员对某个机场为适应未来航空运输需求而做的发展设想。它可以是一个新建机场,也可以是现有机场某些设施的扩建或改建。机场总体规划是整个机场地区以及机场邻近土地使用的方案,使其满足航空要求,并与环境、公共事业发展及其他形式的交通方式协调。

机场规划的目的是为了在下述诸方面提出指导性方案或方针,供机场当局制订短期和长期的发展政策和决策,向上级部门或其他单位寻求财政资助,争取当地政府和人民的兴趣和支持等。

(1)机场各项设施的发展规模。

(2)机场毗邻地区的土地使用。

(3)机场的修建和使用对周围环境的影响。

(4)对出入机场的交通运输的要求。

(5)经济和财政的可行性。

(6)各项设施实施的优先次序和阶段划分。

二、过程和内容

整个规划过程可大体分为 4 个阶段。

1. 第一阶段:确定机场的设施要求

这一阶段主要是确定适应运输要求所需的机场设施,需详细考察以下几个方面。

(1)现状分析

规划工作的第一步是搜集机场服务地区的有关数据,为规划提供基础信息。所需采集资料包括:

①历年运量资料;

②现有机场的性质、规模和使用情况;

③空域结构和导航设施;

④场址的物理和环境特性;

⑤周围土地的使用现状与规划;

⑥公用设施和其他公共建筑物;

⑦现有的和规划中的出入机场的地面交通系统；

⑧区域发展资料：机场系统规划、地区经济发展规划、城市发展规划、土地使用规划等；

⑨区域的社会经济和人口资料。

(2)航空运输需求预测

预测是制订规划的基础，规划应提供远期(一般为 30 年)、中期(通常为 20 年)和近期(5～10 年)的交通预测，包括年旅客吞吐量、年货邮吞吐量、年飞机起降架次、高峰小时旅客吞吐量、高峰小时飞机起降架次、机队组成、出入机场交通量等。

(3)需求—容量分析

主要对飞行区、航站区、空域、出入机场地面交通系统和交通管制设施等方面进行容量分析。

预测的飞机运行次数同飞行区跑道、空域和空中交通管制设施的容量进行比较；旅客预测量同旅客航站楼的容量相比较，货物预测量同货物仓库的容量相比较；地面交通预测量同出入机场地面交通设施的容量相比较。通过上述比较分析，可以提供基础以确定所需的设施和可行性。

(4)确定所需的设施

列出所需设施的清单，包括：跑道条数、长度、强度，机门位数，机坪面积，航站楼面积，停车场面积，出入机场地面交通的类型，机场所需的土地面积等。这一清单可用作可行性、场址选择或设计方案研究的基础。

(5)环境影响的研究

在场址选择和设计的过程中，要对环境进行细微的研究，以保证机场与环境的协调一致。环境研究包括：机场毗邻地区的噪声级位分布，空气和水质的污染情况，自然环境(生态、风景等)的改变，居民区的被分割或迁移等。

2. 第二阶段：场址选择

新建机场的规划，应包括场址选择这一部分内容。场址选择是从环境、地理、经济和工程观点出发，寻找一块其尺寸足够容纳各项机场设施而位置适中的场地。

3. 第三阶段：机场布局

(1)机场总图规划

在选好场址和确定所需设施后，可进行机场平面布置：确定跑道、滑行道和机坪的构型，确定建设航站设施的范围，确定导航设施和空中指挥设施，确定货邮设施区和机务维修区的范围，确定其他机场配套设施的位置等。

(2)土地利用规划

在机场场界范围内定下预留给建设航站楼、维修设施、商业建筑、工业场地、机场进出交通设施、娱乐场所、缓冲地区等的范围。在机场场界范围外，则定下受机场净空和噪声暴露级位影响的范围，对这些地区提出土地使用的建议。

(3)航站区规划

航站区的规划主要包括旅客航站楼、货运设施、机务维修设施、旅馆、商业和服务区、机场出入道路和服务道路等位置和范围的安排。它们与飞行区的构型和土地使用规划有关。

(4)出入机场地面交通规划

规划由市中心或者由现有或规划中的地面干线交通的联络点进出机场的路线(各种地面

交通模式)。各种地面交通方式需要予以考虑,其进场设施的规模尺寸取决于机场进场交通量方面的研究。

4. 第四阶段:财务计划

财务计划是指对整个机场建设计划进行社会和经济性评价。它从收入和支出的角度,去审视对第一阶段活动的预测,分析整个计划阶段机场的资产负债表,以确保机场的出资方能够继续投资下去。在这个阶段的必然行动就是考虑拟定发展目标的资金来源和筹集方法。

第二节 场 址 选 择

当某个地区决定规划建设一个新机场,机场的选址工作就开始了。找到恰当的场址毫无疑问是机场建设最重要的一步。

新机场的场址的确定前应研究许多因素。选址研究必须首先确立某些因素来作为确定其正确位置和大小的原则,这些原则的大多数也适用于现有机场的扩建。机场的位置受下列各项因素的影响:

①周围地区的发展类型;

②大气和气象条件;

③公众的便利性;

④能否取得扩建时所需的土地;

⑤在此地区有无其他机场及可用的空域;

⑥周围障碍物;

⑦建设成本;

⑧能否取得各类公用设施;

⑨是否接近航空业务需求点。

根据对上述因素的分析,规划人员还应对可能的各个场址给出优先次序排名。另外,选址研究应与当前的当地和地区综合计划相协调。在研究期间,应与对机场所服务的本区域拥有管辖权的各级规划部门和在本区域有业务往来的航空公司以及其他航空业者保持密切的联络。选址团队应充分利用这些组织提供的最新研究数据。

一、周围地区的发展类型

机场的活动,特别是从噪声的观点来看,是不受邻居欢迎的。因此,对机场场址邻近地区目前和将来土地的使用进行深入研究就非常必要。与机场活动最相容的场址应给予优先考虑,尽可能避免靠近住宅区和学校,如果场址处于尚未开发地区,应考虑制订区域法令来控制机场邻近土地的使用,以免将来发生冲突。机场是综合交通运输系统的一个组成部分,因此,它应同其他交通方式的规划一样,受相同的政策和原理的管理和控制,并必须与其他现有组成部分的规划情况协调一致。在跑道,滑行道、机坪等与机场边界之间最好有一个缓冲地带,使由于机场活动而造成的妨害至少得以部分减轻。

凡有喷气飞机运行的机场,噪声是一个极端重要的因素。自从使用喷气飞机以来,社会公众对噪声的不良反响急剧增加。在若干大城市地区,相关政府管理部门制订了专门的飞机飞行方式,以尽量减少噪声影响,并已制订了全国范围适用的一些规定。飞机和发动机制造厂商也已经意识到这个问题的,它们正千方百计地在飞机经济运转和飞行安全协调情况下来减少噪声。

二、大气和气象条件

雾、霾和烟尘会降低能见度,使机场交通容量减少。在少风的地方,雾会停留更长的时间,少风可能是由周围地形造成的;烟霾易出现在大工业区的附近。应对所有可能场址的具体条件加以检查,同时对已有的天气记录作详细分析,以保证所选定的场址能提供与机场需要相称的大气与气象特性。

三、公众的便利性

对旅客和货物托运者来说,最关心的是始发点到最终目的地的旅途时间。在许多情况下,地面花费的时间大大超过空中所花的时间。随着喷气飞机的使用,这个差幅就更大了。对相隔 600km 的两个大城市区之间的旅行,地面花费时间是空中花费时间的 2 倍。

对于使用机场设施的人来讲,机场必须是方便的。作为一个通用的惯例,机场与绝大多数潜在用户的距离应不超过 30min。选址时,经常还要考虑对旅客和货邮的运动和中转提供服务的铁路、公路以及其他类型运输的接近程度。

四、扩建可用的土地

机场必须预先获得或在将来能够获得足够的土地,以备机场扩建之用。从过去的历史来看,随着飞机的大型化和交通量的增加,必须加长跑道,扩充航站设施,以及增加辅助设施,这需要有足够的土地来容纳这些新的设施。对有关积聚土地政策的研究能大量的节约土地,并对将来机场周围环境的影响减到最小限度。不过,通常没有必要一开始就购买全部土地,因为未来扩建所需的临近土地通常会受到优先租借权或者优先购买权的保护。机场建设应与当地的城市总体规划和土地使用规划相互协调,确保机场远期发展能获得足够的土地。

五、可用空域

当选择新机场场址或在现有机场增建跑道时,必须仔细分析在该地区内其他机场的运行情况。机场相互之间应保有足够距离,以防止在一个机场着陆的飞机与其他机场的飞行活动相冲突。机场之间的最小距离完全取决于交通量及其类别,以及机场是否装置有能供飞机在低能见度条件下运行的设备。在许多大城市地区,2 个或者 2 个以上机场共享同一空域现象是很常见的。这种状况会限制机场在不利天气条件下接纳 IFR 空中交通的能力。相互距离很近的机场会降低其相应的接收空中交通的能力,并且会造成严重的交通管制问题。

在低能见度期间,在空中操纵飞机要复杂得多。在仪表飞行条件下,空中交通管制将使用航路的飞机充分隔开,并保持管制直至每架飞机依次被准许进入机场仪表进近完毕为止。

在大城市地区内几个机场的位置可能会大大影响它们各自的容量。倘若机场相互之间的距离过近,飞机运行可能被大大限制,以致在仪表飞行天气下,两个机场的容量并不比一个单一机场的容量大多少。

如果要避免交通流向方面的冲突,机场位置必须与其上空航路的交通形式相适应。机场规划者必须向空中交通管理局咨询,从空中交通管制的角度看机场场址是否恰当。

六、周围障碍物

机场场址附近的障碍物,无论具有自然的、现存的还是规划人造的物体,都必须满足机场障碍限制面及空管部门提出的要求。如仍有局部不能满足要求的,应进行航行方面的专门研究。

机场场址应选择在使机场最终发展所需飞机活动区内没有障碍物,或者即使有障碍物也能予以清除或可避让。为机场提供和保护适当的进近区需在机场的转向地带和跑道延长线地区设高度限制。

七、建设的成本

显然,如果可供选择的若干场址都是同样适用的,应优先选择建设成本较省的场地。土壤类别等自然条件对机场建设成本影响较大。在沼泽地带或水淹地的场地上修建机场的费用要比建在旱地上大得多,起伏的丘陵地带比平原地带需要更多的平整工作。在场地上或其附近地方能够得到的地方建筑材料,包括混凝土集料,对降低建设造价有显著作用。

八、公用设施的可用度

机场,特别是大型机场,需要大量的水、天然气或油、电力和飞机与地面车辆使用的燃油,在选择机场场址时,必须考虑到这些公用设施的供应情况。这些供应中的大部分要靠卡车、火车、轮船或管道运送到机场。在附近没有污水管通过的新场地,可能还需修建污水处理场。在大多数情况下,大型机场必须用自己的发电站,以便在商业电源中断时应急使用。

为了给拟设的场址提供服务,必须延长电力、电话、天然气、水和污水等线路的距离。获得这些公用事业设施的成本可能对选址有较大影响。场址应尽量结合利用附近的道路、供油及城市公用设施的现有条件及发展规划,充分利用就近的地方建筑材料和工业原料。

九、影响机场大小的因素

机场所需的大小取决于下述主要因素:①预期使用该机场的飞机的性能特性和大小;②预计空、陆侧交通量;③气象条件;④机场场址的高程。

飞行区占据了机场大部分的占地面积,陆侧设施(旅客航站楼、货运区、进场道路、停车场等)的面积一般只占整个占地面积的 $5\% \sim 20\%$,机场越小这个比例越小。跑道数量与跑道长度是决定飞行区大小的 2 大决定性因素。

飞机的性能特性、场址的高程和地区气温对跑道长度有着直接的影响。起降飞机越大越重,离地或(和)进近速度越大,则跑道长度就越长。温度影响跑道长度,温度愈高,所需跑道长度愈长。机场场址的高程对飞机所需跑道长度的影响极大,机场高程愈高,要求跑道长度愈长。跑道条数与构型取决于风向和交通量。

表 9-1 给出了世界上一些著名大型机场的占地面积。从表 9-1 可以看到,机场占地面积从几平方公里到几十平方公里,其中,占地面积最大的丹佛国际机场,其占地面积竟达 136km^2。

表 9-1

美 国		其 他 国 家		中 国	
机场	占地面积 （km²）	机场	占地面积 （km²）	机场	占地面积 （km²）
丹佛国际机场	136	布宜诺斯艾利斯 埃塞萨机场	34	上海浦东(一期)机场	32
达拉斯沃斯机场	72	巴黎戴高乐机场	31	广州新白云机场	16.0
奥兰多国际机场	40	阿姆斯特丹史基浦机场	22	香港机场	12.5
堪萨斯城机场	33	法兰克福美因机场	19	北京首都机场	14.8
芝加哥奥黑尔机场	26	慕尼黑机场	15	深圳宝安机场	26.1
纽约肯尼迪机场	20	新加坡机场	13	成都双流机场	6.2
亚特兰大机场	15	布鲁塞尔机场	12	昆明新机场	24.0
洛杉矶国际机场	14	伦敦希思罗机场	12		
迈阿密国际机场	13	东京羽田机场	11		
纽约纽瓦克机场	9	悉尼机场	9		
波士敦洛根机场	9	苏黎世机场	8		
华盛顿里根机场	3.8	伦敦盖特威克机场	8		
纽约拉瓜迪亚机场	2.6	大阪关西机场	5		

第三节　净 空 要 求

在选择机场位置和确定跑道方位时,应避免使飞机飞越人口稠密地区的上空和避开障碍物。为保障飞机的起飞和降落安全以及机场的正常使用,在机场周围一定范围的空域内必须没有障碍物影响飞机的运行。为此,规定一些假想面作为障碍物限制面,凡自然物体或人工构筑物的高度伸出这些假想面之上的部分,便当作障碍物而应移出或拆除。

机场场址和跑道方位选择时,必须考虑此净空要求,检查在规定的限制面上是否有障碍物存在。如有,需同有关部门协商移去或拆除;如无法拆除,则需研究确定可否在不降低飞行安全的条件下改变飞机的进近程序。否则,必须另选场址。

一、障碍物限制面

障碍物限制面如图 9-1 中所示。其中,一些主要限制面的定义为:

(1)内水平面:高出机场两端入口中点平均高程 45m 的一个水平面;其周边范围为以跑道入口中点为圆心,按一定半径(4 000m)画出的圆弧,两个圆弧以公切线相连。

(2)锥形面:从内水平面周边起向上向外倾斜的面,其坡度为 1/20,其高度从内水平面的高程起算。

(3)进近面:从升降带末端起向外向上延伸的一段或多段变宽度的倾斜面。

(4)内进近面:进近面中紧靠升降带末端的一块长方形部分称为内进近面,用于精密进近跑道。

(5)过渡面:从升降带两侧边缘和部分进近面边缘向上和向外倾斜,直到同内水平面相交的一个复合面。

(6)内过渡面:与过渡面相似更接近于跑道的面称为内过渡面,用于精密进近跑道,控制必须设在接近跑道处的助航设备、飞机和车辆等物体不得突出此面。

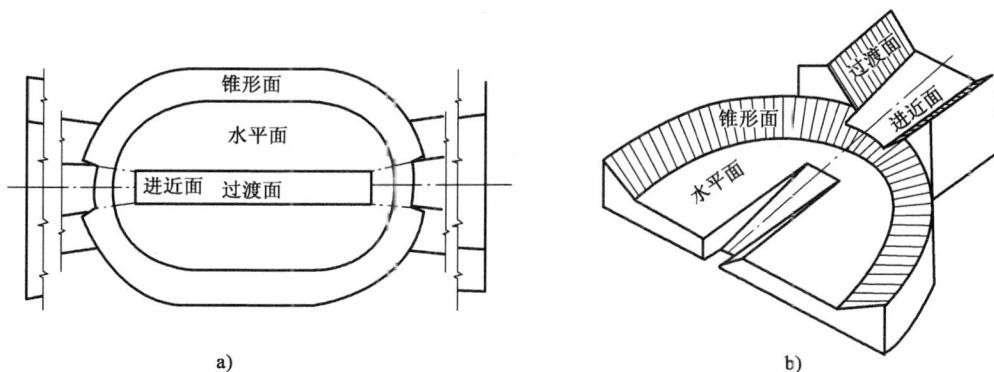

图 9-1　障碍物的限制面

(7)复飞面:用于精密进近跑道,为梯形斜面,其起端位于跑道入口向后一定距离处,按规定的起端宽度和斜率在两侧内过渡面之间向两侧散开,并以规定的坡度向前向上延伸,直至与内水平面相交。

(8)起飞爬升面:其起端位于跑道端外一定距离处,按规定的起端宽度和斜率向外向上扩展到末端宽度,然后在规定的起飞爬升面总长度内维持这一宽度。

二、障碍物限制面的要求

各个障碍物限制面的尺寸要求,随飞机是起飞或是降落,以及降落时采用的进近程序的不同而异。按进近程序的不同,可将跑道分为:

(1)非仪表跑道:供飞机用目视进近程序运行的跑道,应设立内水平面、锥形面、进近面和过渡面。

(2)非精密进近跑道:装有目视助航设备和一种至少能为直接进近提供方向性引导的非目视助航设备的仪表跑道,应设立内水平面、锥形面、进近面和过渡面。

(3)精密进近跑道:装有仪表着陆系统和目视助航设备的仪表跑道,其中又分为Ⅰ类、Ⅱ类和Ⅲ类。

Ⅰ类精密进近跑道:装有仪表着陆系统和目视助航设备,能供飞机在决断高度低至 60m 和跑道视程低至 800m 时着落的仪表跑道,应设立内水平面、锥形面、进近面和过渡面。

Ⅱ类精密进近跑道:与Ⅰ类相同,但为飞机在决断高度低至 30m 和跑道视程低至 400m 时着落的仪表跑道。

Ⅲ类精密进近跑道:为装能引导飞机直至跑道,并沿其表面着陆或滑行的仪表着陆系统的仪表跑道。根据对目视助航设备的需要程度,它又分为下面几种:

Ⅲ类甲——能在跑道视程低至 200m(决断高度不限)时着陆,仅用目视助航设备完成着陆的最终阶段和在跑道上滑行;

Ⅲ类乙——能在跑道视程低至 50m(决断高度不限)时着陆,仅在跑道上滑行中用目视助航设备;

Ⅲ类丙——无需依靠目视助航设备完成着陆和在跑道上滑行。

Ⅱ类和Ⅲ类精密进近跑道必须设置内水平面、锥形面、进近面和内进近面、过渡面和内过渡面、复飞面。

进近跑道和起飞跑道的各个障碍物限制面限制尺寸要求列于表9-2中。除着陆和进近类跑道外,对于起飞跑道必须设立起飞爬升面。起飞爬升面的尺寸和坡度应不低于表9-3中所列的规定。

当跑道要在两个方向都能起飞或着陆时,则障碍物限制面的尺寸应按较严格的要求进行控制。当机场有几条跑道时,应按表列规定分别确定每条跑道的障碍物限制面,而对其重叠部分,按较严格的要求进行控制。

障碍物限制面的尺寸和坡度（进近跑道）　　表9-2

限制面及其尺寸和坡度		非仪表跑道				非精密进近跑道				精密进近跑道		
										I类		II、III类
		飞行区等级指标 I										
		1	2	3	4	1	2	3	4	1　2	3　4	3　4
锥形面	坡度(%)	5	5	5	5	5	5	5	5	5	5	5
	高度(m)	35	55	75	100	60	60	75	100	35	55	100
内水平面	宽度(m)	45	45	45	45	45	45	45	45	35	45	45
	半径(m)	2 000	2 500	4 000	4 000	3 500	3 500	4 000	4 000	3 500	4 500	4 000
内进近面	宽度(m)									90	120	120
	起端距跑道入口(m)									60	60	60
	长度(m)									900	900	900
	坡度(%)									2.5	2	2
进近面	起端宽度(m)	60	80	150	150	150	150	300	300	150	300	300
	起端距跑道入口(m)	30	60	60	60	60	60	60	60	60	60	60
	侧边散开斜率(%)	10	10	10	10	15	15	15	15	15	15	15
	第一段　长度(m)	1 600	2 500	3 000	3 000	2 500	2 500	3 000	3 000	3 000	3 000	3 000
	坡度(%)	5	4	3.33	2.5	3.33	3.33	2	2	2.5	2	2
	第二段　长度(m)							3 600	3 600	12 000	3 600	3 600
	坡度(%)							2.5	2.5	3	2.5	2.5
	水平段　长度(m)							8 400	8 400	8 400	8 400	8 400
	总长度(m)							15 000	15 000	15 000	15 000	15 000
过渡面	坡度(%)	20	20	14.3	14.3	20	20	14.3	14.3	14.3	14.3	14.3
内过渡面	坡度(%)									40	33.3	33.3
复飞面	起端宽度(m)									90	120	120
	起端距跑道入口(m)									b	1 800	1 800
	侧边散开斜率(%)									10	10	10
	坡度(%)									4	3.33	3.33

注：b——至升降带端的距离。

障碍物限制面的尺寸和坡度(起飞跑道)　　　　　表 9-3

起飞爬升面尺寸和坡度	飞行区等级指标I		
	1	2	3 或 4
起端宽度(m)	60	80	180
距跑道宽(m)	30	60	60
两侧散开斜率(%)	10	10	12.5
末端宽度(m)	380	580	1 200(1 800①)
总长度(m)	1 600	2 500	15 000
坡度(%)	5	4	2②

注:①在仪表气象条件和夜间目视条件下飞行,当拟用航道含有大于 15 的航向变动时,采用 1 800m。
　　②如机场当地的海拔和气温与标准条件相差悬殊时,应考虑将坡度酌情减少。

第四节　机场总图规划

机场总图规划是关于现有和拟设的机场设施的布局和土地利用,包括设施的位置和有关的间距及其尺寸资料等,按照比例的图形显示。该规划展示了机场的位置、净空地带、进近区和其他可能影响机场使用和扩建能力的环境特征。

机场总图规划还应找出那些不再需要的设施,并且拟订这些设施搬迁或分期淘汰的计划。一些用地可能被租借、卖掉或者被用于商业和工业目的。这一规划随着以下内容的任何变更而时时更新:产权界限,包括跑道、滑行道和机坪尺寸和位置的飞行场地构型;建筑物;机动车停车场;货运区;导航设施;障碍物以及进场道路等。

机场总图规划图包括以下内容:机场总图、机场位置图、机场邻近地区图、基础数据表和有关风的信息。以下着重叙述与飞行区相关的内容,而关于航站区、出入机场的交通等内容在第十章和第十一章中叙述。

一、机场总图

机场总图是机场规划总图的主要组成部分,它按比例描绘了机场现有的和最终的发展建设状况和土地利用,并至少包括以下信息。

(1)重要的机场设施:诸如跑道、滑行道、机坪、防吹篱、扩展了的跑道端安全区、航站区、航管设施货运区、机务维修区、泊料设施、导航系统、停车区、道路、灯光、跑道标志、管线、围界、主要排水设施、气象设施等。

(2)重要的自然和人工特征物,如树木、溪流、池塘、岩体裸露层、沟渠、铁路、动力线和塔状物。

(3)预留给现有或未来的航空业发展和服务的区域,如固定的基地通用航空的运作、直升机机场、货运设施、机场维修设施等。

(4)预留给非航空业发展的区域,诸如宾馆、商业设施、工业区等。

(5)现有的地面等高线。

(6)将逐步淘汰的设施。

(7)机场围界和由机场出资方拥有或管理的区域,其中包括安装导航设施的附属建筑物。

(8)净空障碍物限制图。

(9)带有经、纬度和国家坐标的机场参考点。

(10)跑道端、最高点、最低点及跑道交叉点的高程。

(11)跑道的真方位角(从真北方向量测)。

(12)北向——真方位和磁方位。

(13)有关的尺寸——跑道和滑行道宽度和跑道长度、滑行道—跑道—机坪净距、机坪尺寸、建筑物净空线、净空地带以及平行跑道之间的间距。

二、跑道构型

跑道和与其相连接的滑行道的布设必须:①满足容量需求;②适应风向和土地使用限制;③在空中交通模式中提供适当的间隔;④在飞机着陆、滑行和起飞的运行中招致最小程度的干扰和时间延误;⑤从航站区到跑道端提供可能的最短滑行距离;⑥提供充分适当的滑行道,以便着陆飞机尽可能快地离开跑道,并以尽短的路线到达航站区。

跑道构型取决于跑道的数量和方位。跑道的数量主要取决于航空交通量的大小,跑道的方位主要取决于风向、场地及周围环境条件。飞机场占地多少,主要取决于跑道构型及其他设施(主要是航站区)的规模。跑道构型由单条跑道、平行跑道、交叉跑道和开口 V 形跑道等基本构型组成。

1. 单条跑道

单条跑道构型是最简单的一种构型。航站区尽可能靠近跑道中部,由联络滑行道与跑道连接。根据飞机运行架次的多少,决定是否设置平行滑行道。单条跑道的容量,在目视飞行情况下,每小时为 45～100 架次;在仪表飞行情况下,根据不同的飞机机型组合及助航设备,每小时约为 30～50 架次。这种构型,占地少,适用于中小型地方飞机场或飞行量不大的干线飞机场,是目前大多数飞机场的主要构型。

2. 平行跑道

平行跑道构形根据跑道的数目及其间距,它们的容量差异很大。根据两条跑道中心线间距不同而分为“近距”、“中距”和“远距”平行跑道,间距为 210～760m 时称作“近距平行跑道”,航站区一般布置在两条跑道的一侧;间距为 760～1 300m 时称作“中距平行跑道”,航站区可以布置在两条跑道之间;间距大于 1 300m 时称作“远距平行跑道”,航站区通常也布置在两条跑道之间(图 9-2)。在目视飞行情况下,跑道间距对飞行容量的影响不大,约为单条跑道的两倍;但当飞机机型组合中有大型飞机时,由于大型飞机的尾涡流影响,容量将减少。在仪表飞行情况下,根据不同的飞机组合,近距平行跑道的小时容量为 50～60 架次,中距平行跑道的小时容量为 75～80 架次;远距平行跑道的小时容量为 85～105 架次。

3. 交叉跑道

当常年风向使飞机场的使用要求必须由两条或两条以上跑道交叉布置时,产生交叉跑道构型,并把航站区布置在交叉点与两条跑道所夹的场地内(图 9-3)。两条交叉跑道的容量通常取决于交叉点与跑道端的距离以及跑道的使用方式,交叉点离跑道起飞端和入口越远,容量越低;当交叉点接近起飞端和入口时,容量最大。在目视飞行情况下,交叉跑道的小时容量为 50～175 架次;在仪表飞行情况下为 40～70 架次。

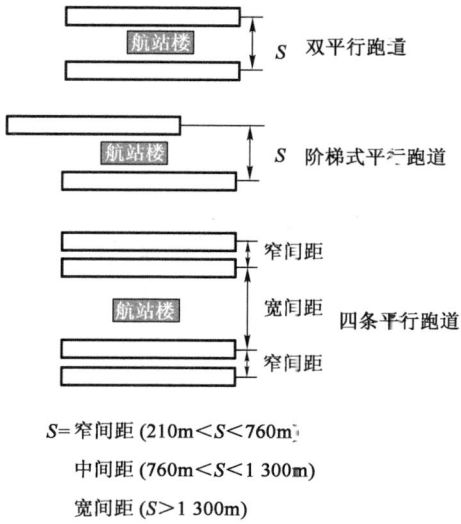

图 9-2 平行跑道构型示意图

S = 窄间距 (210m < S < 760m)

中间距 (760m < S < 1 300m)

宽间距 (S > 1 300m)

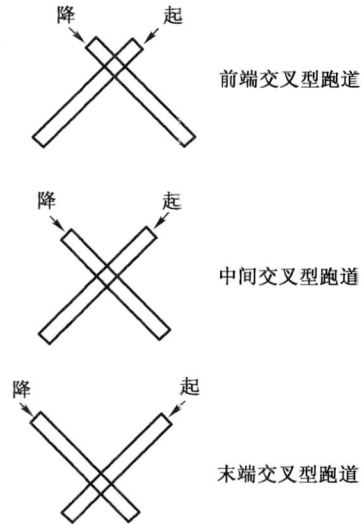

图 9-3 交叉跑道构型示意图

4. 开口 V 形跑道

开口 V 形跑道构型是两条跑道不相交,散开布置(图 9-4)。当有少风或无风的情况下,两条跑道可以同时使用。航站区通常布置在两条跑道所夹的场地上。飞机场容量取决于飞机起飞着陆是否从 V 形顶端向外进行。当飞机起飞和着陆是按 V 形向外散开时,跑道起降架次则显著增加。当飞机起降是按 V 形向内汇集运作时,在目视飞行程序条件下,对于 D 类和 E 类飞机来说,跑道的小时容量将几乎减少 50%。在一般情况下,这种构型的小时容量,在目视飞行时为 50～200 架次,在仪表飞行时为 50～70 架次。

在满足机场容量及运行要求前提下,从规划布局的角度出发,单条跑道和远距平行跑道构型最为可取。如其他条件相同,这种构型与其他各种构型相比较可提供最大的容量。对空中交通管制来说,引导飞机在单方向运行不像多方向运行那么复杂。以散开型跑道构型来比较,开口 V 形跑道模式比交叉跑道构型更为可取。在开口 V 形跑道构型中,飞机从 V 型端部向外散开起飞和着陆的运行策略较以相反的方式运行可提供更大的容量。如果不能避免采用交叉跑道,则应尽一切努力使两条跑道的相交点尽可能接近它们的入口,使飞机从离开相交点方向起飞着陆而不是向着相交点起飞着陆。

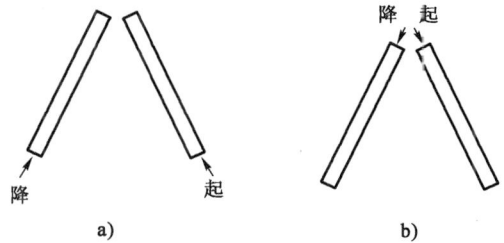

图 9-4 开口 V 形跑道构型示意图
a)聚合 V 形跑道;b)分叉 V 形跑道

三、跑道方位

在跑道规划中,主导风的分析是必不可少的。跑道方位取决于机场所在地区的主导风的风向,应尽可能地顺应当地的主导风的方向。当与飞行方向呈直角的风的分量(侧风)过大时,飞机就不能正常起降。飞机起降的最大容许侧风取决于飞机大小、机翼构型和道面表面状况。技术标准规定的数值为:

135

（1）基准场地长度为 1 500m 或以上时 ，侧风速度分量不大于 10.3m/s(37km/h)；如果该跑道的纵向摩擦系数不足而制动作用多数时间不良时，则不应超过 6.7m/s(24km/h)。

（2）基准场地长度为 1 200m 及以上而不足 1 500m 时，侧风速度分量不大于 6.7m/s(24km/h)。

（3）基准场地长度小于 1 200m 时，侧风速度分量不大于 5.3m/s(19km/h)。

风力负荷又叫风量，是指在风的影响下，机场能够保证飞机起飞着陆的可能性，以百分比表示。国际民航组织和美国联邦航空局建议风力负荷为 95 %。为了确定侧风风速的分量不超出上述规定的主导风向的覆盖比例，以判断跑道使用率是否满足 95% 以上的要求，需对下述两种情况下风的特性进行分析：

（1）全年各种气象条件下的主导风向覆盖情况；

（2）坏天气[能见度差和（或）云层低]条件下需利用仪表着陆时的主导风向覆盖情况。

四、风向分析

风向分析可采用图解法确定，可按下述步骤进行：

（1）向机场或附近所在地（新建机场时）气象站收集不少于 5 年的风向和风速资料（每天为 8 次以上等时间间隔观测的 16 个风向的风速记录），同时对云层高小于或等于 152m 和能见度小于或等于 1.6m 的坏天气情况给予注明。

（2）把搜集到的数据按不同方位和风速编成统计表，分为全部天气和坏天气情况两张，如表 9-4 和表 9-5 所示。

某机场风向风速统计表（次） 表 9-4

风速 (m/s)	风向																无风	总计	比例 (%)
	N	NNE	NE	ENE	E	ESE	SE	SSE	S	SSW	SW	WSW	W	WNW	NW	NNW			
无风																	4 192	4 192	36.2
1~3	590	489	466	434	298	274	316	417	376	87	47	27	27	28	92	194		4 192	36.2
4~5	251	221	174	150	27	84	194	376	472	72	31	10	8	9	31	112		2 222	19.2
6~7	70	45	17	14	10	9	55	114	278	56	33	13	1	1	7	34		757	6.6
8~10	3			1	2	3	2	27	77	34	20	1	1	1	1	4		181	1.6
11~14	1							1	1	6	7	5	1					22	0.2
15~21								1			1							2	0.0
>21																			
总计	915	755	657	599	337	370	597	936	1 204	255	139	60	38	39	131	344	4 192	11 568	100
比例(%)	7.9	6.5	5.7	5.2	2.9	3.2	5.2	8.1	10.4	2.2	1.2	0.5	0.3	0.3	1.1	3.0	36.2	100	0

（3）依据统计表，绘制风徽图（也称风向玫瑰图，或称风力负荷图），如图 9-5 和图 9-6 所示，各同心圆的半径相应于不同的风速（按比例绘）。将不同方向和速度的风出现的频率（观测到的次数除以总观测次数），填入图中相应的扇形分格内。在一张透明纸条上绘 3 条平行线，2 条边线到中线的距离各为容许侧风风速（按相同比例）。将透明纸放在风徽图上，以中线通过圆心。绕此中心旋转透明纸，直到两条边线之间所覆盖的各扇形分格内的频率总和达到最大。

如边线切割的分格不足一格,则目估其覆盖的比例。从风徽图的外圈读取中线所指的方向,此即为平行于主导风向的跑道方向。由于气象台的风向资料采用的是真北方位,而跑道的方位习惯以磁北表示,二者的表示方式有区别。

表 9-5

某机场坏天气风向风速统计表(次)

风速 (m/s)	风向																无风	总计	比例(%)
	N	NNE	NE	ENE	E	ESE	SE	SSE	S	SSW	SW	WSW	W	WNW	NW	NNW			
无风																	429	429	23.3
1~3	115	173	145	131	82	73	51	53	38	10	4	5	1	4	18	36		949	51.7
4~5	40	52	43	45	11	19	35	56	46	6	2		1		2	11		389	20.1
6~7	12	7	2	2		1	7	11	21	8	1	2						74	4.0
8~10				3	7	2	1	2										15	0.8
11~14							1				1							2	0.1
15~21																			
>21																			
总计	167	232	190	178	93	93	134	123	112	26	8	10	2	4	20	47	429	1 838	100
比例(%)	9.1	12.6	10.3	9.7	5.1	5.1	5.7	6.7	6.1	1.4	0.4	0.5	0.1	0.2	1.1	2.6	23.3	100	0

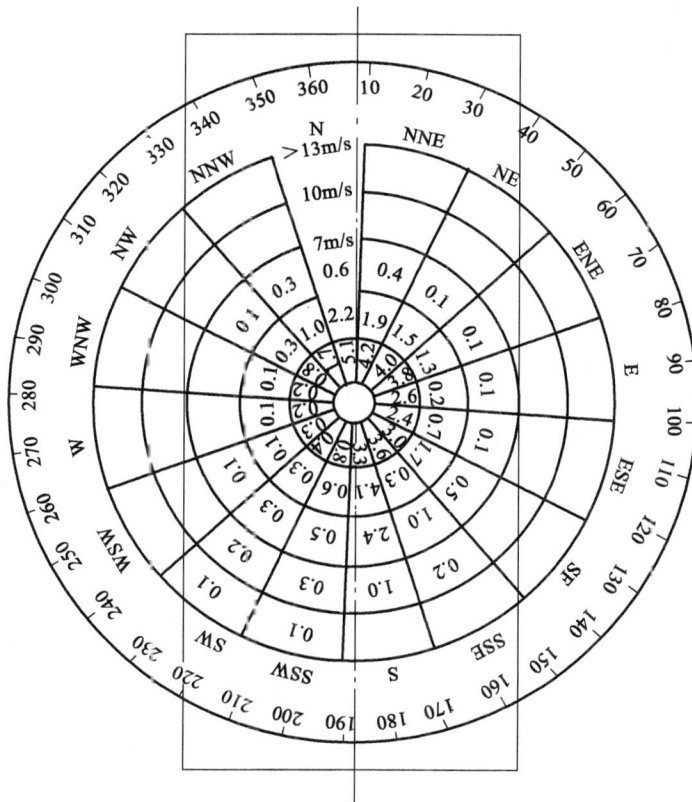

图 9-5 某机场的风徽图

137

对一个完全新的场址来说,常常没有记录下来的风的数据,如果处于这种情况,应参照附近观测站的记录。如果周围地区相当平坦,这些观测站的记录应能表示拟建机场场地的风的情况。可是,如果属于丘陵地区,则风的形式往往为地形所决定,那么利用离场址有一定距离的观测站的记录可能是危险的,必须加以注意。

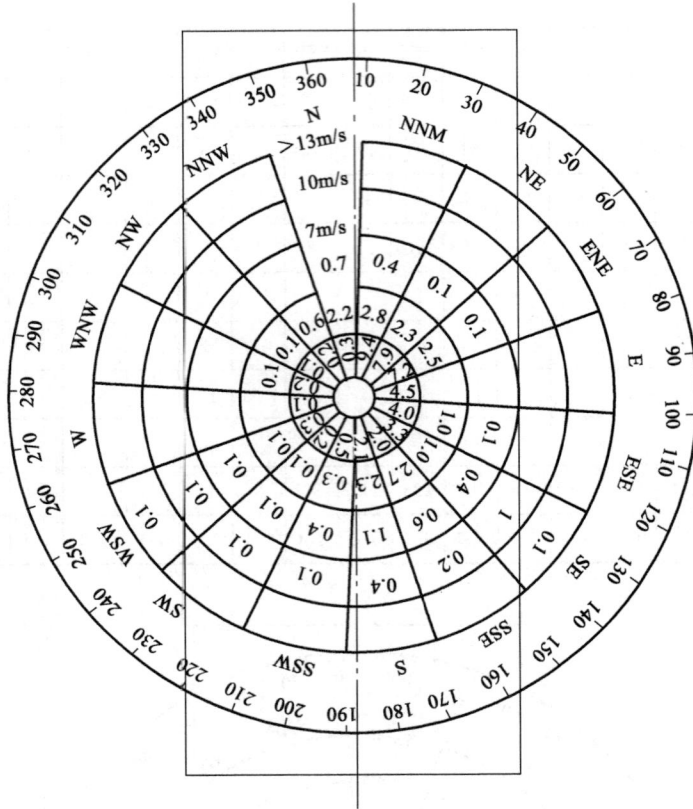

图 9-6　某机场坏天气的风徽图

五、航站区与跑道的关系

布置航站区和跑道的相对位置的主要原则是:

(1)在保证飞机安全运行的前提下,结合地形条件,尽量缩短起飞飞机从航站区到跑道起飞端及着陆飞机从跑道抵达站坪的滑行距离,提高飞机场运行效率,节约油耗;

(2)要考虑航站区与城市间的地面交通的连接以及航站区内交通组织;

(3)为机场内各设施将来扩建发展留有余地;

(4)尽量避免起飞、着陆飞机在低空飞行时越过航站区上空,防止意外事故的发生。

如图 9-7 所示几种典型布置的示意图。对于单条跑道,如果在每个方向的起飞和着陆次数大致相等,航站区设在跑道中部位置,则不论哪一端用于起飞,其滑行距离均相等,并且也便于从任何方向着陆。在设置两条平行跑道的情况下,如果飞机起飞和着陆可在两个方向进行,航站区设在两条跑道的中间部位最合适[图 9-7b)];如果一条只用于着陆,而另一条只用于起飞,则平行跑道的端部宜错位布置,航站区应设置在图 9-7c)中所示的位置上,使起飞或着陆的滑行距离都减小。如果风向要求多个方向的跑道时,宜把航站区设在 V 形或交叉跑道的中间,如图 9-7d)所示。航站区不宜放在两条跑道的外侧,否则一方面增加了滑行距离,另一方面飞机在滑行到另一条跑道时需穿越正在使用的邻近跑道。采用 4 条平行跑道时,宜规定 2 条专用于着陆,2 条专用于起飞,并规定邻近航站区的 2 条跑道用于起飞[图 9-7f)]。

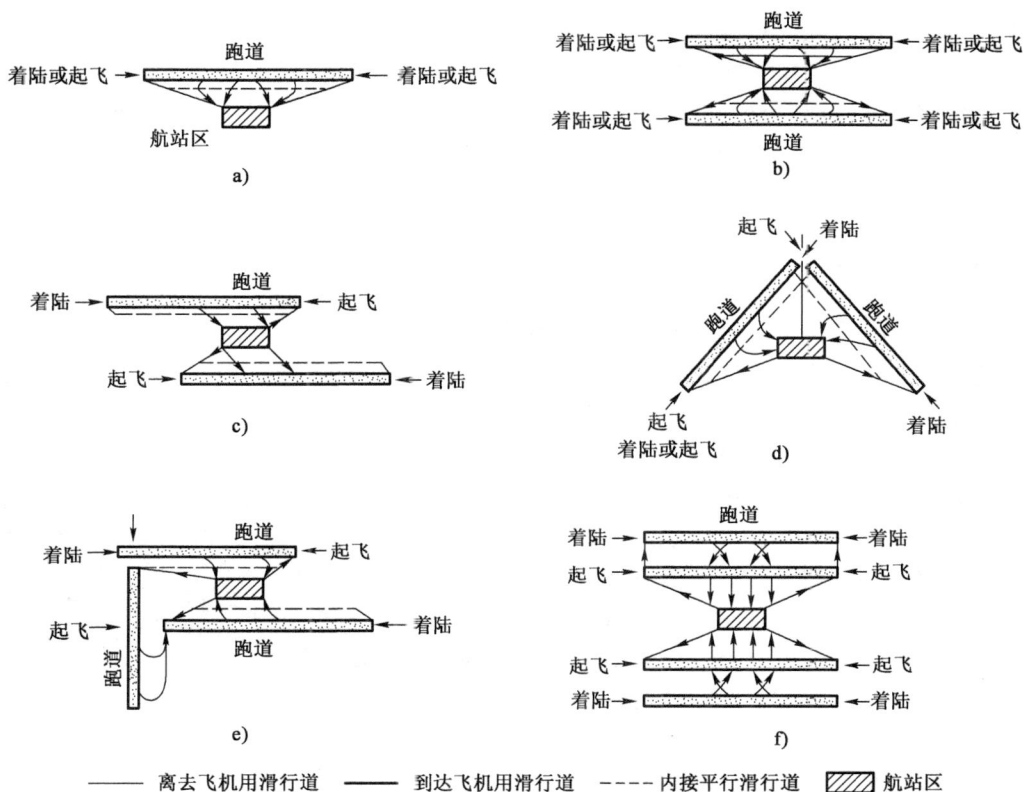

图 9-7　航站区与跑道关系布置示意图

六、等待、等候机坪

在繁忙的机场上,应在跑道的起飞端邻近处设置等待机坪,供活塞式飞机在起飞前做最后的检查;或如有一架飞机因某种故障而不能立即起飞时,另一架飞机能够绕过它;或以便空管为增大容量而连续放行大飞机或小飞机。等待机坪应设计成能容纳 3 架或 4 架预期类型的飞机,并有足够的场地供飞机互相绕过。

等候机位机坪是设置在机场上一个方便地点的一种相对小的机坪,作为临时停放飞机之用。在某些机场上,门位的数目可能不足以满足一天中繁忙时间的需求量。如果处于这种情况,由空中交通管制部门指挥飞机到等候机位机坪,在那里等候直至有了可用的门位。如果容量与需求量相称,那就不需要等候机位机坪;不过,未来需求量的起伏波动是难以预料的,因而一个临时停放飞机的设施可能还是必需的。

七、滑行道布置

滑行道的主要功能是提供从跑道与航站区、维修机库的飞机相互联系通道。滑行道应当安排得使刚着陆的飞机不与滑行起飞的飞机相干扰。在繁忙的机场上,预计在两个方向同时有滑行交通的场合,应提供平行的单向滑行道。滑行路线应选择使从航站区到跑道起飞端具有实际可行的、最短的距离。另外,应沿跑道的若干处设置滑行道,使着陆飞机尽可能快地脱离跑道,把跑道腾出来供其他飞机使用,这些滑行道一般称为"出口滑行道"或"转出滑行道"。在任何可能时,滑行道的路线应避免同使用中的跑道相交叉。

在高峰交通时间内,当有连续不断的飞行着陆和起飞时,跑道的容量在很大程度上取决于飞机在跑道上的占用时间。在许多机场上,滑行道与跑道是直角,结果使飞机在它们能转出跑道以前必须将速度减到很小。出口滑行道设计成与跑道较大钝角相交时,飞机可以较高速度脱离跑道,从而减少占用跑道时间,使随后来的着陆飞机在时间上排得更加紧凑,或者还可在两次连续着陆之间插入一次起飞。

八、机场布局

一些重要机场和大量次要机场仅有一条跑道。由于土地获取受到限制,这些机场想增加第二条跑道也是不可能的。仅有一条跑道的机场几何布局相当简单。图9-8勾画了伦敦盖特威克机场的布局。虽然机场看上去像两条近距离平行跑道,但是实际上该机场是作为单跑道机场运行的:跑道08L/26R 一般作为 08R/26L 跑道的滑行道,只有在 08R/26L 跑道关闭进行维护和修理的时候,08L/26R 才用作跑道。陆侧设施在机场的一侧,旅客航站楼、货运航站楼可能在另外一侧。由于地点限制,有时候航站楼相对于跑道的位置可能并不那么便利。伦敦盖特威克机场主旅客航站楼的位置使得从向东起飞的飞机必须滑行大约

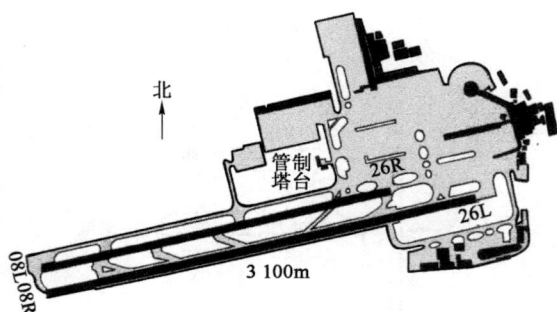

图 9-8 伦敦盖特威克机场的布局简图

3 500m。单跑道机场可能有能力处理相当多的旅客,特别是如果机型组合中有大部分为宽体飞机。

在近距和中距平行跑道之间一般没有足够的空间发展陆侧所有设施。因此,这些机场的陆侧设施一般位于这对跑道的一侧或两侧。这种安排是由有限的可使用土地、环境限制和不规则的场址形状等因素促成的。典型的例子是费城机场、纽约纽瓦克机场、法兰克福美因机场、西雅图塔科马机场和米兰马尔彭萨机场。图9-9给出了法兰克福美因机场的简图。该机场除了有一对近距平行跑道,另有第三条跑道作为补充。第三条跑道通常只用作起飞(只向南),主要是受到了环境的限制。值得注意的是,所有这些机场都是在旧址上进行扩建后形成的,由于它们在当地和区域中的重要性,机场进行了(或正在进行)主要基础设施的改善,有些情况下在可使用土地上进行了有限的扩建。这些机场有一个共同的缺点,即距旅客航站楼和主机坪区域较远的跑道上的飞机运行时,通常必须穿越正在使用的跑道或跑道的延长线。这不仅增加了空中交通管制员的工作量,而且增加了地面交通延误和滑行时间。

当跑道系统占据了整个机场的中间部分时,就像在单跑道和近距或中距平行跑道的情况一样,所有的旅客航站楼应都位于跑道的同一侧。一些机场,例如莫斯科谢列梅捷沃机场、悉尼机场和雅典维尼泽洛斯机场,旅客航站楼位于跑道系统两侧。这样一来,机场航站楼之间的旅客和行李的转运就变得非常困难,并且昂贵又耗时。机场两侧服务和设施的重复导致浪费,机场运行效率较低。

独立平行跑道之间有足够的空间用以容纳整个机场的陆侧设施,特别当间距为 1 525m 或更远时,陆侧设施大都沿着机场的中心轴修建。世界上一些最繁忙的机场和 1990 年后开始运营的大多数新机场都属于这一类。实例中包括新加坡机场、北京机场、上海浦东机场、吉隆坡机场、慕尼黑机场、香港机场、首尔仁川机场和雅典维尼泽洛斯机场等。图 9-10 为慕尼黑机场布局简图。这一类布局的主要优点是:

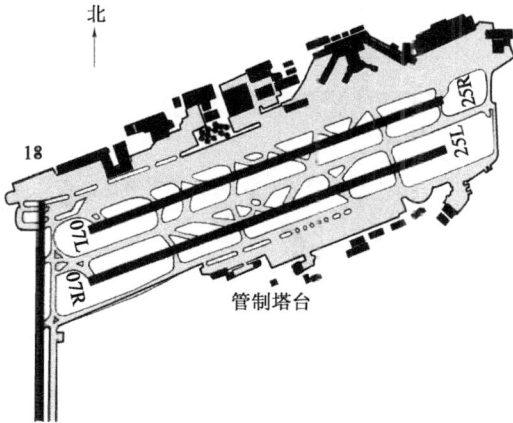

图 9-9　法兰克福美因机场的布局简图

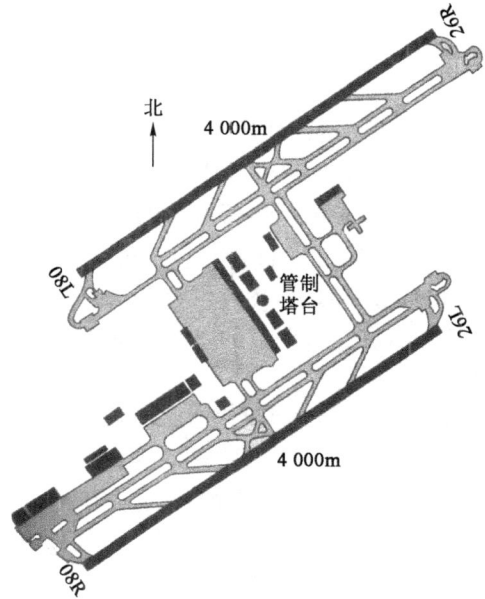

图 9-10　慕尼黑机场的布局简图

(1)有效地利用独立跑道之间的广阔区域;

(2)相对于两条跑道旅客和货运航站楼都有较近的距离;

(3)飞行区交通流动顺畅,飞机可以到达任一条跑道,而不必穿越另一条正在使用的跑道;

(4)机场周围附属物与机场陆侧相隔离互不干扰。

这种布局也有些不足:

(1)由于这些布局以多通道进场道路为特征,这些道路不仅提供可能的轨道连接,而且提供了地面与当地高速公路连接。这种道路连接为了缩短路程,可能将从机场的整个长度或至少机场的大部分长度内穿过。为了保证机场的场地上飞机流动顺畅,必须修建足够的滑行道系统,包括跨越进场道路的造价甚高的滑行道桥。慕尼黑机场有 8 座这样的滑行道桥。

(2)沿着机场中轴的陆侧设施,在交通量增长需要扩建时,对这些设施扩建的灵活性有些限制。

慕尼黑机场的两条独立平行跑道是"错列"的。08L 跑道的入口,沿跑道中心轴比 08R 跑道的入口远,跑道 26R 和 26L 的入口也是这种情况。错列跑道的好处之一是可为在两条跑道上运行的飞机提供额外的垂直间距。

错列跑道的另一个优势是当两条跑道中的一条只用于到达,另一条只用于出发时,滑行距离减少了,这也是实际中的常见做法。例如,当慕尼黑机场在东北方向运行时,08R 跑道用于到达,08L 跑道用于出发,将减少着陆和起飞飞机从机坪和旅客航站楼往返于到达/出发跑道的滑行距离。相反,当运行方向是西南时,指定到达为 26R 跑道,出发为 26L 跑道将取得同样的效果。慕尼黑机场通过这种方式确实获得了满意的滑行距离。然而,随着交通量的增加,机

141

场经常被迫在两条跑道上混合到达和出发,以便增加跑道容量。在这种情况下,错列跑道减少滑行距离的优势就失去了。错列跑道的最大的不足是增加了占地面积,土地的获取几乎一直是机场发展中的问题。

在那些各个方向都经常刮强风的场址,交叉跑道可能是必需的。机场一般都有不同方向的跑道,例如交叉跑道,或者是跑道实际交叉,或者是其中线延长线交叉。纽约拉瓜迪亚机场(图 9-11)就是一个典型的例子。

从空中交通管理的角度看,有交叉跑道的机场经常难于运行。从图 9-11 中可以很明显地看出当两条跑道都使用时,每条跑道上的飞机运行必须仔细地与另一条跑道上的飞机运行相协调,而且容量将根据运行所在的方向和交叉点的位置发生变化。当一个方向的强风迫使两条跑道中的一条关闭时,飞行区容量也会受到重大影响。因此,有交叉跑道的机场经常面临运行困难的挑战。

许多机场为了主要方向上的运行而提供了两条独立平行跑道,而且通过一条交叉(侧风)跑道为第二方向提供较小的容量。伦敦希思罗机场、迈阿密国际机场、布鲁塞尔机场和坦帕机场就是很好的例子。微风时,如果需要这些机场可以开放三条跑道。

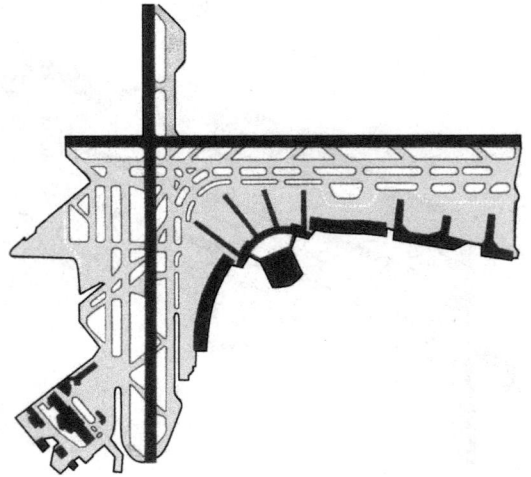

图 9-11 纽约拉瓜迪亚机场的布局简图

亚特兰大机场的布局(图 9-12)是超大型机场的成功例子。该布局非常适合高水平的飞行区容量和每年处理 5 000 万或更多旅客的机场。它包括两对近距平行跑道,在陆侧所有设

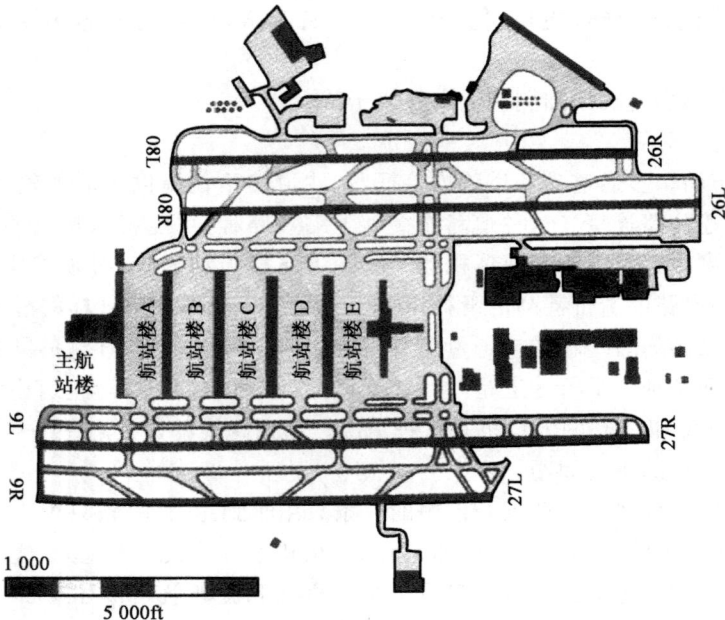

图 9-12 亚特兰大机场的布局简图

施的两边各一对。一般每对近距离跑道中,内侧一条用于出发(亚特兰大的08R/26L跑道和09L/27R跑道),外侧的一条用于到达(08L/26R跑道和09R/27L跑道)。用作到达的两条跑道之间的距离对于独立运行两条跑道是足够的。上海浦东国际机场、洛杉矶国际机场和巴黎机场有类似4条跑道的布局。4条跑道的使用即使在仪表飞行规则下,也能提供每小时140架次或更多的容量。有1500万m²或更多占地面积的机场有能力容纳这种类型的布局。对于现有运行两条独立平行跑道(如慕尼黑机场)或3条平行跑道的机场(如奥兰多国际机场),这种布局为未来扩展铺好了道路。

占地30km²或更多的机场有巨大的容量潜力,它们在运行的主要方向能容纳6条或更多的平行(或近似平行)跑道。而且,至少这些跑道中的3条相互之间的间距要大于1525m,这3条跑道能同时用作进近。这意味着6条跑道每小时可以容纳100架次或者更多架次到达,或者是200次或更多架次的到达或出发。如达拉斯沃斯机场,该机场拥有7条跑道和规划中的第8条跑道(图9-13)。

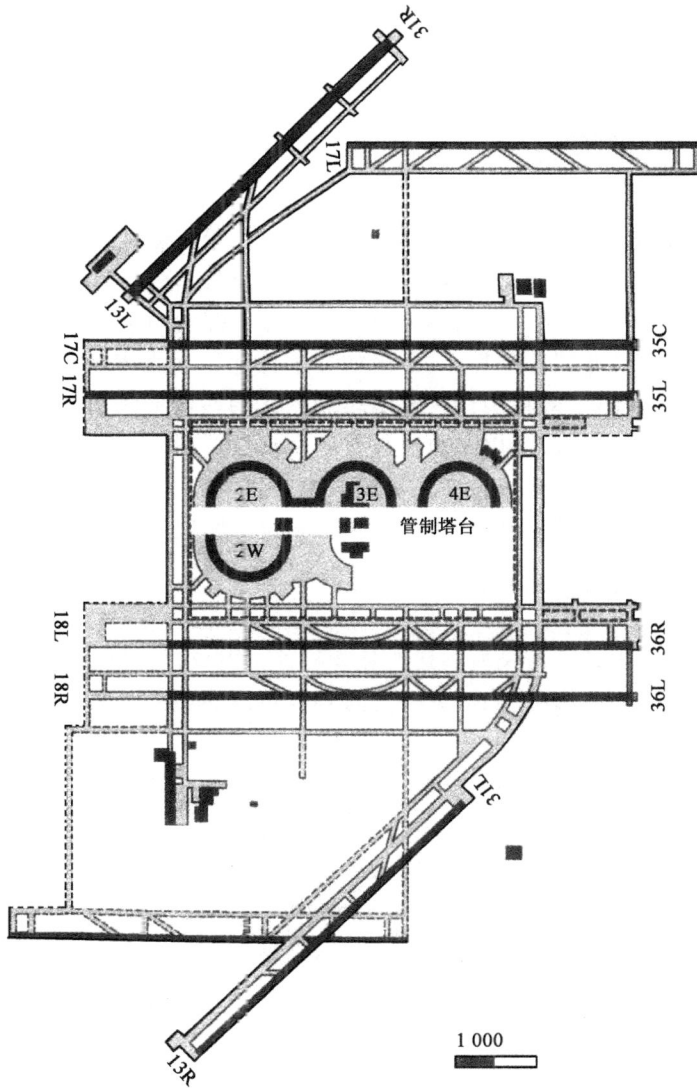

图 9-13 达拉斯沃斯机场布局简图

143

考虑到地区性的差异,本节讨论的是世界上大多数机场比较典型的布局。但是,也有一些机场的多跑道飞行区布局不符合所描述的任何一种模型,如旧金山国际机场、阿姆斯特丹机场以及苏黎世机场分别有 4 条、5 条和 3 条跑道。波士顿洛根机场在 3 个不同的方向上有 5 条跑道,芝加哥奥黑尔机场在 4 个不同的方向上有 7 条跑道等。

第五节　土地利用规划

机场土地利用规划展示了在总体规划下,由机场出资方所开发的机场范围内的土地利用情况,以及由周围社区所开发的机场周边范围内的土地利用情况。在机场总图规划中,所设置的机场跑道、滑行道和进近区的构型是机场内部及其周边地区土地利用规划的依据。机场及随之而来的周边环境的土地利用规划是构筑区域性总体规划发展纲要中的组成部分。机场的位置、大小和构型需要与其所在地的居住和其他主要土地利用模式,以及其他交通设施和公共设施等进行协调。在总体规划的框架内,机场的规划、政策和实施计划必须与机场所服务地区的总体规划中的目标、政策和实施计划相互协调。

一、机场内部的土地利用

在机场围界内的土地面积数量将对机场用地类型有着主要的影响。对于占地面积有限的机场,多数的土地利用将是面向航空的。大型机场拥有大量超出航空使用需求的土地,这些土地可出租给航空公司、航空食品加工等工商企业,但不能租给可能产生干扰飞机航行或通信设备使用的电子干扰,或者因其所产生的烟雾而导致能见度问题的企业。

一些商业活动适合位于机场围界以内,诸如高尔夫球场和野餐区等娱乐用地则十分适用于机场土地利用之中,可以有效地用作良好的缓冲区。某些农业用途对于机场用地来说是合适的,但吸引鸟类的农作物地应予以避免。

虽然将湖泊、水库、河流和溪流包容在机场围界内可能是合适的,但应注意消除那些在过去吸引了大量水禽的水体;可能吸引鸟类的垃圾堆和垃圾填埋场也应该予以回避。

二、机场周边的土地使用

噪声问题是机场附近地区居民所表达的最大异议。促成机场周边地区土地利用方面的开发,以便减少噪声影响和其他环境问题,这是当地政府部门的职责。所涉及的机构部门越多,协调过程便变得越发复杂。

过去监管机场周边地区土地利用最普遍应用的方法是分区制。机场及其周边地区包含有两种分区制的类型。第一种分区制类型是高度和障碍物分区。这种分区制在限制社区某一组成部分发展的同时,避免了机场及其进近区出现影响飞行的障碍物。第二种类型的分区制是土地利用分区制。这种类型的分区制有几个缺点。第一,它是没有追溯力的,不能影响到可能与机场运行存在着冲突的先前已存在的土地利用。第二,有分区权限(通常为城市、区县、乡镇)的管辖权在分区制实施中可能没有发挥效力。这其中的部分原因是机场可能涉及几种管辖权,分区制的相互协调是很困难的。另外一个难题是社区的利益不总是与航空业的需求和利益相一致。当地可能需要更多的税收基数、人口增长和土地升值,所有的这些通常与保留除居住用地以外的机场周边土地的要求不相一致。

机场周边土地利用规划的另一种方法是分块规章法。该规章中所制定的规定禁上在强噪声的暴露区建设居住建筑,这些区域可以在开发之前通过声学研究进行判定。作为当地建筑规范中的组成部分可以要求隔声,如果没有达到上述要求,则不予签发该建筑的许可证。最后,在机场周边监管土地利月的另一个可供选择的方法是搬迁居民点和其他不相容用地。

第六节 财务可行性

一、机场收入

机场的财务可行性主要取决于机场是否有可预期的充足营运收入。机场主要营运收入有如下几个来源:

(1)起降区的航班起降费;

(2)机坪和飞机停放区的停机费;

(3)航空公司在航站楼的特许经营和地面作业服务的租金;

(4)公共停车场的特许经营的租金;

(5)货运楼的租金;

(6)航空油料作业的特许经营费;

(7)机库的租金;

(8)机场办公楼、工业企业生产设备和旅馆等商业性设施的租金;

(9)为各种商业活动,如加油站、汽车租赁经营者、巴士和机场大巴经营者提供服务的收费;

(10)广告收入,机场作为城市形象的"制高点",随着近年来我国民航业和广告业的发展,日益引起商家的关注,成为广告发布和企业形象展示的理想场所。据初步估算,全国机场总体上已形成了至少十多万平方米的户外广告媒体,年增长速度超过50%。广告收入已经成为机场非航空性收入的重要来源。

二、财务计划

财务计划从收入和支出的角度,审视第一阶段活动的预测,分析整个计划阶段机场的资产负债表,以确保机场的出资方能够继续投资下去。在这个阶段的必然的行动就是考虑拟议的发展目标的资金来源和筹集方法。需要强调的问题包括国家援助拨款资金应用于哪些部分,债券发行的规模和时机,特许经营租金、停场费、起降费的收益等。

尽管机场总体规划的主要目标是为整个机场制订一个设计理念,但从机场运营和各种设施服务的角度来检验规划在经济上的可行性很关键。这些内容必须在总体规划发展时间表的每一个阶段予以确定。考虑的因素包括为改扩建项目融资所需要的资本成本、设施每年的运营成本和预期的年收益。

在财务计划中最常用的财务指标是"损益临界需求金额",它是指每年需要用来弥补资本成本,管理、运营和维护成本的金额。上述各项收费或租金标准大多可按该区域"损益临界需求金额"原则的确定。例如,起降费的收入应该足以弥补起降区所需的损益临界需求金额,机坪和飞机停放区收费应该足以弥补这些机坪和飞机停放区所需的损益临界需求金额等。

在对总体规划的各个部分的损益临界需求金额进行分析之后,就开始在总体基础上对财务可行性进行分析。这种总体分析的目标是确定收入是否等于或超过损益临界需求金额。若收入不足(以弥补损益临界需金额),那就需要对初拟总体规划的进度和范围进行修改,或对各项收费的费率作调整。这就是说,机场营运收入及可能获得由中央或地方政府补助要与整个总体规划预测阶段的资本投资相匹配。

三、机场融资

确立机场总体规划的财务可行性(每年的资本投资的成本和机场收入之间的平衡),对于总体规划中拟议的改建项目的融资非常关键。机场总体规划的实施在很大程度上取决于对那些设备改建项目的融资是否适当。为机场建设计划融资的主要责任在于地方运营机构或管理机构。机场建设的公共融资可以由许多方式完成。融资可以来自税收、普通责任债券、收益债券、私人融资、政府援助、旅客机场使用费等。

由于大型机场项目所要求的资本很庞大,筹资总是机场所有人和营运人关心的一个主要问题。可能采用的融资方式可以分为以下几种主要形式:

1. 政府直接拨款

政府直接拨款是机场建设资金来源中最常见的。世界上大多数中、小型机场的直接营运收入均不足以支撑庞大的建设、维护和营运成本,需中央或地方政府拨款支持。也就是说,若无政府直接拨款,机场建设乃至日常营运在财务上可能是不可行的。中央或地方政府拨款支持是源于航空运输业的间接和无形经济利益,以及政治和国防意义。在美国,自 1946 年以来,联邦政府通过连续性的联邦资助计划为机场发展提供了可观的年度拨款。20 世纪 90 年代,联邦政府根据机场改扩建计划(AIP)向机场分配的年度资金超过 18 亿美元,多数资金面向中、小型机场。例如,2000 年承担全美客运量近 70% 的 30 家大型枢纽机场,总计获得了机场改扩建计划资金的 15%,大约是总数 20 亿美元中的 3 亿美元(FAA,2001 年),仅为这些机场改扩建资金(总计 50 亿美元)的 6%。

2. 特别目的的使用者税

另一个为机场项目筹集资金的常见途径包括国家、地区或者地方政府为本地机场项目筹资收取的特别目的的使用者税。这些税赋收入直接或者间接地归机场营运人。一个很好的例子就是旅客机场使用费(PFC),在每个被批准收取机场使用费的地方,收入必须用于该地与提高安全、保安、容量和降噪相关的项目或规划。与此相反,在美国,另一种仅限于对由美国启程的国际航班的旅客离港税,则用于为整个国家的机场的空管系统筹集资金,不能被看作针对任何特定地方机场项目的筹资。

3. 国际和国家开发银行的低息贷款

一些国际和国家开发银行以及基金专门向重要的基础设施项目提供低息贷款。这个资金来源大体上是主要针对发展中国家的机场或者经济薄弱地区或者国家的机场。世界银行(国际复兴与开发银行)、非洲开发银行、美洲开发银行、欧洲投资银行就是活跃于这个领域的国际机构。一些国家还建立了国有的出口信贷机构,这些出口信贷机构起到了类似的作用。

4. 营运盈余

世界上一些最繁忙和经济实力最强的机场现在已经达到了令人羡慕的地位,从而能够产生足够的经济盈余以支付机场的小型和中型资本改建项目,可不需要寻求外部资金来源。当然这会节约利息支付以及与外部筹资相关的行政和间接费用。能达到这个经济绩效水平的机场数量在不断增多。

5. 商业银行贷款

一些大型商业银行,可为机场的资本项目提供短期和中期的贷款(3～10年)。这类贷款对机场营运人具有吸引力,主要是由于这类贷款的灵活性。但是,如果是大型的机场建设项目,由于需要支付较高的利息,通过这类方式筹集的资金往往只占相对较小的一个部分。

6. 普通债务债券

国家或地方政府可发行普通债务债券为机场筹集资金。这类债券是由政府当局的全部税收权力作担保的。如果机场的收益不足以偿还债券所有人,则所有的纳税人必须承担不足部分。这类债券支付的利息一般可免税,且有政府担保,因此,常常能够以较低的利率发售,对机场营运人特别有吸引力。但是,说服地方政府部门担保是困难的,且法律也严格限制地方政府可以担保的普通债务债券的总量。

7. 收入债券

能够以其获取的收入偿还债务的机场都可以发行收入债券。收入债券与普通债务债券最根本的不同在于收入债券不由纳税人担保。因而,收入债券的利率比普通债务债券的要高很多。利率的高低主要取决于对这些债券安全性的判断。在这个方面一个重要的参数就是"偿债率"的水平,也就是在一个特定的年份的机场净收入与概念上需要偿还的债务的比率。机场和航空公司签订的长期和短期使用协议所保证的收入组合也在决定机场通过收入债券资金的能力中发挥重要作用。一个很突出的事实就是在过去的半个世纪中,美国还没有机场对其债务违约。

8. 私人筹资与机场收益的特定权利

在发达国家和欠发达国家,私人筹资正在迅速成为机场资本改进中筹资的主要方式之一。通常,机场营运人与私人集团签订一份BOT(建设、营运、移交)协议,该私人集团保证为一个发展项目筹集所有或者部分资金,以换取在未来收入中的特定权利。这可能只涉及一个单一设施(比如一座多层汽车停车场),或者一个综合体(比如一座新的旅客航站楼,或者在某些情况下的一整座机场)。在最后一种情况下,私人集团可能在一段协议时间内成为机场的营运人。

9. 案例

非常大型的机场项目的筹资通常来自于各种方式的结合。筹资的组合主要取决于当地的条件。机场营运人在为机场资本技资、筹措资金上获取有利条件的能力很大程度上依赖于其他的信用等级,这个信用等级由该领域的专业公司评定,比如穆迪投资者服务、标准普尔和惠誉国际。这些公司的每一家都制定了自己的机场评级方法,但对它们来说在评级中考虑的因素是共同的。这些因素的清单很有启发意义,因为它总结了确定机场经济前景的标准:

(1)市场力量(地理位置;地区经济特征,比如人口统计数据、可支配收入等;始发地/目的地);

(2)航空运输特征(航空运输预测、使用该机场航空公司的营运范围和市场份额、对机场的承诺);

(3)有形的基础设施(现有设施的利用率、新设施的需求、机场营运人控制的登机门);

(4)管理和营运(成本弥补方法和满足机场需要的程度、在航空公司协议和特许合同中的合同条件等);

(5)筹集资金(现有的债务负担,总收入、旅客机场使用费和航空公司担保的债务比例,现金储备);

(6)普通状况(政治气候、对环境问题的担忧和争论)。

[例1] 雅典维尼泽洛斯新机场

在1996年初开始的雅典维尼泽洛斯新机场5年建筑项目,需要的资金为6 580亿希腊德拉克马,依据当时的汇率约合24亿美元。资金通过如下的来源获得:

(1)47%(大约11.28亿美元)来自欧洲投资银行,为低利息贷款;

(2)15%(3.6亿美元)来自商业银行组成的银团贷款,利率为市场利率;

(3)12%(2.88亿美元)来自希腊政府在1993年设立的机场开发基金,基金的收入来自向现有的雅典厄尼利克机场的所有离港旅客征收的机场使用费;

(4)11%(2.64亿美元)来自欧盟根据"第二阶段欧盟聚合计划"的拨款;

(5)17%(1.68亿美元)来自希腊国家的拨款;

(6)16%(1.44亿美元)来自股东的股本(希腊国家占55%、德国私人公司组成的财团占45%);

(7)2%(0.48亿美元)股东获得的二级债务。

因此,在该项目中,大约7.2亿美元或者总资金的30%基本上是拨款获得的(直接由政府或者欧盟拨款以及特别目的使用者税),而总资金的47%是通过低息贷款获得的。

第十章　航站区规划

第一节　旅客航站楼

旅客航站楼是乘机旅客和行李转换运输方式的场所。它的一侧供旅客和行李离开或进入地面交通系统，另一侧供旅客和行李进入或离开飞机，而航站楼本身则提供转换场所，以办理各种转换手续，汇集登机的旅客行李，疏散下机的旅客和行李。旅客航站楼的规划和设计，应能经济有效地使旅客和行李舒适、方便和快速地实现地面和航空运输方式的转换。

一、旅客和行李的流程

航站楼的旅客和行李流程如图 10-1 所示。航站楼的使用者除机场当局与航空公司职员与特许经营者外，一般可分为三类：出发旅客、达到旅客以及迎送者。这些可统称为航站楼的"顾客"，这些顾客在航站楼的活动各不相同。

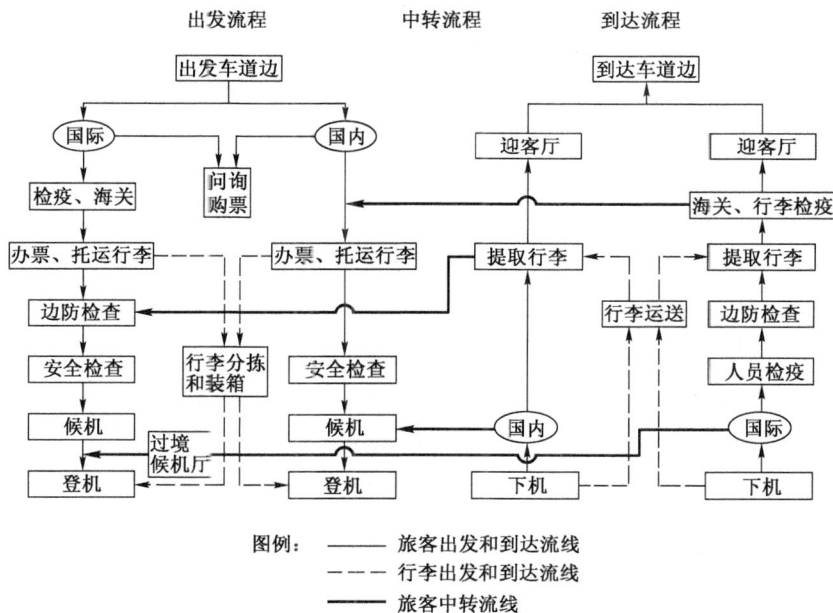

图 10-1　旅客航站楼的旅客和行李流程

旅客和行李是机场旅客航站楼的主要流。国内和国际旅客和行李的流程可分为四类：出发、到达、中转和过境。

1. 出发

出发旅客携行李，由地面交通到达旅客航站楼前，办理票务和交运行李，国际旅客办理出境和海关手续，安全检查，候机室候机-登机；行李则送到出港行李房，分检后发送到飞机。

2.到达

到达旅客和行李由飞机下达航站楼,领取交运行李,国际旅客办理入境和海关手续,出航站楼由地面交通进入市区。

3.中转

由一个航班(到达)转向另一个航班(出发),如为国内旅客,在下机后办理票务和通过安全检查,进入候机室和登机,其行李通常由航空公司办理转运手续;如为国际旅客,在下机后,先领取行李,办理入境和海关手续后,再办理票务和交运行李,通过安全检查,进入候机室和登机。

4.过境

在同一飞机上继续其旅程的旅客,在下机后到与其他客流隔离的过境厅休息,而后再登机。

从上述航站楼旅客、行李流程描述可知,航站楼的客流交通是很复杂的,这其中不仅包含了旅客到达航站楼的随机性,而且包含了不同的客流,如国内出发、国际出发、国内到达、国际到达、过境等客流。因此,要全面完整地分析整个航站楼的客流运行情况非常困难,但根据国内外的机场航站楼的实际情况以及国际惯例,这几种客流一般是分隔开的。也就是说,由于各自所需办理的手续各不相同,国际国内的客流是分开的,这种分隔要么是在两个不同的航站楼,要么在同楼内用建筑设施将其分开。另外,在国际或国内航站楼的到达旅客流程与出发旅客流程一般也是分开的。由于航站楼设计思想和布局不同,各机场航站楼的上述旅客和行李流程会有差异。

二、系统组成

旅客航站楼系统主要由地面交通出入交接面、旅客进程办理系统和飞行交接面三部分组成。

1.地面交通出入交接面

旅客和行李离开或进入地面交通系统的通道交接面。这部分主要由进出机场的地面交通、航站楼车道边、停车设施和使始发旅客及终程旅客、迎送者和行李进入和离开航站楼的连接道路组成。它包括下列设施:

(1)进出机场的地面交通:为旅客提供进入和离开机场场区的地面交通,包括进出机场的地面高速公路或城市快速路以及进出机场的轨道交通等。

(2)上机和下机旅客或迎送者使用的路边:提供给进入和离开航站楼的车辆上的旅客及迎送人员上车和下车的位置。

(3)汽车停车设施:为旅客和迎送者提供短时间和长时间的停车场所,或为租用车辆、公共交通车辆、出租车以及私家车辆服务的设施。

(4)提供进入航站楼的路边、停车场地和公共街道及公路系统的行车通道,连接进出机场通路和航站楼车道边以及停车场的机场内部行车通道。

(5)在停车设施与航站楼之间提供规定的人行过道,主要包括地道、桥梁和自动步道。

(6)提供进入航站内各项设施和机场其他设施服务的道路和消防通道。

2.旅客进程办理系统

航站楼是用来办理旅客和行李从地面出入交接面至飞机交接面之间的进程事宜。它包括下列设施：

(1)办票柜台设施

对于航空公司用于办理机票事务、行李交付等的设施，办票柜台是旅客进入后的第一个目标，因而应设计成使他们一进入便知道其位置。大厅的尺寸取决于办票柜台线总长度、柜台前旅客排队的长度和周围流通的空间。为使旅客尽早办理票务和交运行李，办票柜台的布置宜采用保持旅客流平行地通过大厅，并以最短的距离到达登机门位的方案（图 10-2）。所需办票柜台的种类和数目，取决于高峰小时登机旅客数、旅客到达航站楼的时间分布、柜台办理手续的速率和服务水平要求等。无行李旅客的自助办票柜台应放置在大厅入口附近的醒目之处。

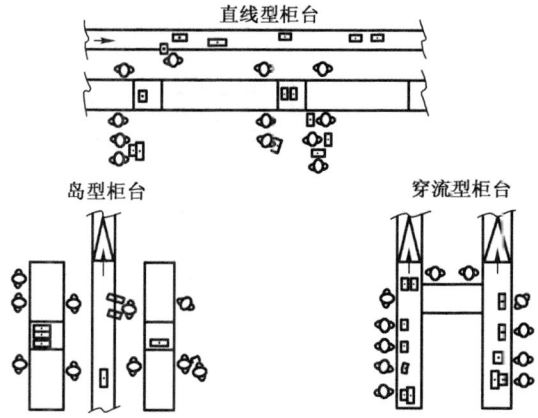

图 10-2 办票柜台布置

(2)安全检查设施

出发旅客在登机前必须通过安全检查点的检查。安全检查点设置在办票区和出发候机室之间。具体位置随航站楼布局思想（方案）和当地法规而异，分散设点（每个登机门位）要比集中设点要求更多的工作人员和设备。安全检查措施包括身份证件验证、旅客通过磁强计安全门和手提行李通过 X 光仪。

(3)政府管制

政府管制包括海关、边防和检疫，是国际航班旅客必须通过的关卡。国际和国内航班旅客通常不允许混合，必须提供专门的安排。各国的管制要求和办理次序并不相同。我国现行的次序是：出发旅客先经过海关，再办理票务，然后经过边防（出境），国内也有部分机场采用海关后置布置；到达旅客先经过边防（入境）和检疫，最后通过海关。各个关卡设立的位置应考虑这一处理次序，以保持旅客流的速率和连续。

(4)行李设施系统

旅客交运行李后，行李便开始自己的流动路线。首先由皮带输运机传送到出港行李房，按航线和目的地进行分检，而后以散装或集装箱形式，由小车或平板拖车分别运到相关飞机前，装送入飞机机舱。

提取行李区应设置在接近航站楼出口的地方。行李从飞机上卸下，由小车或平板车经机坪和工作道路运到行李提取处的卸货地点，卸在机械传送和陈列设备上，供旅客领取（图 10-3）。旅客到达提取行李区和行李出现在陈列设备上的时间差，反映了行李设施系统的服务水平。理想的匹配是二者同时到达。这同航站楼的规划思想和组成单元的布局有关，它影响到行李运送路线的长短和水平层次的变化。

(5)用于旅客和迎送者等候及流道的大厅

旅客通过入口进入的大厅，是供办理票务和交运行李用的。大厅内还需设置售票处、问讯台、外币兑换处等。

(6)为旅客和迎送者使用的公共流通空间

其如楼梯、自动扶梯、电梯和过道等。

(7)机场管理和服务场所

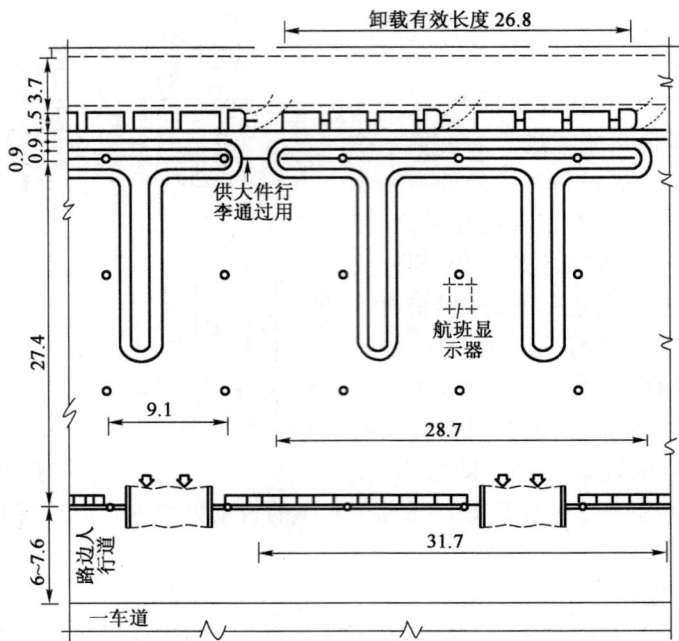

图 10-3　行李提取区布置(尺寸单位:m)

它包括机场管理办公室和有关设施,如医务、通讯、维护、消防、电气设备等;航空公司经营办公室,如票务、行李、飞行、飞机维护等;政府管制部门办公室,如安全检查、边防、海关、检疫等。

3. 飞行交接面

这是将航站楼与停放飞机的机坪连接的部分,通常包括下列设施:

(1)供进出航站各部分的过厅

(2)候机室

候机室是用来作为出发旅客等候登上特定航班飞机的集合和休息场所。它们通常是分散地设置在每个飞机门位处。候机室的面积按飞机载客率的 80% 估算,其中 80% 的旅客有座位(每个座位 1.4m²),20% 站立(每人 0.9m²)。

(3)旅客登机设备

供登机旅客和下机旅客在飞机门与出站厅之间的运转。航站楼同飞机之间的连接主要采用两种方式。一种是飞机停放在远处机坪上,由登机舷梯上下飞机,航站楼门位和机坪上机位之间用摆渡车转运旅客或旅客步行。另一种是采用登机桥,直接将航站楼门位同飞机舱门连结,旅客可步行进出。在旅客量不大的情况下,登机舷梯是最简单的方式。而登机桥可以提供较快较均匀的旅客流,并且使旅客免受天气、噪声等影响。

三、规划过程

旅客航站楼的主要功能是便利、迅速和舒适地实现陆上运输方式与空中运输方式之间的转换。航站楼规划要体现这一点,必须一方面处理好它与机坪和地面出入交通的布局关系,另一方面安排好楼内各项设施单元的布局。规划过程大体上可分为如下四步骤。

1. 确定设计旅客量

根据年旅客量的需求预测结果,可初步估计航站楼的规模。但确定各项设施的所需尺寸

152

时,需按高峰小时的旅客量。典型高峰小时的旅客量通常在年旅客量的 0.03%～0.05% 范围内。美国 FAA 建议的典型高峰小时旅客量占年旅客量的比例关系如表 10-1 所示。

高峰小时旅客量与年旅客量的关系（FAA） 表 10-1

年旅客量（×10³ 人次）	高峰小时旅客量占年旅客量的比例（%）
≥20 000	0.030
10 000～<20 000	0.035
1 000～<10 000	0.040
500～<1 000	0.050
100～<500	0.065
<100	0.120

各项设施服务的旅客对象有所不同,因而需对旅客进行分类。首先是区分为国内航线和国际航线旅客,其次再分为登机和下机旅客,始发、终程、中转和过境旅客等。

2.设施需求分析

航站楼规划的设施需求分析实际上是各部分的面积框算。面积框算阶段是寻求对航站楼设施提供一个尺寸要求,而并不要求确定每个组成部分的具体位置。

航站楼的面积要求与预期达到的服务水平有关,各国对于不同类型的机场采用的面积变动很大。美国 FAA 建议的航站楼的面积要求为每个年登机旅客 0.007～0.011m²,每个设计高峰小时旅客 14m²(国内航线)或 20.5～25.1m²(国际航线)。我国目前的实际控制数为,每个设计高峰小时旅客 14～30m²(国内航线)或 24～40m²(国际航线),变动比较大,主要依据旅客航站区布局形式具体选用。

3.制订总体布局方案

框算出各项设施单元所需的面积后,按旅客和行李的流程,将各项设施单元组合在航站楼综合体内。组合时。应使旅客的流动路线简单、明显、短捷,各设施单元的功能要分明。航站楼建筑物面积过大时,宜分成几个独立的单元(模块单元),以免旅客步行距离过远(从航站楼空侧一边的中心到最远的机位的距离,通常不宜超过 300m),可以采用多种水平向和竖向布局方案。

4.提出设计方案

其过程是将制订的总体布局方案和估算的面积要求转化成平面图,在其上标明各组成单元的位置、形状和尺寸,建立起各单元之间的功能关系,并按规划要求进行评价。设计方案的评价内容主要包括:处理预期需求的能力,对需求增长和技术改变的反应的灵活性,与整个机场总图相适应性,旅客走向和流程是否简捷,滑行道系统和机坪范围内飞机运转路线及其潜在冲突,飞机、旅客的时间延误,财政的和经济的可行性。

第二节　航站楼布局

一、影响因素

航站楼的平面布局与旅客量、飞机运行次数、旅客类型(国际和国内)、使用该机场的航空公司数量、场地的物理特性、出入机场的地面交通模式等许多因素有关。按航站楼的使用功能要求进行布局时,在技术上要考虑如何处理好三个问题。

第一个问题是旅客上下飞机所需办理的各种手续如票务、安全检查、政府管制等,是集中在航站楼的一个区域内顺序进行,还是分散在航站楼综合体的几个中心分别进行(例如,国际和国内航线分开,或者不同航空公司分开,分别有各自的航站单元)。前者可共同使用有关的设施单元,从而提高效益和降低所需使用面积;而后者则可方便旅客和提高其流动速率。

第二个问题是航站楼同其空侧边和陆侧边为满足旅客及行李、停放飞机和地面交通所需空间而应提供的尺寸要求上的矛盾。飞机停放所需占用的航站楼空侧边的门位宽度,要比航站楼按照满足旅客和行李的空间要求所需提供的面积确定的建筑物总长度大,特别在飞机所需机(门)位数多时;而在地面交通量大时,所需的航站楼前车道边长度也往往超过满足航站楼各设施单元的要求所需的建筑物总长度。

第三个问题是如何控制旅客从航站楼的一侧进入到另一侧离开之间的步行距离,特别是中转旅客从一个门位到另一个门位之间的步行距离,使之在可接受的长度内(例如 300m 以内)。

二、布局模式

机场航站楼类型可以被归纳为集中式、分散式以及复合式。集中式航站楼是指该系统的全部设施都设置在一个建筑物里,并在其中为所有旅客办理手续。分散式航站楼是指旅客办理设施被安排在较小的单元内,并且在一个楼内或者多个楼内重复设置,每个单元围绕着一个或几个飞机门位安排,并为使用这些门位的旅客服务。复合式兼有上述二者的特点。集中式、分散式航站楼的主要优缺点如表 10-2 所示。

集中式、分散式航站楼的优缺点 表 10-2

模　式	优　点	缺　点
集中式	设施充分利用,营运成本低; 方便旅客的转机和保安; 信息系统简化	出入交接面车辆拥挤; 办票大厅旅客的拥挤; 步行距离远; 扩建困难
分散式	步行距离最短; 旅客流程清晰; 改扩建方便; 旅客进出机场的运输模式不受限; 机坪门位布置方便,滑行时间少	机场、航空公司、安保等人员增加; 建设成本大; 运行成本和维护成本增加

三、平面布局

航站区的平面布局有前列式、指廊式、卫星式和转运式四种基本类型。大型机场多采用了其中一种或多种形式的组合。

1. 前列式布局

前列式平面布局又称为直线型布局,其布局简图如图 10-4 所示。简单的前列式航站楼有一个共用的等候和办理票务的地方,其出口通往机坪。它适用于航空公司活动少的机场,通常设有紧靠停放

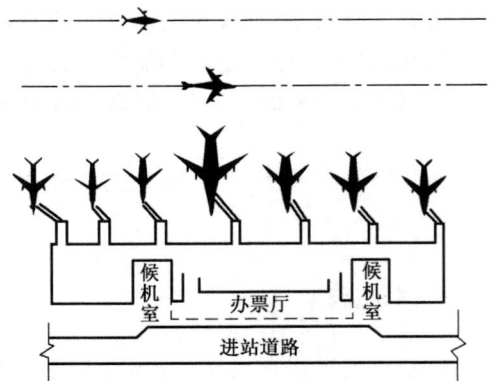

图 10-4　直线或前列式平面布局简图

5～10架飞机的机坪。航站各职能部门与飞机门位之间用过厅连接。如果旅客是以车辆转运系统运送到出站,则这种模式进入便利且步行距离相当短。扩展可用现有结构的直线延伸或发展成独立的两个或更多的航站单元来完成。

前列式最基本的类型是"简单型航站楼"。它由一个普通的候机和办票区域外带几个通达飞机机坪的出口构成,旅客可以步行穿过飞机机坪走到飞机旁。前列式航站构形可提供充足的车道边前缘用于地面运输车辆的上下客,也有利于建设充足的公共停车场。

前列式航站不适合把一些公用设施集中安排在一起,例如候机室、专卖店、办票柜台或者等待室。通常,每一次对航站楼的直线型扩展都要重复设置这些设施。在大型机场,这种设计思想还要求设置大量的方向引导指示牌系统,因为不仅需要把旅客引导到正确的航空公司候机区域,还要引导到该区域内正确的办理旅客的模块单元内,停车场与办理旅客的模块之间的步行距离可能较长。

2. 指廊式布局

指廊式(也称为廊道式)航站楼是指飞机交接面安排在从航站楼主楼伸出的廊道上,其布局如图10-5所示。飞机通常以平行或机头向内停放方式围绕着廊道的轴线安排。每个廊道的两边有一排飞机门位,沿轴线有一个旅客过厅,作为出站厅以及登机旅客和下机旅客流通的地方。这种模式通常可只扩建廊道,不需扩建办理旅客和行李手续设施的主楼即可增加飞机机位。当每条廊道服务于大量门位,存在两架或更多架飞机在两条廊道之间滑行而相互冲突的可能性时,两廊道之间按机位数量安排一条或两条调度滑行通道。

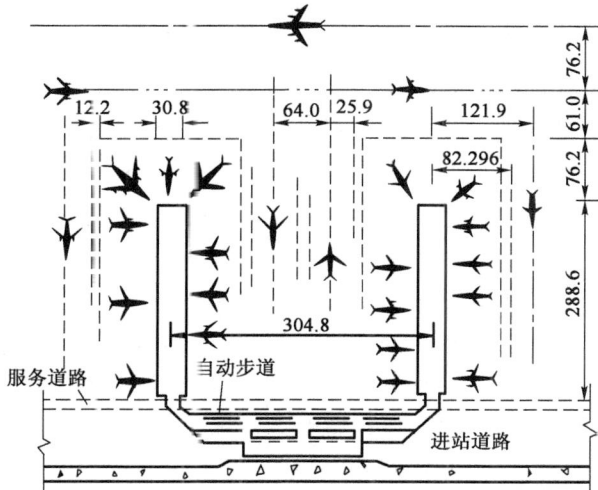

图 10-5　指廊式平面布局简图

指廊式航站楼最早出现于20世纪50年代,是在"简单型航站楼"添加了指廊而成。从那以后,产生了非常复杂的设计模式,即增加了门位等待室、登机步道、飞机登机桥以及把办票值机功能与行李提取功能按上下层分离出来;但是,基本的设计模式仍然没有发生变化,因为主航站楼用于办理旅客和行李,而指廊提供从中央航站楼到飞机门位的封闭式进入通道。

虽然指廊式航站楼为现有航站楼增加飞机门位提供了最经济的手段,但是其扩建却受到限制,因为它占用了宝贵的机坪空间。这种模式最主要的优点是当有更多的飞机架次或旅客需求量时有逐步予以扩展的能力。它在基本投资和运转费用方面也是比较经济的。它的主要缺点是从车道边到飞机去的步行距离之较长,以及在车道边与飞机门位之间缺乏直接的关系。

3. 卫星式布局

卫星模式由一座被飞机围绕的建筑物组成,该建筑物与航站楼分开,通常用地面的、地下的或架空的连接体连接,见图10-6。飞机一般以径向或平行位置围绕着卫星停放。它往往给飞机提供简易的运转和滑行模式,但较其他模式要求较多的机坪面积。它可以有共用的或分开的出站厅。由于登机和下机常常是从一个共用且较远的地点来完成的,旅客和行李在航站和卫星之间的运输可以采用机械系统解决。

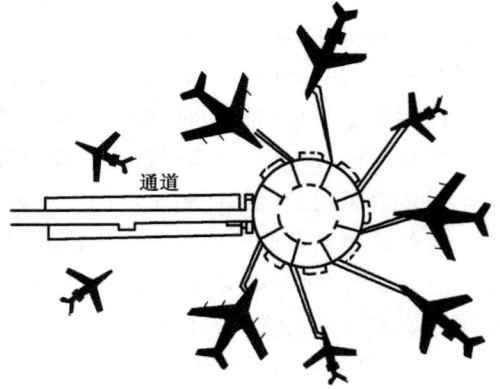

图10-6　卫星式平面布局简图

卫星式航站楼模式的主要特点是由主航站楼与一个或者多个卫星式建筑结构所构成的航站楼。除了飞机门位置于长条形指廊末端而不是等间距地沿着指廊停放以外,卫星式设计模式的特点与指廊式设计模式的特点非常相似。卫星式闸口通常由一个共同的等待室服务,而不是一个个单独的等待室服务。另一个特点是,指廊可以安排在地下("远端卫星式"),因此,为飞机在主航站楼和卫星厅之间提供了飞机的滑行空间。

从主航站楼到卫星厅之间的距离通常要远比指廊式设计模式的相应平均距离长,因此,许多机场为了降低旅客步行距离,在主航站楼和卫星之间提供了旅客输送系统。

卫星式设计模式的另一个优势是,它本身适合于一个紧凑式中央航站楼,这个航站楼具有共同的旅客办理区域。在卫星厅附近需要飞机机动区,以使飞机的顶推牵引车操作不阻碍其他飞机的滑行。卫星厅附近模型飞机停机机位也还容易使飞机勤务设备的运行产生拥挤。

综上所述,这种模式的主要优点在于其对共用出站厅和办理手续功能的适应性和飞机易于围绕着卫星结构物运转。不过,由于需要设置连接卫星的通道,其造价较高。此外,它还缺乏扩建的灵活性,旅客行走距离较长。

4. 转运式布局

在转运模式中,飞机位于离航站较远处。它用车辆运载登机旅客和下机旅客。转运模式的特性包括提高增加飞机停放位置的灵活性以容纳班机的增加或飞机型号加大,飞机能以其自身的动力运转进出停机位置,将飞机服务活动同航站楼分开,旅客的步行距离可大大减少;但由于需要换乘转运,旅客总进程时间较长。

转运式设计模式在很多机场使用,包括上海浦东国际机场和北京首都国际机场。这种模式有时也叫作"远端停机"模式,飞机机坪远离航站楼。移动式休息厅把旅客从航站楼运送到飞机旁,而且在航站楼闸口位置可以用做候机室使用。在这种设计模式中,飞机停机位置按照所需要求间距平行地并排放置,转运车辆道路从这些平行的飞机并排机位中间穿过。

这种平面布局只需有转运车辆使用的门位,因此航站楼的建设成本最低,其运行和扩展方面也有高度的灵活性。

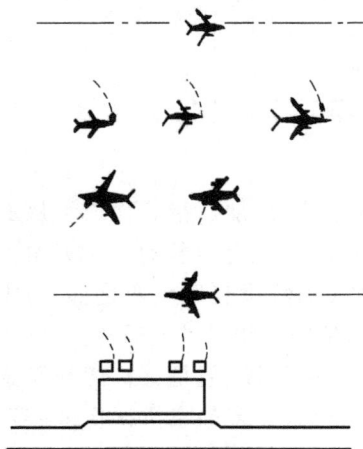

图10-7　远距转运型平面布局

由于不用增加过多的候机廊、指廊或者卫星厅就可以完成对主航站楼和机坪的扩建,几乎不妨碍机场运行以及飞机活动。远端停机位可以降低飞机到跑道的滑行时间和距离,避免飞机在航站楼设施附近造成拥挤,同时也免去了飞机在航站楼区域的噪声和喷气机尾气吹袭问题。但是,由于需要换乘,旅客的进程时间较长,舒适性较低。

5.组合式模式

大多数机场航站楼的设计正随着航空业务量的增长以及当地条件的变化而变更,每类旅客需要与其他旅客差异相当大,因此采用上述单一模式的机场很少,大多采用两种或者两种以上模式的混合布局模式。例如,巴黎戴高乐机场和香港新机场的航站楼平面布局均为指廊、前列和转运式的组合,分别见图10-8、图10-9。当需要处理的飞行的交通比例改变时,就需要对设施加以改进或扩展。机场为之服务的飞机大小的增长或者所用飞机类型的新组合也将影响模式的类型。同样,场地的限制可能造成原来是纯粹的一种形式以增添或组合其他模式来加以改进。

图 10-8　法国戴高乐机场第二航站楼平面布局

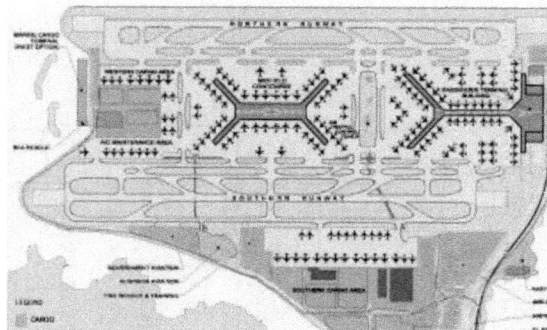

图 10-9　香港新机场平面布局

在那些现有机场设施附近具有可用土地的机场,机场的设计正向指廊式的趋势演变,有时专门为通勤航空公司或者一群新的航空承运人加上单独的航站楼,因为在主航站楼没有这些公司可使用的空间。在那些航站楼可用土地已经达到极限的机场,一般是建设卫星式航站楼或者远端停机位式。一些机场利用旅客输送设备已经采用了转运式航站楼或者卫星式航站楼以提高航站楼对旅客的吸引力,因为这些设计模式消除了与从中央航站楼延伸出来的长引廊造成的非常远的旅客步行距离。

对航空业务量或者要提供的服务类型估计过高或者过低有时会导致一个深思熟虑的设计方案不恰当或者失去效率。例如,达拉斯-福特沃斯堡机场设计时预计OD旅客(直达或者起点终点旅客)将占统治地位。自从航空公司放松管制以后,中枢辐射式航线网络结构妨碍了这种设计模式的有效性和便捷性,因为这种航线结构一般要求旅客在机场转乘飞机。在芝加哥奥黑尔机场,为了适应旅客安全检查而需要调整一条候机廊,而这造成了中转旅客需要走又长又弯的路线。在位于弗吉尼亚的杜勒斯机场,鼓励中短程国内航班更多使用该机场的努力已经受到了该机场航站楼设计的制约,因为通过移动式休息厅在各个航站楼之间的穿梭需求增加了不同航空公司之间转机的时间和不便利性。纽约肯尼迪机场当初规划时为各大型航空公司设计了独立的航站楼,非常适合于OD旅客或者同一航空公司内的中转旅客,但是,它对于不同航空公司之间的中转旅客或者那些国际到达转乘到美国国内其他目的地的旅客就非常不方便。

很明显,没有一个最佳的单一设计模式适用于所有情况。交通模式、交通量、流量特点(高峰)、使用机场的各个航空承运人的策略以及需要考虑的当地情况,使得不同机场以及不同时间的设计选择方案是不同的。在机场规划时,预见未来 $10\sim20$ 年的发展需求是困难的,因此,机场规划人员均倾向于采用模块式扩建这种灵活设计方法,以利进行低成本的扩容。

四、竖向布局

航站楼竖向布局可分为单层、一层半、两层系统三种,如图 10-10 所示。

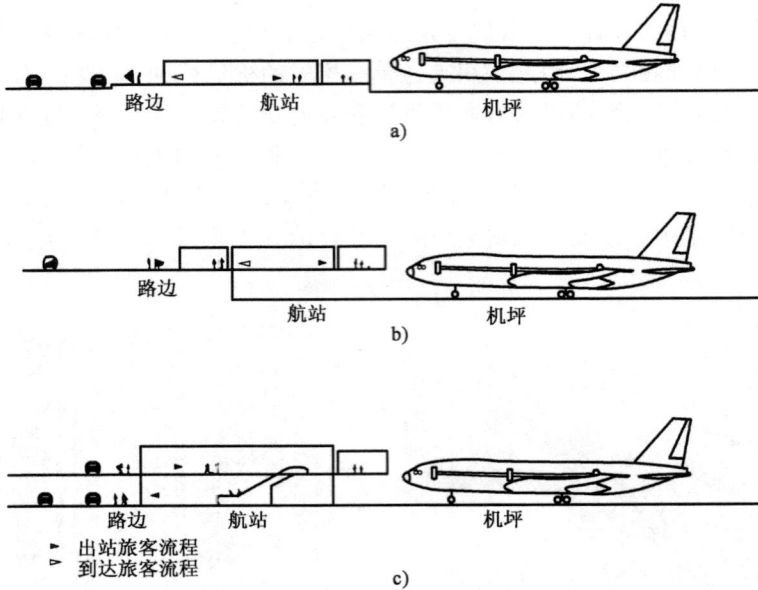

图 10-10　竖向布局模式

a)单层系统;b)一层半系统;c)两层系统

1. 单层系统

所有旅客和行李的进程都在机坪层进行。到达旅客和出发旅客的人是以水平分布来分隔的。给旅客提供各种便利的服务、行政管理职能可能设在二层上。采用这种系统,旅客一般用舷梯登机。这种系统十分经济,适用于旅客量较小的机场。

2. 一层半系统

旅客出入航站楼、航空公司的航务和行李处理活动在机坪层进行,而上下飞机则在二层楼上进行,到达和出发的旅客在平面上分隔开。旅客在二层上下飞机的好处是它同飞机门位的高度相适应而便于与飞机的交接,可以利用登机桥进出飞机。

3. 两层系统

两层系统是将到达旅客和出站旅客人群分开。进站旅客进程活动在上层进行,而到达旅客进程包括提取行李则在机坪高度进行。航空公司运行和行李处理也在下层进行。车辆出入和停车在上、下两层都有,上层为出发,下层为到达,停车场可以在地面或采用结构式车库。

当交通量或交通类型这样要求时,这些设计可能出现变动。例如,对国际机场航站楼,可能需要为国际航线旅客设置一个第三层(夹层楼面)。还有,在有机场内部交通系统运转的大型机场,可能需要有专门一层以提供这项系统。图 10-11a)显示一个具有停车构筑物、机场内部交通和城市地铁的多层系统。图 10-11b)显示另一个具有建在内部的停车库的多层系统。在这个不同的设计中,由于将停车场地设在旅客进程设施的上面而达到使旅客更加直接地进入办理进程手续的各组成部分。

158

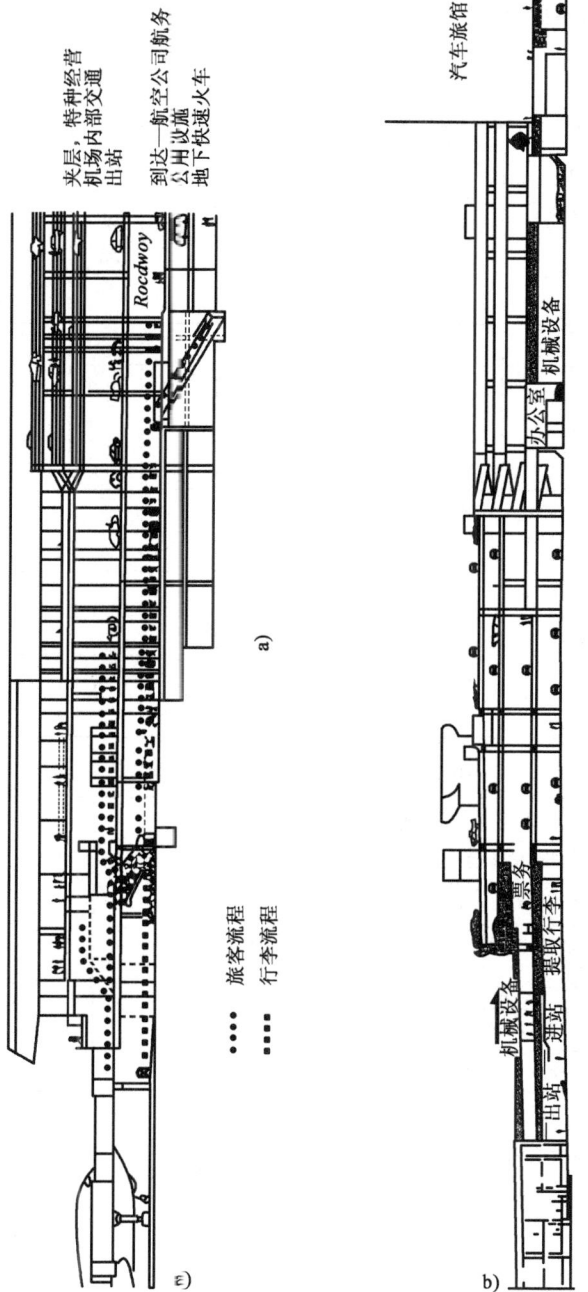

图10-11 有停车场、城市轨道交通的多层系

五、布局方案的选择

旅客航站楼的总体布局方案的选择,主要与旅客量和类型有关。表 10-3 列出了美国 FAA 所提供的有关航站楼布局方案选择的参考意见。日内瓦机场所用的模式评价因素在表 10-4 中给出。

旅客航站楼布局方案的选择　　　　　　　　　　　　　　表 10-3

年登机旅客人数	转机旅客比例(%)	直线式	廊道式	卫星式	转运式	单层路边	多层路边	单层航站楼	多层航站楼	单层连接体	多层连接体	机坪高度登机	飞机高度登机
<25 000		×				×		×				×	
25 000~75 000		×				×		×				×	
75 000~200 000		×				×		×		×		×	
200 000~500 000		×	×			×		×			×	×	
500 000~1 000 000	<25	×	×	×		×		×		×		×	
500 000~1 000 000	>25	×	×	×		×			×	×		×	
1 000 000~3 000 000	<25	×	×	×	×	×	×	×		×	×		×
1 000 000~3 000 000	>25		×	×	×		×		×	×	×		×
>3 000 000	<25		×	×	×		×		×	×	×		×
>3 000 000	>25			×	×		×		×	×	×		×

评价航站规划模式的制定的评定因素　　　　　　　　　　表 10-4

旅客的便利	路边到飞机的步行距离	扩展的适应性	辅助设施用地的弹性
	转机旅客的步行距离		分期建设的适应性
	停车场到飞机的步行距离		可见的扩建性质
	旅客认清方向的便利性		航站总体的可扩性
	旅客办理手续的便利性		航站各单元的可扩性
航务的有效性	有效率的滑行路线		
	车辆和飞机在地面活动的协调	经济上的有效性	基本投资
	机坪区的机动性		维护和运行费用
	机坪对未来飞机的适应性		收益面积与非收益面积之比
	车辆出入的流动		
	各辅助设施间的直接路线		

第三节　航站区机坪

航站楼的空侧一边设置机坪,供飞机停放以上下旅客(称作停机位或门位),以及飞机进出门位的操纵和滑行。机坪在航站楼和飞行区之间提供连接。它包括飞机停放、滑行、顶推所用的场地,以及相应配套设施的用地。

机坪的大小取决于四个因素,即飞机门位的数目、飞机的停放方式、门位的尺寸和航站楼平面布局方案。

一、门位数目

门位数目的确定要使其能容纳预定的每小时飞机流动量。机场的设计小时飞机流动量取决于设计高峰小时的飞机数量和每架飞机占用门位的时间。

一架飞机占用门位的时间称之为"占用门位时间"。它取决于飞机的大小和飞行的类别,即它是经停航班或是回程航班。飞机停在门位上是为了办理旅客和行李的进程手续以及为飞机服务和准备飞行。大飞机一般比小飞机占用门位的时间要多一些。这是因为大飞机需要更多的时间从事清整机舱和为飞机加油。清整机舱和为飞机加油一般是确定占用门位时间的关键活动。飞行的类别影响服务要求,因而也影响占用门位时间。经停的飞机可能只需少量的甚至不需要服务,因而其占用门位时间可低到 20～30min;另一方面,回程的飞机则需要全套的服务,导致其占用门位时间达 40～60min。图 10-12 中列出了在一次回程飞机停留中一般需要进行的活动,以及对这些活动的一个典型时间表。

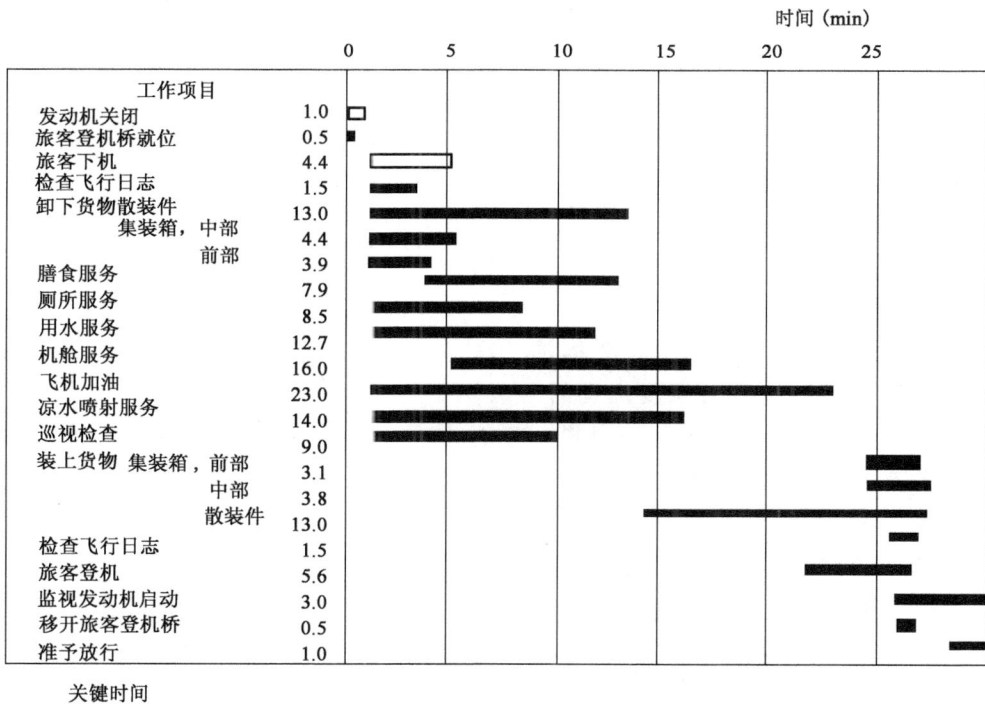

图 10-12　门位处飞机服务活动的典型时间表

计算所需门位数时应按下列步骤进行:

(1)确定要适应的飞机类型和每种类型在全部飞机组合中所占的百分数。

(2)确定每种类型飞机的占用门位时间。

(3)算出加权平均占用门位时间。

(4)确定小时飞机设计总量以及到达飞机和出发飞机所占的百分数。

（5）将到达飞机和出发飞机的百分数乘以小时飞机设计总量得出小时到达、出发飞机设计量。

（6）按到达、出发飞机设计量的大者，用式(10-1)得出所需的门位数：

$$G = \frac{CT}{U} \qquad (10\text{-}1)$$

式中：G——门位数；

C——到达或出发飞机的设计量，架次/h；

T——加权平均占用门位时间，h；

U——门位利用系数。

在所有航空公司共同使用各门位的机场，利用系数介于 0.6～0.8 之间。在门位由不同航空公司单独使用的机场，利用系数降低到大约 0.5 或 0.6。门位利用图表的示例见图 10-13。

大多数机场的门位数变动于年旅客量每百万人次在 3～5 个之间。如果不是所有的门位都能处理所有类型的飞机的话，门位总数可能有必要加以调整。在飞机组合中，包括相当数量的大型喷气机和小型飞机的机场，这一点特别重要。在这种情况下，当具备资料时，最好对不同类型的飞机分开计算其门位要求，大门位可以用来处理小飞机。对不同类型的交通量应分别计算其门位。例如，一个大型国际机场可以按国内航线门位、国际航线门位和包机门位分别计算。

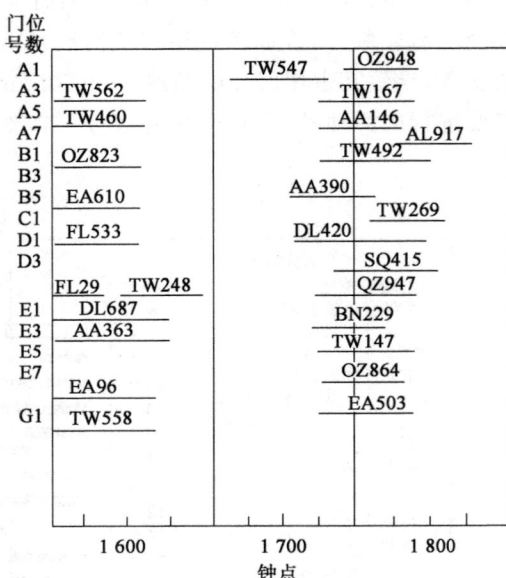

图 10-13　航站门位活动图表

二、飞机停放方式

飞机停放方式是指飞机停放位置相对于航站楼的样式和飞机运转进出停放位置的方法。它是影响机坪门位面积的一个重要因素。在各类机场已成功地使用过，并在任何机场规划研究中应予评价的飞机停放类型包括：机头向内、机头斜角向内、机头斜角向外和平行等四种。

1.机头向内停放（图 10-14）

在这种构形中，飞机垂直于建筑线停放，机头在允许范围内尽量靠近建筑物。飞机以其自身的动力运转进入停机位置。而在离开门位时，飞机必须被牵引出足够的距离，再以自身的动力前进。这种构形的优点是对一架既定的飞机来说需要的门位面积最小，由于在接近航站楼处没有动力转弯作用因而噪声级较低，对建筑物没有喷气吹袭，以及由于机头接近建筑物便于旅客登机。它的缺点包括需用牵引机具和飞机后舱门离建筑物过远以致不能有效地使用飞机后门供旅客登机等。

2.机头斜角向内停放（图 10-15）

除了飞机不是垂直于建筑物停放外，这种构形与机头向内的构形相似。这种构形具有允许飞机以其自身的动力运转进出门位的优点。可是，它需要的门位面积比机头向内构形的要大,并产生较高的噪声级。

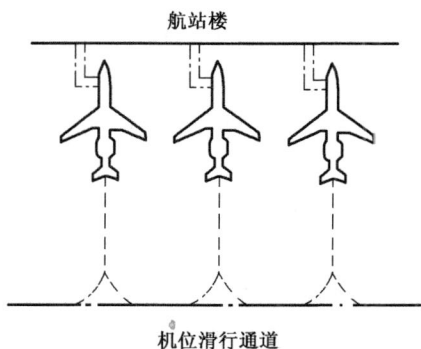

图 10-14　飞机机头向内停放

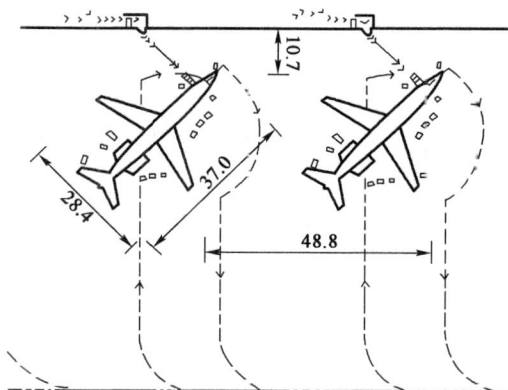

图 10-15　飞机机头斜角向内停放(尺寸单位:m)

3.机头斜角向外停放

在这种构形中,飞机以机头背向航站楼停放。像机头斜角向内构形一样,它具有允许飞机自行运转进出门位而不需牵引的优点。它较机头向内构形需要较大的门位面积,但较机头斜角向内的为小。这种构形的缺点是当飞机开始其滑行操作时,起步喷气吹袭和噪声指向建筑物。

4.平行停放(图 10-16)

从飞机运转的立场来看,这种构形是最容易达到目的的。在此情况下,噪声和喷气吹袭可降至最低,因为不需要有急转弯。不过,它要求有较大的门位面积,特别是沿航站楼的前面。这种构形的另一个优点是飞机的前后门都可用以上下旅客,虽然可能需要较长的登机桥。

显然,没有一种停放类型可以认为是理想的。对任何规划情况,必须对不同系统的所有优缺点加以评价,再考虑到使用门位的航空公司的偏爱。不过,趋势是倾向于机头向内停放,因为它可节省面积及减低噪声和喷气吹袭。

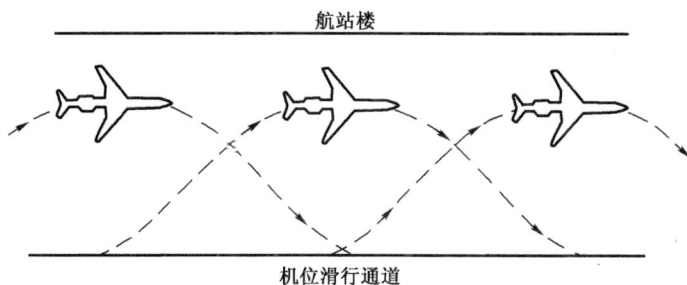

图 10-16　飞机机头平行停放

5.机坪上飞机的流通

在设计机坪布局时,重要的是要考虑飞机的流通。当交通量高时,需在机坪四周提供滑行通道,使飞机易于进出门位。当采用指廊式布局且指廊间彼此相平行时,指廊之间必须留有足够的空间使飞机便于进入门位,指廊间距取决于指廊长度和停靠飞机的尺寸。当指廊每侧的门位超过 6 个时,指廊间需求有两条滑行通道。

163

三、门位尺寸

门位尺寸取决于要容纳的飞机的大小和所用的飞机停放方式,即机头向内、平行或成角度的停放。门位的设计可以借助美国联邦航空局和国际航空运输协会提供的方法和尺寸来操作。在这些参考资料中包括有为不同飞机类型、各种不同的停机方式和运转条件所需的各类尺寸的图形。为波音747—200飞机制作的这类图形的例子见图10-17。

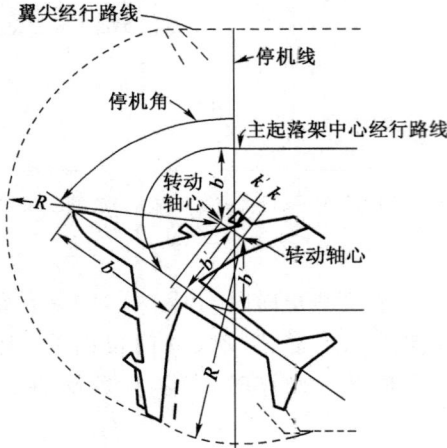

机身长度, L=232ft;

翼展, S=196ft;

机头至主起落架中线, b'=110ft;

前滚, K=10ft;

转变半径 R, 最小:168ft, 最大:205ft;

转动轴心至飞机中心线 b, 最小60ft, 最大100ft;

飞机与建筑物之间的净距, c=35ft

图 10-17　波音 747—200 使用的门位设计需用的飞机尺寸和转弯要求

虽然飞机门位的详细设计需要相关图表工具的帮助,但对初步规划,在门位中心之向采用统一尺寸,即用这些尺寸来决定机坪门位的面积已经足够准确了。它们的尺寸取决于飞机的类型。表 10-5 给出了飞机在其自身动力下进入门位而以牵引机推出或自己滑出门位的两种情况下的典型尺寸的大小。

飞机推出和滑出门位(机头向内)的机坪停放轨迹尺寸的比较　　表 10-5

飞机组别	推 出			滑 出		
	L(m)	W(m)	面积(m²)	L(m)	W(m)	面积(m²)
AFH-227	31.42	30.10	945.74	45.36	42.72	1 937.78
YS-11B	32.39	38.07	1 233.09	52.12	45.69	2 381.36
BAC-111	37.64	34.60	1 302.34	39.62	42.21	1 672.36
DC-9-16	40.97	33.35	1 366.34	45.47	40.97	1 862.91
BDC-9-21.30	45.52	34.54	1 572.26	45.52	42.16	1 919.12
727(all)	52.78	39.01	2 058.95	59.13	46.63	2 757.23
737(all)	36.58	34.44	1 259.81	44.23	42.06	1 860.31
CB-707(all)	52.71	50.52	2 262.91	78.63	58.14	4 571.55
B-720	47.78	45.97	2 196.44	69.50	53.59	3 724.51
DC-8-43.51	52.04	49.50	2 575.98	64.57	57.12	3 688.24
DDC-8-61.63	63.22	51.20	3 236.86	76.91	58.95	4 533.84
EL-1011	57.51	53.44	3 073.33	80.31	61.06	4 903.73
DC-10	58.60	56.49	3 310.31	88.70	64.10	5 685.67
FB-747	73.71	65.73	4 844.96	99.97	73.36	7 333.80

注:L—垂直于建筑物面;W—平行于建筑物面(美联邦航空局)。

第十一章　陆侧地面交通系统

第一节　陆侧地面交通流

一、陆侧地面交通系统分类

机场陆侧地面交通系统可以分为：与旅客相关的主要交通系统，以及与航空公司或机场及在机场的各类位经营者活动相关的次要交通系统。

陆侧地面交通包括出入机场交通和机场内交通两部分。前者主要运送出发和到达的旅客、接送者、机场工作人员、访问者、货物和邮件、各种服务供应等。机场内交通由以下三类道路承担：

(1)供旅客、接送者、访问者和工作人员使用的公用道路；

(2)设立安全控制点，只允许特准车辆(货邮递送、膳食供应等)出入的公用服务道路；

(3)设立安全控制点，只允许特准车辆(维修、燃油、防火、救护等)出入非公用服务道路。

二、客流构成

机场陆侧客流有主要有三部分构成。每一组成部分都有它自己的方式和需要。这些显著不同的对象包括：

(1)出发和到达的旅客——这些旅客或者是乘飞机出港，或者是乘飞机到港，每个航班只有一次进场交通出行(如果有人送他们到机场，或者出租车不在机场载客，那么他们进场出行次数可能包含往返两次出行)；

(2)工作人员——航空公司、机场、政府和特许部门的工作人员，机场的各类经营者，他们大都每天往返于机场；

(3)参观者——迎送者、机场观光者，以及从事其他商业活动的人。

在规划机场和城市之间的交通衔接方式时，应考虑不同性质的旅客的不同出行需求。

通常说来，航空旅客及其迎送人员和机场工作人员的出行需求是最为基本的，是必须要满足的。其中，机场工作人员的出行特性是典型的通勤行为，具有潮汐性。而航空旅客的出行发生的时间和航班时间有很大的相关性。

尽管从机场地面交通系统来说，沿线居民的出行处于次要地位，但是也不能忽略。由于机场的特殊地理优势，会促进沿线经济繁荣。这一类的出行需求往往增长迅速，会给机场沿线交通带来很大的压力。

表 11-1 中的四大类的出行需求有时候很难协调。例如，航空旅客和机场工作人员希望是一站直达，而沿线居民或工作人员则希望去往机场方向的公共交通在他们所希望的地点有停

靠的站点。因此,单一的交通方式不能满足需求,往往也是脆弱的,不能保证运输任务的顺利完成,同时也不能保障机场功能的顺利运转。在机场和市中心之间建设一个综合的,可靠度高、舒适性好的客运交通体系,是机场能正常发挥作用的必要条件。

利用机场对外衔接系统旅客构成   表 11-1

旅客构成	陆侧中地位	出 行 需 求	其 他
航空旅客 迎送人员	重要	快速、舒适、服务时间长,和所有航班配套	携带大件行李; 可预测性强; 客流发生时间和航班相关
机场员工	重要	价格低,快速,高峰时间发车频率高	可预测性强,有早高峰和晚高峰
换乘旅客	次要	快速,换乘方便	
沿线居民	次要	要求班次多,停靠站点多,价格低	增长速度快,预测难度大

每种客流在数量上没有一个固定的划分,随机场的不同而不同,并取决于机场大小、机场的地理位置以及机场所提供的航空服务种类等。如果机场是一个枢纽机场,那么机场将有相对少的始发和终程旅客,他们将在总的出行量中占较少的份额。同样的,如果机场是一家航空公司的维修或者训练基地,它将有更多的员工和其他商业交通流量。但值得注意的是,绝不可以将机场进场出行量误认为旅客数量,实际上机场旅客交通量只是机场交通量中的一部分。

表 11-2 给出了通过调查得出的机场"人员"的分布情况,从中可以看出数值的变化是很大的,其中机场员工的比例相对较低。但是相对于旅客的出行次数,工作人员的出行次数相对更加频繁和稳定。每一个始发和到达旅客进行一次前往或返回的机场出行,他们每一人占用一次或少于一次的车辆出行(如果驾驶员必须空载返回则超过一次,如果是多载则少于一次)。而工作人员和其他商业人员全年中的每个工作日都必须进行往返出行,并且他们可能因从事各种差事而做额外的出行。工作人员出行的频繁性弥补了他们人员少的不足,使得工作人员交通流与旅客交通流并驾齐驱。在机场陆侧交通系统规划中必须慎重考虑工作人员的交通需求。

机场的旅客、工作人员、参观者和迎送人员的比例(%)   表 11-2

机 场	旅 客	迎送人员	工 作 人 员	参 观 者
法兰克福机场	0.60	0.06	0.29	0.05
维也纳机场	0.51	0.22	0.19	0.08
巴黎机场	0.62	0.07	0.23	0.08
阿姆斯特丹机场	0.41	0.23	0.28	0.08
多伦多机场	0.38	0.54	0.08	未包括
亚特兰大机场	0.39	0.26	0.09	0.26
洛杉矶机场	0.42	0.46	0.12	未包括
纽约肯尼迪机场	0.37	0.48	0.15	未包括
东京机场	0.66	0.11	0.17	0.06
新加坡机场	0.23	0.61	0.16	忽略
上海虹桥机场	0.68	0.16	0.16	忽略
上海浦东机场	0.56	0.26	0.18	忽略
北京首都机场	0.48	0.33	0.19	忽略

旅客所引起的机场地面交通问题的显著性不是因为数量,而是其特征。首先,旅客们主要集中于机场的主要入口,而工作人员和商业交通则遍布整个机场,如货运区域和其他远离航站楼的设施。其次,旅客的心理一般都比较焦虑,因为他们需要赶航班,并且经常不熟悉机场。最后,旅客是重要的顾客,所以即使他们仅仅是机场地面交通问题的一部分,却也应该是最受关注的。

另外,今天的机场已经发展成为一个综合性的交通枢纽,这里汇集着各种类型的交通方式。所以前往机场的交通方式所运送的旅客不一定是航空旅客,可能出现大量的旅客利用位于机场的交通枢纽实现地面交通方式之间的转换。例如,在上海虹桥机场,延安路高架是前往机场的快速通道,但同时又是上海重要的东西向通道和对外通道,交通流中大约仅有 20％ 的车辆往返虹桥机场。

三、进出机场的交通方式

目前,世界上通行的进出机场的通路主要有基于道路和基于轨道两种模式,可采用的交通方式主要有公交车(含普通公共汽车、机场大巴)、自备车(含公务车、私家车、租用轿车)、轨道交通(含地铁、轻轨、城际铁路)、出租车等。

1. 自备车

自备车包括单位车、私家车、租用轿车。在国外占主导地位的是私人汽车,在国内这一趋势也逐渐明显。自备车方式的典型特点是有着较高的便利性和舒适性,尤其是当旅客携带有大宗行李,或是带着儿童或年迈体弱的人旅行时,更显出其优势,因此其是出入机场主要的交通方式。

自备车模式成为一种有吸引力的方式,旅客可以在希望的时刻离开或到达机场,运行舒适且便于携带行李,是其他方式难以相提并论的,所需支付服务成本只包含诸如停车费和通行成本。但是,这种交通方式的缺点是载客量小,因而造成机场交通系统的负载增加,由此引起机场道路交通拥挤及庞大的停车量需求等难以解决的问题。当交通出现阻塞时,这种方式变得不可靠,会造成延误。另外,机场附近停车费用昂贵,有些旅客就选择将车停到距离航站楼较远的费用较低的停车场,这样整个进场时间加长,旅行的舒适便捷性大打折扣。当今许多大型机场已经试图通过多种方式减少私车需求,包括增加停车的成本和提高公共运输的服务水平。

目前,国内的情况比较复杂,租用轿车、旅客自驾出入机场的并不多,很多时候是公务车和出租车接送,即在机场让航班旅客下车和上车的模式。这种模式由于驾驶员进行了双向的旅程,对机场交通的设施有更高的需求。

2. 出租车

当商务旅行比较多且机场距城市不太远时,出租车常常是旅客陆侧交通的主要工具。出租车可以把旅客从家门口直接送到航站楼的车道边,为旅行提供了极大的方便。出租车的使用品质与私家车的相似。多数情况下,出租车速度快而且当几个人一起旅行时,出租车的费用平均到每个人是经济的。但是出租车对机场道路拥挤的影响比较大,容易与其他车流相互干扰,影响进场速度,离场更是如此,例如上海虹桥机场。因此,在大多数大型机场常采用划定特定区域、特定循环道路和车道边停留时间限制等管理措施,控制在给定的时间内机场保有的车辆数,减少机场地面交通拥挤。

3.机场大巴、城市公交车

机场大巴是从城市中心区、副中心区各点至机场定点往返的大型巴士,载客量大,价格较低。机场大巴定点发车,一般都不是从旅客的始发地直接到机场,或从机场直接到目的地。旅客需要预先乘车到发车地点,或从下车地点再次乘车,因而不太方便;而且中途要定点停车,速度慢,耗时长;机场大巴穿行城区,易被城区交通阻塞造成延误,另外携带较多行李时不太方便。

在国外,机场大巴曾在20世纪60年代以前比较普遍,近年来这种方式又引起机场及航空公司的重视,常作为一种对购买本公司机票者的免费服务提供给旅客。

4.轨道交通

基于可靠高速的要求,轨道应该是作为机场的接入方式理想选择。轨道交通一般包括普通铁路、地下铁路、快速轻轨铁路等几种形式。轨道交通现在已经成为大型机场交通系统中的一个重要方式。美国、欧洲、亚洲的许多重要枢纽机场都建设了轨道交通线。我国北京首都机场、香港赤腊角机场已开通轨道交通线,上海、广州、深圳几个大型机场也规划和开始修建机场轨道线路。

与其他的方式相比,轨道交通具有行程的时间和可靠性方面的优势;对于携带极少行李的旅客来说,优势更加明显。但是轨道交通不能提供门到门的服务,在城市内还需要其他方式接驳,运营时间受到限制。另外,轨道交通昂贵的建设和运营费用也是机场规划师必须考虑的重要因素。

有些机场与城市的连接是靠普通铁路,例如比利时布鲁塞尔机场有一条铁路专用线与梅尔斯布鲁克机场连接,旅客可乘自动扶梯直接到达出发层;伦敦盖特威克机场铁路线从高架航站楼入口处下层直达市中心;荷兰阿姆斯特丹的斯希普霍尔机场也有一条铁路连接市区,车站位于机场航站楼旁。

一般说来,与机场相连的铁路是城市铁路网的一个支脉。这种进场方式价格低廉,由于不受地面交通阻塞的干扰而准时、可靠;但停靠站多,速度慢。而且,铁路只连接城市中心区与机场,城市其他地区的旅客还需要先乘出租车到铁路沿线站点,对有行李的旅客不太方便。

有些城市在机场与城市中心之间由城市快速铁路或轻轨铁路连接,例如亚特兰大、巴黎戴高乐、华盛顿特区机场、克里夫兰的霍普金斯机场等。日本东京从机场到市区有一条磁悬浮单轨高速列车,时速55km,每小时可运载4 000人次。美国洛杉矶机场高速列车时速90km。通往机场的快速铁路是城市快速铁路网的一个部分,它在相对广泛的城市区域里都有停靠的站点,迅速方便,是大部分旅客的能普遍接受的方式。

5.其他公共交通方式

还有一些其他的公共方式应用于出入机场的通道,例如团队包车服务、小汽车拼车服务(在国外叫"shared-ride")等。在一些较大城市,飞机的旅客可能比较倾向采用"shared-ride"服务的交通方式,通过将具有相近目的地的旅客分组达到最优化,使旅程的效率最大,可以提供类似"门到门"服务的品质和直接的服务。由于具有较高的灵活性和便利性,这种交通方式在旧金山占有了机场通路14%的份额。

6.直升机、水路

最快的和最不为外界交通状况所左右的进场方式是直升机。在20世纪40年代末,纽约政府曾鼓励过这种方式的发展,60年代旧金山和洛杉矶也尝试过这种方式,但昂贵的费用、频繁的事故使之发展不尽如人意。比较成功的例子是得克萨斯纳萨和休斯敦机场之间的联系，以及伦敦两个主要机场盖特威和希思罗机场之间的联系。

如果机场靠近水体，水运也可以是一种进场的方式。它不用在拥挤的路面上争取一席之地，而且有些时候乘船可以欣赏城市优美的风景，对旅客是一种吸引。例如，威尼斯机场、波士顿机场和伦敦城市机场的水运进场路线使旅客可以从一个独特的视角欣赏城市，这是道路和铁路系统不能比拟的。

各种交通方式的优缺点如表 11-3 所示。也就是说，没有一种交通方式能够完美无缺地满足进入机场地面交通系统的要求，在规划时应考虑采用多种交通方式，根据不同旅客的服务水平要求、城市公共交通系统的要求和今后的发展以及经济水平来决定接入方式。

各种交通方式的优缺点比较 表 11-3

交通方式	优 点	缺 点	适用旅客群
轨道交通	准点，不受路网状况影响； 可以和整个城市轨道交通网络相连，到达城市大部分地区	沿途停靠，总的行程时间仍然较慢； 不能提供门到门服务，需要其他方式的衔接； 对携带大件行李的旅客不便	机场员工、沿线居民、少行李航空旅客、迎送人员
机场巴士	直达； 可方便地接入城市交通网络； 车辆载客率高，对道路拥挤程度增加不多	行程时间受路网状况影响大； 在市中心需要设置车站； 从市中心出发需其他方式接驳	航空旅客、迎送人员
常规公交	费用便宜； 可方便地接入城市交通网络； 车辆载客率高，对道路拥挤程度增加不多	沿途停靠，所需时间长； 携带行李不便； 受非机场旅客干扰	机场员工
自备车	舒适； 提供门到门服务； 速度可能很高	费用较高； 利用道路网络，行程时间不可靠； 在机场可能有长时间停车要求； 对环境污染程度高	航空旅客
出租车	舒适； 提高门到门服务； 速度可能很高	费用较高，尤其是单身旅客； 利用道路网络，行程时间不可靠； 在机场有停车要求； 对环境污染程度高	航空旅客、迎送人员

第二节　进出机场交通系统

一、系统要求

进出机场交通系统是机场与其所服务城市或地区进出机场的通道。随着机场系统规模的不断扩大，机场对周围环境的影响也越来越大，如机场飞机噪声等问题。因而，现在机场与城市一般都有相当的距离。对旅客和货物托运者来说，最关心的是始发点到最终目的地的运行时间。在许多情况下，地面花费的时间大大超过空中所花的时间。随着喷气飞机的使用，这个差幅就更大了。对相隔 600～700km 的两个城市之间的旅行，地面花费的时间能达到空中花费时间的 2 倍。

　　大型的枢纽机场除了要服务于它所属的大城市外,对周边的中、小城市具有辐射作用。这些中、小城市与机场之间的交通快捷程度决定了机场的辐射范围与强度。因此,进出机场交通系统不仅与连接母城的交通运输系统相衔接,而且还必须与周边城市交通运输系统相衔接。

　　使旅客方便、快捷、顺畅地进出机场是进出机场交通系统的主要功能。进出机场的交通中,除了进出机场的乘机旅客外,还包括接送者、机场工作人员等。这些人员比例随各个机场的性质和特点而有不同。进出机场的交通系统包括了一般道路、高速公路(城市快速路)、市内轨道交通、城际铁路等多种形式。这些交通方式的采用主要根据机场的性质和特点以及机场的航空交通量等因素综合考虑。

二、交通方式选择

　　高速公路占据了机场通路的主要模式。汽车、出租车、上下班交通车以及公车占据了主要的交通。它们都是人们自然的选择。对于大多数到机场的人来说,汽车提供了最好的性价比。旅客和工作人员之所以看重它,是因为这种进场形式能够在整个大城市区域高效方便地分送客流。这种形式也正好迎合不同需求的人。他们中有的更看重便捷性,而不特别在乎花费,有的则比较看重价格。对于机场经营者来说,高速公路投资量较低,只需建造一小段以连接现有道路网即可,而且高速公路还创造了停车需求利润,这是很多机场的主要收入之一。

　　目前世界上有轨道交通的机场 40 余个,部分机场情况见表 11-4。但是,有些机场的轨道交通承担客运量份额很小,没有起到应有作用,尤其是在以汽车交通为主的美国,见表 11-5。因此,规划者必须对何时和何种形式引入备选的轨道进场交通方式加以详细的研究。

2002 年世界大城市有轨道系统服务的机场　　　　　　　　　表 11-4

地　区	国　　家	城　　市	机　　场	城市运输线	国内轨道线
欧洲	比利时	布鲁塞尔	扎芬特姆机场	有	有
	丹麦	哥本哈根	卡斯特鲁普机场		有
	法国	里昂	沙特拉斯机场		有
		巴黎	戴高乐机场	有	有
	德国	柏林	舒内费尔德机场	有	
		德累斯顿	克洛切机场	铁路	
		杜塞尔多夫	威斯机场	有	有
		法兰克福	梅因机场		有
		科隆-波恩	康拉德·阿登纳机场	有	
		莱比锡	莱比锡机场	铁路	
	意大利	米兰	马尔彭萨机场	铁路	
	荷兰	阿姆斯特丹	斯系普霍尔机场	有	有
	瑞典	斯德哥尔摩	阿兰达机场	有	
	英国	伦敦	盖特威克机场		有
			希思罗机场	有	有
大洋洲	澳大利亚	悉尼	悉尼机场	有	
亚洲	中国	香港	赤腊角机场	有	
		北京	首都机场	有	
		上海	浦东国际机场	有	
			虹桥国际机场	有	有

地 区	国 家	城 市	机 场	城市运输线	国内轨道线
亚洲	日本	大阪	关西机场		有
		札幌	新千岁机场		有
		东京	羽田机场	有	
		东京	东京新国际机场	有	有
	韩国	首尔	仁川国际机场	铁路	
			金浦机场		
	马来西亚	吉隆坡	吉隆坡国际机场	有	
	菲律宾	马尼拉	马尼拉机场	轻轨	
	新加坡	新加坡	樟宜国际机场	有	
	泰国	曼谷	廊曼机场		有
美洲	美国	丹佛	丹佛机场	有	有
		亚特兰大	哈兹菲尔德·杰克逊机场	有	
		洛杉矶	洛杉矶机场	有	有
		芝加哥	奥黑尔机场	有	有
		达拉斯沃斯	达拉斯沃斯机场	有	有

由轨道交通系统服务的机场的旅客市场份额（美国与欧洲和亚洲的比较）   表 11-5

美 国		欧 洲 和 亚 洲	
机场	市场份额（%）	机场	市场分额（%）
华盛顿里根机场	14	东京新国际机场	36
亚特兰大哈特斯菲尔的机场	8	日内瓦机场	35
芝加哥中途机场	8	苏黎世机场	34
波士顿洛根机场	6	慕尼黑机场	31
旧金山奥克兰机场	4	法兰克福梅因机场	27
芝加哥奥海尔机场	4	伦敦斯坦斯特德机场	27
圣路易斯兰伯特机场	3	阿姆斯特丹机场	25
克里夫兰机场	3	伦敦希斯罗机场	25
费城机场	2	香港赤腊角机场	24
迈阿密国际机场	1	伦敦盖特威克机场	20
华盛顿巴尔地磨机场	1	巴黎戴高乐机场	20
洛杉矶国际机场	1	布鲁塞尔国家机场	11
奥斯陆机场	43	巴黎奥里机场	6

一般来说，轨道进场交通方式和高速公路竞争通常是很困难的。在高速公路系统建立以后，它们通常处在一个很不利的位置进入市场。轨道交通的竞争性需进行"门到门的出行分析"论证，即详细分析每一种出行方式在住家和办公室与机场之间（门到门）的整个出行过程中的总运行时间和费用。有研究指出，机场轨道进场交通方式只有在下列条件下与公路交通方式有竞争性：

（1）超大型机场，有足够多出发和到达旅客；

（2）容易衔接一个高效率的城市公共交通系统；

（3）汽车进出机场的不便，比如位街人工岛的香港赤腊角机场和大阪关西机场；或偏远的机场，如奥斯陆或者吉隆坡国际机场。

第三节 机场内地面交通系统

机场内地面交通系统主要是用来满足机场各功能区地面流程及车流量的需要，是机场航站楼与机场外部交通的衔接系统，处于外部衔接系统和外部交通相交的点上。机场内地面交通系统从功能上说可以分为机场内道路交通系统、行人设施、航站楼前车道边等三个主要部分。现代大型机场经常还建有地面交通中心，用于各种交通方式的综合换乘。

一、机场内道路交通系统

机场内道路交通系统主要是用来满足机场各功能分区地面流程及车流量的需要，包括航站区进出道路、重复循环道路、航站楼前正面道路、机场内部的工作道路等。航站区进出道路提供包括从机场进出通道至航站大楼、航空货物区、停车场等设施的道路。重复循环道路连接始发和到达旅客客流至航站区进出道路的道路设施。航站楼正面道路直接把车辆分布到航站楼的各个特定地点，如果是多座航站体系，则可能有超过一条航站楼正面道路。航站楼正面道路中最受关注的是航站楼前车道边。机场内部的工作道路分为受限制和非限制两种，非限制工作道路用于货物、服务、航空货物、飞行饮食和其他服务；受限制工作道路用于机场维修区域和消防、营救、燃料和货物等，以及停车区域的限制使用的工作道路。

根据航站楼的构型，机场内道路交通系统有集中式、分段式、分散式和组合式四种构型。

1. 集中式布局

当航站楼由单一的建筑物或连续的建筑系列组成时，地面交通系统一般由连续的和集中设置的各个组成部分组成，见图 11-1。除了可能供始发和终到旅客车辆用的垂直或水平分隔外，所有旅客车辆一般都通过相同的道路，同时公共停放和租用车辆设施也是集中设置。对于这种形式布局，航站单元通常沿着航站区进出道路扩展，并保留原有的进出道路系统。我国的一些中小型机场通常采用这种形式。

2. 分段式布局

将航站建筑划分为始发旅客一侧和到达旅客一侧，或将各航空公司组合在建筑物的任何一侧，以使在平面上分离不同的交通量，见图 11-2。例如始发旅客使用一组航站正面道路，而到达旅客用另一组航站正面道路；或是将特定的航空公司的旅客安排在航站单元的特定一侧。

3. 分散式布局

当航站综合体由分散的单元航站建筑组成时，车流在航站进出通路和航站正面道路分隔，机场进出和航站进出通路汇集从分隔的航站设施进出的交通。停放车辆和出租车辆设施以航站单元为基础进行组合，如图 11-3 所示，如美国的肯尼迪国际机场和堪萨斯国际机场。

4. 组合式布局

航站系统由直线方式设置的一系列航站建筑组成，见图 11-4。美国达拉斯沃斯国际机场和休斯敦国际机场采用这类系统。进出道路为集中设置的道路。

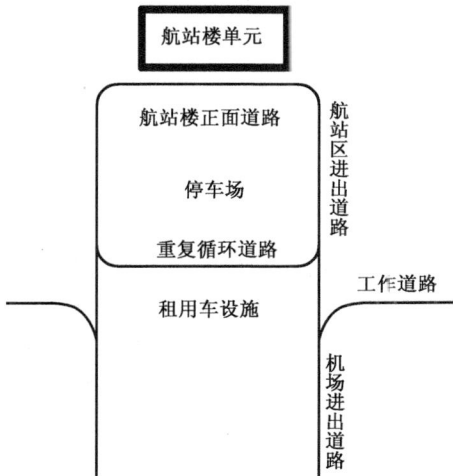

图 11-1　集中式道路交通系统

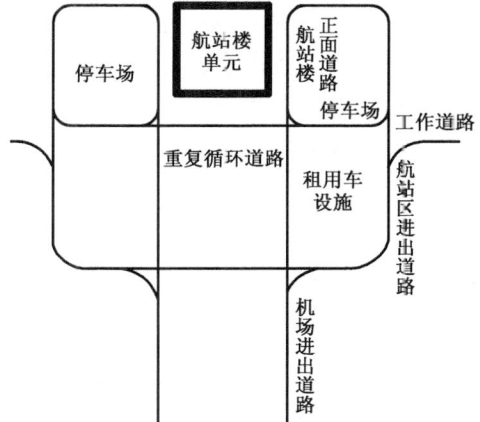

图 11-2　分段式地面交通系统

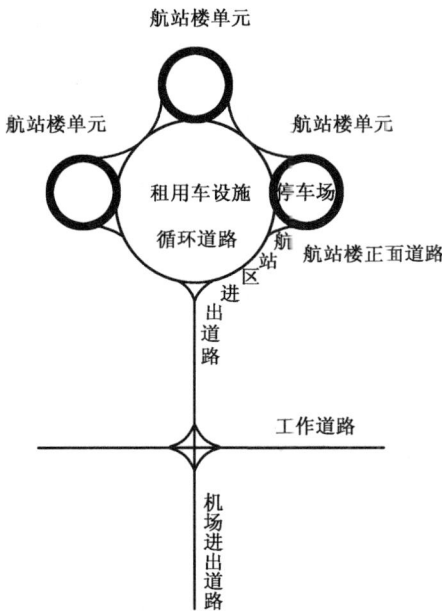

图 11-3　分散式地面道路系统

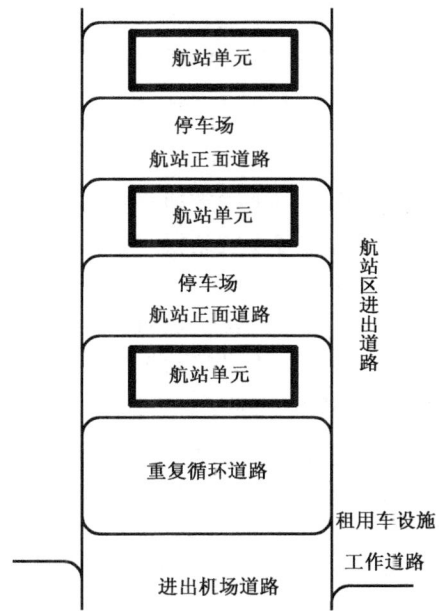

图 11-4　组合式地面道路系统

二、航站楼车道边

航站楼车道边是航站楼建筑外供旅客上下车的地方。这样的空间一般由航站楼前边或航站楼旁边的一条或多条车道组成,一般分为出发车道边和到达车道边。它们是整个机场运作的一个重要组成部分。大部分旅客(行李),包括迎送者都在车道边上下车,旅客在这个区域实现步行与乘坐地面交通工具(小汽车、出租车、大巴等)的转换过程。航站楼车道边是地面交通系统中使用频率最高、最拥挤和最有价值的地方。车道边人流量大,人员复杂,是旅客的必经之路,很容易形成拥挤状况,因此是地面交通系统的关键节点。

1.车道边的构成与功能

航站楼车道边一般由紧靠建筑的一条步行道、停靠车道、通过车道、垂直车道的人行横道

173

构成。其功能为：

(1)供旅客上下车,是步行与乘车的转换场所;

(2)为某些需要在航站楼前绕行的车辆提供通过的道路;

(3)临时停放车辆,有些机场容许出租车或接客人的车在车道边短时间等候;

(4)为旅客提供横穿车道到停车场的步行道。

2.车道边的形式

车道边的主要有一层式、二层式两种形式。一层式指出发车道边与到达车道边位于一层。一层式车道边一般用于客流量比较小的机场。我国20世纪80年代以前建的机场都是一层式车道边,例如青岛机场、重庆江北机场。二层式指出发车道边与到达车道边位于二层,出发车辆与到达车辆分开,缓解拥挤状况。二层式车道边适合客流量比较大的情况。当然也不是绝对如此,有些分散式机场如堪萨斯机场,虽然客流量很大仍是一层式车道边。我国大部分新建机场都是二层式车道边。

3.车道边的需求

高峰时段车道边出发和到达的旅客量 Q 是根据机场高峰时段出发和到达的旅客量,结合车道边交通流的特征数据,应用式(11-1)可计算出高峰时段航站楼车道边到达和出发的车辆数。

$$D = Q\sum_{i}^{n}f_i/k_i \qquad (11\text{-}1)$$

式中:i——旅客乘坐的交通车辆类型;

D——高峰时段航站楼车道边到达和出发的车辆数;

Q——高峰时段航站楼车道边到达和出发的旅客量;

f_i——高峰小时出发、到达旅客总数中乘坐某种车辆的旅客所占的比例;

k_i——某种车乘坐的旅客数。

4.车道边的容量

航站楼车道边的容量主要是指单位时间所能停靠的车辆数。根据容量可以分析和评价它对交通需求的满足程度,从而可以作为改善的依据。影响车道边交通容量的因素有:

(1)可利用的车道边长度

车道边长度反映可以同时供多少辆车停靠,决定航站楼出入口的最大吞吐能力,是决定车道边交通容量的主要因素。如果车道边的一部分作停车位使用,则这部分不计入车道边长度。

(2)车道数和人行横道数

车道数为驶进和驶离航站楼前区域的交通车道的数量。人行横道指横穿车辆交通车道的人行路线,类似一般道路上画斑马线的部分,因此会延缓车辆通过航站楼前区域的速度,降低车道边的容量。如果高峰小时客流量很大,需要的车道边长度比航站楼的面宽还要大,那么设计时一般采用双车道或多车道停靠,此时旅客在外侧车道上下车需要穿过车行道,会对交通产生影响,即在计算双车道或多车道的车道边容量时要考虑折减。

(3)管理政策、停留规则

限制各种车停车的位置和时间,会对车道边容量产生很大影响;当车道边过于饱和时,则采取公共交通等分散措施,商业准入管制等。

(4)旅客特征以及机动车辆的组合比例

旅客对各种地面交通方式的选择、各种车的乘坐人数、车道边停靠时间、带行李的旅客比例等,会对车道边停车产生较大影响。

（5）车道边空间布置

大型机场往往将到达旅客和出发旅客层采取空间上分离,这样相应的到达旅客与出发旅客利用的车道边也会有相应的空间分离,高峰时段由于交织而引起的延误较少。

三、地面交通中心

现代的大型机场常常设置地面交通中心,作为多种交通方式的换乘中心。换乘枢纽包括轨道交通车站、公交车站和停车场等设施。需要指出的是,机场的交通枢纽并不存在于每一个机场。如果采用单一的接入方式,且旅客直接在航站楼前下车,那么就不存在衔接系统。但是它越来越成为机场一个不可分割的组成部分,由于机场的流量增大,到达机场的交通方式多样化,在有限的航站楼前区域不可能顺利组织所有的交通方式,那么在距离机场较远的地方修建交通枢纽就是必须的。

四、停车设施

停车设施是机场陆侧的一个重要子系统。它包括公共停车设施、出租车和租用轿车区域、员工停车设施、货运停车设施等。

国外对于机场的停车设施非常重视,它是机场系统收益的重要来源。机场停车需求主要来源于两个方面,一是机场旅客和迎送者,二是机场职工。机场系统停车场的规划时考虑的主要因素一般有两个方面:一是可供停车的面积（或位置）,二是与航站楼的距离。对于停车场的面积（或位置）,主要是根据旅客流量进行预测。由于西方发达国家机场存在大量的停车问题,一般根据需求及旅客特性将机场停车场分为短时间停车场、长时间停车场以及远处停车场三种。最靠近航站楼的规定为短时间停车场。各停车场的收费是不同的,实际上就是依靠不同的收费来调节不同的停车需求,短时间停车场收费最高,其次分别为长时间停车场和远处停车场。研究表明,70%～85%的停车时间不超过 3h,超过 24h 的长期停车占了停车需求不到 20%～30%;但从停车位来说,超过 75%的使用者只占 10%～30%的停车位,剩下的 70%～80%提供给长期停车。

加拿大公路运输联合会针对小型机场提出,高峰小时旅客包括始发和到达,每百人需短期停车位 15 个,年登机旅客每 100 万需要长期停车位 900～1 200 个,再加上每千名工作人员 250～500 之间的停车位。美国联邦航空局（FAA）建议在总平面设计时运用图 11-5 来估计停车场的容量。图 11-5 所指出的指标比较高,符合美国以私人小汽车为主的交通状况。

我国目前的机场停车需求增长快速,停车以迎送和出租车的短期停车为主。随着我国私车保有量的增加,长期停车需求已显现且快速增长,已开始受到机场当局的重视,很多机场开始考虑建设停车楼。

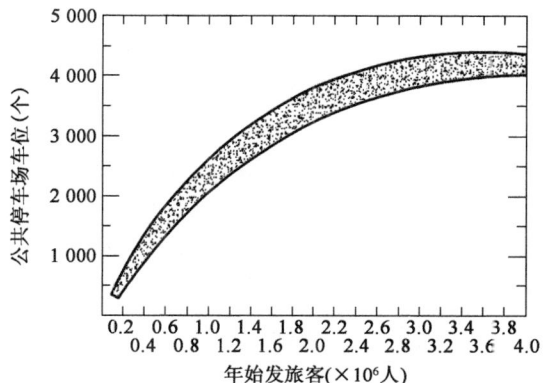

图 11-5　FAA 建议的年始发旅客量与公共停车场容量的关系

五、旅客捷运系统

旅客捷运系统 APM 是自动载运车辆众多系列的总称,用于相对短距离地水平向运送人员,多数系统运送距离至多 2～3km,因此也称为水平向电梯。

旅客捷运系统用于在机场范围内运送旅客,这在过去 10 年的机场规划布局中的创新之举。它使机场设计者能够在整个机场内布置飞机,使飞机的运行更为便利,同时也使旅客在旅客航站楼中的步行距离和旅行时间缩短。特别需要指出的是,旅客捷运系统的发展使得廊道成为多数主要新机场航站区的主要平面布局形式。

对于机场运营者来说,关键性问题是旅客捷运系统是否物有所值。旅客捷运系统可能是非常昂贵的,达拉斯沃斯机场新的 APM 预算超过 8.45 亿美元。目前,采用旅客捷运系统的机场见表 11-6。

陆侧和空侧采用旅客捷运系统的机场

表 11-6

陆　　侧	空　　侧	
芝加哥奥黑尔机场	亚特兰大哈茨菲尔德机场	明尼阿波利斯圣保罗机场
达拉斯沃斯机场	达拉斯沃斯机场	奥兰多国际机场
丹佛国际机场	丹佛国际机场	大阪关西机场
休斯敦布什机场	香港赤腊角机场	匹兹堡机场
纽约纽瓦克机场	吉隆坡国际机场	西雅图塔柯马机场
巴黎奥利机场	伦敦盖特威克机场	新加坡樟宜机场
旧金山国际机场	斯图加特机场	坦帕机场
北京首都机场	迈阿密国际机场	东京成田机场

根据机场飞行区、航站区的布局,旅客捷运系统可设置在陆侧或空侧。

1. 陆侧旅客捷运系统

陆侧旅客捷运系统与机场进场系统及沿进场路散布的各航站楼连接。它之所以为"陆侧"是因为它们由一般公众所使用,而不仅仅为旅客所使用。

陆侧旅客捷运系统替代了公共汽车运输系统,虽然公共汽车系统有着巨大的优势,如建造费用低、容易实施和具有灵活性等,但它们的服务水平相对较低,运行和维护费用昂贵且有污染。

2. 空侧旅客捷运系统

空侧旅客捷运系统服务于旅客,以及安检过后在机场内活动的其他人,它们是许多新型的机场构型设计中的一个主要特征。它们典型地衔接中央航站楼和一个或多个卫星厅或者站坪候机长廊,如底特律都会机场、东京成田机场。

空侧旅客捷运系统促进了站坪航站楼的发展,凭借其减少了飞机滑行时间,它为航空公司提供了意义重大的运行优势。这些时间的节省对于服务于许多中转航班的枢纽机场来说是特别可贵的。陆侧旅客捷运系统已成为新机场设施中的固有组成部分,如亚特兰大的哈茨菲尔德机场、丹佛国际机场、香港赤腊角机场、匹兹堡机场等枢纽机场。

第十二章 飞行区几何设计

第一节 跑 道 长 度

一、飞机起降过程

1. 起飞

飞机从开始滑跑到离开地面,并上升到 10.7m(35ft)高度的运动过程,称飞机起飞。飞机从静止通过滑跑到离地、上升并获得一定高度,是一个不断增速的运动过程。它分为地面滑跑、离地、小角度上升和上升四个阶段,见图 12-1a)。

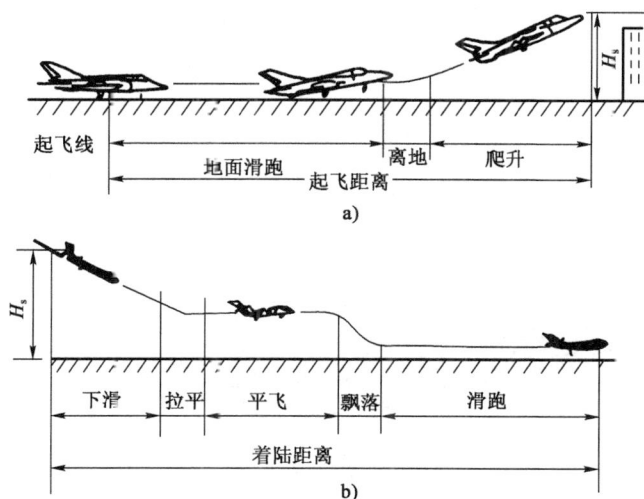

图 12-1 飞机起飞、着陆过程

  地面滑跑是指飞机在跑道上从静止加速至升力大于自重的滑跑。在开始滑跑时,为尽快获得足够的速度,油门需加到最大;当速度增大到一定程度时,需适时拉起俯仰操纵杆,使飞机抬起前轮作两点滑跑,以增大迎角、提高升力。抬前轮的时机不宜过早、过晚,合适抬前轮的飞机速度称之为抬前轮速度。过早抬前轮,会造成飞机以非稳定态的大迎角、小速度方式离地;抬前轮过晚,会造成飞机离地速度过大,增长地面滑跑距离。

  地面滑跑后段,速度和升力不断增大,当升力稍大于重力时,飞机便会自动离地升空。飞机离地的瞬间速度称为飞机离地速度。

  飞机离地后,速度还较小。为了尽快积累速度,需保持一段小角度上升;否则,如上升角过大,会影响飞机增速。另外,飞机刚离地,速度较小、高度还低,飞机的稳定性和操纵性都较差。

大角度上升会影响飞行安全。

小角度上升后段,当速度增大到接近规定的上升速度时,可进一步加大飞机迎角以增大升力和上升角,使飞机转入等速直线上升飞行阶段。

2. 着陆

飞机从 15.2m(50ft)高度下滑,并降落于地面,直至停止滑跑的运动过程,称着陆。着陆是飞机降低高度及减速的运动过程,可分为下滑、拉平、平飘、接地和滑跑五个阶段,见图 12-1b)。

飞机对准跑道准备着陆时,一般都稍带油门下滑,使保持飞机接地时有一定的升力。下滑至规定高度时,拉起俯仰操纵杆以增大迎角(拉平),使飞机保持仰头的两点姿势。随着迎角增大,飞行阻力随之增大,飞机呈平飘运动,速度逐渐减小,高度也徐徐降低。

飞机接地前,升力略小于重力,飞机缓慢下沉。此时,由于飞机迎角增大及气流的地面效应影响,俯仰安定力矩使机头自动下俯。因此,随飞机下沉需适当向后拉俯仰操纵杆,以保持飞机的两点接地姿势。

飞机以两点接地后,飞机轮胎与地面的摩擦力使飞阻力迅速增大,飞机减速;随着速度减小,升力降低,机头自动下俯,前轮接地,飞机进入地面滑跑阶段。为了缩短滑跑距离及增加地面摩擦力,前轮接地后采取自动或手动制动并打开减速板,在跑道潮湿时,不能紧急制动,以免使飞机发生侧滑的"水漂"现象。

二、跑道长度构成

1. 起飞

涡轮多发飞机的起飞需考虑以下三种情况,见图 12-2b)、c)。

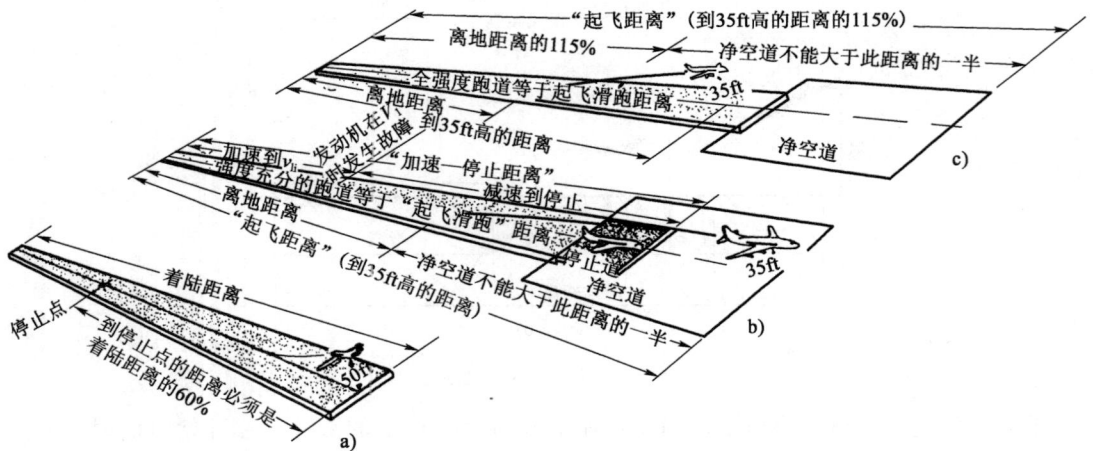

图 12-2 跑道长度构成

a)着陆情况;b)发动机发生故障情况;c)正常起飞情况

(1)正常起飞

所有发动机正常情况下,飞机从静止、滑跑、离地至上升至 10.7m(35ft)高度的实际距离记作 D_{35}。飞机的地面滑跑距离(LODA)段需铺筑全强度道面,离地后一段距离全部铺筑全强度道面已无必要,为了保证偶尔飞机离地较迟而前冲过头,将该段距离的一半铺筑全强度道面,另一半为不铺设道面的"净空道(CWY)"。为了保证安全,考虑驾驶员操作技巧的差别,上述距离均外加 15%。铺设全强度道面一般称之为"起飞滑跑距离(TORA)",飞机起飞距离

（TODA）即为起飞滑跑距离（TORA）与净空道（CWY）之和。上述几个距离之间的关系为：

$$TODA = 1.15 D_{35}$$
$$TORA = \frac{TODA + 1.15 LODA}{2}$$
$$CWY = TODA - TORA$$

(12-1)

（2）故障起飞

飞机在起飞过程中，一台发动机发生故障，此时若飞机速度较大，飞机应继续起飞，因一台发动机故障造成的推力损失，飞机的实际起飞距离 D_{35} 将增大。净空道（CWY）的设置要求同正常起飞，不过由于涡轮发动机的故障发生概率很小，故不需另外 15％安全距离。

（3）加速—停止

若一台发动机发生故障时的飞机速度较小，继续起飞需要起飞距离过长，应制动停止。此过程称之为加速—停止，所需的距离称为"加速-停止距离（ASDA）"。由于涡轮发动机的故障率很低，因而，允许在起飞滑距离（TORA）以外的那部分加速-停止距离（ASDA）采用强度较小但不会使飞机遭受结构损坏的铺装层，此段距离名为"停止道（SWY）"。

$$SWY = ASDA - TORA$$

(12-2)

对于活塞发动机来说，它的故障率相对较高，因此，不使用正常起飞另加 15％安全余量的条款；其次，不采用强度较小的停止道，即加速—停止距离（ASDA）全采用全强度道面。活塞发动机的飞机均为小型飞机，在活塞与涡轮发动机飞机共用的机场，其跑道长度由涡轮发动机飞机决定。

2. 着陆

若飞机在适当的速度和高度（15.2m）通过跑道入口时，则飞机所需的着陆距离（LDA）的 60％足以使飞机完全停住[停止距离（SDA），着陆距离（LDA）须铺筑全强度道面，见图 12-2a]，即：

$$LDA = SDA / 0.6$$

(12-3)

由于飞机在跑道入口的高度与速度偏差相对较大，因此，飞机着陆距离（LDA）需要比理想状况的停止距离（SDA）增加 2/3 的余量。涡轮式和活塞式发动机飞机的要求相同。

从狭义来说，跑道一词专指"全强度道面（FS）"。因此，全强度道面（FS）、停止道（SWA）、净空道（CWY）之和的正式名称为"场地"，其长度称之为"场地长度（FL）"。然而，跑道与场地两词往往是混用的，其原因是早期的活塞式发动机飞机只有全强度道面而没有停止道和净空道。场地与跑道之间含义等同。全强度道面（FS）、停止道（SWY）、净空道（CWY）与起飞距离（TODA）、起飞滑跑距离（TORA）、加速—停止距离（ASDA）、着陆距离（LDA）之间关系为：

$$FL = \max(TODA, ASDA, LDA)$$
$$FS = \max(TORA, LDA)$$
$$SWY = ASDA - FS$$
$$CWY = \min(FL - ASDA, TODA - TORA)$$

(12-4)

式中：TODA、TORA 为正常起飞与故障起飞的大值。

例 12-1 某机场跑道长度的设计飞机的起降性能特性为：正常起飞 LODA＝1 800m、D_{35}＝2 200m，故障起飞 LODA＝2 000m、D_{35}＝2 600m，加速—停止 ASDA＝2 500m，着陆 SDA＝1 300m。设计双向起降的跑道。

由式（12-1）～式（12-3）解得：

正常起飞 　　　　　　　$TODA = 1.15 \times D_{35} = 2\,530m$

$TORA = (TODA + 1.15 \times LODA)/2 = 2\,300m$

$CWY = TODA - TORA = 230m$

故障起飞 　　　　　　　$TODA = D_{35} = 2\,600m$

$TORA = (TODA + LODA)/2 = 2\,350m$

$CWY = TODA - TOAR = 250m$

着陆 　　　　　　　　　$LDA = DSA/0.6 = 2\,167m$

由式(12-4)求得场地各组成部分的长度为:

$$FL = \max(TODA, ASDA, LDA) = 2\,600m$$

$$FS = \max(TORA, LDA) = 2\,350m$$

$$SWY = DASA - \max(TORA, LDA) = 100m$$

$$CWY = \min(FL - ASDA, TODA - TORA) = 150m$$

三、决断速度

涡轮发动机飞机起飞过程中,若一台发动机发生故障,是继续"故障起飞"还是制动"加速一停止",取决于飞机已有速度。当飞机速度小于某一规定限值时,驾驶员应立即制动使其停住;当速度超过该规定限值时,应选择继续起飞。这个速度限值称之为决断速度,也称之为"发动机故障临界速度 v_1"。

当决断速度较小时,飞机的易刹车制动,加速段与制动段的距离均较短,因此,加速一停止距离 ASDA 较小,但是,由于决断速度与离地速度、爬升速度的差距较大,加上因发动机的推力下降造成了飞机提速能力不足,飞机的起飞距离 TODA、起飞滑跑距离 TORA 将大大增加;若决断速度偏大,继续起飞将不会引起飞机的起飞距离 TODA、起飞滑跑距离 TORA 大幅度增加,但刹车制动困难,加速一停止距离 ASDA 将大幅度增加。因此,决断速度的选定对场地长度以及构成有重大影响。

图 12-3 为决断速度与场地长度关系图。从图中可以看出:

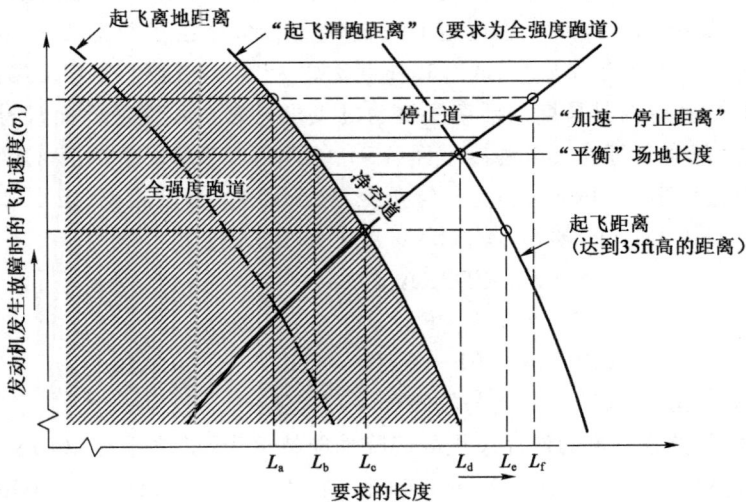

图 12-3　决断速度与场地长度关系图

（1）当 $v_1 < v_{1a}$ 时，ASDA<TORA，停止道缺失，场地由全强度道面、净空道构成，场地长度随着 v_1 增大而缩短；

（2）当 $v_{1a} \leqslant v_1 < v_{1b}$ 时，TODA≤ASDA<TORA，场地由全强度道面、停止道、净空道三部分构成，其长度随着 v_1 增大而继续缩短；

（3）当 $v_1 = v_{1c}$ 时，ASDA=TODA，净空道被停止道替代而缺失，场地由全强度道面、停止道构成，此时的场地长度为最短，称为"平衡场地长度"或"平衡跑道长度"；

（4）当 $v_1 > v_{1c}$ 时，ASDA>TODA，场地由全强度道面、停止道构成，其长度由加速—停止距离控制。停止道长度随着 v_1 增大而迅速增长。

四、跑道长度的影响因素

影响跑道长度的因素可分为飞机起降性能、飞机起飞重量、机场高程、气候条件以及跑道物理特性五大类。

1. 飞机起降性能

飞机起降性能是影响跑道长度最主要的因素，其主要技术参数有：基准条件下最大起飞重量时的飞机推重比（飞机总重量与发动机推力的比值）和飞机离地、最大着陆重量时的入口速度。飞机推重比决定了飞机的加速度大小，若飞机推重比大于1且可向下加力时飞机可垂直起降。直升机和第四、五代战机的飞机推重比均接近或超过1，民用客机的飞机推重比在 0.2～0.3 左右；飞机离地、入口速度越小则跑道长度越短，飞机离地、入口速度与机翼横截面面积、机翼形状以及飞机襟翼的放下量等因素有关，一般来说，机翼横截面面积越大，飞机离地、入口速度越小，但飞机的巡航速度也会随之减小。

2. 飞机起飞重量

飞机的推力由发动机决定，而起飞重量是由飞机基本重、商务载重、航程燃油重和备用燃油重组成。飞机基本重是不变的，而后三者是可变的，其中，航程燃油量与飞机商务载重及航程有关，备用燃油量取决于目的地机场至附近备降机场的距离，减少商务载重或是缩短航程，可减轻飞机起飞重量，从而获得较大的飞机推重比，飞机的离地速度随之减小，所需的跑道长度缩短。

3. 机场高程

由第二章中有关飞机升力公式可知，在飞机升力与空气密度成正比。机场海拔高程越高，空气密度越低，飞机起飞的离地速度、着陆的入口速度就越大，其次，空气密度下降还会影响发动机的工作效率，使其推力下降，飞机的加速度减小，这两方面的影响均要求增长跑道长度。在机场规划阶段，对大部分机场场址来说，可按其海拔高程，从海平面起每增高 300m，跑道长度增加 7% 估计，即高程修正后的机场场地长度 FL 为：

$$FL = 1.07^{\frac{H}{300}} FL_0 \qquad (12\text{-}5)$$

式中：H——地场海拔高程（m）；

FL_0——海平面所需的场地长度。

在机场设计时，需将地场海拔高程按第二章的方法换算为气压高程。当机场海拔很高时，海拔修正需专业分析，升高 300m 的跑道长度增加率可能上升至 10%。

4. 气候条件

气候条件主要有温度、湿度和地面风三个因素。

温度、湿度上升均会引起空气密度的下降,从而导致跑道长度的增加。相对温度而言,湿度影响相对较小,在规划阶段可不予考虑;温度上升引起的跑道长度的增加率,随温度升高而加大,在 15~35℃ 范围内,温度每上升 1℃,跑道长度约需增加 1% 左右。

风主要影响飞机与空气的相对速度,顺风起飞跑道长度需加长,9.1km/h 的顺风,跑道需增长 7% 左右。若跑道可双向起降,飞机应保持逆风起降,风的影响不计。单向起降的跑道,必须考虑计入顺风的不利影响,一般来说,最大允许顺风不得超过 18.2km/h。

5. 跑道物理特性

影响跑道长的跑道物理特性主要有跑道纵坡和跑道表面状况两项。

跑道的纵向起伏会影响飞机的加速性能和抬起鼻轮的转动速度,美国的研究表明,跑道的均匀坡度增加 1%,跑道长度需增长 7%~10%。均匀坡度的跑道是不存在,FAA 提出用有效纵坡表征跑道纵向起伏,有效纵坡为跑道中线的最高点与最低点的高程度除以跑道长度。跑道长度增长率取有效纵坡的 10 倍,而有效纵坡最大允许值为 1.5%。

飞机着陆接地后制动距离与跑道表面的摩阻系数有着反比关系。雨水、雪浆会使跑道的摩阻系数大大下降,当高速轮驶过时有可能发生"飘滑"现象。轮胎飘滑时,如同行驶上湿冰上,摩阻系数极低,方向操纵完全失去控制,是极为危险的。FAA 的研究表明,产生飘滑的近似速度 v_q(km/h)可用下式表示:

$$v_q = 187\sqrt{q} \tag{12-6}$$

式中:q——轮胎充气压强,MPa。

跑道上滞留水、雪浆,对飞行起飞也有很大的影响,它为形成显著的阻滞力,雪浆也可能喷溅到飞机,增加起飞阻力及损坏飞机部件。FAA 认为喷气机的起飞时雪浆和水厚度不得大于 12.2mm;当雪浆和水厚度在大于 6.1mm 时,飞机重量必须大量减轻。

五、跑道长度确定与公布

1. 跑道的设计长度

根据该机场在航空运输系统规划或机场系统规划中定位,以及机场的远景发展规划,确定该机场的跑道长度的关键飞机,也可称设计机型。所谓关键飞机为起降次数不少于 250 架次/年的航程中所需跑道长度最长的飞机。

其次,获取机场所在地的环境参数:气压高程、特征温度(机场多年最热月的平均日最高气温)。

再次,根据气压高程、特征温度,以设计机型在关键航程的起飞、着陆重量,查由飞机制造商提供的飞机性能曲线或图表确定其跑道长度。

估计跑道的有效纵坡,按有效纵坡 1% 加长 10% 跑道长度的修正跑道长度。

2. 偶尔起降飞机的跑道长度校核

对于偶尔起降大型飞机或超远航程,跑道长度是否足够需加校核。若现有机场的跑道长度不能满足其最大起飞着陆重量起降时,必须减载起降。减载量可从减少商务载重,或(和)缩短航程以减少航程燃油重量来现实。校核和减载步骤是跑道设计的逆运算。

实际跑道长度减去因有效纵坡引起增加量,然后,根据机场的气压高程、特征温度,查飞机性能曲线或图表确定该机型的允许起飞和着陆重量;允许着陆重量必须大于飞机基本重、商务载重和备用燃油重之和,允许起飞重量必须大于飞机基本重、商务载重、航程燃油重和备用燃油重之和;上述两条件必须满足,否则应减少商务载重,或(和)限制航程,使两条件同时被满足。

3.跑道长度情报的公布

跑道长度由全强度跑道、停止道及净空道组成,且着陆时的跑道入口标志常常内移,因此,跑道各组成部分可用距离信息以及着陆入口的准确情报需予以公布,以便使用该机场的有关飞机据此进行正确起飞和着陆运行。跑道各部分可用距离的典型组合情况见图 12-4。图中仅为从左到右运行的情况,若双向起降,则可依此法组合。图 12-5 为提供公布距离信息的建议格式。

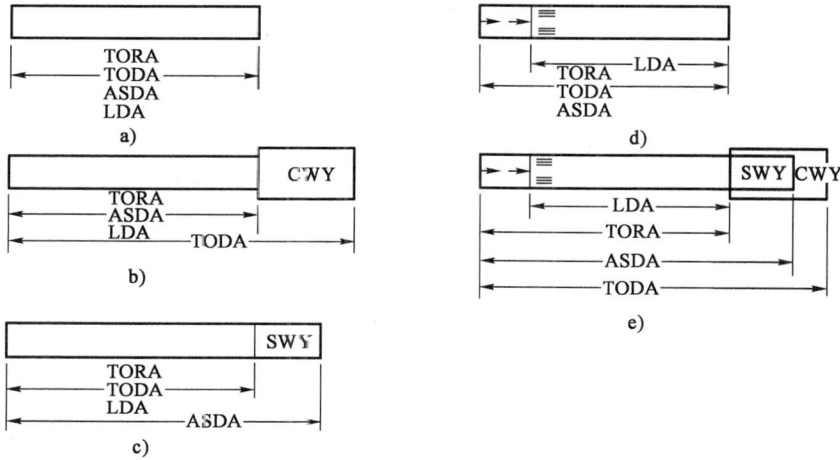

图 12-4 跑道各部分可用距离的典型组合情况

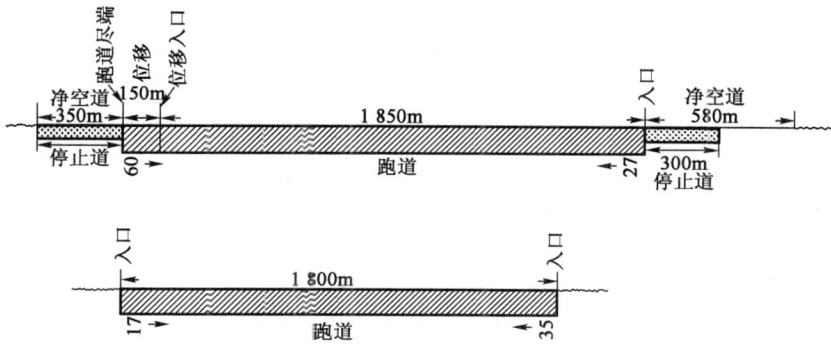

跑道	TORA m	ASDA m	TODA m	LDA m
09	2 000	2 300	2 580	1 850
27	2 000	2 350	2 350	2 000
17	NU	NU	NU	1 800
35	1 800	1 800	1 800	NU

图 12-5 可用距离公布示例

六、一般跑道长度

一般来说,各类机型的跑道长度范围如下:

单活塞发动机飞机:600～750m;

双活塞发动机小型飞机:750～900m;

双活塞发动机飞机:900~1 500m;

2~3 个喷气发动机飞机:1 500~2 100m;

4 个喷气发动机飞机:>2 100m。

美国各类机场的跑道长度的一般值如下:

基本专业机场(Ⅰ级):610m;

基本专业机场(Ⅱ级):760m;

一般专业机场(Ⅰ级):910m;

一般专业机场(Ⅱ级):1 100m;

运输机场(Ⅰ~Ⅱ级):1 500~2 100m;

运输机场(Ⅲ~Ⅵ级):2 100~3 600m。

根据国际民用航空组织 1981 年对世界 147 个国家和地区的 1 038 个运输飞机场的 1 718 条跑道的统计资料,跑道长度:3 500m 以上的占 9.8%;3 500~3 001m 的占 15.7%;3 000~2 501m 的占 17.1%;2 500~2 000m 的占 21.1%;2 000m 以下的占 39.3%,见图 12-6。

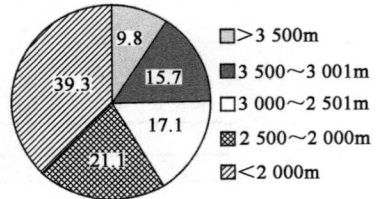

图 12-6　跑道长度分布图

第二节　跑道体系设计

跑道体系包括跑道(结构道面)、道肩、净空道、停止道、跑道安全带、防吹坪等,见图 12-7。其中,跑道安全带可分为升降带、跑道端安全区两部分。

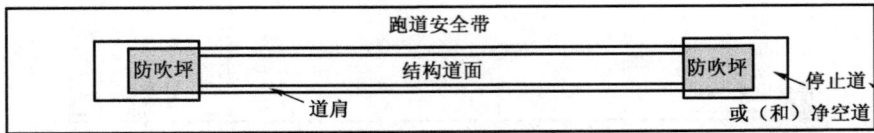

图 12-7　跑道体系各组成部分示意图

一、跑道

跑道广义是跑道体系,狭义是指全强度跑道或称之为结构道面。跑道几何设计的内容包括确定所需的前节所述的跑道长度,以及宽度和纵、横断面。

1. 宽度

跑道宽度由飞机主起落架外轮缘之间的距离,飞机起飞和着陆时对跑道中心线的横向偏离度,以及必要的附加安全宽度三部分组成。

调查表明,飞机起飞和着陆时对跑道中心线的横向分布,近似呈标准正态分布,在跑道两端 300m 长度范围内,75%飞行运行次数的横向偏离值在 1.77m 之内,其标准差为 0.773m;在跑道中部,75%飞行运行次数的横向偏离值在 3.556m 之内,其标准差为 1.546m。跑道宽度的附加安全宽度作为飞机万一"出轨"的安全考虑及保护喷气发动机以免吸入松散材料,重要跑道的附加宽度一般取 15m。国际民航组织 ICAO 的《国际民航公约》附件十四和我国的《民用航空运输机场飞行区技术标准》(以下简称技术标准)中对各飞行区等级的跑道最小宽度列于表 12-1。

184

跑道最小宽度(m)　　　　　　　　　　　　表 12-1

飞行区等级指标 I	飞行区等级指标 II					
	A	B	C	D	E	F
1	18	18	23	—	—	—
2	23	23	30	—	—	—
3	30	30	30	45	—	—
4	—	—	45	45	45	60

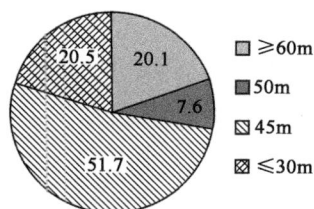

根据国际民用航空组织 1981 年对世界 147 个国家和地区的 1 038 个运输飞机场的 1 718 条跑道的统计资料,跑道宽度:60m (或 60m 以上)的占 20.1%;50m 的占 7.6%;45m 的占 51.7%; 30m(或 30m 以下)的占 20.5%,见图 12-8。

图 12-8　跑道宽度分布图

2. 纵断面

从飞机运行效率和安全的角度来看,跑道纵向水平最为理想,但是,由于填挖方工程过于巨大而不经济可行。为了满足飞机平顺、舒适和安全地起飞和降落,对跑道最大纵坡、坡度变化量以及最小坡长和变坡处的竖曲线半径均有一定的限制。技术标准中规定的各项跑道纵断面设计指标,列于表 12-2。

跑道纵断面设计指标　　　　　　　　　　　　表 12-2

飞行区等级指标 I	1	2	3	4
最大有效坡度	0.02	0.02	0.01	0.01
两端 1/4 跑道长度的最大坡度	0.02	0.02	0.008①	0.008
跑道其他部分的最大坡度	0.02	0.02	0.015	0.012 5
两个相邻坡的坡度最大变化量	0.02	0.02	0.015	0.015
竖曲线最小半径（m）	7 500	7 500	15 000	30 000
最小坡长②（m）	5 000C	5 000C	15 000C	30 000C

注:①对于 II 类或 III 类精密进近跑道。

②不得小于 45m。

表 12-2 中的坡长是指两变坡点之间的距离,最小坡长指标中的乘数 C 是指相邻两变坡点的坡度变化量的绝对之和,即:

$$C = |i_x - i_y| + |i_y - i_z| \qquad (12\text{-}7)$$

式中:i——相邻三段坡长的坡度,参见图 12-9。

跑道纵断面设计除了必须满足表 12-2 中的各项技术标准之外,尚应满足飞机驾驶员的视距要求。技术标准规定,飞行区等级指标 II 为 C 级以上时,高于跑道 3m 的任何一点上应能看到至少半条跑道长度距离内的高于跑道

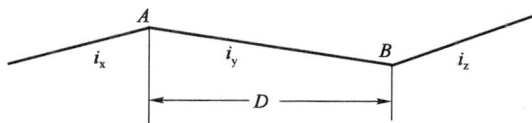

图 12-9　坡长 D 及最小坡长乘数 C 计算

3m 的任何其他点,即视高和物高同为 3m;飞行区等级指标 II 为 B 级时,视高和物高同为 2m; A 级时,视高和物高同为 1.5m。

3. 横断面

跑道的横断面设足够大的横坡以满足道面表面排除雨水的要求,但同时横坡不宜过大,以

免危及飞机运行安全和轮胎的过量磨耗。技术标准规定的最大、最小横坡值见表 12-3。横坡应尽可能采用对称于跑道中心线的双向坡,且在整条跑道上均匀一致。与其他跑道或滑行道相交处,应设置均匀过渡段,以考虑充分排水的需要。

跑道横坡限值 表 12-3

飞行区等级指标 II	A	B	C	D	E	F
最大	0.02	0.02	0.015	0.015	0.015	0.015
最小	0.01	0.01	0.01	0.01	0.01	0.01

注:降雨强度大于 8mm/h 时,C、D、E、F 跑道的最小横坡可为 0.01,跑道横断面外侧各 10m 范围内的最大横坡可放宽至 0.02。

当纵坡和横坡都采用最大限值时,应分析该处的合成坡度是否妨碍飞机的运行。

二、道肩

道肩为紧邻结构道面边缘条状结构物,其作用为抵御喷气气流的吹蚀,防止松散材料吸入喷气发动机内,减少飞机偶然驶离跑道时受损的危险性,以及作为承载维护设备和应急设备场地和通道。

道肩宽度一般为 1.5m,当飞行区等级指标 II 为 D、E 的跑道宽度小于 60m 时,道肩宽度使跑道加道肩的总宽度为 60m。邻接跑道的道肩表面同跑道表面接平,道肩的横坡应较跑道横坡大 0.5%～1%,但其最大值不宜超过 2.5%。

三、停止道、净空道

设置停止道时,停止道宽度应同与之相接的跑道与道肩总宽度相一致。停止道的坡度和变坡限制与跑道的相同,但对跑道两端各 1/4 长度部分的 0.8% 坡度限制无需应用于停止道。对于飞行区等级指标 I 为 3、4 的跑道,在停止道与跑道相接处和沿停止道上的竖曲线最小半径可降至 10 000m。

净空道的起始点为全强度跑道或停止道(若设置的话)的末端,它的宽度为 150m,在跑道中心延长线两侧对称分布。净空道中心线两侧各 22.5m 范围内的坡度、变坡应与跑道的相一致,但允许孤立的凹地(如横穿净空道的排水明沟)存在,其他地面也不允许超出 1.25% 的升坡。在净空道区域内除了有跑道灯之外不能有任何障碍物,且跑道灯应是易碎件。

四、升降带

升降带是跑道和停止道(若设置的话)周围的安全地带,在有些专业文献中,升降带连同跑道端安全区一起统称跑道安全带。

升降带的长度应自跑道端、当设置停止道时应自停止道端向外至少延伸 30m(飞行区指标 I 为 1 并为非仪表跑道),60m(其他场合)。升降带宽度应不小于表 12-4 中的规定值。

升降带宽度 (自跑道中线及其延长线向每侧延伸)(单位:m) 表 12-4

飞行区等级指标 I	1	2	3	4
仪表跑道	75	75	150	150
非仪表跑道	30	40	75	75

除必需的并符合易折要求的助航设备之外,在升降带下列范围内不应有任何危及飞行安全的固定物体,以避免飞机滑出跑道时结构受到严重损害。

(1)飞行区指标 I 为 4 和飞行区指标 II 位 F 的 I 、II 、III 类精密进近跑道,距跑道中线两侧各 77.5m 以内;

(2)飞行区指标 I 为 3 或 4 和飞行区指标 II 位 F 以下的 I 、II 、III 类精密进近跑道,距跑道中线两侧各 60m 以内;

(3)飞行区指标 I 为 1 或 2 的 I 类精密进近跑道,距跑道中线两侧各 45m 以内。

当跑道用于起飞或着陆时,升降带上述区域不得有运动的物体。

在升降带的地面要求平整且具有一定的强度,平整范围及最大纵、横坡要求见表 12-5。平整范围以外横坡,向外为干坡的最大坡度不超过 5%。

升降带平整范围及要求　　　　　　　表 12-5

飞行区等级指标 I	1	2	3	4
宽度:中心线两侧尺寸(m)				
仪表跑道	40	40	75	75
非仪表跑道	30	40	75	75
最大纵坡	0.02	0.02	0.017 5	0.015
最大横坡	0.03	0.03	0.025	0.025

五、跑道端安全区

在升降带两端,飞行区指标 I 为 3、4 级跑道和 1、2 级的仪表跑道,需设置安全区,以免着陆飞机冲出跑道或过早接地。

安全区的长度不小于 90m,其宽度为跑道宽度的 2 倍。安全区内地面应整平,除必需的并符合易折要求的助航设备之外,不应有任何危及飞行安全的固定物体。安全区的纵向变坡应尽可能的平缓,避免突然变化或反坡,降坡不大于 5%,横坡不大于 5%。安全区的坡度设置应满足起降的净空要求,不得突出于进近面或起飞爬升面。同跑道端安全不相邻接的地面一般应不陡于 20% 的缓坡,并不允许存在陡坎或挡土墙等。

六、防吹坪

不设停止道的跑道端应设防吹坪,防吹坪自跑道端至少向外延伸 60m,其宽度等于跑道道面和道肩的总宽度。防吹坪表面应与其相连的跑道表面齐平,结构应能承受飞机气流的吹蚀。防吹坪表面的颜色宜与跑道表面颜色有显著差别。防吹坪的坡度应与升降带坡度相同。

第三节　滑行道体系设计

滑行道的作用是连接飞行区各个部分的飞机运行通道,根据滑行道的作用和位置,滑行道分为入口滑行道、出口滑行道、平行滑行道、快速出口滑行道、联络滑行道、机坪滑行通道等。

滑行道几何设计的主要内容为:确定滑行道、道肩和滑行带的宽度,设计其纵、横断面,确定出口滑行道的位置,选定平曲线半径和确定曲线增补面,保障滑行道同跑道、其他滑行道或物体的最小间隔距离要求等。

一、滑行道的宽度、坡度

滑行道直线段的道面宽度依据飞机主起落架外轮缘间距,以及主起落架外轮缘与滑行道道面边缘之间的最小净距(即飞机轮迹的最大允许横向偏离)决定。

为了防止松散材料(石子或其他东西)被吸入喷气发动机内和防止滑行道两侧地面被吹蚀,飞行区指标 II 为 C、D、E 和 F 的滑行道两侧应设对称的道肩。为减少飞机偶尔滑动滑行道时受到损坏的危险性,在滑行道外设置称作滑行带安全区。滑行带内除了必要的助航设备之外,不得有危害飞机滑行的障碍物。滑行带与滑行道道面或道肩相接处应,靠近滑行道的区域应整平。

滑行道直线段道面的宽度、道面与两侧道肩的总宽度、滑行带以及滑行带整平区的宽度应不小于表 12-6 中的规定值。滑行道、滑行带的纵、横断面的技术指标要求见表 12-7。

滑行道设计标准 表 12-6

飞行区等级指标 II	A	B	C	D	E	F
最小宽度(m):滑行道道面	7.5	10.5	18(15)①	23(18)②	23	25
道面＋道肩	—	—	25	38	44	60
滑行带(单侧)	16.25	21.5	26	40.5	47.5	57.5
滑行带平整区(单侧)	11	12.5	12.5	19	22	30
外轮缘至道面边缘的最小净距(m)	1.5	2.25	4.5(3)①	4.5	4.5	4.5

注:①括号内数值适用于纵向轮距小于 18m 的飞机。

②括号内数值适用于主起落架轮外缘距小于 9m 的飞机。

滑行道、滑行带的纵、横断面技术指标 表 12-7

飞行区等级指标 II		A	B	C	D	E	F
滑行道最大纵坡		0.03	0.03	0.015	0.015	0.015	0.015
最大横坡	滑行道道面区	0.02	0.02	0.015	0.015	0.015	0.015
	滑行带平整区,升坡	0.03	0.03	0.025	0.025	0.025	0.025
	滑行带平整区,降坡	0.05	0.05	0.05	0.05	0.05	0.05
	滑行带非平整区,升坡	0.05	0.05	0.05	0.05	0.05	0.05
竖曲线最小半径(m)		2 500	2 500	3 000	3 000	3 000	3 000
最小视距/视线高(m)		150/1.5	200/2	300/3	300/3	300/3	300/3

二、最小间隔距离

滑行道中心线同平行跑道或滑行道中心线之间,或者同物体之间要保持一定向间隔距离。这一距离取决于飞机翼展、飞机对滑行道中心线的最大允许偏差以及安全间距。

(1)滑行道中心线同平行跑道中心线的最小间距 S,按滑行道飞机的翼尖不侵入跑道升降带的要求确定:

$$S = \frac{W_s}{2} + \frac{R_s}{2} \tag{12-8}$$

式中:W_s——翼展,m;

R_s——跑道升降带宽度,m。

(2)平行滑行道之间的最小距离 S,按下式确定:

$$S = W_s + 2X + Z_1 \tag{12-9}$$

式中:X——主起落架轮外缘到滑行道边缘的最小净距,m,其规定值见表12-6;

Z_1——两架相邻滑行飞机翼尖间的安全间隔,m ,其规定值见表12-8。

(3)滑行道中心线同物体之间的最小距离 S,按下式确定:

$$S = \frac{W_s}{2} + X + Z_2 \tag{12-10}$$

式中:Z_2——飞机翼尖与物体之间的安全间隔(m),其规定值见表12-8。

(4)机位滑行通道中心同物体之间的最小距离,按下式确定:

$$S = \frac{W_s}{2} + d + Z_2 \tag{12-11}$$

式中:d——机位处主起落架的允许横向偏离(m),由于滑行速度较小,其值小于 X,其规定值见表12-8。

安全间隔 Z 及横向偏离 d(单位:m)　　　　　　表 12-8

飞行区等级指标 II		A	B	C	D	E	F
安全间隔	Z_1	3	3	4.5	7.5	7.5	7.5
	Z_2	4.5	5.25	7.5	12	12	12
横向偏离	d	1.5	1.5	2	2.5	2.5	2.5

三、出口滑行道的位置

跑道的出口滑行道,在交通不太繁忙的机场,连接在跑道两端,随着飞机起降架次的增加,在跑道中段设有一个或几个跑道出口和滑行道相连,以便降落的飞机迅速离开跑道,提高跑道容量减少延误。出口滑行道与跑道的交角可以是直角的,也可以是锐角的,直角出口时,由于转角大,飞机进入出口滑行道的速度小,因而占用跑道时间较长,锐角出口有利于飞机高速滑出,故又称之为快速出口滑行道。快速出口滑行道与跑道的交角一般在25°~45°。

出口滑行道的设置的位置(一般以距跑道入口的距离 D 计),与飞机在跑道入口处的速度(又称飞机入口速度或进近速度)、进入入口后在空中与地面的减速度有关。出口滑行道位置 D 的计算式为:

$$D = \frac{v_1^2 - v_{TD}^2}{2a_1} + \frac{v_{TD}^2 - v_E^2}{2a_2} \tag{12-12}$$

式中:v_1——飞机进近速度,m/s;

v_{TD}——飞机接地速度,m/s,可假设 v_1 比 v_{TD} 小 2.6~4.1m/s;

v_E——飞机进入出口滑行道时的速度,m/s ;

a_1——飞机在空中的平均减速度,约为 0.76m/s^2;

189

a_2——飞机在地面的平均减速度,约为 $1.62m/s^2$。

各种飞机的进近速度是不同的,ICAO 将它划分为 5 类,见表 12-9。不同进近速度的飞机,要求不同的出口位置,因而,出口滑行道的数值取决于使用跑道的飞机类型和各类飞机的数量。

飞机的进近速度(km/h)　　　　　　　　　　　　　表 12-9

类　别	A	B	C	D	E
进近速度	<169	169~223	224~260	261~306	307~491

出口滑行道位置的选择,还要考虑其次因素,如航站楼机坪的位置,空中交通管制处理的方式,其他跑道及出口的位置,滑行道体系的交通流组织等。

快速出口滑行道的典型设计如图 12-10 所示。快速出口滑行道应在弯道内侧设置增补面,转出弯道后有一直线段,其长度应使飞机滑行到与其相交的滑行道之前能完全停住。快速出口滑行道的出口设计速度、平曲线最小半径等设计标准列于表 12-10。

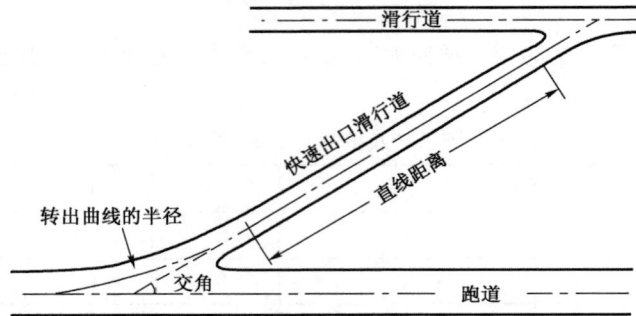

图 12-10　快速出口滑行道设计

快速出口滑行道设计标准　　　　　　　　　　　表 12-10

飞行区等级指标 I	3、4	1、2
出口设计速度(km/h)	90	65
最小曲线半径(m)	550	275
滑行道中线标志起点距曲线起点(m)	60	30
直线段最小长度(m)	75	35

四、曲线增补面

滑行道的弯道的转弯半径应满足飞机转弯性能的要求,见表 12-11。飞机转弯时鼻轮与主起落架轮系遵循不同转弯半径,因此弯道处滑行道道面需要加宽,见图 12-11。飞机鼻轮沿滑行道中线标志滑行时,飞机的主起落架外侧主轮与滑行道道面边缘之间的净距应满足表 12-5 中的规定值。

滑行道平曲线半径(m)　　　　　　　　　　　表 12-11

滑行速度(km/h)	16	32	48	64	80	96
平曲线半径(m)	15	60	135	240	375	540

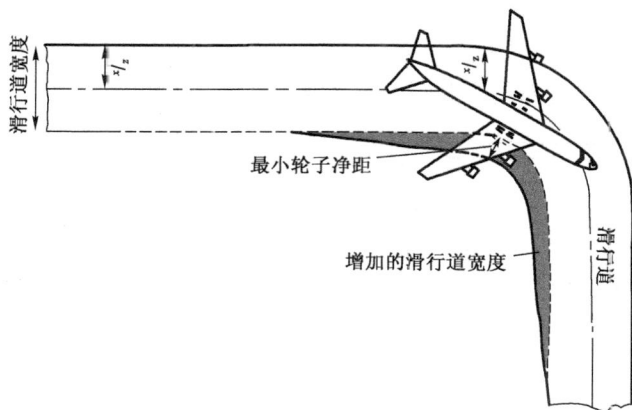

图 12-11　滑行道弯道加宽

滑行道弯道处的道面加宽部分称之为增补面,它的大小取决于转弯角、平曲线半径,以飞机的纵向轮距有关。增补面的设计有模型模拟法、数学计算法和图解法几种。模型模拟法是将一定比例的飞行员模型(例如 1:5C)放在滑行道、跑道平面图上,按模型飞机滑行时主起落架外轮的滑行轨迹确定增补面;数学计算法是通过解析几何建立飞机主起落架外轮轨迹方程,进而确定增补面。下面介绍一种简兰的图解法,其步骤如下,见图 12-12。

(1)用一适合的比例描出鼻轮的行驶轮迹,比例尺宜大些以使图解有足够精度。

(2)按所选定的比例,将飞机的纵向轮距用圆规表示。

(3)以鼻轮行驶轮迹的由线起点作为起始位置,记作 N_1,并标出主起落架的起始位置 M_1。

(4)以一步长表示鼻轮的运动位置 N_2,并以该点作为圆心以飞机纵向轮距为半径作圆弧,再用直尺连接 N_2—M_1,线段 N_2—M_2 与圆弧的交点记作 M_2,该点即为主起落架相应于鼻轮位置 N_2 时的新位置。

(5)鼻轮继续以步长运动至位置 N_3,并以该点作为圆心以飞机纵向轮距为半径作圆弧,用直尺连接 N_3—M_2,线段 N_3—M_2 与圆弧的交点记作 M_3……

(6)如果重复,得到相应于鼻轮行驶位置 N_1、N_2、…、N_n 时的主起落架行驶位置 M_1、M_2、…、M_n,将 M_1、M_2、…、M_n 连接起来的曲线就是主起落架行驶轮迹。

(7)主起落架行驶轮迹与鼻轮行驶轮迹之差即为弯道所需增补面。

上述图解法的精度取决于作图比例尺的大小和鼻轮行进的步长,作图比例尺越大、鼻轮行进步长越小则精度越高。

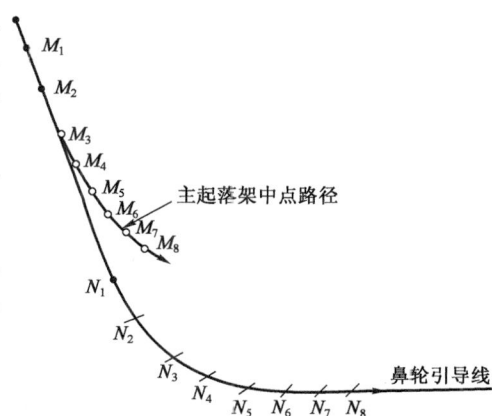

图 12-12　主起落架行驶轮迹图解法

五、等待区和滑行支道

起飞飞机由机坪通过滑行道进入跑道端部,然后起飞。起飞顺序由机场塔台的交通管制员安排。在交通密度不太大时,起飞顺序可先到服务的模式进行,对飞机等待区和滑行支道并不需要。随着交通密度的增加,先到服务模式对跑道容量制约弊端凸现,例如,大飞机后跟小飞机所需较长时间间距,从而影响跑道的容量。因此,在跑道端附近需设飞机等待区或滑行支

191

道,也可采用双跑道入口,参见图 12-13,以便交通管制员对飞机起飞顺序作出更有利的调整。

飞机等待区设置在跑道端部附近的滑行道处,等待区所需的空间取决于停靠飞机的大小和数目,停靠飞机与超越飞机的最小翼尖净距满足表 12-8 中 Z_2 的要求。

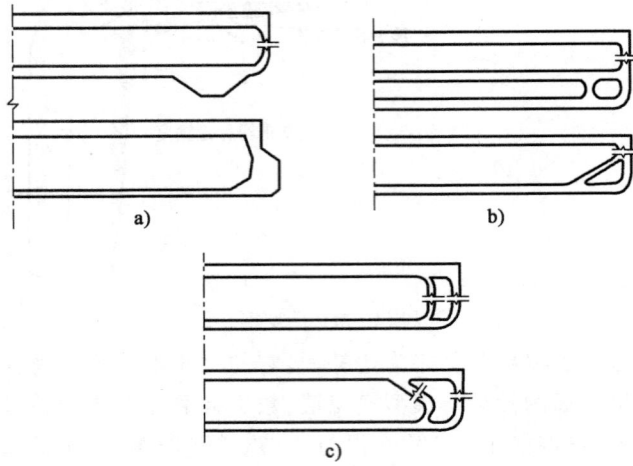

图 12-13　等待区和滑行支道

a)等待区;b)双滑行道和滑行支道;c)双跑道入口

第十三章 机场道面结构设计

第一节 概 述

一、使用要求

机场的跑道、滑行道和机坪需铺设道面结构,供飞机起飞、着陆、滑行和停放使用。机场道面结构应具有以下几方面的使用性能,以满足飞机的使用要求:

(1)具有足够的结构强度,在预定的使用年限内能承受飞机荷载的多次重复作用,而不出现威胁安全或影响使用的结构损坏。大型飞机的质量很大,如 A380 的最大起飞质量可以达到 560t。因而,道面结构的承载能力要求比路面等其他铺面结构大很多。

(2)表面具有足够的抗滑能力,以保证飞机在潮湿状态下起飞或着陆滑行制动时的安全。运输飞机在跑道上着地时的速度可达 200～300km/h,在快速出口滑行道上滑行的速度为 50～100km/h。雨天高速滑行时,由于表面水来不及排走,易在轮胎和表面形成水膜而造成飘滑现象。因而,道面表面应进行抗滑处理,以保证飞机的运行安全。

(3)表面具有良好的平整度,使飞机在高速起飞和着陆时不产生颠簸,从而不影响驾驶员对飞机的控制和乘客的舒适感。

(4)面层或表面无碎屑,以免被吸入喷气式发动机,造成发动机的损坏。

(5)具有充足的耐久性,以避免在环境和荷载的重复作用下,过早出现轮辙、开裂、老化、松散等损坏。

二、道面类型与结构层次

按面层所用材料的不同,道面分为沥青混凝土道面和水泥混凝土道面两类。两类道面的结构,均可分为面层、基层和垫层三个层次。结构层次示意如图 13-1 所示,一般用于各结构层的材料列于表 13-1。

面层是直接承受飞机荷载作用和环境(降水和温度)影响的结构层,应具有较高的结构强度和荷载扩散能力,良好的温度稳定性(沥青混凝土道面),不透水、耐磨、抗滑和平整的表面。面层可由一层或数层组成。

基层主要起承重(扩散荷载)作用,应具有足够的强度。基层材料可由经沥青或水泥处治(稳定)的粒料或者未经处治的粒料组成。基层有时设两层,分别称为基层和底基层。

在地基土质较差和(或)水温状况不良时,宜在基层之下设置垫层,起排水、隔水、防冻等作用。垫层可采用结合料稳定粒料或土或者无结合料稳定的材料。垫层也可因道面结构总厚度要求、土基强度状况要求或防冻要求而设置数层。

结 构 层 次	沥青混凝土道面	水泥混凝土道面
面层	普通沥青混凝土； 沥青马蹄脂碎石（SMA）	普通水泥混凝土； 钢筋水泥混凝土； 钢纤维水泥混凝土
基层	普通沥青混凝土； 沥青碎石； 级配碎石； 无机结合料稳定类材料； 贫混凝土或碾压混凝土	普通沥青混凝土； 贫混凝土或碾压混凝土； 无机结合料稳定类材料； 级配碎石
垫层	无机结合料稳定类材料； 级配碎（砾）石； 砂砾	无机结合料稳定类材料； 级配碎（砾）石； 砂砾

按照道面的结构层次组合方式（图 13-1）以及基层和垫层所选用材料的刚度，沥青混凝土道面可进一步分为柔性道面、全厚度道面、半刚性道面和复合道面。柔性道面以普通沥青混凝土、沥青碎石、级配碎石等刚度较低的材料作为基层材料；全厚度道面的基层和垫层均采用沥青混凝土或沥青碎石；半刚性道面的基层采用水泥、石灰粉煤灰稳定粒料类材料、碾压水泥混凝土等；复合道面指在水泥混凝土板上铺筑沥青混凝土的道面，主要出现在道面加铺中，结构示意如图 13-2 所示。

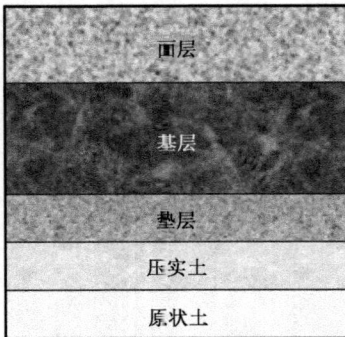

图 13-1　道面结构层示意

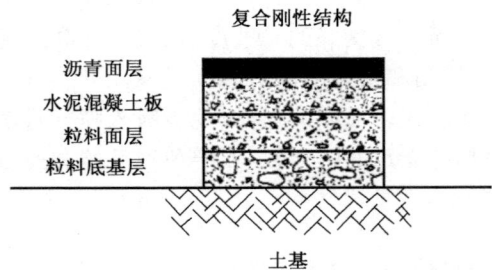

图 13-2　复合道面结构示意

道面类型、结构层次和组成材料的选择，依据设计飞机的质量和运行次数、地基承载能力、气候条件（气温和降水等）、当地材料供应和施工经验等因素，综合考虑和分析后决定。通常，机坪大都采用水泥混凝土道面结构，以避免燃油和机油滴漏对道面的不利影响。对于跑道和滑行道，我国目前习惯于采用水泥混凝土道面结构，而国外超过 60％的民用机场采用沥青混凝土道面结构。

三、设计内容与方法

道面设计的任务在于提供一个经济而可靠的道面结构，它在预定的设计使用期内能承受飞机荷载和环境因素的作用，具有符合使用要求的性能。同时，这种道面结构所需的材料、施工设备和技术，符合当地所能提供的条件和经验。

道面设计使用期是指新建或改建道面的使用性能到达预定的最低可接受水平时所经历的时段。设计期可用年数表示，也可用该时段内设计飞机的累计运行次数表示。设计期规定得长，所需道面结构厚，初期投资大；规定得短，虽然初期投资可少，但改建周期短。设计期一般为 20～30 年。

道面设计的内容主要包括：

(1)道面类型和结构选择；

(2)各结构层材料组成设计；

(3)道面结构设计，确定满足交通要求和适应环境条件的各结构层所需厚度；

(4)经济评价和最终方案选择。本书主要介绍道面结构设计方法，其他各部分内容参见有关书籍。

道面结构设计方法，可以分为两大类：经验法和力学—经验法。前者通过试验路的试验观测，积累大量有关道面结构、飞机荷载大小和运行次数以及使用性能之间关系的数据，经过整理后建立这三方面的经验关系式，据此按设计飞机和运行次数设计道面结构。如美国联邦航空局(FAA)的传统 CBR(加州承载比)法，我国的民用机场沥青道面设计方法等。力学—经验法则是建立道面结构的力学模型，通过应力和应变的分析以及同材料容许应力和应变的对比，确定所需的道面结构。属于这一类的有美国沥青协会的沥青道面设计方法、美国 FAA 的弹性层状体系设计法、美国波特兰水泥协会(PCA)和我国的水泥混凝土道面设计方法等。

国际机场的道面结构要为各国航空公司的飞机起飞和着陆服务。为了便于这些公司判别道面结构强度能否承受他们的飞机荷载，国际民航组织(ICAO)制订了一套道面强度评价和报告方法，称作 ACN-PCN 法。ACN 为飞机等级号，是飞机荷载的一种数码。PCN 为道面等级号，是道面结构承受飞机荷载能力的一种数码。PCN 若大于 ACN，则该飞机能使用该机场的道面起降。

第二节　交　通　因　素

机场道面设计时所需考虑的交通因素有三个方面：飞机荷载、通行次数和荷载重复作用次数。

一、飞机荷载特性

与道面结构设计相关的飞机荷载基本参数包括最大起飞重量、主起落架机轮数目、主起落架荷载分配系数、轮胎充气压力等。常用的民用飞机的基本参数列于附录二。

1.飞机起落架构型

飞机荷载由主起落架和前起落架传递至道面的。常用飞机的主起落架构形(轮子的数目，其相对布置位置和间距)可以分为单轴单轮、单轴双轮、双轴单轮、双轴双轮、双轴四轮、三轴双轮和复合型等类型。常用飞机的起落架构型如图 13-3 所示。

2.轮载

飞机的重量主要由主起落架承担。主起落架承担的重量占飞机总重的比例称为主起落架分配系数。一架飞机的主起落架分配系数会随着飞机的存油量以及货物和旅客的装载情况而发生一定的变化，一般为 90％～96％。许多国家的道面设计方法为了反映飞机的实际状况，会取每种飞机的典型分配系数用来计算该飞机起落架的轮重，如中国、加拿大等。美国 FAA

的设计方法建议在道面厚度设计时主起落架承担的重量全部取为总重的 95%。

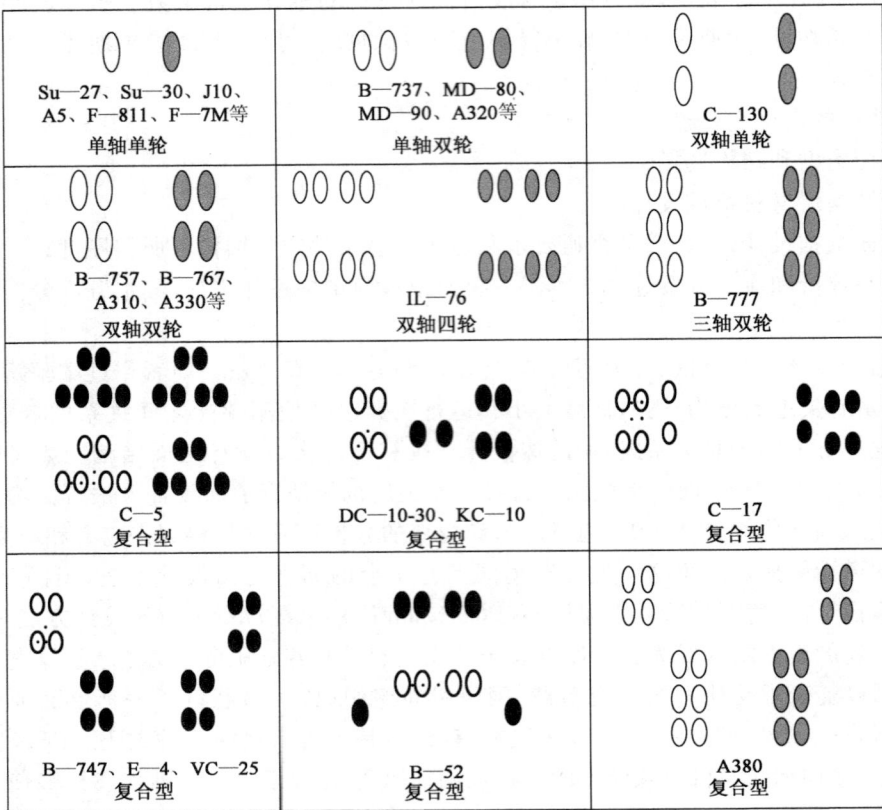

图 13-3　飞机常用起落架构型(非比例)

主起落架的个数一般为 2~4 个,一般均假定主起落架上各个单轮所承担的荷载相同,此时单轮荷载可按如下公式计算。

$$P = \frac{\varrho \cdot G}{n} \tag{13-1}$$

式中:P——飞机主起落架上的单轮荷载,kN;

G——飞机荷载,一般由最大起飞重计算得到,kN;

ρ——主起落架荷载分配系数;

n——飞机所有主起落架的轮子数目。

3. 接触应力与轮印面积

现有的道面设计方法中,飞机轮胎的接地压力通常采用轮胎充气压力近似。飞机轮胎的轮胎充气压力,一般在 0.5~1.6MPa 之间,大型民用运输机的轮胎充气压力变化范围为 1.1~1.5MPa。

飞机单轮的轮印随着轮载、充气压力和轮胎类型的不同会呈现出不同的形状。为了便于计算分析在现有道面设计方法中均对单轮的轮印进行了假定,包括圆形、椭圆形、矩形和组合形(半圆与矩形的组合)。圆形轮印的接触面积:

$$A = \frac{P}{q \cdot 1\,000} \tag{13-2}$$

其半径为:

$$r = \sqrt{A/\pi} \tag{13-3}$$

式中:A——飞机单轮轮印面积,m²;

　　q——飞机主起落架上单轮接触压力,可取轮胎的充气压力,MPa。

　　r——飞机单轮圆形轮印的半径,m。

椭圆形的轮印的长边 a 与短边 b 之比取 1.6,短边 b 与圆形半径 r 的关系为 $b=0.79r$。有些国家的水泥混凝土道面设计中,把轮印假定为矩形和两个半圆的组合,形状如图 13-4 所示。轮印长 L 与轮印面积的关系为 $L = 1.383 \sqrt{A}$。

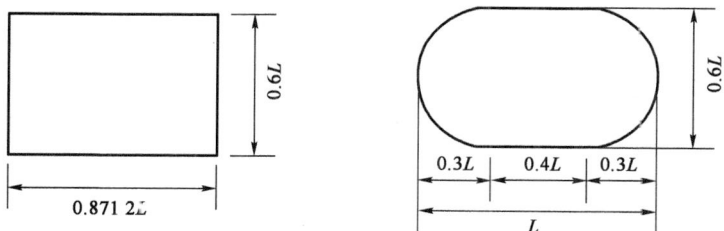

图 13-4　矩形轮印和组合型轮印

在有限元分析中为了单元划分的方便一般都把轮印假定成矩形,如图 13-4 所示,图中的 L 按矩形和两个半圆的组合情况进行确定。

二、通行次数

通行次数是指飞机通过道面的次数。美国 FAA 的咨询通报 150/5320—6D 认为在降落时由于燃油已大量消耗,降落时对道面产生的力学作用与起飞时相比可忽略,因此,取通行次数等于飞机的起飞次数。我国民航的沥青道面设计规范认为,起飞和降落时均应考虑对道面的作用,取通行次数为飞机的运行架次,并认为起飞和降落架次的比值为 1:1。

在现实之中根据飞机装载燃油的不同和跑道布局的不同,通行次数和交通循环(指飞机完成降落或起飞作业的次数)之间存在不同的对应关系。如图 13-5,对具有平行滑行道的机场,飞机起飞或降落 1 次在跑道产生的通行次数为各 1 次。若是中央滑行道的情况(图 13-5 的 b)则飞机在起飞或降落时需在跑道的关键区域运行 2 次,即通行次数为 2。飞机降落到某机场时可分为在该机场加油和不加油两种情况,若在该机场不加油继续飞行,则起飞和降落的重量相差并不大,需要计入降落的次数。

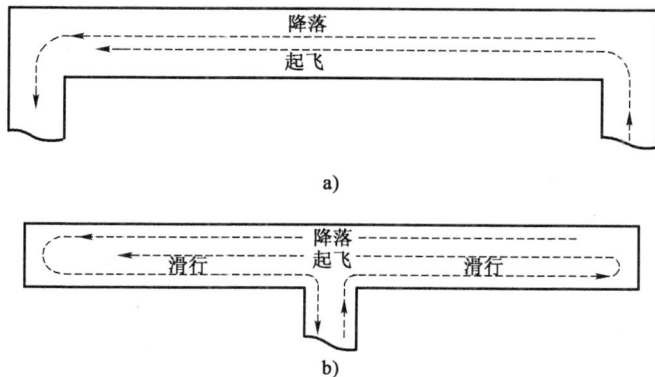

图 13-5　飞机在跑道上的通行模式

a)设有平行滑行道的情况;b)设有中央滑行道的情况

三、当量单轮荷载

不同构型的起落架,即便在总重相等的情况下,它们对道面结构的影响(所产生的应力、应变或位移)也不相同。为了便于从道面结构影响的角度对比飞机荷载的大小,采用某种方法将多轮荷载转换成一个当量的单轮荷载。这样,便可统一按当量单轮荷载大小来衡量飞机对道面结构的影响,或者对道面结构强度的要求。

所谓当量,必须赋予特定的定义或范畴。对于柔性道面来说,以往采用弯沉作为结构设计的指标之一,因而选用在道面结构内某处产生的最大弯沉量相等,作为多轮荷载同单轮荷载当量的标准。而对水泥混凝土道面,通常采用混凝土面层的弯拉应力作为设计指标,因而选用所产生的弯拉应力相等作为多轮荷载同单轮荷载当量的标准。下面介绍柔性道面当量单轮荷载ESWL的确定方法。

在进行当量单轮确定时首先要明确道面结构的力学模型,如弹性层状体系、弹性半无限体系等。以假设道面结构为均质半无限体为例,在半径为 r、轮压为 p_s 的单轮荷载作用下,半无限体内不同位置(x/r、z/r)处的弯沉 W_s 可按下式计算:

$$W_s = \frac{p_s r}{E} F_s \left(\frac{x_s}{l}, \frac{z_s}{l} \right) \tag{13-4}$$

式中:E——半无限体的弹性模量;

$\quad$ F_s——弯沉系数,可按弹性半无限体理论计算;

$\quad$ x_s——距荷载作用中心的径向距离;

$\quad$ z_s——距半无限体表面的深度。

多轮荷载作用下的弯沉可以应用叠加原理得到,也即分别计算单轮荷载的弯沉值,然后叠加而成。因而,特征点的总弯沉值为:

$$W_m = \frac{p_m r_m}{E} \sum_1^n F_i \tag{13-5}$$

式中:p_m——多轮荷载各轮子的轮压;

$\quad$ r_m——多轮荷载各轮子的接触面积半径;

$\quad$ F_i——i 个轮子(距中心 x_i)的弯沉系数,是 x_i/r 和 z_i/r 的函数,由图 13-6 确定;

$\quad$ n——轮子数。

假设取当量单轮荷载的接触面积 A_s 同多轮荷载中的一只轮子的接触面积相等。按当量的定义 $W_s = W_m$,则可得当量单轮荷载 ESWL 为:

$$\text{ESWL} = \frac{P_m}{F_s} \sum_1^n F_i \tag{13-6}$$

四、轮迹横向分布

飞机在跑道、滑行道和联络道上滑行时,并不严格地按照直线行驶,而是存在一定的偏移和摆动。飞机的中心线会偏离设施的中心标线(白天)或中线灯(晚上),这种偏离的轨迹或范围称之为轮迹横向分布。

美国等的研究认为轮迹横向分布呈正态分布。在美国 FAA 和空军的道面厚度设计方法中,跑道两端 300m 和滑行道的轮迹横向分布的标准差为 0.773m,跑道中部的轮迹横向分布的标准差为 1.546m。此数值被多个国家或地区的道面厚设计方法所采用。郑翔仁对台北机场刚性道面的监测认为,轮迹横向分布服从正态分布,其标准差为 0.504m。

荷兰研发的 PAVER 认为轮迹横向分布系数服从标准化的 Beta 分布,函数如式(13-7),标准差如表 13-2 所示。

$$f(x) = \frac{\Gamma(\alpha + \beta)}{\Gamma(\alpha)\Gamma(\beta)}x^{\alpha-1}(1-x)^{\beta-1} \qquad 0 < x < 1 \tag{13-7}$$

PAVER 的轮迹横向分布参数　　　　表 13-2

道 面 部 位	宽度(m)	方　式	标准差(mm)	推荐值(mm)
跑道	60.0	降落	2 700~3 400	3 000
		起飞	2 300~2 500	2 400
	45.0	降落	2 100~3 100	2 600
		起飞	1 800~2 500	2 400
滑行道	30.5	滑行	1 800	1 800
	22.8	滑行	760~1 200	1 000

我国水泥混凝土道面设计方法中,认为 75% 的飞机轮迹落在 2.30m 范围内,隐含了正态分布后标准差为 1.00m。在我国现行民用机场沥青混凝土道面设计中,飞机轮迹横向分布采用类似道路路面设计中的轮迹横向分布系数来表征。飞机轮迹横向分布系数的数值以日本的有关资料为基础,采用不同宽度对应不同值,如表 13-3 所示。

飞机轮荷横向累计作用分布系数 η　　　　表 13-3

道面宽度(m)	η	道面宽度(m)	η
18	0.05	45	单轴双轮 0.02,双轴双轮 0.03
23	0.04	60	单轴单轮 0.01,双轴双轮 0.03
30	0.03		

五、荷载重复作用次数

1. 传统的通行—覆盖率

飞机对道面的作用通过起落架轮子进行传递。当飞机通过时,道面上表面某一点受轮胎作用的次数称为覆盖次数(Coverages)。在某些轮胎作用概率低的区域,覆盖次数可能远低于飞机的通行次数。某种机型的覆盖次数与飞机的通行次数、主起落架的数量和轮距、轮胎接触面积的宽度、轮迹的横向分布等有关。为了综合这些因素的影响,在传统的道面结构设计时一般采用通行—覆盖率(Pass-to-Coverage Ratio,P/C)进行衡量。某种机型的 P/C 是指道面结构在受该种飞机作用时,道面横断面上表面所有点中通行次数与覆盖次数比值的最大值,即最不利位置处的通行次数与覆盖次数的比值:

$$\frac{P}{C} = \max\left(\frac{通行次数}{覆盖次数}\right) \tag{13-8}$$

假定飞机轮迹的横向分布服从正态分布,则可以利用轮迹的最大分布概率来计算通行—覆盖率。对单轮而言轮胎覆盖的最大概率位置(轮胎覆盖次数最多的位置)位于正态分布的中点,如图 13-6 所示。假定轮胎接触面积的宽度为 W_t。对于概率最大的中心点而言,单轮中心线在中心点两侧各 $W_t/2$ 范围内作用的轮子都会对中心点产生覆盖次数。因此,此时通行—覆盖率可计算如下:

$$\frac{P}{C} = \frac{1}{C_x W_t}$$

$$C_x = \varphi(x)\big|_{x=\mu} = \frac{1}{\sigma\sqrt{2\pi}}e^{-\frac{(x-\mu)^2}{2\sigma^2}}\big|_{x=\mu}$$

(13-9)

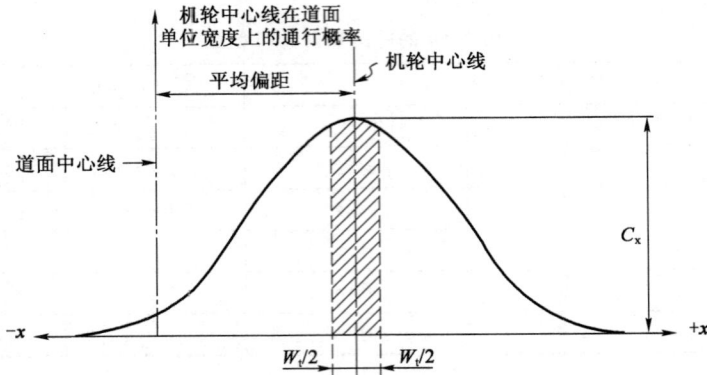

图 13-6　单轮轮迹分布

对多轮荷载来说,需要考虑多轮的叠加效应,其覆盖次数计算如式(13-10)。美国 FAA 用于绘制 CBR 法沥青道面设计曲线的几种典型飞机的通行—覆盖率如表 13-3 所示。

$$\frac{P}{C} = 1/\sum_{i=1}^{m} p_i$$

$$p_i = \int_{x_0-\frac{w_t}{2}}^{x_0+\frac{w_t}{2}} \frac{1}{\sigma\cdot\sqrt{2\pi}}\cdot e^{-\frac{(x-x_i)^2}{2\sigma^2}}\,dx$$

(13-10)

式中:p_i——第 i 个轮胎通过道面表面某点的概率;

$\quad w_t$——轮印的宽度;

$\quad x_0$——距离飞机通道中心线的偏距;

$\quad x_i$——轮胎中心到飞机中心的距离;

$\quad \sigma$——轮迹横向正态分布的标准差。

以上的计算方法适用于沥青混凝土道面的设计。在水泥混凝土道面的设计中,由于水泥混凝土板的整体刚度较大,因此多轴起落架在滑行的过程中仅产生一个峰值的荷载作用,但对沥青混凝土道面却会产生跟轴数一样的峰值。因此,在这种起落架中,沥青混凝土道面的覆盖次数与水泥混凝土道面相差一个等于轴数的倍数。美国用于绘制水泥道面设计曲线的通行—覆盖率如表 13-4 所示,用于绘制水泥道面设计曲线的通行—覆盖率如表 13-5 所示。

美国用于绘制沥青道面设计曲线的通行—覆盖率　　　　　　　　　　表 13-4

设　计　曲　线	通行—覆盖率	设　计　曲　线	通行—覆盖率
单轮	5.18	B—757	1.94
双轮	3.48	B—767	1.95
双轴双轮	1.84	C—130	2.07
A—300 Model B2	1.76	DC10—10	1.82
A—300 Model B4	1.73	DC—30	1.69
B—747	1.85	L—101 I	1.81

美国用于绘制水泥道面设计曲线的通行—覆盖率 表 13-5

设 计 曲 线	通行—覆盖率	设 计 曲 线	通行—覆盖率
单轮	5.18	B—757	3.88
双轮	3.43	B—767	3.90
双轴双轮	3.68	C—130	4.15
A—300 Model B2	3.51	DC10—10	3.64
A—300 Model B4	3.45	DC—30	3.38
B—747	3.70	L—101 I	3.62

2. 改进的覆盖次数

在力学—经验法的道面设计中,设计指标一般均有一定深度的物理量,如土基顶面的竖向压应变、面层底面的水平拉应力等,均需要考虑荷载对深度的影响。因而,基于飞机起落架在道面表面的分布和轮胎的宽度的传统通行—覆盖率计算方法不能适应力学—经验法。在美国 FAA 现行的弹性层状体系结构厚度设计方法(LEDFAA 1.3)中,把覆盖次数计算的位置由道面表面移到了土基顶面。从严格意义上讲,此时已不能称为覆盖次数,但为了理解上的延续性,仍采用覆盖次数和通行—覆盖率这两个名词。这种覆盖率需要考虑起落架荷载传递到土基顶面时的面积和峰值的数量,随着道面厚度、刚度和起落架的构型而变化。由此计算得到的通行—覆盖率往往比在道面表面计算得到的通行—覆盖率要小得多,意味着飞机通过一次会产生更多的覆盖次数。

在 LEDFAA1.3 中假定道面表面的轮印为长宽比等于 1.6 的椭圆,产生的竖向应变在道面内部按照 1:2 的斜率扩散,双轮的情况如图 13-7 和图 13-8 所示。并假定在有效轮印的范围内路基顶面的竖向最大应变均达到最大值(均匀分布)。对较薄的道面结构,双轮会在土基顶面产生两个当量轮印,而对较厚的道面结构则当量轮印会重叠可假定为一个当量轮印。在 LEDFAA 的计算中,将道面中央 20.8m 宽区域划分成宽为 25.4cm 的条带,以条带为单位分别计算通行—覆盖率,再选择最小的通行—覆盖率用于道面厚度设计。

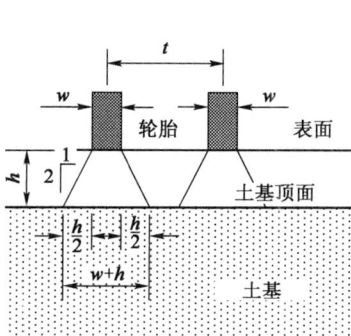

图 13-7 轮印不重叠(2 个当量轮)　　　　　图 13-8 轮印重叠(1 个当量轮)

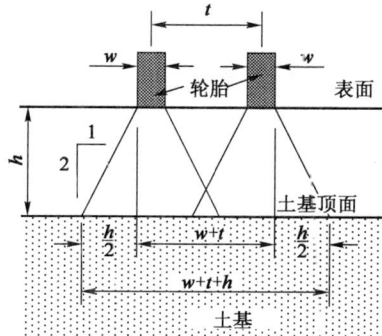

3. 基于道面空间响应的荷载重复作用次数

在道面的实际状态中,某一深度的力学响应量在道面的空间范围内呈现出不同分布。Monismith 于 1987 年提出了可考虑道面结构响应的通用沥青混凝土铺面设计方法,该方法考察任一轮迹条件下的道面结构应力(应变)水平,再根据该应力(应变)水平的荷载作用次数和允许作用次数求出其疲劳损耗,累计所有轮迹的疲劳损耗得到道面结构疲劳寿命。

澳大利亚的 APSDS 采用 Monismith 的方法,以三维的应力应变分布为基础,根据轮迹的横向分布计算每一点的应变(应力)重复作用次数和累积损坏系数,选择累积损坏系数最大点作为计算点。典型的累积损坏系数的计算曲线如图 13-9 所示。对多根轴的叠加,假定采用两种方法:

(1)对较薄的道面结构假定每根轴都会产生一个应变峰值,因此,起落架的损伤系数等于单轴的系数乘以轴数;

(2)对较厚的道面结构,在较深的范围产生的峰值可能只有一个。

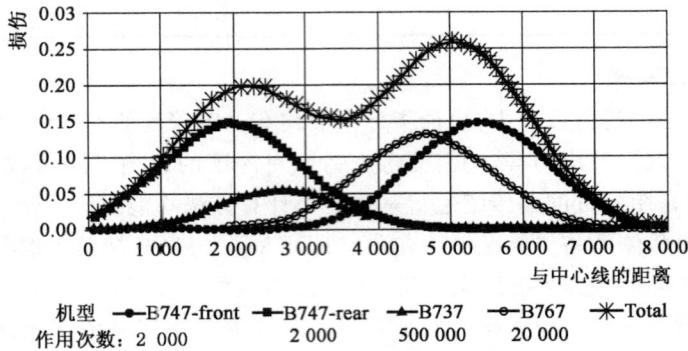

图 13-9　累积损伤系数计算曲线

第三节　沥青混凝土道面结构设计

20 世纪国际上使用较普遍的沥青道面设计方法为经验法,包括美国 FAA、加拿大、日本、中国等在内的国家均采用了这种设计方法,其中以美国 FAA 的 CBR 法最具代表性。随着 B—777 等新一代大型飞机的出现,CBR 法的使用受到了限制,美国 FAA、澳大利亚、荷兰等开始基于弹性层状体系建立能适应新一代大型飞机的力学—经验法以取代经验法。

一、CBR 法

CBR 法属于经验型设计方法,下面以美国 FAA 的方法为基础介绍沥青道面设计的 CBR 法。

1. CBR—厚度关系式及设计曲线

1942 年美国给出了轮压 0.7MPa、单轮荷载重 3 175kg 和 5 443kg 的道面结构厚度设计曲线,后来进一步拓展至轮压为 1.4MPa 和 2.1MPa,单轮荷载重为 11 340kg、18 144kg 和 31 752kg 的情况。对双轮和双轴双轮的起落架荷载,以土基竖向压应力等效原则,换算成当量单轮荷载(ESWL)。

1956 年美国在汇总分析了所有的试验段的性能数据后指出,在接近 5 000 次覆盖次数的情况下,道面结构所需设计厚度 t 与荷载、土基 CBR、轮压之间的关系式为:

$$t = f\sqrt{\mathrm{ESWL}\left(\frac{1}{0.569\,5\mathrm{CBR}} - \frac{1}{32.085\,p}\right)} \tag{13-11}$$

式中:t——道面结构设计厚度,cm;

ESWL——当量单轮荷载,kg;

p——轮胎接触压力,MPa。

f——多轮修正系数,与覆盖次数 c 有关:

$$f = 0.23 \times \lg c + 0.15 \qquad (13\text{-}12)$$

随着 B-747 和 C-5 等多轮重型起落架构型的出现,美国 WES 进行系列相关的试验。认为道面损坏主要来自于沥青面层内部的过量开裂,或者轮迹带外侧 2.54cm 左右位置的剧变。这种剧变隐含了路基或任何一层粒料层的剪切破坏。根据这些成果对式(13-11)进行了修正,提出了三阶计算公式:

$$t = \alpha \cdot r \sqrt{A} \qquad (13\text{-}13)$$
$$r = -0.048\,1 - 1.156\,2\lg s - 0.641\,4(\lg s)^2 - 0.473\,0(\lg s)^3$$
$$s = 0.006\,894\,7CBR/p$$

式中:α——重复荷载系数,如图 13-10 所示。

依据上述经验公式,FAA 按主起落架轮子构型,将飞机分为 4 类:单轮主起落架飞机、双轮主起落架飞机、双轴双轮主起落架飞机和宽体飞机。宽体飞机由于各种机型的起落架构型、轮压和间距差别很大,因而各型号单独考虑。各种机型的设计曲线举例如图 13-11 所示。

2. 交通因素的考虑

在美国 FAA 的 CBR 法中,飞机荷载按照最大起飞重考虑,其中前起落架分担 5%,其余 95% 由主起落架均匀承担。

通过调查和预测,可得到设计期内使用该机

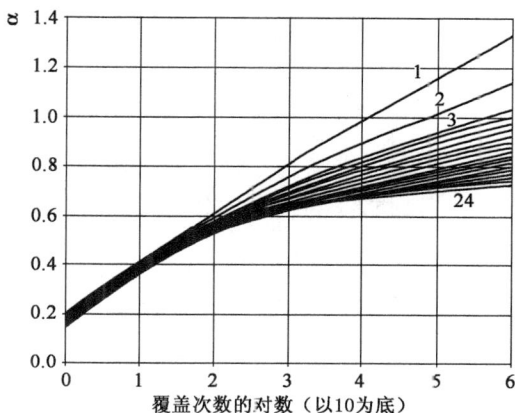

图 13-10　α 与覆盖次数的关系图

场的飞机组成和各种飞机的年起飞次数。利用各种飞机的沥青道面设计曲线图,按地基 CBR、飞机总重和年起飞次数,分别确定所需的厚度。以所需厚度最大的飞机作为设计飞机。设计飞机不一定是飞机组成中最重的飞机。

将飞机组成中各种飞机的起飞次数都按下式转换成设计飞机的当量年起飞次数:

$$\lg R_d = \lg(\delta R_i) \times (W_i/W_d)^{1/2} \qquad (13\text{-}14)$$

式中:R_d——换算成设计飞机的当量年起飞架次;

$\quad\quad R_i$——各换算飞机的年起飞架次;

$\quad\quad W_d$——设计飞机的轮载;

$\quad\quad W_i$——换算飞机的轮载;

$\quad\quad \delta$——轴轮换算系数,按表 13-6 取值。

AC 150/5320—6D 中不同起落架的当量换算系数 δ 　　　　表 13-6

被换算起落架构型	目标起落架构型	δ
单轮	双轮	0.8
单轮	双轴双轮	0.5
双轮	双轴双轮	0.6
两个双轴双轮	双轴双轮	1.0
双轴双轮	单轮	2.0
双轴双轮	双轮	1.7
双轮	单轮	1.3
两个双轴双轮	双轮	1.7

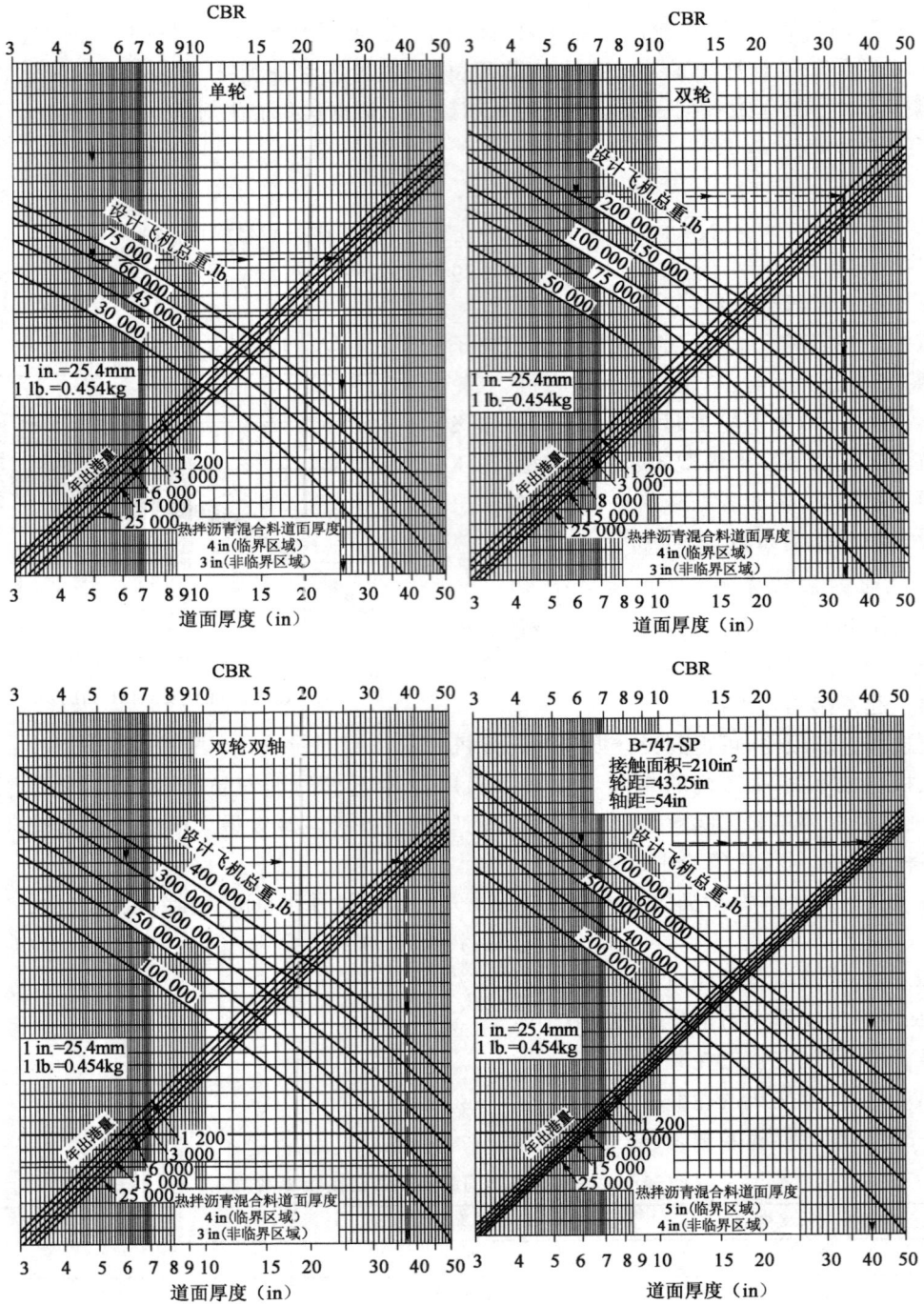

图 13-11　FAA 的沥青道面结构厚度设计曲线示例

在获得设计飞机的当量年起飞架次后,根据总重和起落架构型,重新查设计曲线即可获得沥青道面的设计厚度。

3. 设计步骤

FAA 的沥青道面结构可按下述步骤进行:

第一步:确定土基的 CBR 设计值——通过土质调查和 CBR 试验后确定。

第二步:选择设计飞机——按飞机组成和各飞机的年起飞次数,利用相应的设计曲线得到所需的道面结构厚度,选取厚度最大的飞机作为设计飞机。

第三步:计算设计飞机当量年起飞次数——利用式(13-14),将各种飞机的年起飞次数换算成设计飞机的当量作用次数,并总和得到年当量总起飞次数。

第四步:确定所需道面结构的总厚度——由设计飞机总重、当量年总起飞次数和地基的 CBR 值,查有关飞机的设计曲线得到所需总厚度。

第五步:确定垫层厚度——初选砾石作为垫层,其 CBR 值为 20。按上一步相同方法,查设计曲线得到所需面层和基层总厚度。以道面结构总厚度减去次总厚度,即得到所需垫层厚度。如果采用其他材料做垫层,则可将所得到的垫层厚度除以表 13-7 中所列的该种材料当量系数,即可得到相应的垫层厚度。

各种垫层和基层材料的当量系数建议值　　　　　　表 13-7

材　　料	垫　　层	基　　层
沥青面层	1.7～2.3	1.2～1.6
沥青基层	1.7～2.3	1.2～1.6
水泥稳定基层	1.6～2.3	1.2～1.6
水泥土	1.5～2.0	不能用
碎石粒料	1.4～2.0	1.0**
砾石	1.0*	不能用

注:* CBR＝20,** CBR＝80。

第六步:确定沥青面层厚度——采用设计曲线图上规定的主要和非主要部位沥青面层厚度,作为设计值。一般为 10.2～12.7cm(主要部位)或 7.6～10.2cm(非主要部位)。

第七步:确定基层厚度——按第五步中得到的面层和基层总厚度,减去面层厚度即为所需基层厚度。此厚度应满足基层最小厚度要求,见图 13-12。如所需基层厚度小于此最小厚度,则按最小厚度取用。而多增加的基层厚度,可通过减少垫层的厚度得到补偿。如采用稳定类材料做基层,则可按表 13-7 中所列的当量系数,将上述基层厚度折减为稳定类基层的厚度,但其最小厚度为 15cm。设计飞机的质量超过 91 000kg 时,需采用稳定类基层和垫层。

道面的主要部位和非主要部位所需的面层厚度不同;在不同部位相连接处,应设置厚度过渡段。由于轮迹的横向分布可知,飞机交通集中在跑道横断面的中间部分。因而,边缘部分的面层厚度要求可以低于中间部分,即面层可以修成变厚度的。图 13-13 所示为跑道主要和非主要部位面层厚度变化的平面和横断面布置方案。非主要部位中间部分的面层厚度可以按照计算结果确定,也可按照主要部位中间部分计算厚度的 0.9 倍取用。边缘部分则可按中间部分的 0.7 倍取用。面层厚度虽然变化,但整个路面结构厚度仍保持不变,依靠垫层的增厚来调节。

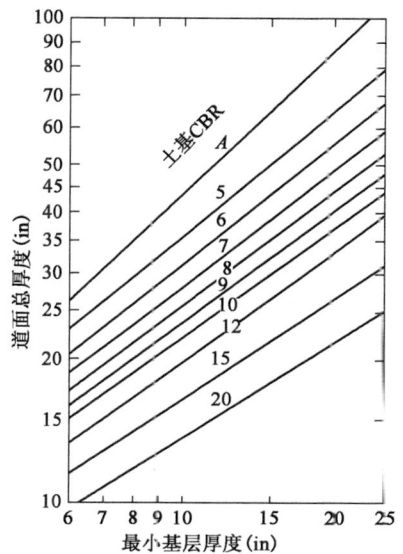

图 13-12　基层最小厚度

205

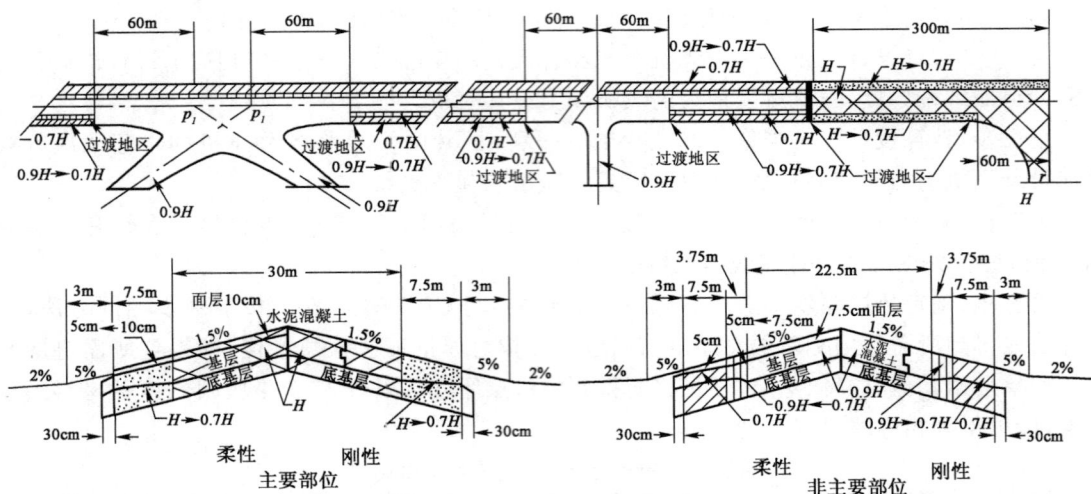

图 13-13　道面结构厚度变化布置

例 13-1　预期使用机场的飞机组成和年起飞次数列于表 13-8。地基土为砂质黏土,由现场试验测得其 CBR 值为 10,设计沥青道面结构。

沥青道面设计算例　　　　　　　　　　　　　　　　表 13-8

机　型	B-747	B-727	B-737	MD-82
最大起飞重(kN)	3 792.01	784.71	583.32	682.54
年起飞次数	1 200	3 000	3 000	6 000
所需道面厚度	76	66	53	61
$(W_i/W_d)^{0.5}$	1	0.455	0.392	0.424
δ	1	0.6	0.6	0.6
R_d	1 200	30.3	189	32.2

依据地基土 CBR 值及各种飞机的起飞重和年起飞次数,查图 13-11,可得所需的道面结构厚度,列于表 13-8。B—747 所需的厚度最大,为 76cm,因而取 B—747 为设计飞机。应用式(13-14),将其他 3 种飞机的年起飞次数换算为设计飞机的当量次数,其中轴轮换算系数 δ 按照表 13-8 取值。计算结果也列于表 13-9,换算后的当量年起飞次数为 1 281 次。

利用图 13-11,设计飞机年起飞次数为 1 281 次时所需的道面结构厚度为 78.7cm。而垫层 CBR 为 20 时所需的面层加基层厚度,由图 13-11 查得为 45.7cm。垫层厚为 78.7－45.7＝33cm。B—747 飞机要求面层厚度为 12.7cm,因而,基层所需厚度为 45.7－12.7＝33cm。但由图 13-12 查得,地基 CBR 为 10 和总厚度为 78.7cm 时所要求的基层最小厚度为 38cm。因此,取基层厚度为 38cm,而垫层厚度改为 28cm。由于道面需承受重型飞机,基层和垫层要求选用稳定类材料。现采用沥青稳定碎石基层和碎石粒料垫层。参照表 13-7 选取材料当量系数相应为 1.5 和 1.4。由此,基层厚度为 38/1.5＝25.3cm,垫层厚度为 28/1.4＝20cm。

依据上述计算,现对主要部位的道面结构采用表 13-9 中所示的厚度。主要部位边缘部分的面层厚度降为 8cm,面层加基层的厚度降为中间部分的 0.7 倍,整个结构厚度不变,因而垫层厚度增加。非主要部位的面层厚度取为 10cm,整个结构厚度取为主要部位的 0.9 倍,其边缘部分的厚度安排列于表 13-9 中。

结 构 层	主 要 部 位		非主要部位	
	中间部分	边缘部分	中间部分	边缘部分
面层(cm)	13	8	10	8
基层(cm)	28	21	25	17
垫层(cm)	22	34	22	32
总厚度(cm)	63	63	57	57

二、弹性层状体系法

在 20 世纪 70 年代,基于力学—经验概念的道面结构设计方法开始出现,1973 年美国沥青协会出版了基于弹性层状体系为理论的"运输机场全厚度沥青道面",1987 年更新为《运输机场沥青道面的厚度设计方法》。1989 年美国军方发布的"机场柔性道面设计"中同时提供了 CBR 法和基于弹性层状体系的力学—经验法。

20 世纪 90 年代中期,新一代大型飞机 B—777 出现,该飞机有两个三轴双轮的主起落架,主起落架共 12 个轮子,而且飞机的总重非常大,轮胎压力也较高。由于缺乏使用经验和相关足尺试验的数据,使得原 CBR 法无法适应 B—777 的需求。为此,美国 FAA 以原来军方的弹性层状体系分析软件(JULEA)为基础,建立了包含 B—777 机型时的道面结构设计力学—经验法,并编制了相关的设计程序 LEDFAA。下面以 LEDFAA 为基础介绍基于弹性层状体系的沥青道面设计方法。

1. 损坏模式与设计指标

以控制沥青混凝土道面使用寿命的主要为轮辙和沥青层疲劳开裂损坏为设计目标,设计指标分析取沥青层底的水平拉应变和土基顶面的竖向压应变。

2. 疲劳方程

FAA 以美国国家机场道面研究中心(NAPTF)的试验结果和弹性层状体系理论解为基础,建立了沥青混凝土面层层底最大水平拉应变 ε_H 与允许覆盖次数 N_H 之间关系如式(13-15)所示;土基顶面最大竖向压应变 ε_V 与允许覆盖次数 N_V 关系如式(13-16)。

$$\lg N_H = 8.44 - 5\lg\varepsilon_H - 2.665\lg E_A \tag{13-15}$$

式中:E_A——沥青混凝土的弹性模量,MPa。

$$N_V = \begin{cases} \left(\dfrac{0.004}{\varepsilon_V}\right)^{8.1} & N_V \geqslant 12\ 100 \\ \left(\dfrac{0.002\ 428}{\varepsilon_V}\right)^{14.21} & N_V \geqslant 12\ 100 \end{cases} \tag{13-16}$$

在 FAA 编制的设计程序 LEDFAA 1.3 中,进一步建立了考虑土基模量 E_{sg} 影响的土基竖向压应变 ε_V 与允许覆盖次数 N_V 之间关系式:

$$N_V = 10\ 000 \times \left[\frac{0.000\ 247 + 0.000\ 245 \times \lg_{10}(E_{sg})}{\varepsilon_V}\right]^{0.058 \times E_{sg}^{0.559}} \tag{13-17}$$

根据 LEDFAA 的分析,土基顶面的应变占据主导地位,所以在分析时先分析土基顶面的竖向压应变的极限状态,满足要求后再验算面层底面的水平拉应变极限状态是否满足要求。

207

3.混合交通的考虑

为了综合考虑飞机荷载对道面的作用,不同飞机荷载的综合效应,LEDFAA 采用 Miner 原理线性叠加各级(各类)荷载(应力)作用下材料所出现的疲劳损伤。所有飞机引起的道面上某一点累计损伤因子 CDF 则为:

$$CDF = \sum_1^m CDF_i = \sum_1^m \frac{C_i}{N_i} \tag{13-18}$$

式中:C_i——i 类飞机的实际覆盖次数;

N_i——i 类飞机的道面结构允许作用次数。

飞机的实际覆盖次数 C_i 根据预测的交通量和机型起落架构型计算得到,道面结构允许作用次数 N_i 根据该类飞机作用下道面结构的应变水平,由上述的材料疲劳方程得到。

当 CDF=1 时,道面将在到达它预期的使用寿命时损坏;

当 CDF<1 时,道面在到达预期的设计使用寿命时,还有剩余的使用寿命;

当 CDF>1 时,道面将在预期的设计寿命前损坏。

不同的损坏类型都对应一个 CDF 值。如以面层的疲劳开裂作为损坏标准则可以计算得到一个 CDF,以路基的竖向压应变破坏作为标准可计算得到一个 CDF。设计的道面结构应该能够同时满足不同损坏的要求,即取 CDF 先达到 1 时的设计指标作为控制指标。

4.设计步骤

第一步:通过土质调查和试验后确定,确定土基的弹性模量。

第二步:预测飞机组成和各飞机的年起飞次数。

第三步:初拟道面结构厚度,试验得到各结构层次材料的力学参数。

第四步:采用弹性层状体系软件,计算沥青层底的最大拉应变和土基顶面的最大竖向压应变。

第五步:计算每种飞机对应于沥青层层底拉应变和土基顶面竖向压应变的覆盖次数。

第六步:根据疲劳方程获得初拟结构对应的每类飞机的允许覆盖次数。

第七步:计算初拟结构的累积损伤因子 CDF,根据 CDF 是否接近于 1 判断初拟结构的合理性,若不满足要求则重新调整结构厚度或材料组成,满足要求则确定初拟结构为设计结构。

第四节　水泥混凝土道面结构设计

一、结构设计理论

水泥混凝土铺面,如公路路面、机场道面、港口铺面等的结构破坏准则,世界各国均采用水泥混凝土面层的结构断裂。因此,在结构设计时,均控制外部作用引起的水泥混凝土面层的最大应力不超过混凝土的疲劳强度作为设计标准。

弹性地基上薄板是世界各国水泥混凝土铺面结构设计方法中力学计算的主要理论,它的假设为:

(1)面板为等厚的弹性体,其力学参数有弹性模量 E、泊松比 μ 和厚度 h;

(2)竖向应变 ε_z 可以忽略;

(3)截面的法平面在变形前后均保持平面并垂直中面,即 $r_{xz}=r_{yz}=0$;

(4)板中面无水平位移，即 $u|_{z=h/2} = v|_{z=h/2} = 0$；

(5)地基与板之间无摩阻力，竖可完全接触。地基的假设有两种：

①Winkler 地基假设，地基反力 $p(x,y)$ 与地基表面弯沉 $w(x,y)$ 成正比，即 $p(x,y) = kw(x,y)$，其比例系数称之为地基反应模量；

②弹性半空间弹性体地基假设。在上述假设下，弹性地基上薄板的挠曲面微分方程为：

$$D\nabla^4 w = q(x,y) - p(x,y) \tag{13-19}$$

式中：D——混凝土面板的弯曲刚度，$D = \dfrac{Eh^3}{12(1-\mu^2)}$；

$q(x,y)$——面板上的竖向荷载分布集度。

弹性地基薄板的解析法目前仅能分析荷载位于板中的情况，Westergaard 用级数解得出了 Winkler 地基上薄板在三种典型荷位（板中、板边、板角）的板内最大挠度和弯矩的近似公式。地基塑性脱空，接缝的传荷效应作用和弹性半空间地基板的板边、板角受荷等情况，有些可采用近似法（如有限元）分析，有些尚需经验判断。

路面材料在温度变化时会发生胀缩变形，当胀缩变形受到约束时，结构内部就产生内应力。其中，温度沿面板厚度不均匀分布引起的翘曲变形而产生面板翘曲应力，对结构影响较大，在板较薄和温度梯度较大时，其值可能会超过荷载应力。Winkler 地基薄板的翘曲应力有较为简单的解析解，但弹性半空间体上薄板的温度翘曲应力尚无解析解，可用有限元法计算。

二、道面结构的应力计算

现行的水泥混凝土道面结构设计方法中，计算理论大多采用 Winkler 地基薄板理论，结构设计标准为控制飞机荷载所产生的最大应力不超过混凝土的疲劳强度。而温度翘曲应力采用控制面板平面尺寸等构造措施加以考虑。

混凝土面板在飞机荷载作用下产生的荷载应力，波特兰水泥协会（PCA）的设计方法中是按荷载作用在无限大板板中假设求出的。它认为水泥混凝土道面的接缝具有良好的荷载传递作用，使得道面板上的任一点的情况与无限大板中央的相近。对于这一假设，认同者甚少。

美国 FAA 的设计方法、工程兵团（CE）设计方法以及我国民航的设计方法，设计荷载应力是按照飞机主起落架的机轮位于半无限大板的自由边板边边缘得到的自由边荷载应力，然后再考虑板缝传荷能力影响，但是，对板缝传荷能力的影响缺乏深入分析论证，粗糙地认为 1/4 荷载可通过板缝传递至邻板。圆形或椭圆形单轮位于半无限大板的自由边板板边边缘时，面板结构荷载应力有显式近似解，即 Westergaard 的板边应力公式；对于多轮荷载的结构荷载应力需采用有限元等数值方法求解，或应用根据 Westergaard 的板边应力公式和叠加原理绘制的"板边弯矩影响图"（图 13-14）。

利用"板边弯矩影响图"计算混凝土道面的设计荷载应力步骤如下：

(1)根据式(13-21)计算确定道面结构的相对刚度半径 l(m)。

$$i = \sqrt[4]{\frac{Eh^3}{12(1-\mu^2)k}} \tag{13-20}$$

(2) 按计算轮印面积和尺寸。

(3) 取影响图上的比例尺等于刚度半径，将轮迹尺寸按此比例绘制在透明纸上，并以此覆盖在影响图上，计算轮迹包围的影响图方块数 n。

（4）按式（13-22）和式（13-23）计算自由边临界荷位处的截面最大弯矩 M_e（MN）和应力 σ_e。

$$M_e = 0.000\,1pl^2n\ (\text{MN}) \tag{13-21}$$

$$\sigma_e = 6M_e/h^2\ (\text{MPa}) \tag{13-22}$$

式中：p ——轮胎压力，MPa。

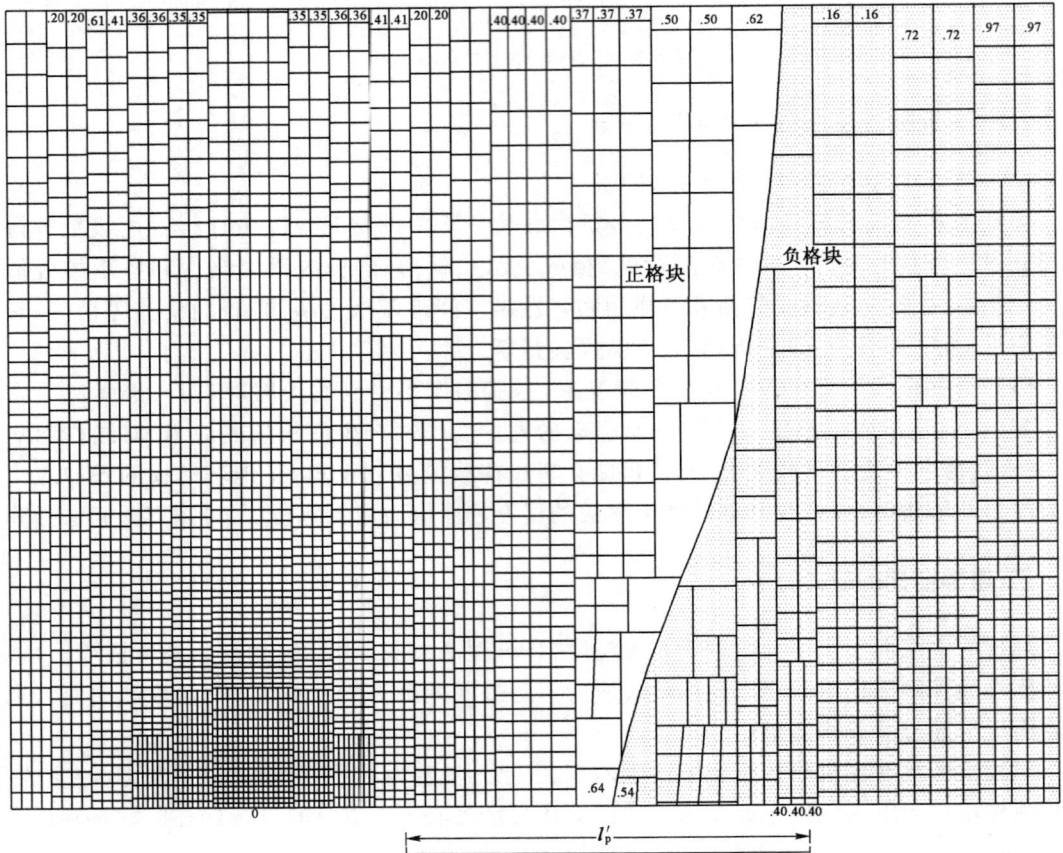

图 13-14　板边弯矩影响图

（5）根据板缝的构造情况，对自由边荷载应力进行折减：

$$\sigma_P = (1-\beta)\sigma_e \tag{13-23}$$

式中：β ——接缝应力折减系数，企口缝、假缝及传力杆平缝可采用 0.25。

在上述计算中，地基反应模量 k 是指基层顶面的综合值，设计时，其数值宜通过采用直径为 76cm 的承载板进行加载试验后得到。如试验有困难，则先按地基土类，查表 13-10 确定土基 k_0 值，然后按垫层或基层的类型，由基层各材料层的厚度乘以其相应的当量系数相加而得计算基层当量厚度 h_{je}，各种基层材料的当量系数值可参照表 13-11 选用。然后，根据土基 k_0 值和基层当量厚度 h_{je} 查图 13-15 确定基层顶面的综合地基反应模量 k。

三、厚度确定方法

混凝土道面厚度的确定方法，不同的设计方法所采用的原则和方法基本上相同。这里介绍波特兰水泥协会（PCA）法。

土　　类	干密度(kN/m³)	k(MN/m³)	CBR(%)
级配良好的砾石,砾石-砂混合料 少或无细料(GW)	20.0～22.4	≥81.4	60～80
级配不良的砾石,砾石-砂混合料 少或无细料(GP)	19.2～20.8	≥81.4	35～60
粉质砾石,砾石—砂—粉土混合料(GM)	20.8～23.2	≥81.4	40～80
黏土质砾石,砾石—砂—黏土混合料(GC)	19.2～22.4	54.3～81.4	20～40
级配良好的砂,砾石质砂,少或无细料(SW)	17.6～20.8	54.3～81.4	20～40
级配不良的砂,砾石质砂,少或无细料(SP)	16.8～19.2	54.3～81.4	15～25
粉质砂,砂-粉土混合料(SM)	19.2～21.6	54.3～81.4	20～40
黏土质砂,砂-黏土混合料(SC)	16.8～20.8	54.3～81.4	10～20
无机质粉土和极细砂,岩粉,粉质或黏土质细砂,或低塑性黏土质粉土(ML)	16.0～20.0	27.1～54.3	5～15
低到中塑性无机质黏土,砾石质黏土,粉质黏土,砂质黏土,贫黏土(CL)	16.0～20.0	27.1～54.3	5～15
低塑性有机质粉土,有机质粉质黏土(OL)	14.4～16.8	27.1～54.3	4～8
无机质粉土,含云母或硅藻细砂质或粉质土,弹性粉土(MH)	12.8～16.0	27.1～54.3	4～8
高塑性无机质黏土,肥黏土(CH)	14.4～17.6	13.6～27.1	3～5
中等到高塑性有机质黏土,有机质粉土(OH)	12.8～16.0	13.6～27.1	3～5

材料名称	当量系数	材料名称	当量系数
天然砂砾	0.6～0.9	石灰粉煤灰碎(砾)石	1.2～1.4
混石	0.6～0.8	水泥砂砾	1.2～1.4
级配碎(砾)石	0.8～1.0	水泥碎石	1.3～1.5
干压碎石(填隙碎石)	0.9～1.1	沥青碎石	1.3～1.5
石灰土	0.9～1.3	沥青混凝土	1.6～1.8
二灰、二灰土	1.0～1.3	贫混凝土	1.6～1.8
石灰碎(砾)石土	1.1～1.3	碾压混凝土	1.8～2.0

PCA 法中混凝土道面厚度的确定可采用两种方法进行。一种是安全系数法,一种是疲劳分析法。前者是从设计期内使用该机场的飞机中选出几种起决定作用的飞机,依据其运行次数和道面的部位选用适当的安全系数,由 90d 龄期的混凝土弯拉强度除以安全系数,得到相应的容许弯拉应力。而后利用特定飞机的应力计算图,分别为每一种所选飞机查图确定相应于其容许弯拉应力时所需的面层厚度。比较各种主要飞机的所需厚度,选择最大的一种作为设计厚度。

设计规定的安全系数要求,列于表 13-12 中。道面分为非主要部位(跑道中部和某些高

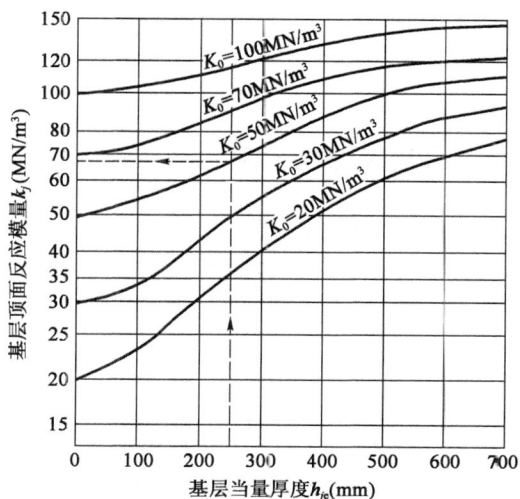

图 13-15　基层顶面反应模量

速出口滑行道)和主要部位(跑道两端各 300m 范围、滑行道和机坪)两部分。前者取用较小的安全系数,因为在此范围内飞机荷载以较高的速度移动而产生部分的升力,同时轮载的横向分布范围较其他部分宽。对于有大量重型(起决定性作用)轮载运行的道面,安全系数采用上限;而对偶然运行重型轮载的道面,安全系数取下限。

安 全 系 数 要 求 表 13-12

道 面 部 位	安 全 系 数
主要部位:跑道两端各 300m,滑行道,机坪	1.7～2.0
非主要部位:跑道中部,某些高速出口滑行道	1.4～1.7

采用疲劳分析方法时,按设计使用期内使用机场的实际飞机组成,分别为每一种飞机的主起落架荷载计算某一面层厚度条件下的最大弯拉应力 σ_{Pi},以此应力同混凝土的设计弯拉强度 f_r 相比,得到该种飞机的应力比 σ_{Pi}/f_r。利用混凝土的疲劳方程[波特兰协会法中的疲劳方程见表 13-13,我国设计方法中的疲劳方程见式(13-24)],可以确定该应力比 σ_{Pi}/f_r 的容许重复作用次数 N_i。再求出该种飞机疲劳损伤因子 CDF_i(累积覆盖次数 C_i 与容许重复作用次数 N_i 之比)。叠加所有飞机的疲劳损伤因子 $CDF = \sum CDF_i$,如果 CDF 小于并接近于 1,则此面层厚度可以采纳;否则需重新假设另一个厚度,进行上述分析,直到满足条件 CDF 小于并接近于 1。

应力比与荷载容许重复作用次数的关系 表 13-13

应力比 σ/f_r	≤0.50	0.51	0.52	0.53	0.54	0.55	0.56	0.57	0.58
容许重复次数 N_i	∞	400 000	300 000	200 000	180 000	130 000	100 000	75 000	57 000
应力比 σ/f_r	0.59	0.60	0.61	0.62	0.63	0.64	0.65	0.66	0.67
容许重复次数 N_i	42 000	32 000	24 000	18 000	14 000	11 000	8 000	6 000	4 500
应力比 σ/f_r	0.68	0.69	0.70	0.71	0.72	0.73	0.74		
容许重复次数 N_i	3 500	2 500	2 000	1 500	1 100	850	650		

疲劳分析方法可以考虑飞机组成内各种飞机的综合影响,但计算分析时需先假设面层厚度,并进行反复试算。主要部位和非主要部位所需的面层厚度不同,可按照图 13-12 布置。

$$\lg N = 14.05 - 15.12 \frac{\sigma_P}{f_r} \qquad (13-24)$$

四、接缝和接缝布置

混凝土面层设置各种接缝以适应施工需要,并控制由于温度收缩和翘曲变形所产生的裂缝。接缝可以分为纵缝和横缝两种方向,或按施工缝、缩缝和胀缝分为三种类型。

1. 纵缝

纵缝一般为施工缝。当混凝土的铺筑宽度大于 5.0m 需设置纵向缩缝。纵向施工缩缝采用企口加拉杆和企口缝两种形式(图 13-16);纵向缩缝则采用假缝加拉杆和假缝两种形式。设置企口缝的目的是为了保证相邻板之间的具有良好的竖向传荷能力。如不设置拉杆,则缝隙会张开,接缝的传荷作用将会下降,飞机轮载作用下企口处的混凝土易于出现损坏。因此,在飞机荷载经常作用的宽度范围内采用拉杆的企口缝形式。

拉杆为螺纹钢筋。每延米接缝所需的拉杆截面积 A_s(cm^2/m)，按所提供的抗拉力能克服由该接缝到自由边之间的面层板同地基的摩阻力确定。计算公式为：

$$A_s = \frac{2.4Bhf}{\sigma_a} \tag{13-25}$$

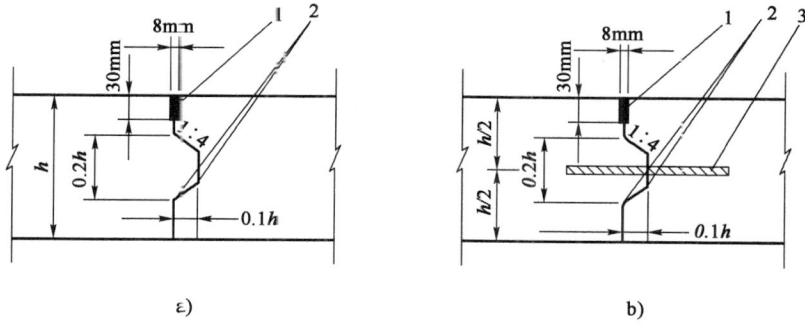

图 13-16 纵向施工缝构造
a)企口缝型;b)企口加拉杆型
1-填缝料;2-半径 10mm 的圆弧;3-拉杆

式中:B——由该接缝到未设拉杆接缝或自由边之间的距离,m;

h——面层厚度,cm;

f——混凝土板同基层顶面的摩阻系数,通常可取 1.5;

σ_a——钢筋的容许拉应力,MPa。

拉杆的长度 L_e(cm)按锚固在混凝土内所需的抗拔力确定：

$$L_e = \frac{\sigma_s \cdot d_t}{2\sigma_a} + 7.5 \tag{13-26}$$

式中:d_t——拉杆的直径,cm;

σ_s——钢筋同混凝土的黏结力,MPa。

2.横缝

横向缩缝通常采用假缝形式,依靠混凝土断裂面上的集料嵌锁作用传递荷载。因而,在距自由端 100m 或距胀缝的三条缩缝,由于缝隙张开可能减少传荷作用,需设置传力杆（图 13-17）。

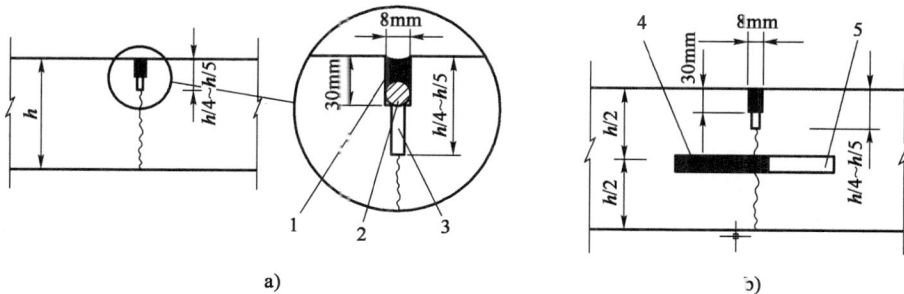

图 13-17 横向缩缝构造
a)假缝型;b)假缝加传力杆型
1-填缝料;2-垫条;3-下部锯缝;4-传力杆涂沥青端;5-传力杆

213

每天施工借宿或因故中断施工 30min 以上时，需设置横向施工缝。施工缝位置在缩缝处时，采用传力杆平缝形式，见图 13-18；而若在缩缝间隔的中间部位时，则采用带拉杆的企口缝形式。

道面与房屋、排水结构等固定构造物相接处，应设置胀缝。在道面交接、交叉及弯道处也可设置胀缝。胀缝宜采用滑动传力杆型，其构造如图 13-19a)所示。在不适宜设置滑动传力杆的部位，可采用边缘钢筋型，其构造如图 13-19b)所示，胀缝和缩缝内传力杆的尺寸和间距可参考表 13-14。

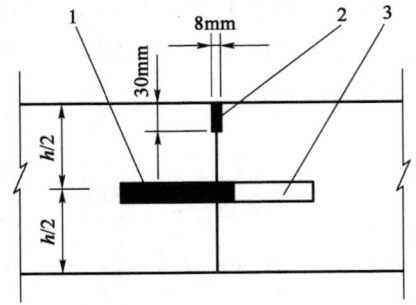

图 13-18　横向施工缝构造
1-传力杆涂沥青端；2-填缝料；3-传力杆

传力杆尺寸和间距　　表 13-14

板厚(mm)	直径(mm)	最小长度(mm)	最大间距(mm)
210~250	25	450	300
260~300	30	500	300
310~350	32	500	350
360~400	35	500	350
410~450	38	550	400
460~500	40	600	400

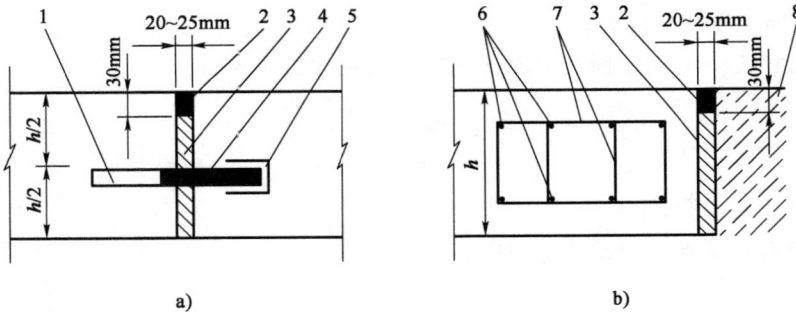

图 13-19　胀缝构造
a)滑动传力杆型；b)边缘钢筋型

1-传力杆；2-填缝料；3-胀缝板；4-传力杆涂沥青端；5-长 100mm 套筒(留 30mm 空隙填以泡沫塑料、纱头等)；6-主筋；7-箍筋；8-道面或其他构筑物

第五节　道面强度报告方法

国际民航组织(ICAO)在 1981 年颁布了报告道面强度的方法，又称为 ACN-PCN 法。

ACN 为飞机等级号，其定义为 2 倍当量单轮荷载(ESWL，以 1 000kg 表示)，单轮的轮压 $\sigma_0 = 1.25$MPa。PCN 为道面等级号，表示道面结构承受飞机荷载的能力，其定义也为 2 倍当量单轮荷载(ESWL，以 1 000kg 表示)。

飞机的 ACN 应小于机场的 PCN，才能使用该机场。但在偶然的少量超载的情况下，对道面寿命的减少或者损坏的影响不大时，也可允许超载运行。建议采用下述标准控制偶然的少量超载运行：

对于柔性道面,偶然运行飞机的 ACN 不超过报告的道面 PCN 值的 10%。

(1)对于刚性道面或者刚性层为主要结构层的复合式道面,飞机的 ACN 不超过报告的道面 PCN 的 5%。

(2)如果结构类型不清楚,应采用不超过 5% 的标准。

(3)超载运行的年次数不超过年总运行次数的 5%。

在出现损坏或则破坏的道面上,不允许上述超载运行。同时,在冻融期和地基湿软时也不允许有超载运行。

一、确定 ACN

确定飞机 ACN 的关键是当量单轮荷载的计算。按照上述定义:

$$\text{ACN} = \frac{2\text{ESWL}}{1\,000} \tag{13-27}$$

1.沥青道面

轮压为 1.25MPa 的单轮荷载在道面结构上产生的最大弯沉量,同某特定起落架多轮荷载在该结构上产生的最大弯沉量相等时,此单轮荷载即为该多轮荷载的 ESWL。

按 CBR 设计法给出的荷载、地基 CBR 和所需道面结构厚度的经验公式(13-11),并将 $p=1.25$MPa 得到 ACN 与地基 CBR 和结构厚度 t 的关系式:

$$\text{ACN} = \frac{(t'/f)^2}{1\,000\left(\dfrac{0.878}{\text{CBR}} - 0.012\,47\right)} \tag{13-28}$$

按式(13-29),并取覆盖次数为 10 000 次时可得到各种飞机在不同荷载、土基条件下的 ACN 曲线,如图 13-20 所示的为 B—767—200 和 B—767—200ER 飞机的 ACN 曲线(沥青道面)。

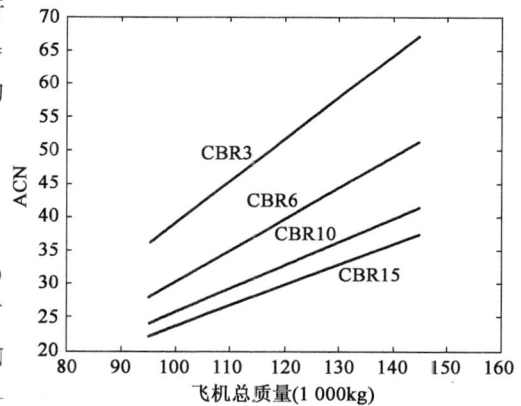

图 13-20 B—767—200 飞机的 ACN 曲线(沥青道面)

表 13-15 列出了按照上述方法得到的一些常见飞机的 ACN。其中,土基强度分高、中、低、很低四个等级,其代表 CBR 分别为 15、10、6 和 3;飞机质量有两个值,分子为最大机坪重,分母为基本重;当飞机质量处于两者之间时,可以采用线性插值确定相应的 ACN。

2.水泥混凝土道面

轮压为 1.25MPa 的单轮荷载作用在一定厚度的混凝土面层上所产生的最大弯拉应力,同某特定起落架多轮荷载在该面层上所产生的最大弯拉应力相等,都为 2.75MPa 时,则此单轮荷载即为该多轮荷载的 ESWL。

图 13-21 还给出了按 PCA 设计方法得到的一些常见飞机在 4 档地基反应模量($k=150$、80、40 和 20MN/m^3),2 档飞机质量(最大机坪重、基本重)时的水泥混凝土道面的 ACN 值。

二、PCN

PCN 的定义与 ACN 相同。因而,其中心是确定或评定道面所能承受的当量单轮荷载。确定 PCN 所用的方法应该与定义 ACN 时所用的相同。

表 13-15

部分常见飞机的 ACN

机　　型	最大机坪重/基本重（kN）	胎压（MPa）	沥青道面 CBR				水泥道面 k(kN/m³)			
			高	中	低	很低	高	中	低	很低
			15	10	6	3	150	80	40	20
A319—100	744/382	1.38	39/18	40/18	45/20	50/23	44/20	46/21	49/22	51/24
A320—200	725/402	1.03	37/19	39/19	44/21	50/25	40/20	43/21	45/23	48/24
A321—200	877/461	1.46	49/23	52/24	58/26	63/30	56/26	59/28	62/29	64/31
A330—300	2 088/1 638	1.31	55/41	60/44	70/50	94/66	46/36	54/39	64/46	75/54
A330—300	2 264/1 697	1.42	62/44	68/47	79/53	107/70	54/39	62/43	74/50	86/58
A340—200	2 559/1 657	1.32	56/33	61/35	71/39	96/50	47/31	55/32	65/36	76/42
A380—800	5 514/2 758	1.47	71/29	79/31	99/35	136/48	53/25	61/26	76/29	94/34
B707—320B	1 484/800	1.24	45/20	51/22	62/25	78/33	42/19	50/21	59/25	67/29
B727—200	770/450	1.15	42/23	44/23	50/25	55/30	47/25	50/26	52/28	54/29
B737—200	572/300	1.26	31/15	32/15	37/16	41/19	35/17	37/18	39/19	41/20
B737—300	623/325	1.40	35/16	37/17	41/18	45/21	40/19	42/20	44/21	46/22
B747—200F	3 720/1 750	1.38	55/22	62/23	76/26	98/34	51/20	61/22	72/26	82/30
B747—400	3 905/1 800	1.38	59/23	66/24	82/27	105/35	54/20	65/23	77/27	88/31
B747—SP	3 127/1 500	1.26	45/18	50/19	61/21	81/28	40/16	48/18	58/21	67/25
B757—200	1 134/570	1.24	34/14	38/15	47/17	60/23	32/13	39/15	45/18	52/20
B767—200	1 410/800	1.31	39/19	42/20	53/23	68/29	34/18	41/19	48/22	56/26
B777—200 ER	2 822/1 425	1.38	63/25	71/27	90/32	121/44	53/23	69/25	89/31	108/39
MD—81	628/350	1.14	36/18	38/19	43/21	46/24	41/20	43/21	45/23	47/24
MD—82	670/350	1.14	39/18	41/18	46/20	49/24	43/20	46/21	48/22	50/24
MD—83	716/355	1.14	42/18	45/19	50/21	53/24	47/20	50/22	52/23	54/24
MD—87	628/335	1.14	36/17	38/18	43/20	46/23	41/19	43/20	45/22	47/23
MD—88	670/350	1.14	39/18	41/19	46/21	50/24	44/20	46/21	48/23	50/24
MD—90—30ER	739/392	1.14	44/20	47/21	52/24	55/27	49/23	52/24	54/26	56/27

　　道面评价，是道面结构设计过程的逆运转。也即，先通过试验和调查确定地基的特性、道面各结构层的厚度和材料特性，而后利用与确定 ACN 时采用的方法相同的设计方法和曲线（例如，沥青道面的 CBR 类设计方法和刚性道面的 PCA 法），计算确定道面所能承受的某种起落架构型（单轮、双轮、双轴双轮等）的荷载值，最后转换成当量单轮荷载。

　　上述评价方法，称作技术评价。此外，在受条件限制而无法应用技术评价时，可采用"使用经验"法进行评价。先调查在一定时期内使用该机场的飞机类型、质量和运行次数，而后从中选出经常使用该机场最重的飞机。其次，检查道面使用状况。如果状况良好，表明道面能适应现有交通；如果出现发展性损坏现象，则表明已超载。利用图 13-21 和各飞机制造公司的飞机特性手册，确定经常使用该机场的最重飞机的 ACN。依据现有道面的使用状况，并预期今后使用该机场的交通变化情况，对上述 ACN 作适当调整后，即作为该机场道面的 PCN。

三、道面强度报告方法

ICAO 规定的道面强度报告的格式,如图 13-21 所示。如道面类型为沥青道面,PCN＝50,地基 CBR＝10％,轮压为 1.3MPa,评价方法为技术评价,则该道面强度报告的代码为：ACN50/F/B/X/T。

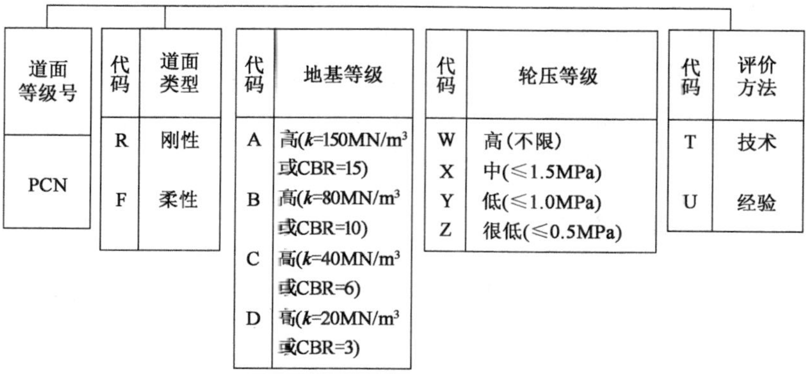

道面等级号	代码	道面类型	代码	地基等级	代码	轮压等级	代码	评价方法
PCN	R	刚性	A	高(k=150MN/m³)或CBR=15	W	高(不限)	T	技术
	F	柔性	B	高(k=80MN/m³)或CBR=10	X	中(≤1.5MPa)	U	经验
			C	高(k=40MN/m³)或CBR=6	Y	低(≤1.0MPa)		
			D	高(k=20MN/m³)或CBR=3	Z	很低(≤0.5MPa)		

图 13-21　道面强度报告

第六节　加铺层设计

原道面已达到或超过设计寿命而出现较严重损坏,或者虽未损坏而需承受比原设计更重的飞机时,需要在原道面上设置加铺层。加铺层可能有 4 种情况:旧沥青道面上加铺沥青面层,或者加铺水泥混凝土面层;旧水泥混凝土道面上加铺沥青面层,或者加铺水泥混凝土面层。

加铺层设计时,首先对旧道面的结构状况(各结构层的厚度和材料性质)和使用状况进行评定,然后按面层类型和交通要求,采用相应的新道面结构设计方法进行设计。

一、旧沥青道面上的加铺层

采用沥青加铺层时,其设计步骤为：

(1)调查和确定现有道面各结构层的厚度、地基和垫层的 CBR 值;

(2)确定新的设计飞机,计算设计飞机的当量年起飞次数;

(3)应用旧道面的地基 CBR 值和垫层 CBR 值,按相关的设计曲线,分别确定新设计飞机和当量年起飞次数所需的道面结构总厚度及面层和基层总厚度;

(4)对新旧道面结构进行对比,以调整旧道面各结构层(部分旧基层调整为垫层,部分旧面层调整为基层),确定所需增加的面层厚度。加铺层的最小厚度规定为 7.6cm。层次调整时,可利用表 13-9 中所列的当量系数以考虑其当量厚度,但需依据原结构层材料的使用情况,选择适当的系数值。

例 13-2　旧道面结构为:面层厚 10cm,基层厚 15cm,垫层厚 25.4cm,土基 CBR 为 7,垫层 CBR 为 15。新设计飞机为双轮起落架,质量为 45 000kg,年当量起飞次数 3 000 次。确定是否需要设加铺层及加铺层的厚度。

由图 13-11 查得,双轮起落架质量 45 000kg 和年起飞次数 3 000 次,CBR 为 7 时所需的道

217

面结构总厚度为 58.4cm,CBR 为 15 时所需的面层和基层总厚度为 33cm。由此,新道面结构可选为面层 10cm,基层 23cm,垫层 25.4cm。

与旧道面相比,主要缺基层厚度 8cm。为此,旧道面垫层不动,旧面层部分移作基层用。由表 13-9,选用基层当量系数为 1.3。旧面层中 8/1.3=6.1cm 需移作基层用。旧面层余下厚度为 10-6.1=3.9cm。按新面层厚度为 10cm 的要求,需加铺 10-3.9=6.1cm 的沥青面层。但加铺层的最小厚度要求为 7.6cm。故取沥青加铺层厚度为 7.6cm。

旧沥青道面上设置水泥加铺层时,可将旧道面当作水泥混凝土面层下的结构层。通过承载板试验可得到旧道面结构的地基反应模量 k 值;或者通过调查和试验,分别确定土基 k 值、各结构层次的厚度和旧道面的综合 k 值。然后,按前面所述的水泥混凝土道面的设计方法,确定混凝土加铺层所需的厚度。加铺层的最小厚度为 13cm。

二、旧水泥混凝土道面上的加铺层

首先通过调查和测定,确定旧道面基层顶面的综合反应模量 k。而后利用前面所述的方法,按新的交通要求确定所需的混凝土面层厚度。

其次,对旧混凝土面层的使用状况进行调查和评定。使用状况用一指数 C_r 表征,反映面层板的结构完整性。当面层仅有一些次要的细裂缝而无结构缺陷时,C_r 可取为 1;因有荷载引起的初期断裂,但裂缝并不发展时,C_r 可取为 0.75;面层板有严重断裂或破碎时,C_r 取为 0.35。

采用沥青加铺层时,旧混凝土面层的使用状况指数 C_r 不能低于 0.75。沥青加铺层的所需厚度,按式(13-29)确定,最小厚度为 7.6cm。

$$h = 2.5(Fh_c - C_r h_e) \text{(cm)} \tag{13-29}$$

式中:h_e——旧混凝土面层的厚度,cm;

h_c——旧面层不存在时按新的交通要求确定的混凝土面层设计厚度 (cm),确定时采用旧混凝土的抗弯拉强度;

C_r——取 0.75~1.0,视面层状况选定;

F——经验系数,随地基反应模量和年起飞次数而变,如图 13-22 所示。

然而,由于旧水泥混凝土面层存在接缝和裂缝,这种加铺可能会出现反射裂缝问题,因而,预防或减缓反射裂缝产生则成为采用沥青加铺层时首先考虑的技术问题。反射裂缝是

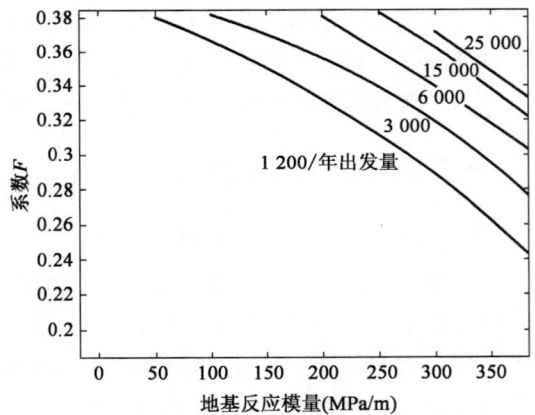

图 13-22 经验系数 F

由于旧面层接缝或裂缝上方的沥青加铺层内出现应力集中所造成的。可考虑采用的反射裂缝减缓措施主要有以下几种:

(1)在沥青加铺层上锯切横缝;

(2)增加加铺层厚度;

(3)设置裂缝缓解层;

(4)破碎和固定旧混凝土面层;

(5)设置各种夹层等。

此外，沥青加铺层和旧水泥混凝土板之间应该具有良好的粘结性，否则容易产生加铺层的开裂、剥落等损坏。

水泥混凝土加铺层可采用 3 种类型：结合式、直接式和分离式。

（1）结合式

加铺层同旧道面直接粘结在一起形成整体板。这种方式限于旧面层状况完全良好时使用；新旧混凝土面层的接缝，其类型和位置应完全对应，以避免在新面层内产生反射裂缝。结合式加铺层的所需厚度按下式确定：

$$h = h_c - h_e (\text{cm})$$ （13-30）

（2）直接式

旧水泥混凝土面层清理后直接在它上面铺设混凝土加铺层，而不采取黏结措施。这种方式不适用于 $C_r < 0.75$ 的面层状况；新旧面层的接缝位置要求相对应。直接式加铺层的所需厚度按下列经验公式确定：

$$h = (h_c^{1.4} - C_r h_e^{1.4})^{1/1.4} (\text{cm})$$ （13-31）

（3）分离式

旧道面上铺设稳定性好的沥青混凝土整平层（分离式）后，再铺混凝土加铺层，使新旧面层完全隔开。分离式加铺层的所需厚度按下列经验公式确定：

$$h = (h_c^2 - C_r h_e^2)^{0.5} (\text{cm})$$ （13-32）

混凝土加铺层的最小厚度为 7.6cm（结合式）或 13cm（直接式或分离式）。

第十四章　机场排水设计

第一节　机场排水系统

一、概述

机场排水系统可分为场外排水系统和场内排水系统两大部分。场外排水的目的是拦截和引排邻近地区流向机场的地表水和地下水,特别是防止山坡和河道洪水侵袭机场。场内排水的任务是引排机场范围内降水,拦截和引排流向道面区的地下水以及降低道面区的地下水位,以保障飞机的安全运行和道面结构使用性能。跑道表面的雨水不及时排除而形成过厚的水膜,会使高速滑行的飞机发在"水漂"现象而危及其运行安全;道面区排水不良会使土基和道面层材料软化而造成过早损坏。

机场场外排水系统以防、排洪水为主,它必须与机场原水系的改道和整治相结合,场外排水系统主要有截排坡面水的截水沟,引排天然河沟的洪水和排泄截水沟中的水流的排洪沟,它往往与原水系的河渠改道工程相结合,以及防洪堤、导流堤、涵洞等的人工排水结构物组成。场内排水系统以保证飞机安全运行和延长道面结构寿命为目标,它由沟、渠、管,井等人工排水结构物组成。

机场排水设计的内容包括三个方面:

(1)排水系统的布置;

(2)各项排水设施所分担的汇水面积以及设计流量计算;

(3)各项排水设施的水力计算,确定其需的断面尺寸和坡度;

(4)各项排水设施的结构设计。

第四项内容属结构分析和设计,本章不予论述。

二、场外排水系统

1.防、排洪系统

机场的防、排洪系统必须与原水系的改道和整治,农田灌溉和水土保持相结合,场外流向机场的水必须拦截和引排,倾向机场的坡面设截水沟拦截,天然冲沟、小溪应设排洪沟引导至容泄区。

拦截坡面水的截水沟应尽能沿坡脚和等高线走向开挖,一般采用梯形的土沟,流速较大时沟壁采用浆砌块、片石防护。截水沟的雨水通过跌水、消力池等消力设施引排至排洪沟或围场河,但不能引排至场内的排水沟渠。

排洪沟一般为明沟,其最小纵坡应满足防淤积要求,坡度较大需设急流槽、跌水等消力设施,其设计流量须仔细评估,尤其是天然沟溪的汇水面积较大时。

容泄区是指排泄和容纳机场排水沟渠中径流的场所,可分场内排水容泄区和场外排水容泄区,有时两者合一。容泄区一般为机场附近的江河、湖泊或大容量沟渠。容泄区的水位高低直接影响机场地势设计和排水系统口的高程,若容泄区的洪水位较高,机场设计时需考虑抬高机场高程或者修建防洪堤和强制排水的泵站。

2. 河渠改道

机场范围内的原有水系:天然河沟、人工沟渠均需改线,绕出机场场内,如果绕行线路过长,或由于地形限制绕行困难,可考虑用涵洞暗沟穿过机场。

原灌溉渠的改线必须符合农田自流灌溉的要求,尽可能沿分水岭修筑以照顾两侧灌区,在渗透系数较大的砂土、砾石地区应作防渗处理,如黏土护面,浆砌块、片石或混凝土护面,以减少渠道的渗漏损失。

河道的设计洪峰流量必须详细论证确定,当改线河道距机场较远时,改线河道的断面可参照原河道天然河道,但对其溃水位需加校核,不能危及改道附近地区,若洪水位较高时,应在机场一侧修筑防洪堤。当改线河道距机场较近时,改线河道断面按设计洪峰流量确定。改造河道的坡度宜尽量与上下游一致,以免引起较大的冲刷或淤积,排水沟渠入口、弯道等处需作冲刷防护。

3. 防洪堤

一般情况下,机场飞行区的最低点应比附近河流的设计洪水位高于0.5m以上,当抬高飞行区的工程量过大,经过论证,飞行区的升降带平整范围以外的土面区允许低于附近河流的设计洪水位,但机场的跑道、滑行道、机坪以及道肩等飞机活动区至少比设计洪水位高于0.2m以上。此时,机场四周或临河流一侧应修筑防洪堤,见图14-1。防洪堤通常采用梯形土堤,堤高应高出设计洪水位加波浪高之和在0.5m以上,该设计洪水位必须考虑修筑防洪堤对洪水位的抬高影响。

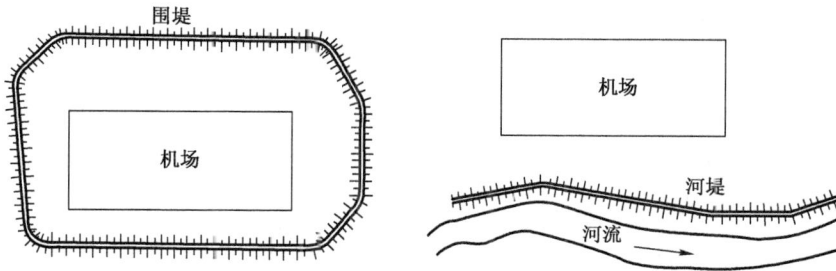

图 14-1 机场防洪堤布置

三、飞行区地表排水系统

1. 道面区排水

跑道、滑行道及机坪的道面是飞机活动区,其表面积水不利于飞机的活动甚至可能危及其安全。例如,跑道积水会使其对飞机轮胎摩阻力减少,飞机着陆滑跑长度将增加,当水膜较厚时,会导致飞机的飘滑现象,从而带来飞机冲出跑道的危险。道面区积水还会使渗入道面结构内部的雨水量增加,使道面结构层的含水率增大。这样轻者会使道面结构层和土基的刚度和强度下降,重者会引发基、垫层冲刷,道面结构的冻胀及春融等破坏。道面表面排水除了做到迅速排除雨水和道面区不积水之外,还必须考虑到不影响相邻土面区使用要求和道面基础的稳定性。

跑道、滑行道的排水系统可由横坡、边缘集水带、雨水井和纵向排水管构成,见图 14-2。机坪等大面积区域的排水系统通常由横坡和盖板明沟构成。

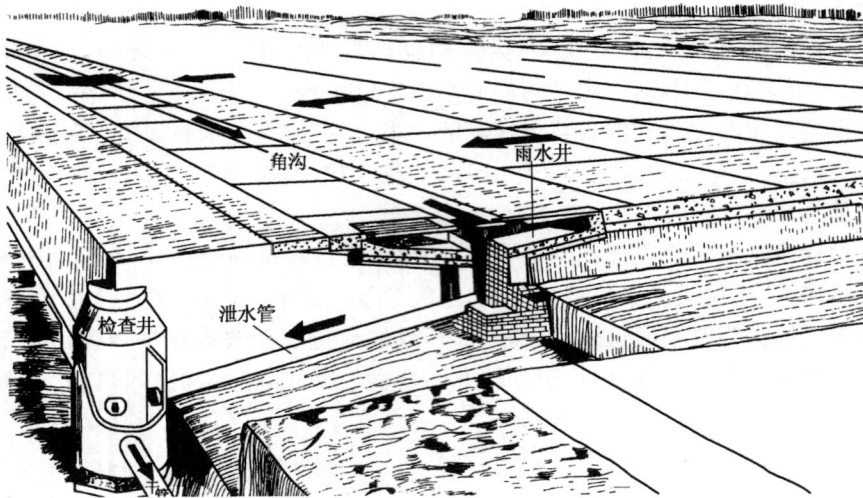

图 14-2　跑道排水系统示意图

混凝土道面的边缘集水常用浅宽对称的三角形沟和边缘增厚形成的拦水带与和道肩铺面组成的浅三角形边沟,见图 14-3,沥青混凝土道面多采用沥青拦水带形式。三角形边沟的纵坡一般与道面纵坡相同,当道面纵坡小于 2.5‰时,为了保证水流畅通,应将三角形沟底作成锯齿形,最小纵坡不小于 2.5‰。每隔一定距离(<100m)设置一个雨水口,并用泄水管与纵向排水干管的检查井相连,从而将边缘三角形沟的雨水引排至纵向排水总管。另外,在无冰冻或冰冻不严重地区,也可采用在跑道、滑行道的道肩外侧设置盖板明沟引排道面雨水,但其养护工作量较大。

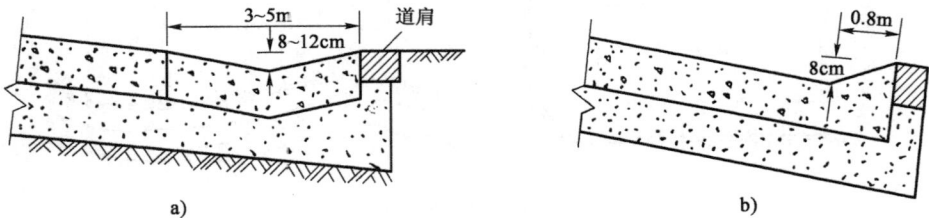

图 14-3　混凝土道面的边缘集水形式

当土面区地势平缓且坡面防护较好耐冲刷,或当机场所在地的年降雨量较少且降雨强度较小时,跑道、滑行道的边缘集水设施可予不设,雨水顺跑道、滑行道道肩的横坡排向土面区,由土面区的排水设施加以汇集、引排。

2. 土面区排水

土面区排水设计必须与整个机场地势设计相结合,综合考虑土方工程和排水设施总造价及维护成本。土面区排水设计的基本原则为:

（1）土面区径流不得流入道面区；

（2）土面区径流不影响场外地区的使用；

（3）土面区不冲刷和不积水。

土面区的排水一般采用横坡＋明沟，横坡＋盖板明沟，横坡＋浅沟＋雨水口＋检查井＋暗沟管，雨水口＋支管＋排水沟管四种形式。其中，横坡＋明沟型式适用于升降带之外土面区；横坡＋盖板明沟和横坡＋浅沟＋雨水口＋检查井＋暗沟管两部形式用于飞机有可能进入了升降带土面区，见图14-4；雨水口＋支管＋排水沟管则用于局部孤立洼地，见图14-5。

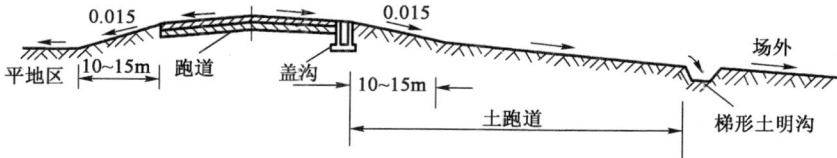

图 14-4　土面区排水示意图

四、道面区地下排水系统

道面结构的承载能力与使用寿命随着其材料的含水率增大而下降。其中，土基对含水率变化尤为敏感，其强度与弹性模量随含水率增大可降低数倍至十多倍。

道面结构层的含水率增大是由雨水下渗和地下水位上升引起，其中，地下水位过高是主要因素，因此，当道面区地下水位较高且土基为毛细水高度较大的粉质土时，应采取措施使其降低以保证土基具有足够的强度和稳定性。

降低地下水位的主要工程措施是在道面边缘修建渗沟，渗沟隔一段距离与纵向排水管相连，见图14-6。渗沟

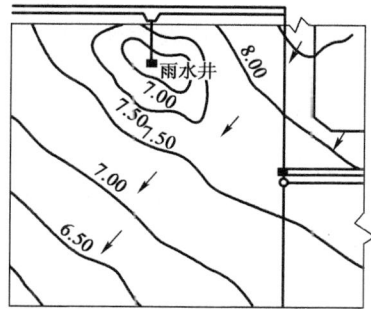

图 14-5　局部孤立洼地的排水（高程单位：m）

内填洁净碎砾石，两侧用反滤土工布包裹，底部可设带孔的排水管或软式透水管，确保渗沟两侧反滤层作用防止其淤塞是渗沟设计和施工中关键。渗沟的埋深取决于目标地下水位、土质透水系数，以及天然地面的坡度和地下水流向等，由计算确定。

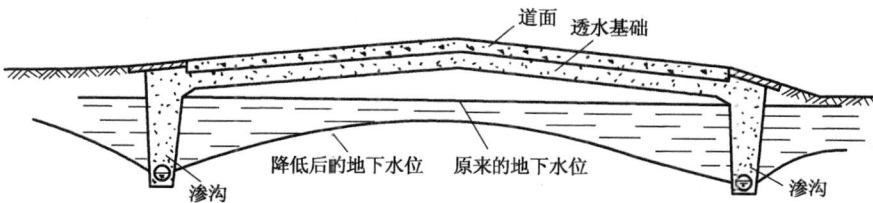

图 14-6　跑道的渗沟降低地下水位

五、其他

当机场地形平坦，容泄水区水位过高，不能自流排水时，需设泵站进行强制排水。

大型机场及泄洪区离机场较远时，机场或机场附近应修建雨水池，其作用是削减洪峰流量和对雨水进行一级污水处理，沉淀橡胶等废物，一旦机场出现漏油等事故，可关闭其出水口，对其进行深度处理，以保证排放水体的质量。

干旱少雨地区,可作容泄区的河流湖泊距机场很远时,如修筑排洪渠造价过高,可在机场附近开挖蓄渗池,或利用天然洼地改造成蓄渗池。利用蒸发和下渗耗散池中雨水。蓄渗池的容积以季或年的降水量与蒸发和下渗水量相平衡的方法确定,当透水层下卧较浅时,可加设渗井以加速水的下渗速率。

第二节 流 量 计 算

一、地表径流

地表径流可分为降雨径流和融雪径流两类。对于机场等小流域来说,融雪径流量很小,可不计。降雨径流又可分为地表径流和地下径流。地表径流是指经由地表汇入河川的径流,而地下径流是指以地下水形式补给河川湖泊的径流。地表径流的形成过程可分产流过程和汇流过程,其中,产流过程又可细分为降雨和蓄渗两个阶段,汇流过程又分为坡面漫流和沟槽汇流两个阶段。

1. 降雨

降雨是形成地表径流的直接原因,降雨量大小是径流量及时间分布的决定因素。降雨量大小可用降雨历时、降雨强度两个变量表示。

2. 蓄渗

降雨开始时,雨水除少量直接降落河川湖泊中形成径流之外,一部分被土壤吸收渗入地下,一部分被流域上的植被拦截。当降雨强度大于土壤下渗和植被截留能力时,地表开始积水,其中的一部分积蓄在地表的坑洼中,称为填洼。填洼水最终将下渗和蒸发。

3. 坡面漫流

当上述的雨水蓄渗过程后,雨水开始沿地表坡面漫流。坡面漫流的开始时间在流域内各处并不一致。它先开始于植被少、土壤透水性差、洼蓄量小的地区,随着降雨历时的增加和降雨强度的增大,径流区域逐渐扩大。坡面漫流呈片流或细沟流状,没有明显与固定的槽形。坡面漫流的流程和历时均较短。在坡面漫流过程中,坡面水一边消耗于下渗与蒸发,一边又得到雨水补充,漫流速度取决于坡面的坡度、粗糙度以及水深。

4. 沟槽集流

坡面漫流进入天然河沟或人工排水沟渠,并向下游流动,沿途汇集各支流的来水,最后到达某一控制出口断面过程,称之为集流过程。在集流过程中,水流在沟槽内呈洪水波形式向下传播,沟槽内水位迅速上升,出口断面的流量随之增大。

径流量通常采用流量 Q、径流总量 W、径流深度 R、径流模数 M 和径流系数 Ψ 来表征。

(1)流量 Q 是指单位时间内通过某一断面的水量,常用单位为 m^3/s。流量又可细分为瞬时流量和平均流量两类。

(2)径流总量 W 是指一定时间段 t 内通过某一断面的总水量,常用单位为 m^3。

(3)径流深度 R 是指将时间段内径流总量平铺在整个流域面积上所得的平均水层深度,单位通常用 mm 表示。如径流总量 W 的单位为 m^3,流域面积的单位为 km^2,则有:

$$R = \frac{W}{1\,000F} \tag{14-1}$$

（4）径流模数 M 是指流域出口断面的流量与流域面积之比值，常用单位为 $L/(s \cdot km^2)$。

$$M = \frac{1\,000Q}{F} \tag{14-2}$$

（5）径流系数 Ψ 是指某一时间段内的径流深度 R 与该时间段的降雨量 P 之比值：

$$\Psi = \frac{R}{P} \tag{14-3}$$

径流系数 Ψ 是最常用的表征径流特征的参数，它是小于 1 的无量纲数。根据所取时段不同，径流系数的含义也有所不同，常用的有多年平均径流系数、次降雨径流系数、洪峰径流系数等。径流系数大小与暴雨历时、地表坡度、植被状况土壤种类以湿度等因素有关，表 14-1 给出不同地表条件下的径流系数值大致范围。

径 流 系 数

表 14-1

地 表 种 类	径 流 系 数	地 表 种 类	径 流 系 数	地 表 种 类	径 流 系 数
沥青混凝土路面	0.95	细粒二坡面和路肩	0.40～0.65	起伏的草地	0.40～0.65
水泥混凝土路面	0.90	硬质岩石坡面	0.70～0.85	平坦的耕地	0.45～0.60
透水性沥青路面	0.60～0.80	软质岩石坡面	0.50～0.75	落叶林地	0.35～0.60
粒料路面	0.40～0.60	陡峻的山地	0.75～0.90	针叶林地	0.25～0.50
粗粒土坡面和路肩	0.10～0.30	起伏的山地	0.60～0.80	水田、水面	0.70～0.80

二、暴雨强度

暴雨是指历时短、强度大的降雨，是引发洪水和控制出口断面流量的直接肇因。暴雨按其雨量大小可分暴雨、大暴雨和特大暴雨三类。我国气象部门规定，在一般地区，一日降雨量超过 50mm 或 1h 降雨量超过 16mm 称之为暴雨；华南地区，一日降雨量超过 80mm 为暴雨；西北地区，一日降雨量超过 30mm 为暴雨。

暴雨过程可分暴雨头部、暴雨核心和暴雨尾部三阶段，见图 14-7。其中，暴雨核心是形成洪峰的决定因素。暴雨核心的历时 t 与流域大小有关，流域越大，历时 t 就越长；历时增长，暴雨强度随之

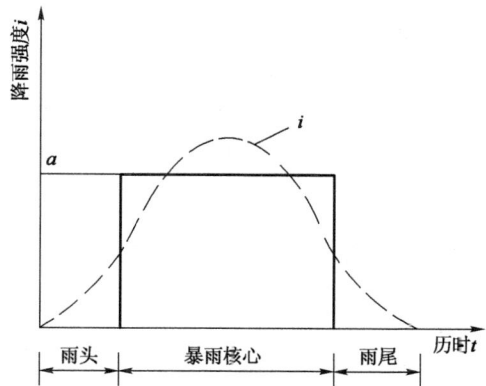

图 14-7 暴雨过程

减小。暴雨强度 I 与历时 t 之间关系可选用下述几种形式表示：

（1）塔伯特公式（适用于 $t < 120min$）

$$I = \frac{S_P}{t+b} \tag{14-4}$$

（2）希尔曼公式（适用于 $t > 120min$）

$$I = \frac{S_P}{t^n} \tag{14-5}$$

（3）荷纳公式

$$I = \frac{S_P}{(t+b)^n} \tag{14-6}$$

上述三种形式中,荷纳公式最为常用,而另外两种形式均可视为荷纳公式的特例。公式中的 S_P、b、n 均为地区性参数,其中,n 为暴雨衰减指数;b 为时间参数或调直参数;S_P 为雨力,它与暴雨重现期 P 之间呈对数关系:

$$S_P = A + B \lg P \tag{14-7}$$

机场所在地的暴雨地区性参数 b、n、A、B,若机场所在地有气象站,且有 10 年以上自记雨量资料时,可从雨量记录中选取历年 5min、10min、20min、30min、1h、2h、3h、6h、12h 历时的较大雨量的资料,按式(14-7)形式回归得到。无气象站时,可从在水利、公路、铁道和城市道路的相应设计规范查取附近城市或地区的暴雨强度回归公式近似求出。

暴雨强度的设计重现期 P 是影响机场排水系统规模的重要设计标准,我国民用机场的防涝、排涝设施的暴雨重现期值见表 14-2,机场场内雨水排水设施的暴雨重现期见表 14-3。

机场防涝、排涝设施的暴雨重现期值　　　　　表 14-2

飞行区指标	旅客航站区指标	设计重现期≥(年)
4C、4D	3、4	10
4D 及 4D 以上	5、6	20

机场场内排水设施的暴雨重现期值　　　　　表 14-3

机场功能区	设计重现期(年)
飞机活动区	5
旅客航站区、货运区、飞机维修区及其他重要区域	不小于 3
其他区域	不小于 1

三、降雨历时

降雨历时按设计控制点的汇流历时确定。汇流历时 t 为由汇水区内最远点(按水流时间计)流达排水设施处所需要的时间,它由坡面汇流历时 t_1 和成型溪流及沟管流的汇流历时 t_2 组成。

$$t = t_1 + t_2 \tag{14-8}$$

坡面汇流历时 t_1 可按克毕公式(14-9a)(坡面流长度小于 370m)、柯皮奇公式(14-9b)(坡面流坡度在 0.03～0.10 之间)计算。

$$t_1 = 1.445 \left(\frac{m_1 L_s}{\sqrt{i_s}} \right)^{0.467} \quad (L_s \leqslant 370\text{m}) \tag{14-9a}$$

$$t_1 = 0.019\,5\,L_s^{0.77}\,i_s^{-0.385} \quad (0.03 < i_s < 0.10) \tag{14-9b}$$

式中:t_1——坡面汇流历时,min;

L_s——坡面流的长度,m;

i_s——坡面流的坡度;

m_1——地表粗糙系数,按地表情况查表 14-4 确定。

地表粗糙系数 m_1　　　　　表 14-4

地 表 状 况	粗糙系数 m_1	地 表 状 况	粗糙系数 m_1
沥青路面、水泥路面	0.013	牧草地、草地	0.40
光滑的不透水地面	0.02	落叶树林	0.60
光滑的压实土地面	0.10	针叶树林	0.80
稀疏草地、耕地	0.20		

道面排水的汇流历时通常不大于 5min；升降带等土面区的坡面排水的汇流历时为 5～15 min。山坡坡面的汇流历时约为 15～30 min。

成型溪流及沟管流的汇流历时 t_2 的计算式为：

$$t_2 = \sum_{i=1}^{n}\left(\frac{l_i}{60v_i}\right) \tag{14-10}$$

式中：t_2——沟管内汇流历时，min；

n、i——分别为分段数和分段序号；

l_i——第 i 段的长度，m；

v_i——第 i 段的平均流速，m/s。

成型溪流及沟管流的平均流速可按曼宁（Manning）公式计算确定。其中，成型溪流的平均流速可根据溪床平均坡度 H/L_s 估计，见表 14-5。

成型溪平均流速与溪床平均坡度的关系 表 14-5

溪床平均坡度（H/L_s）	≥0.01	0.01～0.005	≤0.005
溪内平均流速 v_1（m/s）	3.5	3.0	2.1

沟渠和管道内水流的平均流速，须在排水设施的过水断面和出水口确定后才能计算得到，而设计径流量尚未确定，过水断面和出水口便无法设计确定。因而，需采用试算法，先假设一个沟管内汇流历时，计算汇流历时和设计径流量，确定排水设施的过水断面和出水口。然后，按曼宁公式计算设计沟管内的平均流速，再计算汇流历时，并同假设的汇流历时进行比较。相差大时，调整假设值，重新计算。

在沿程有旁侧入流时，流量和流速沿程逐渐变化。第一段沟管的平均流速用该段沟管的末断面流速乘折减系数 k_m（一般取 0.75）计算，其余各段用上、下端断面流速的平均值计算。

沟管的平均流速也可按齐哈（Rziha）近似公式估算：

$$v = 20 i_g^{0.6} \tag{14-11}$$

式中：i_g——该段排水沟管的平均坡度。

边沟内的平均流速一般为 0.5～1.0m/s，小口径管内的平均流速一般为 0.8～2.0m/s，大口径管内的平均流速为 0.6～1.0m/s。在考虑路面表面排水时，可不计及沟管内汇流历时。

四、小流域径流量

机场场内的地表排水设施，场外坡面的截水沟、涵洞等排水设施所涉及的汇水面积均不太大，其排水设施的设计泄水量可按小流域的径流量公式计算。"小流域"在水利部门一般指流域面积 300km² 以下，其径流量的计算公式有推理法或经验法两类。

公路部门推荐采用的推理公式有式（14-12）和式（14-13）两种：

$$Q = 16.67 C I_{p,t} F \tag{14-12}$$

式中：Q——设计径流量（m³/s）；

$I_{p,t}$——在设计重现期 P 和降雨历时 t 的降雨强度（mm/min）；

C——径流系数；

F——汇水面积（km²）。

$$Q = 0.278\left(\frac{I_p}{t^n} - \mu\right)F \tag{14-13}$$

式中：I_p——频率为 p、基准历时的降雨强度（mm/h）；

　　t——汇流时间（h）；

　　n——暴雨递减指数；

　　μ——损失参数（mm/h）。

目前较常用的经验公式还有两个，分别为：

$$Q = \varphi(I_p - \mu)^m F^{\lambda_2} \tag{14-14}$$

式中：φ、m、λ_2——回归系数，与地区有关。

$$Q = C I_p^{\beta} F^{\lambda_3} \tag{14-15}$$

式中：β、λ_3——与地区有关的回归系数。

在上述四个流量计算中，式（14-12）和式（14-13）适用于区域较小且可正确估计降雨历时的场合（如匀坡地面、沟管流等）；汇水区域较大或地形较复杂时，宜采用式（14-14）和式（14-15）。各式中的回归系数可查阅公路、铁道和水利部分的相关规范和设计手册。

五、设计洪水推求

原有水系改造及场外的截洪沟、防洪堤等防洪设施设计时，涉及流域面积有可能很大，此时，洪峰流量不能采用上述推理法得出。设计洪峰流量需通过水文调查和频率分析得到，其步骤和方法如下。

1. 水文资料收集

收集工程所在地及上下游水文站的实测流量资料。

2. 历史洪水调查

通过现场调查、访问和历史文献考证等手段，弄清工程所在地或上下游发生过的大洪水情况，如洪水发生的年月、洪痕位置、河道变迁及过水断面，了解雨情、灾情、洪水来源等情况，确定洪水位。

3. 历史洪峰流量推求

（1）利用上下游现有水文站的水位与流量关系，推求洪峰流量；

（2）根据调查得到的洪水位比降及过水断面，用曼宁公式推求洪峰流量；

（3）在下游有天然或人工控制断面时（如桥孔、闸堰等），用堰流公式推算洪峰流量。

4. 频率分析和分布拟合

历史洪水流量确定之后，汇总收集到水文站流量资料，进行排位分析，统计洪水流量和相应的经验频率。对流量与频率的关系进行拟合，我国常用的拟合方程为皮尔逊 III 型曲线：

$$y = \frac{\beta^{\alpha}}{\Gamma(\alpha)}(x - a_0)^{\alpha-1} e^{-\beta(x-a_0)} \tag{14-16}$$

式中：a_0——曲线左端起始零点的坐标；

　　α、β——分布参数。

5. 设计洪峰流量的确定

根据排水设施的设计重现期，代入上述得到的洪水流量与频率的关系方程，得出设计洪峰流量。民用机场的防洪设施设计重现期要求如表 14-6 所示。

民用机场的防洪设施设计重现期 表 14-6

飞行区指标	旅客航站区指标	设计重现期(年)≥	注
3B、2C 及以下	1	10	
3C、4D	2	20	
4C、4D	3、4	50	
4D 及 4D 以上	5、6	100	旅客航站区指标 5、6 的机场应按 300 年一遇校核

第三节　沟管水力计算

一、沟管类型和设计准则

机场排水的主要设施是沟管。沟管的类型可按断面形状和沟壁材料进行分类。按其断面形状可分为梯形、矩形、三角形、碟形、U 形、皿形和圆形几类,其中圆形称之为管,其他形状称之为沟或沟渠;沟渠按沟壁加固状况可分为石沟、土沟(夯实表面)、三合或四合土加固表层沟、单层干砌片石或栽砌卵石沟、浆砌块(片)石沟、混凝土沟;圆管按材料分为混凝土管、PVC 塑料管和铸铁管等。

引排坡面水的截水沟和非水沟,沟渠的断面形状为梯形或矩形。兼排坡面水的边沟的断面形状有梯形、矩形、三角形等,水流量较大时,常用盖板混凝土矩形、U 形沟。下埋的横、纵向排水设施最常见的是混凝土圆管,近来 PVC 塑料管的应用日益增多。另外,圆管还用于坡陡流急的急流排水(急流管、吊沟)。

沟管的水力设计是确定排泄设计流量所需的沟或管的断面形状和尺寸,同时检查其流速是否会引起冲刷或造成淤积。即:

$$Q_c \geqslant Q \tag{14-17}$$
$$v_{max} \geqslant v_c \geqslant v_{min}$$

式中:Q_c——沟管的泄水能力;

Q——沟管的设计流量;

v_c——对应于设计流量的沟管流速;

v_{max}——沟管的最大允许流速;

v_{min}——沟管的最小允许流速。

沟管的最小允许流速是为控制泥沙淤积,一般取 0.4m/s。沟管的冲刷最大允许流速是为防止沟管的冲刷,不同材料沟管的最大允许流速,在水深为 0.4～1.0m 时,按表 14-7 取用;在此水深范围外的允许值,按表 14-7 中数值乘上表 14-8 中相应的修正系数。

明沟的最大允许流速(m/s) 表 14-7

明沟类别	最大允许流速	明沟类别	最大允许流速
亚砂土	0.8	干砌片石	2.0
亚黏土	1.0	浆砌片石	3.0
黏土	1.2	水泥混凝土	4.0
草皮护面	1.6		

水深 h(m)	＜0.4	$0.4＜h≤1.0$	$1.0＜h＜2.0$	$h≥2.0$
修正系数	0.85	1.00	1.25	1.40

二、沟管的水力特征参数

沟管的水力特征参数有过水断面面积 A、湿周 ρ、水力半径 R、粗糙系数 n、纵向底坡度 i 等。其中,水力半径 R 为过水断面面积 A 与湿周之比 ρ,即 $R=A/\rho$。

矩形、三角形、梯形、圆形、半圆形沟管的过水断面 A 和水力半径 R 的计算式见表 14-9;沟管粗糙系数 n 取决于沟管壁的材料和平整性,见表 14-10。

沟、管水力半径 R 和过水断面面积 A 计算公式 表 14-9

断面形状	断 面 图	断面面积 A	水力半径 R
矩形		$A=bh$	$R=\dfrac{bh}{b+2h}$
三角形		$A=0.5bh$	$R=\dfrac{0.5b}{(1+\sqrt{1+m^2})}$
三角形		$A=0.5bh$	$R=\dfrac{0.5b}{(\sqrt{1+m_1^2}+\sqrt{1+m_2^2})}$
梯形		$A=0.5(b_1+b_2)h$	$R=\dfrac{0.5(b_1+b_2)h}{b_2+h(\sqrt{1+m_1^2}+\sqrt{1+m_2^2})}$
圆形	$\varphi=\arccos(1-H/d)$(弧度)	$A=d^2\left(\varphi-\dfrac{1}{2}\sin2\varphi\right)$	$R=\dfrac{d}{2}\left(1-\dfrac{\sin2\varphi}{2\varphi}\right)$

沟壁或管壁的粗糙系数 n（《公路排水设计规范》）　　　　表 14-10

沟壁或管壁类别	n	沟壁或管壁类别	n
塑料管(聚氯乙烯)	0.010	土质明沟	0.022
石棉水泥管	0.012	带杂草土质明沟	0.027
水泥混凝土管	0.013	砂砾质明沟	0.025
陶土管	0.013	岩石质明沟	0.035
铸铁管	0.015	植草皮明沟(流速 0.6m/s)	0.035~0.050
波纹管	0.027	植草皮明沟(流速 1.8m/s)	0.050~0.090
沥青路面(光滑)	0.013	浆砌片石明沟	0.025
沥青路面(粗糙)	0.016	干砌片石明沟	0.032
水泥混凝土路面(镘抹面)	0.014	水泥混凝土明沟(镘抹面)	0.015
水泥混凝土路面(拉毛)	0.016	水泥混凝土明沟(预制)	0.012

三、沟管流量、流速计算式

除有压圆管之外，沟管水流均属明槽流，上水面为自由表面，相对压强为零。均匀断面沟管内的水流，可假设为等速流，应用连续方程式和谢才公式或曼宁公式计算流量和流速。

连续方程式为：

$$Q_c = vA \tag{14-18}$$

式中：Q_c——沟或管的泄水能力，m^3/s；

v——沟或管内的平均流速，m/s；

A——过水断面面积，m^2。

沟内或管内的平均流速按谢才（Chezy）公式计算：

$$v = C\sqrt{Ri} \tag{14-19}$$

式中：C——流速系数，$\sqrt{m}/s$，与沟管壁的粗糙系数 n 及水力半径 R 有关。

流速系数 C 与沟管壁的粗糙系数 n 及水力半径 R 有关，一般可用曼宁公式估计：

$$C = \frac{R^y}{n} \tag{14-20}$$

式中：y——与 R 和 n 有关的指数；

$$y = 2.5\sqrt{n} - 0.13 - 0.75\sqrt{R}(\sqrt{n} - 0.10) \tag{14-21}$$

在概略计算时，式(14-21)可简化为：

当 $R \leqslant 1.0m$ 时，$y = 1.5\sqrt{n}$；

当 $R > 1.0m$ 时，$y = 1.3\sqrt{n}$；

在一般精度时，y 可取 1/3。

道面边缘和土面区的浅三角形沟，由于过水断面的水面宽度远大于水深，水力半径不能充分反映这种断面的特性。美国联邦公路局《公路路面排水》中，根据单边直立浅三角形沟的水力试验结果，提出曼宁公式中的指数 y 可取定值 1/6，其式(14-20)中曼宁流速系数 C 需乘上一个值为 1.20 的修正系数。

四、沟管尺寸的确定步骤

(1)根据排水系统平面布设的初步方案,确定各类沟管的控制断面,划定汇水边界。

(2)根据地势、地貌和铺面状况,将汇水区划分为不同径流均匀区,确定各区的径流系数。

(3)第二节中的方法,估计径流时间,确定控制断面的设计流量。

(4)根据土质或拟铺筑材料和工艺,确定沟壁的粗糙系数,并初步拟定沟管的主要尺寸(沟壁坡度、沟底宽度、圆管直径等)。

(5)根据排水系统初步方案的初拟坡度,计算设计流量时水深,以及相应流速。

(6)验算冲淤条件,考察其经济合理性:

①若沟管尺寸过大,应优先考虑适当增加沟底纵坡;其次是调整出水口位置,以缩短沟管排水长度,减小设计流量;

②流速偏大而超过冲刷限速,首先探讨适度减小沟底纵坡的可能性;其次,考虑提高沟壁抗冲刷能力;最后,考虑采用宽浅沟的可行性。

第四节　消力设施设计

一、沟管流的流态

除压力管流之外,沟管流的流态有两种,缓流和急流。急流有表面漩滚、激波等现象,与相同流速的缓流相比,具有更强的冲刷作用。沟管流态可从水体的比能中推出。以沟管断面的最低点为基准,单位质量水体的总机械能(比能)E_s为:

$$E_s = h\cos\theta + \alpha v^2/2g \tag{14-22}$$

式中:θ——槽底纵坡倾角,$\theta < 6°$的缓坡沟管,$\cos\theta \approx 1$;

g——重力加速度,可取 9.81m/s^2;

α——水流速不均匀系数,在 $1.0 \sim 1.1$ 之间,通常取 $\alpha \approx 1$。

在同一流量时,水深 h 与比能 E_s 的关系中存在一个比能最小值,即 $dE_s/dh = 0$。此时,相应的流速即为临界流速,记作 v_{cr},水深称作临界水深,记作 h_{cr}。对于任意形状的沟管断面而言,临界水深 h_{cr} 的隐式计算式为:

$$\frac{A_{cr}^3}{B_{cr}} = \frac{Q^2}{g} \tag{14-23}$$

式中:A_{cr}、B_{cr}——临界流时的过水断面面积及水面宽度。

矩形断面和三角形断面沟槽的临界流速 v_{cr} 分别为:

矩形断面　　　　　　　　$v_{cr} = \sqrt{gh}$ (14-24a)

三角形断面　　　　　　　$v_{cr} = \sqrt{gh/2}$ (14-24b)

式中:h——水深,m。

缓流和急流的区别还可从干扰微波的传播特征加以区分和识别。水流出现干扰微波后,当水流处于缓流态时,干扰微波不仅在下游传播,而且还能逆水传播;水流处于急流态时,干涉微波只能向下游传播,不能逆水传播。

沟管流的流态还可用弗劳德数 Fr 表示,它定义为沟管实际水流速与临界流速之比 v/v_{cr}。$Fr<1$ 为缓流,$Fr=1$ 为临界流,$Fr>1$ 为急流。

二、急流槽

急流槽是专指陡坡段的引水设施。它包括进水口、陡坡槽体和消能出水口三部分,本节中急流槽仅指陡坡槽体。

由于流急水浅,急流槽的断面一般为浅矩形。在工程中,对急流槽槽壁冲刷防护提出更高更细的要求,相应的允许流速比普通沟渠宽一些(表 14-11)。

槽壁粗糙系数 n 和允许流速 v_m   表 14-11

铺 砌 类 型	n	v_m
0.1~0.2m 碎石垫层上河卵石单层铺砌,厚 0.15~0.20m	0.020	2.5
0.1~0.2m 碎石垫层上单层片石铺砌,厚 0.15m	0.025	2.5
0.1~0.2m 碎石垫层上单层片石铺砌,厚 0.20m	0.025	3.0
0.1~0.2m 碎石垫层上单层片石铺砌,厚 0.25m	0.025	3.5
0.1~0.2m 碎石垫层上粗糙面石料单层铺砌,厚 0.20m	0.025	3.5
0.1~0.2m 碎石垫层上粗糙面石料单层铺砌,厚 0.25m	0.025	4.0
0.15~0.25m 碎石垫层上双层片石铺砌,上层厚 0.20m,下层厚 0.15m	0.025	3.5
0.15~0.25m 碎石垫层上双层水泥砂浆片石铺砌,双层厚 0.35m	0.025	6.0
0.2m 碎石垫层上 C25 级混凝土板拼装式铺砌	0.015	8.0
混凝土护面加固	0.017	6.0
带有粗糙面的 C15 级混凝土水槽	0.017	10.0

在确定急流槽尺寸时,设计流量 Q 和急流槽的槽底纵坡 i 是已知的,前者是通过汇水面积和水文计算得到,后者则由地形确定。在急流槽铺砌方式选定之后,可获得其相应的槽壁粗糙系数 n 和允许流速 v_m。急流槽底宽度 b 和水深 h 可按以下步骤确定。

先求得允许最大的水力半径 R_m 和最小的过水面积 A_0:

$$R_m = (v_m n)^{3/2} / i^{3/4} \tag{14-25}$$

$$A_0 = Q / v_m \tag{14-26}$$

再按下式求得满足设计流量和防冲限速要求的最小槽底宽度 b_m:

$$b_m = A_0/2R_m + [(A_0/2R_m)^2 - 2A_0]^{1/2} \tag{14-27}$$

对式(14-27)求出的最小槽底宽度 b_m 进行向上取整,得到槽底宽度的设计值 b。相应的设计水深 h 的求解方程式为:

$$x^5 - a^3(2x+1)^2 = 0$$

$$a = \frac{Qn}{b^{8/3}\sqrt{i}} \qquad h = xb \tag{14-28}$$

三、水跃与跌水

1. 水跃现象及类型

当水浅流急的沟槽急流流向水深流缓的缓流时,水面以突然跃高的方式在很短距离上完成水深的过渡,这种现象称为水跃。

按下游水深的影响,水跃可分为临界水跃、远驱水跃和淹没水跃,见图 14-8。若出现远驱式水跃的衔接,槽底需加固的长度很长,因此,需要采用人工措施改变这种衔接状态,使其成为淹没水跃,以缩短加固段长度,这种消能措施称为消能池。

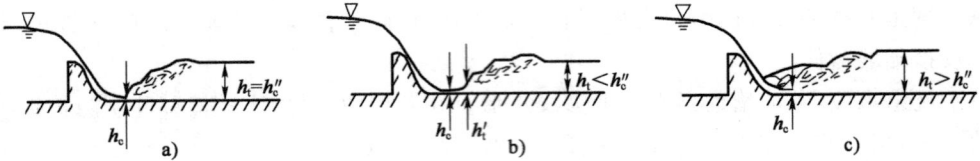

图 14-8 水跃衔接的形式
a)临界水跃;b)远驱水跃;c)淹没水跃

跃水消能效果和形态与跃前断面急流的弗劳德数 F_{r1} 有关,据此可分为:

(1)弱水跃:$1.7 < F_{r1} < 2.5$,水跃表面发生许多小旋滚,消能效率小于 20%;

(2)摆动水跃:$2.5 < F_{r1} < 4.5$,消能效率 $20\% \sim 45\%$,跃后水面波动较大;

(3)稳定水跃:$4.5 < F_{r1} < 9.0$,消能效率 $45\% \sim 70\%$,跃后水面较平稳;

(4)强水跃:$F_{r1} > 9.0$,消能效率可高达 85%,跃后水面有较大波动。

2. 自由水跃的水力特征

平底宽矩形断面明槽的自由水跃的跃前水深 h_1 和跃后水深 h_2 之间具有共轭关系:

$$h_1 = \frac{h_2}{2}\left(\sqrt{1 + 8F_{r2}^2} - 1\right) \tag{14-29}$$

$$h_2 = \frac{h_1}{2}\left(\sqrt{1 + 8F_{r1}^2} - 1\right) \tag{14-30}$$

式中:F_{r1}、F_{r2}——分别为跃前和跃后的断面水流弗劳德数。

水跃长度 l_j 的计算较为复杂,主要是对跃尾位置的选定标准不统一,水跃摆动不易量测。常用的经验方程有:

$$l_j = \begin{cases} 6.1h_2 & 4.5 < F_{r1} < 10 \\ 10.3(F_{r1} - 1)^{0.81}h_1 & F_{r1} < 4.5 \end{cases} \tag{14-31}$$

3. 跌水

当水深流缓的沟槽缓流流向水浅流急的急流时,水面出现急剧跌落现象,这一现象称为跌水。在水面跌落过程中,必存在一个临界流断面,该断面的水深和流速等于临界水深 h_{cr} 和临界流速 v_{cr}。

跌水现象多发生在急流槽的跌坎上(图 14-9)。在跌坎处的临界水深 h_{cr} 由能量最小化导出,急变流的比能公式为:

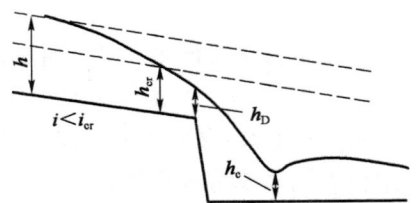

图 14-9 跌坎的跌水现象

$$\widetilde{E}_s = \beta h + \frac{\alpha Q^2}{2gA^2} \tag{14-32}$$

式(14-32)中的系数 β 为断面压强非静压分布的修正系数。在跌坎端处,$\beta < 1$,因此,跌坎端的水深 h_D 小于均匀流的临界水深 h_{cr}。由试验得知 $h_{cr} = 1.4h_D$,h_{cr} 值的水深发生在坎端上游,距坎端约 $(3 \sim 4)h_{cr}$ 的位置。

水流跳落跌坎时,其深度逐渐减小,其最小水流深度称作收缩水深 h_c。收缩水深 h_c 和对

应的流速 v_c 的计算式为：

$$v_c = \varphi \sqrt{2gH_0} \qquad h_c = q/v_c$$

$$H_0 = H + \frac{\alpha v_0^2}{2g}$$

$$(14\text{-}33)$$

式中：H_0——上游总水头；

$\quad H$——上游水面至出流收缩断面水面的水位落差；

$\quad v_0$——上游的趋近流速；

$\quad q$——单宽流量；

$\quad \varphi$——泄流的流速系数，常见跌坎的 φ 值可根据坎高查表 14-12 确定。

流 速 系 数 φ 值　　　　表 14-12

坎壁高（m）	1	2	3	4	5
φ	1～0.95	0.95～0.91	0.91～0.88	0.88～0.86	0.86～0.85

四、消能池

消能池发生淹没水跃的条件为下游水深 h_t 大于收缩断面水深 h_c 相应的共轭水深 $\overline{h}_c$。增加下游水深的措施有两种基本方式：降低池底高程；在池末端加设消能墙以抬高水位。

1. 降低池底高程的消能池（图 14-10）

对于机场排水这类中小型工程[$q < 25\text{m}^3 /$

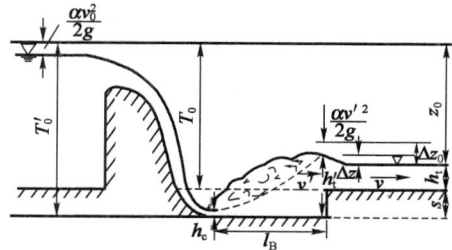

图 14-10　降低池底高程的消能池

（s·m），$T_0 < 35\text{m}$]而言，消能池设计的两个主要参数池深 s 和消能池长度 l_B 的经验公式为：

$$s = \begin{cases} 1.05\overline{h}_c - h_t & v_t > 3\text{m/s} \\ \overline{h}_c - h_t & v_t < 3\text{m/s} \end{cases}$$

$$(14\text{-}34)$$

$$l_B = (0.7 \sim 0.8)l_j = (4.0 \sim 5.0)\overline{h}_c$$

$$(14\text{-}35)$$

式中：h_t、v_t——下游的水深与流速；

$\quad l_j$——平底自由水跃长度，可按式（14-31）确定。

2. 池末端加设消能墙的消能池（图 14-11）

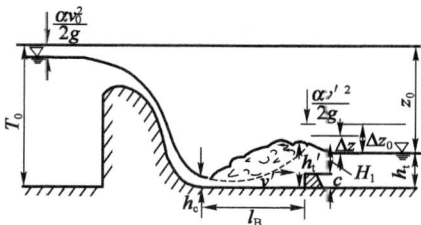

图 14-11　池末端加设消能墙的消能池

池末端加设消能墙后，水流受阻壅高，池末水深大于下游水深，池内形成水跃。墙高 c 的计算式为：

$$c = \sigma\overline{h}_c - H_1$$

$$(14\text{-}36)$$

式中：σ——淹没水跃系数，常取 1.05～1.10；

H_1——墙顶部水深。

水流越墙流入下游时属于实用堰流，不淹堰时的墙顶部水深：

$$H_1 = H_{10} - \frac{q^2}{2g\sigma^2\varphi^2 h_c^2} \qquad H_{10} = \left(\frac{q^2}{2gm^2}\right)^{1/3}$$

$$(14\text{-}37)$$

式中：H_{10}——墙顶部总水头；

$\quad m$——不淹堰的堰流系数，一般可取 0.42。

再检验墙顶是否属淹没流。若$(h_t-c)/H_{10}\geqslant 0.45$,则改用淹没堰的关系式再求墙高。此时:

$$H_{10}=\left(\frac{q^2}{2g\sigma_s^2 m^2}\right)^{1/3} \tag{14-38}$$

其中,σ_s为淹没系数,它决定于淹没度h_s/H_{10},即$\sigma_s=f(h_s/H_{10})$,而$h_s=h_t-c$。函数$\sigma_s=f(h_s/H_{10})$,见表14-13。

消能池的长度l_B与降低池底高程的消能池长度相同。

淹没系数 $\sigma_s=f(h_s/H_{10})$ 表 14-13

h_s/H_{10}	≤0.45	0.5	0.55	0.6	0.65	0.7	0.72	0.74	0.76	0.78
σ_s	1.0	0.99	0.985	0.975	0.960	0.940	0.930	0.915	0.90	0.885
h_s/H_{10}	0.8	0.82	0.84	0.86	0.88	0.90	0.92	0.95	1.00	
σ_s	0.865	0.845	0.815	0.785	0.750	0.710	0.651	0.535	0	

3. 跌水堰式消能池的长度

入口采用跌水堰式的消能池长度需增加跌水口至收缩断面的距离l_1。常见的窄口平底宽顶堰式跌水口,带坎实用堰式跌水口(图14-12)的跌水口至收缩断面的距离l_1的经验计算式为:

宽顶堰式跌水口 $l_1=1.74\sqrt{H_0(P+0.24H_0)}$ (14-39a)

折线型实用堰跌水口 $l_1=0.3H_0+1.64\sqrt{H_0(P+0.32H_0)}$ (14-39b)

式中:H_0——堰顶水头;

      P——跌水墙高度。

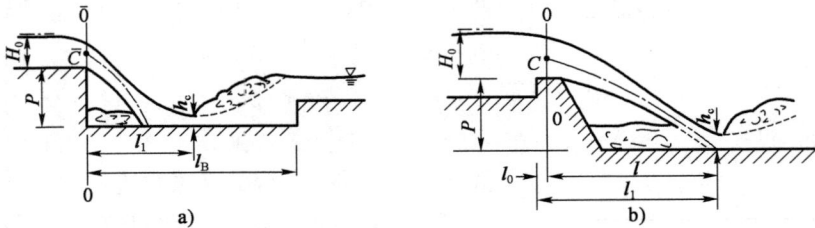

图 14-12 跌水口的形式
a)窄口平底宽顶堰式跌水口;b)带坎实用堰式跌水口

五、进、出水口

在沟底纵坡不变的情况下,沟身断面突然缩窄,水流将顶冲束水的边墙,水面出现壅高。水流对束水边墙的冲击力和涌水高度与边墙偏转角θ成正比,偏转角θ越大则冲击力和涌水高度越大。为此,对束水边墙的偏转角θ必须加以控制,偏转角θ应控制在10°以下,一般取6°,过渡段长度L则为(图14-13):

$$L=\frac{b_2-b_1}{2\tan\theta}\approx 5(b_2-b_1) \tag{14-40}$$

在沟底纵坡不变的情况下,沟身断面突然放大,下游水面降落、流速下降。上下水流之间存在动能差,有可能出现水跃现象,另外,若边墙扩展过急,水流与边墙之间将发生分离现象,两侧出现回流涡漩,从而束缩中间的主流,引起较大的水跃,必须加以避免。在已知下游宽度

b_2 时,边墙的扩展曲线可按图 14-14 确定。图中,Fr_1 为上游水流的弗劳德数;x,y 为以扩展起点为原点,沟中心轴线为 x 轴,宽度方向为 y 轴的坐标系。

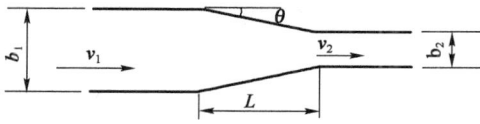

图 14-13　沟身断面缩窄过渡段示意图

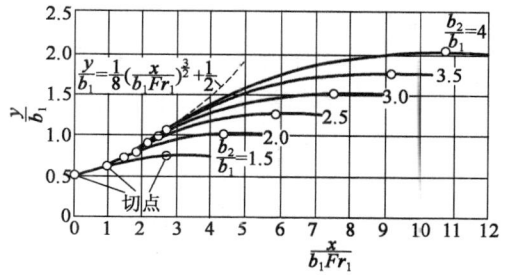

图 14-14　边墙的扩展曲线

第五节　地下排水设施设计

一、类型与构造

地下排水设施主要有暗沟、渗井和渗沟三类。

暗沟主要用于引排孤立泉眼。暗沟构造较为简单,它按照泉眼大小,清除浮土,挖出泉井,砌筑井壁,然后用 PVC 管或修筑盖板浆砌沟将泉水引排至排水沟管。引排管沟的底坡不小于 1%,暗沟流量一般不作计算。

渗井根据排水方向可分为排水渗井和集水渗井两类,排水渗井是将地面水通过竖井渗入地下排除,集水渗井是汇集地下水,通过水泵将地下水抽出。在机场排水系统中集水渗井不常见,故不加叙述。渗井按其埋深是否穿透含水层,可分为完整渗井和非完整渗井。完整渗井是指渗沟底部挖至或挖入不透水层的渗井;含水层较厚,沟底部仍处于含水层的渗井称之为非完整渗井。按地下水压力,渗井还可分无压井(潜水井)和承压井两类,见图 14-15。

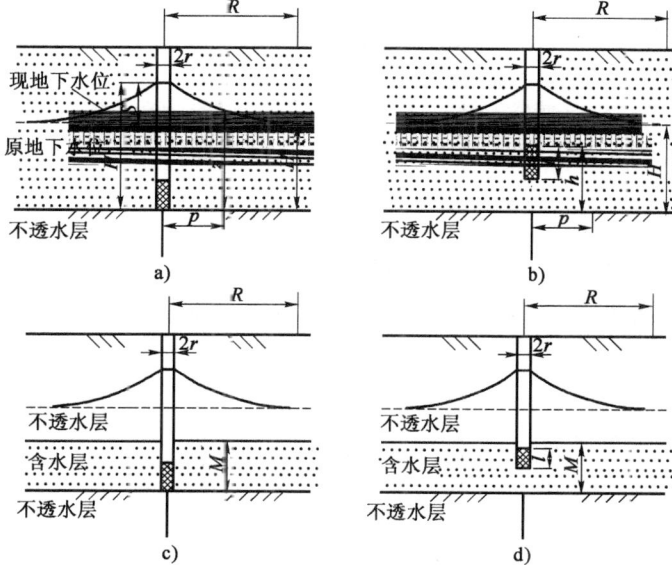

图 14-15　渗井的分类

a)潜水完整井;b)潜水非完整井;c)承压完整井;d)承压非完整井

渗井的上部构造为集水结构，下部为排水结构，见图 14-16。渗井的顶部四周（进口部分除外）用黏土筑堤围护，井壁应作防淤处理，透水层埋深较浅时，可挖至透水层，墙身用砖、片（块）石砌筑；透水层较深时，穿越不透水层部分可用铁管、铁皮或防渗土工布围边。井内用碎卵石、砂砾石回填。

渗沟按其埋深是否穿透含水层，也可分为完整渗沟和不完整渗沟，区分方法与渗井的相同。按排水通道，渗沟可分为填石渗沟、管式渗沟和洞式渗沟三种。填石渗沟无明显的排水通道，故常称之为盲沟，其排水通道为填石的缝隙，排水阻力大，因此，其底坡宜取 3%～5%，构造见图 14-17a）。管式渗沟排水通道为设于沟下部的带透水孔排水管，其排水能力较大，最小底坡可取 0.5%，构造见图 14-17b）。洞式渗沟随着廉价耐用的 PVC 管材、软式透水管的普及已逐渐被弃用。

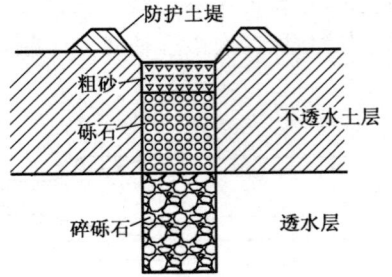

图 14-16　渗井构造

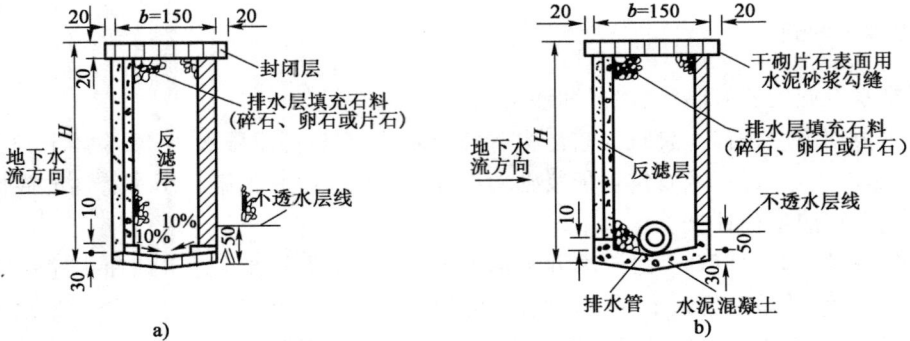

图 14-17　渗沟构造
a）盲沟；b）管式渗沟

防淤塞是渗沟设计和施工的技术关键。以往防淤堵的反滤层，由细到粗砂砾组成，施工困难质量难以保证，近年来，随着土工织物的发展和普及，反滤层大多用土工布代替，渗沟的反滤层的防淤堵问题取得了较大的进展。

二、流量计算

1. 渗流的达西定律

渗流理论忽略土粒骨架存在，将渗流视为充满整个孔隙介质区域的连续流体。渗流在孔隙介质中流动时的能量损失（用水力梯度 J 表征）与渗流流速 v 之间的关系可表示为：

$$v = kJ \tag{14-41}$$

式（14-41）中比例系数 k 称之为"渗透系数"。达西通过大量试验研究认为，在层流条件下，渗透系数与流速无关，为渗透体孔隙状况的参数。

对一般渗流场中任一点渗流，水力坡度可表示为：

$$J = -\mathrm{d}H/\mathrm{d}s \tag{14-42}$$

式中：H——水头高度；

s——距离坐标。

因此,达西定理可表示为:

$$v = -k \frac{\mathrm{d}H}{\mathrm{d}s} \tag{14-43}$$

2. 无压渗井

无压完整渗井的流量计算式为:

$$Q = \pi k \frac{h_0^2 - H^2}{\ln(R/r_0)} \tag{14-44}$$

式中:Q——流量,m^3/s;

k——土层的渗透系数,m/s,各种土质的参考值见表 14-14;

h_0——井内水深,m;

H——地下水位高于井底的高度,m;

r_0——渗水井半径,m;

R——影响半径,可根据抽水试验确定,或可根据土质的渗透系数用下列近似式计算:

$$R = 3\,000(h_0 - H)\sqrt{k} \tag{14-45}$$

土层的渗透系数 k 参考值(m/s) 表 14-14

粗 砂	砂类土	亚砂土	亚黏土	黏 土	重黏土	泥 炭
$1\times10^{-2}\sim$ 1×10^{-1}	$1\times10^{-4}\sim$ 1×10^{-2}	$1\times10^{-5}\sim$ 1×10^{-5}	$1\times10^{-6}\sim$ 1×10^{-5}	$1\times10^{-7}\sim$ 1×10^{-6}	$\leqslant 1\times10^{-7}$	$1\times10^{-4}\sim$ 1×10^{-2}

圆形渗井的降落曲线为:

$$y = \sqrt{h_0^2 - \frac{Q}{\pi k}\ln\left(\frac{r}{r_0}\right)} \tag{14-46}$$

式中:r——任一半径,m;

y——半径为 r_0 时的纵距,m。

无压非完整渗井,水不仅从井侧流入,而且还从井底流入,其流量公式为:

$$Q = \pi k \frac{h_m^2 - H^2}{\ln\left(\dfrac{R + r_0}{r_0}\right) + \dfrac{h_m - l}{l}\ln\left(1 + 0.2\dfrac{h_m}{r_0}\right)} \tag{14-47}$$

式中:l——滤水管长度;

$h_m = \dfrac{H + h_0}{2}$。

3. 承压渗井

承压完整渗井的流量计算式为:

$$Q = 2\pi kM \frac{h_0 - M}{\ln\left(\dfrac{R + r_0}{r_0}\right)} \tag{14-48}$$

式中:M——承压含水层厚度。

承压非完整渗井,水不仅从井侧流入,而且还从井底流入,其流量公式为:

$$Q = 2\pi kM \frac{h_0 - M}{\ln\left(\dfrac{R + r_0}{r_0}\right) + \dfrac{M - l}{l}\ln\left(1 + 0.2\dfrac{M}{r_0}\right)} \tag{14-49}$$

239

式中：l——插入含水层的渗井长度。

4. 完整渗沟（图 14-18）

在假设含水层等厚、水平无限，且不计地面水渗入时，双侧进水的渗沟的每延米流量 q 为：

$$q = k\frac{H^2 - h_0^2}{L} \qquad (14\text{-}50)$$

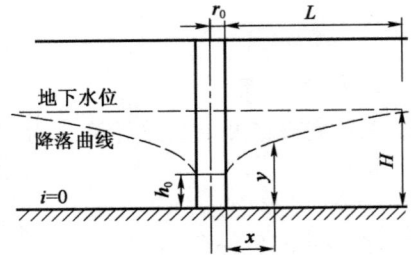

图 14-18　完整渗沟

式中：h_0——渗沟的水流深度，m；

H——含水层储水厚度，m；

L——水力影响距离，m：

$$L = 3\,000(H - h_0)\sqrt{k} \qquad (14\text{-}51)$$

降落曲线方程为：

$$x = \frac{k}{2q}(y^2 - h_0^2) \quad \text{或} \quad y = \sqrt{h_0^2 + \frac{x}{L}(H^2 - h_0^2)} \qquad (14\text{-}52)$$

式中：x——渗沟边缘到降落曲线上某点断面的距离，m；

y——降落曲线上 x 点断面的水位，m。

单侧进水时的流量为双侧进水时的 1/2，降落曲线不变。

5. 不完整渗沟（图 14-19）

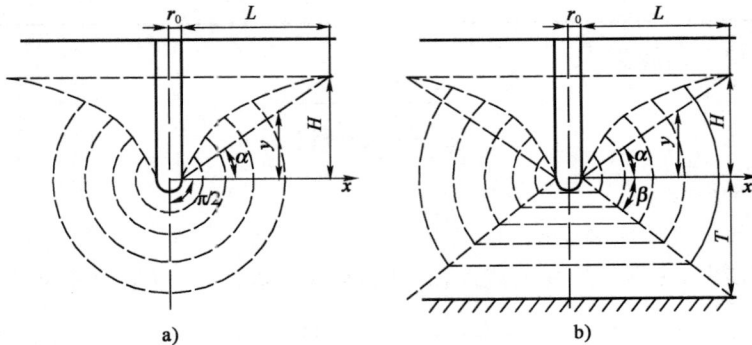

图 14-19　含水层不完整渗沟流量计算

a)无限深；b)有限深

当含水层无限深时，渗沟单侧单宽流量 q 为：

$$q = \frac{\varepsilon H k \varphi}{\ln(L/C)} \qquad (14\text{-}53)$$

式中：C——渗沟宽度；

ε——修正系数，约为 $0.7 \sim 0.8$；

φ——渗流断面的张角，计算式为：

$$\varphi = \arctan\left(\frac{H}{L}\right) + \frac{\pi}{2} \qquad (14\text{-}54)$$

降落曲线为：

$$y = \frac{q}{k\varphi}\ln\left(\frac{x}{C}\right) \qquad (14\text{-}55)$$

240

含水层有限深时,渗沟单侧单宽流量 q 和降落曲线 y 仍可用式(14-53)计算,其中的渗流断面的张角 φ 改为:

$$\varphi = \arctan\left(\frac{H}{L}\right) + \arctan\left(\frac{T}{L+C}\right) \tag{14-56}$$

式中:T——沟底距含水层层底的距离。

三、渗沟水力计算

渗沟底部圆管的水力计算按第三节进行。盲沟的泄水能力 Q_c 的计算式为:

$$Q_c = A k_m \sqrt{i} \tag{14-57}$$

式中:k_m——碎砾石排水层的渗透系数,见表14-15;

A——排水层的面积;

i——沟底纵坡。

碎砾石排水层的渗透系数(m/s)   表 14-15

换算成球形的颗粒直径 d (mm)	排水孔隙度 n			换算成球形的颗粒直径 d (mm)	排水孔隙度 n		
	0.4	0.45	0.5		0.4	0.45	0.5
50	0.15	0.17	0.19	200	0.35	0.39	0.43
100	0.23	0.26	0.29	250	0.39	0.44	0.49
150	0.30	0.33	0.37	300	0.43	0.48	0.53

四、反滤层、反滤透水土工布

淤塞是渗沟失效的最主要肇因,防淤塞是渗井、渗沟设计和施工的关键问题。传统的反滤层结构为由细到粗的颗粒组成(图14-20),《公路设计手册 路基》中对反滤层材料的要求:

(1)反滤层集料在通过率为 15% 时的粒径 d_{15} 应不小于迎水面沟壁被保护岩土集料在通过率为 15% 时的粒径 D_{15} 的 5 倍,即 $(d_{15}/D_{15}) \geqslant 5$;

(2)反滤层集料在通过率为 15% 时的粒径 d_{15} 应不大于迎水面沟壁被保护岩土集料在通过率为 85% 时的粒径 D_{85} 的 5 倍,即 $(d_{15}/D_{85}) \leqslant 5$;

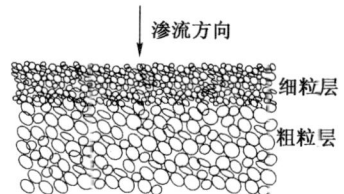

图 14-20 渗沟反滤层结构

(3)反滤层集料在通过率为 50% 时的粒径 D_{50} 应不大于迎水面沟壁被保护岩土集料在通过率为 50% 时的粒径 D_{50} 的 25 倍,即 $(d_{50}/D_{50}) \leqslant 25$;

(4)反滤层集料的不均匀系数 C_u(通过率为 60% 的粒径与通过率为 10% 的粒径的比值)不大于 20,即 $(d_{60}/D_{10}) \leqslant 20$。

在实际施工时,上述材料要求难以满足,加上施工难度较大,工程质量不易保证,渗沟往往在使用一段时间就丧失排水作用。近年来,传统的粒料反滤层已被透水土工织物(土工布)所取代。透水土工织物施工方便,工程质量易保证能够满足挡土、透水的要求。

①土工布阻挡细粒的能力以其等效孔径 O_{95} 表示。按所需阻挡的土质粒径大小,O_{95} 应满足表14-16 的要求。

反滤土工的等效孔径 O_{95} 的要求

表 14-16

阻挡细粒的类型	中砂的下区	细砂的上区	细砂的中区	细砂的下区	粉土的上区	粉土的中区
AOS(筛号)	40	60	70	100	200	400
O_{95}(mm)	0.42	0.25	0.21	0.15	0.075	0.037

注：需阻挡粉土时，孔径尺寸 $O_{95} \leqslant 0.074$mm 或 0.037mm。

②土工布渗透系数 k_g 应大于 10 倍所阻挡土的渗流系数 k_s。

渗沟内部采用透水性强的填料回填，一般采用粗砾石。因为粗砾石回填不但具有良好的透水性，同时由于其表面圆滑，不易对土工合成材料造成刺破等损伤。渗沟的排水管宜采用软式透水管，带孔 PVC 管宜用透水土工布包裹以防排水孔的堵塞。

第十五章 助航灯光与标志标线

第一节 标志标线

一、跑道号码标志

跑道号码标志是对机场中跑道的表示,在跑道入口处均应设置跑道号码标志。跑道号码标志由两位数字组成,若是平行跑道上则再增加一个字母。在单条跑道、两条平行跑道和三条平行跑道上,两位数字是从进近方向看去最接近于跑道磁方位角度数的十分之一的整数。在四条或更多的平行跑道上,一组相邻跑道按最接近于磁方位角度数的十分之一编号,而另一组相邻跑道则按次一个最接近的磁方位角度数的十分之一编号。当按上述规则得出的是一位数字时,在它的前面加一个数字"0"。例如从进近方向看去跑道的磁方位角度数为262°,则方向跑道号码为"26",反方向的跑道号码标志为"08"。

在有平行跑道的情况下,每个跑道号码标志从进近方向看去从左至右按下列顺序各增加一个字母:

(1)如为两条平行跑道:"L""R";

(2)如为三条平行跑道:"L""C""R";

(3)如为四条平行跑道:"L""R""L""R";

(4)如为五条平行跑道:"L""C""R""L""R"或"L""R""L""C""R";

(5)如为六条平行跑道:"L""C""R""L""C""R"。

跑道号码标志设在跑道入口处,如图 15-1 所示。

二、跑道中线标志

跑道设有跑道中线标志。跑道中线标志一般设在两端跑道号码标志之间的跑道中线上,如图 15-1 所示。跑道中线标志由均匀隔开的线段和间隙组成。每一线段加一个间隙的长度不得小于 50m,亦不得大于 75m。每一线段的长度至少等于间隙的长度或 30m,取两者的较大值。

三、跑道入口标志

在仪表跑道的入口处和基准代码为 3 或 4 并准备供国际商务运输使用的非仪表跑道的入口处,均应设置跑道入口标志。跑道入口标志的线段从距离跑道入口 6m 处开始。跑道入口标志由一组尺寸相同、位置对称于跑道中线的纵向线段组成,如图 15-1a) 和 b) 所示。线段的数目按照跑道宽度确定,如表 15-1 所示。但 45m 或更宽的非精密进近跑道和非仪表跑道,可以采用如图 15-1c) 所示的形式。

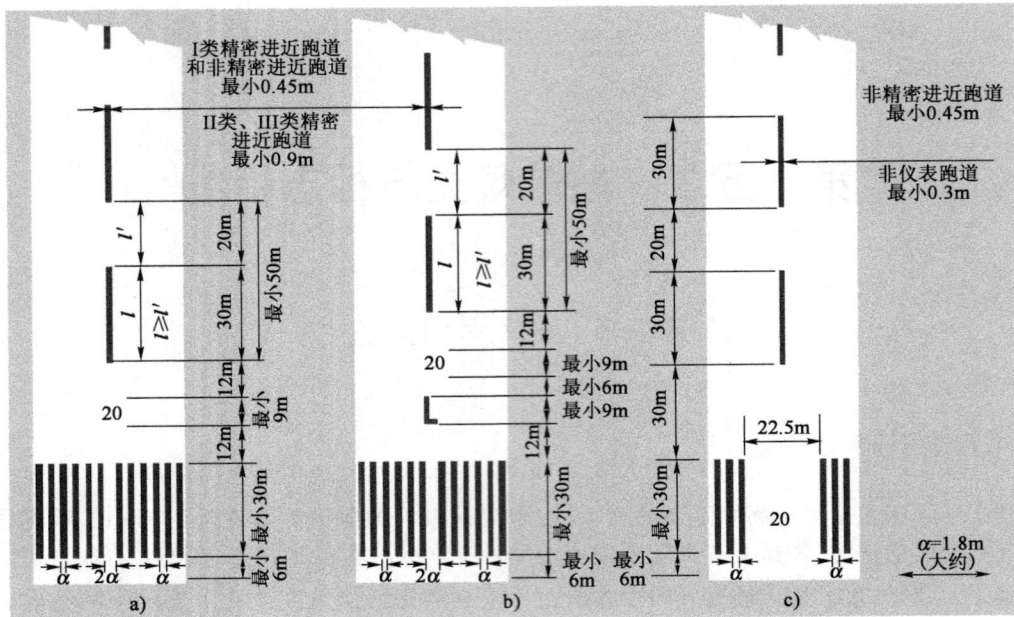

图 15-1　跑道号码标志、中线标志和入口标志

a)一般及所有精密进近跑道;b)平行跑道;c)供选择的另一种形式

跑道入口标志尺寸　　　　　　　　　　　　表 15-1

跑 道 宽 度	线 段 数 目	跑 道 宽 度	线 段 数 目
18m	4	45m	12
23m	6	60m	16
30m	8		

入口标志的线段横向延伸至距跑道边 3m 处,或跑道中线两侧各 27m 距离处,以得出较小的横向宽度为准。如跑道号码标志设在入口标志之间,则跑道中线每侧至少有三条线段。如跑道号码标志设在入口标志上方,这些线段应连续横贯跑道。线段至少 30m 长、约 1.80m 宽、间距约 1.80m。但在线段连续横贯跑道时,最靠近跑道中线的两条线段之间用双倍的间距隔开,而在跑道号码标志设在入口标志之间的情况下,则此间距为 22.5m。

当跑道入口是从正常位置临时内移时,按照图 15-2a)或 b)所示加以标志,并将内移跑道入口以前除跑道中线标志以外的所有标志予以遮掩,同时将跑道中线标志改为箭头。

四、瞄准点标志

基准代码为 2、3 或 4 的仪表跑道的每个进近端设置瞄准点标志。瞄准点标志从不小于表 15-2 中相应栏中表明的距入口的距离处开始,但在跑道装有目视进近坡度指示系统时标志的开始点必须与目视进近坡度起端重合。

瞄准点标志必须由两条明显的条块组成。条块的尺寸及其内边的横向间距符合表 15-2 中相应栏的规定。在设置接地带标志的地方,瞄准点标志的横向间距与接地带标志相同。

五、接地带标志

基准代码为 2、3 或 4 的精密进近跑道的接地带必须设置接地带标志。接地带标志必须由

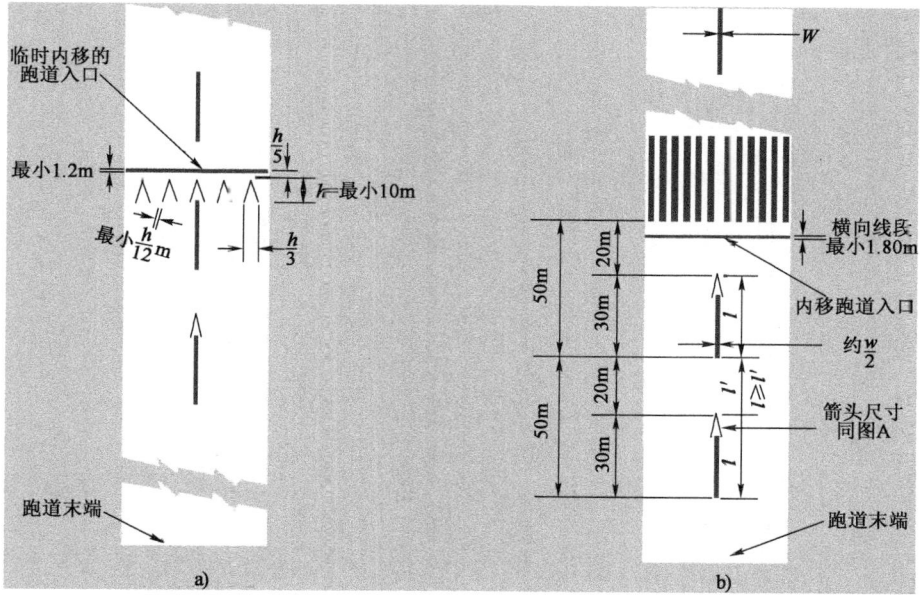

图 15-2　跑道入口内移标志

a)临时内移的跑道入口;b)临时或永久内移的跑道入口

瞄准点标志的位置和尺寸　　　　　　　　　　表 15-2

位置和尺寸(1)	可用着陆距离(m)			
	小于 800(2)	800 至不足 1 200(3)	1 200 至不足 2 400(4)	2 400 及以上(5)
跑道入口至标志开始点距离	150m	250m	300m	400m
标志线段长度①	30～45m	30～45m	45～60m	45～60m
标志线段宽度	4m	6m	6～10m②	6～10m②
线段内边的横向间距	6m③	9m③	18～22.5m	18～22.5m

注:①规定范围较大的尺寸用于要求增加明显度时使用。

②横向间距可以在这些范围内变动,以使该标志被橡胶堆积物的污染减小到最小程度。

③这些数字是参照机场基准代号第二要素即主起落架外轮的间距得出的。

若干对对称地设在跑道中线两侧的长方形标志块组成,其对数与可用着陆距离有关,当一条跑道两端的进近方向都要设置该标志时,则与跑道两端入口之间的距离有关。接地带标志如图 15-3 所示。在图 15-3a)所示形式中,每块标志的长和宽分别不小于 22.5m 和 3m。在图 15-3b)所示形式中,每条标志的长和宽分别不小于 22.5m 和 1.8m,相邻线条之间的间距为 1.5m。长方形的内边的横向间距在设有瞄准点标志的场合,与该瞄准点标志的横向间距相等。在不设置瞄准点标志的场合,长方形的内边之间的横向间距与表 15-2 中(相应的 2、3、4 或 5 栏)对瞄准点标志规定的横向间距相符。

六、跑道边线标志

当跑道边缘与道肩或周围地域缺乏明显对比时,在跑道的两端入口之间的范围内应设置

245

跑道边线标志。跑道边线标志由两个线条组成,沿跑道的两侧边缘各设一条,每条的外边大致在跑道边缘上。

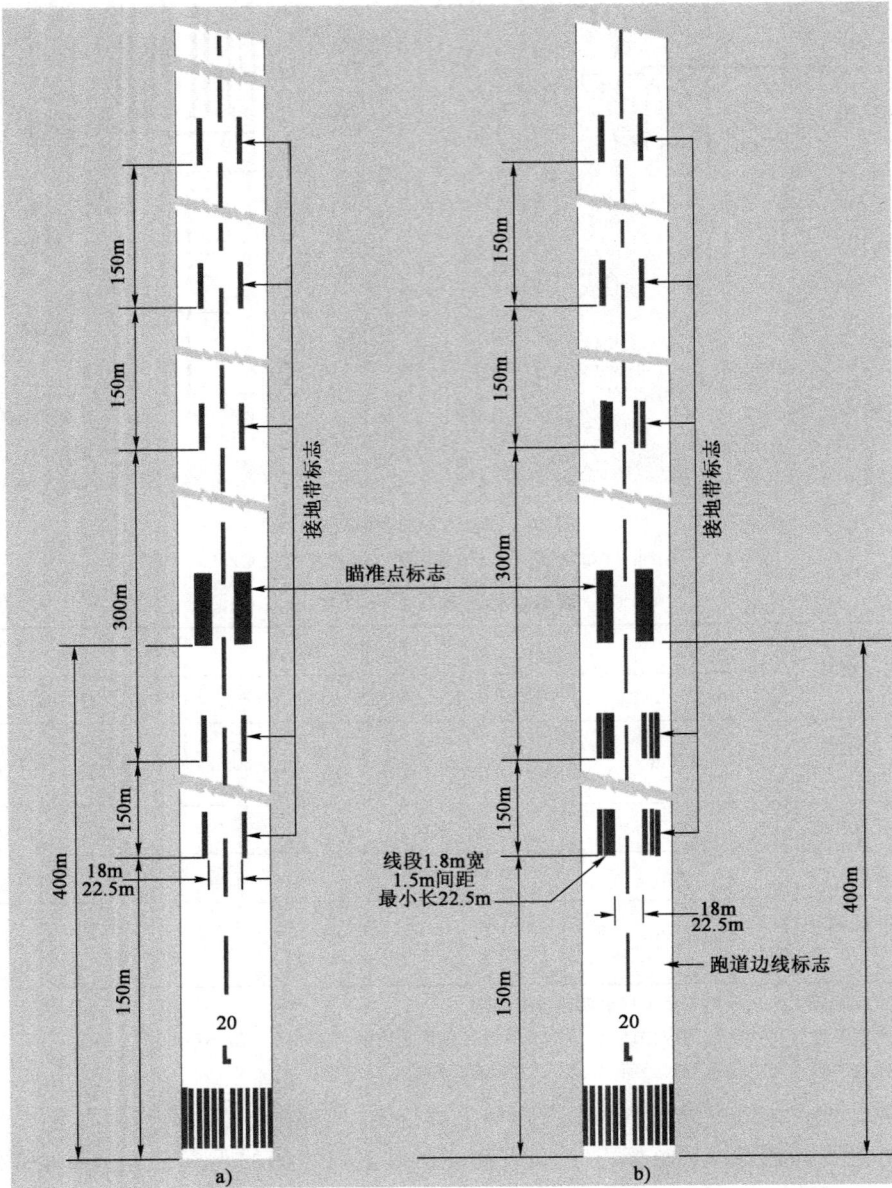

图 15-3　瞄准点和接地带标志(按 2400m 或以上长度的跑道示例)

a)基本形式;b)带有距离编码

七、滑行道中线标志

在基准代码为 3 或 4 的机场内的滑行道、除冰坪和机坪上的滑行通道上应设置滑行道中线标志以引导飞机滑行。在滑行道的直线部分,滑行道中线标志应沿滑行道中线设置。在滑行道弯道部分,此标志应从滑行道直线部分延续并与弯道的外侧边保持适当的距离。

八、跑道等待位置标志

在滑行道与非仪表跑道、非精密进近跑道或起飞跑道相交处,应该设置跑道等待位置标志,如图 15-4A 型中所示。若滑行道与 I 类、II 类或 III 类精密进近跑道相交处仅设一个跑道等待位置,该处的跑道等待位置标志如图 15-4A 型中所示。在上述相交处如设有两个或三个跑道等待位置,则最靠近跑道的跑道等待位置标志如图 15-4A 型中所示,而其余离跑道较远的跑道等待位置标志如图 15-4B 型中所示。

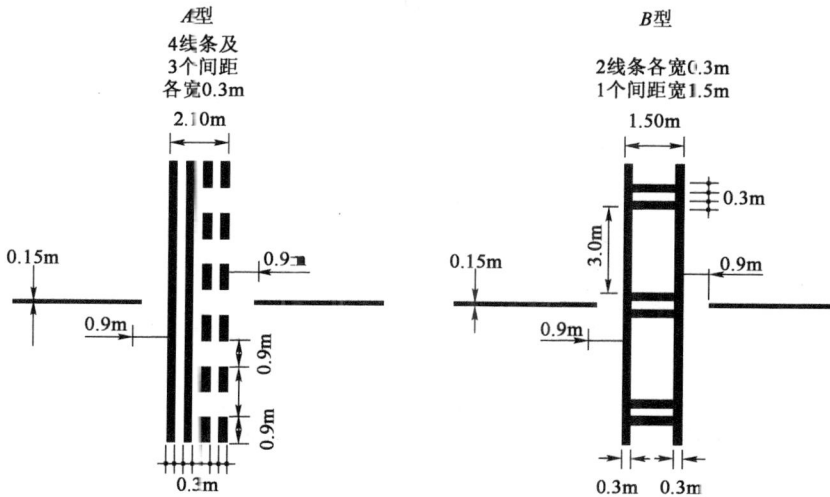

图 15-4　跑道等待位置标志

第二节　助航灯光

为了辅助飞行员在低能见度或夜晚等条件下进行进近、起飞或降落,机场一般设有一系列助航灯光系统,包括进近灯光系统、跑道边灯、跑道入口灯、跑道末端灯、跑道中线灯、跑道接地带灯、滑行道中线灯等。

一、进近灯光系统

进近灯光系统包括简易进近灯光系统、I 类进近灯光系统和 II/III 类进近灯光系统。

在非仪表跑道和非精密进近跑道上需设置简易进近灯光系统。简易进近灯光系统由一行位于跑道中线延长线上并尽可能延伸到距跑道入口不小于 420m 处的灯具和一排在距跑道入口 300m 处构成一个长 18m 或 30m 的横排灯的灯具组成。

I 类精密进近灯光系统由一行位于跑道中线延长线上并尽可能延伸到距跑道入口 900m 处的灯和一排在距跑道入口 300m 处构成一个长 30m 的横排灯的灯组成。I 类精密进近灯光系统的中线灯和横排灯为能发可变白光的恒光灯。

II 类和 III 类精密进近灯光系统由一行位于跑道中线延长线上并尽可能延伸到距跑道入口 900m 处的灯具组成。此外,本系统还有两行延伸到距跑道入口 270m 处的侧边灯以及两排横排灯,一排在距入口 150m 处,另一排在距入口 300m 处,如图 15-5 所示。II/III 类精密进近灯光系统距跑道入口第一个300m部分的中线灯由发可变白光的短排灯组成,当跑道入口内移300m或更多时,这部分中线灯可由发可变白光的单灯组成。

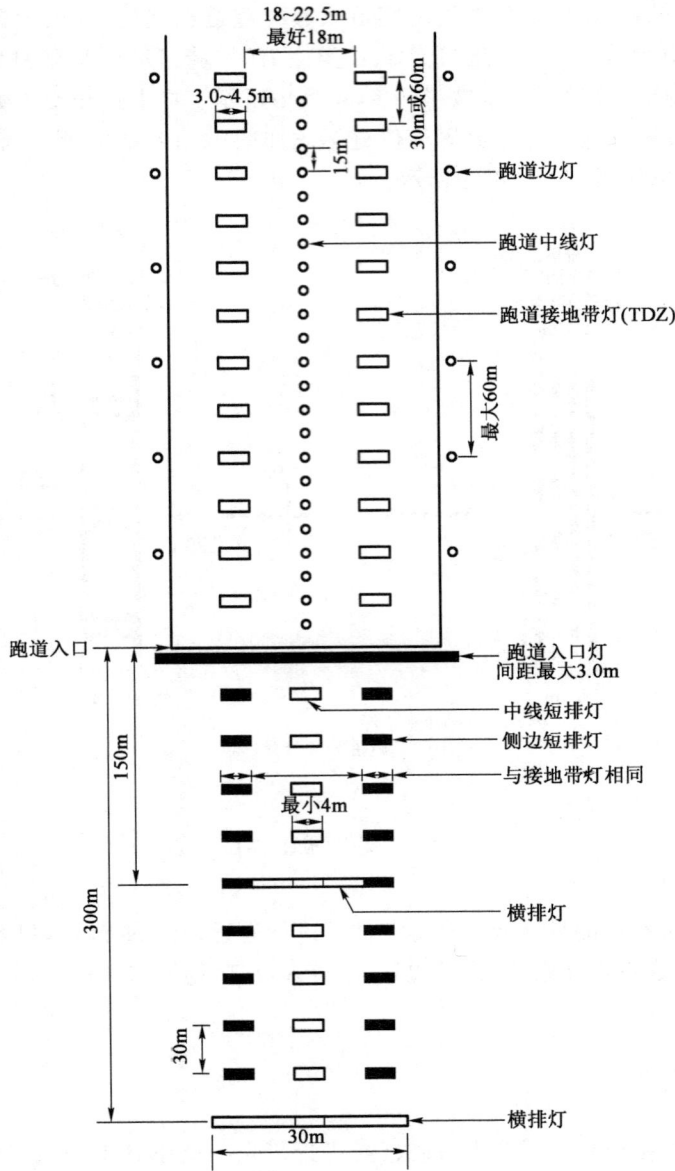

图 15-5 II 类和 III 类精密进近跑道的内端 300m 的进近灯光和跑道灯光

二、目视进近坡度指示系统

在以下几种情况时,往往需要设置进近坡度指示系统:当目视引导不充分,诸如日间飞在水面之上或没有特征的地形上空或夜间飞在进近地区内没有足够的外界灯光等情况下进近时所遇到的情况;或者容易引起误解的信息,诸如由于迷惑人的地形或跑道坡度所产生的信息;以及在进近地区内存在物体,如果飞机低于正常进近航道下降时可能引起严重的危险,特别是在没有非目视或其他目视助航设备能发出有这些物体存在的警告时。

标准的目视进近坡度指示系统如图 15-6 所示,可分为 T 式目视进近坡度指示系统(T-VASIS)、简化 T 式目视进近坡度指示系统(AT-VASIS)、精密进近航道指示器(PAPI)和简化精密进近航道指示器(APAPI)。

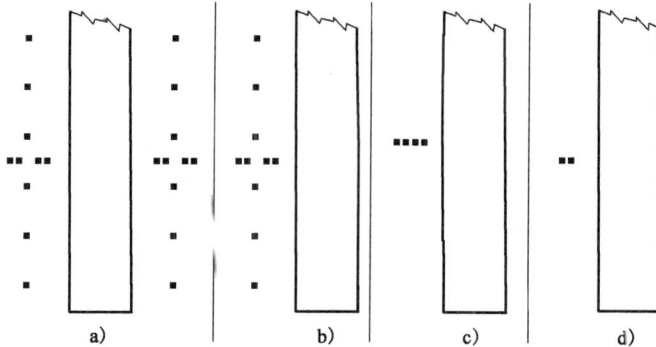

图 15-6 各种目视进近坡度指示系统
a)T-VASIS;b)AT-VASIS;c)PAPI;d)APAPI

T-VASIS 由对称地布置在跑道中线两侧的 20 个灯具组成,每侧包括两个由 4 个灯组成的翼排灯和在翼排灯纵向等分线上的 6 个灯。AT-VASIS 由布置在跑道一侧的 10 个灯具组成,包括一个由 4 个灯组成的翼排灯和在翼排灯纵向等分线上的 6 个灯。当飞机驾驶员在进近坡之上时,看到翼排灯是白色,以及 1、2 或 3 个低飞提示灯。对 T-VASIS 系统驾驶员高于进近坡之上越多,看到低飞提示灯数就越多;当其正在进近坡上时,看到翼排灯是白色;当其低于进近坡时,看到的翼排灯和 1、2 和 3 个高飞提示灯都是白色,驾驶员低于进近坡越多,看到的高飞提示灯数就越多。当其低于进近坡很多时,看到的翼排灯和 3 个高飞提示灯都是红色。

PAPI 系统由一个包括四个等距设置的急剧变色的多灯泡(或成对单灯泡)灯具的翼排灯组成。APAPI 系统必须由一个包括两个急剧变色的多灯泡(或成对单灯泡)灯具的翼排灯组成。PAPI 和 APAPI 一般设在跑道的左侧。对 PAPI 系统,当驾驶员正在或接近进近坡时,看到离跑道最近的两个灯具为红色,离跑道最远的两个灯具为白色;当高于进近坡时,看到离跑道最近的一个灯具为红色,离跑道最远的三个灯具为白色;在高于进近坡更多时,看到全部灯具均为白色;当低于进近坡时,看到离跑道最近的三个灯具为红色,离跑道最远的一个灯具为白色;在低于进近坡更多时,看到全部灯具均为红色,参见图 15-7。对 APAPI 系统,当驾驶员正在或接近进近坡时,看到离跑道较近的灯具为红色,离跑道较远的灯具为白色;当高于进近坡时,看到两个灯具均为白色;当低于进近坡时,看到两个灯具均为红色。

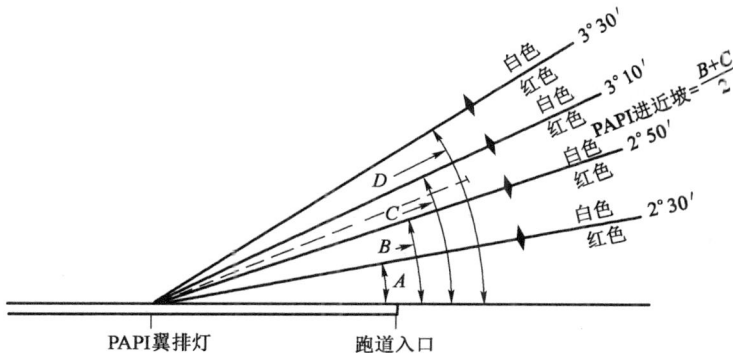

图 15-7 PAPI 系统的光束与仰角

三、跑道引入灯光系统

为了避开危险的地形或减少噪声等目的,需要沿某一特定的进近航道提供目视引导时,应设置跑道引入灯光系统。跑道引入灯光系统由若干灯组组成,这些灯组应布置得能够勾画出要求的进近航道,而且能从前一组灯看到后一组灯。相邻灯组间的间隔不超过 1 600m。

四、跑道入口识别灯

当需要使非精密进近跑道的入口更加明显或设置其他进近灯光不可行时,或者当跑道入口从跑道端永久位移或从正常位置临时位移并需要使入口更加明显时,一般需要设置跑道入口识别灯。跑道入口识别灯对称地设在跑道中线两侧,与跑道入口在同一条直线上,在跑道两侧边灯线以外约 10m 处。跑道入口识别灯为每分钟闪光 60~120 次的白色闪光灯。

五、跑道边灯

拟供夜间使用的跑道或拟供日间和夜间使用的精密进近跑道,均需要设置跑道边灯。跑道边灯沿跑道全长在与跑道中线等距的两条平行线上设置。跑道边灯一般为发可变白光的恒光灯。

在设置跑道边灯的跑道,必须同时设置跑道入口和末端灯。

六、跑道中线灯

在 II 类或 III 类精密进近跑道需设置跑道中线灯。跑道中线灯沿跑道中线设置,仅当沿跑道中线设置不可行时才可设在偏离跑道中线同一侧不大于 60cm 之处,灯具从跑道入口到末端按大致 15m 的纵向间距设置。

从跑道入口到距跑道末端 900m 处的跑道中线是发可变白光的恒光灯;从距跑道末端900m 到 300m 之间的跑道中线灯是交替地发可变白光和发红色光的恒光灯;从距跑道末端300m 到跑道末端是发红色光灯;但在跑道长度小于 1 800m 的情况下交替地发可变白光和发红色光的灯光段从跑道的可用于着陆长度的中点到距跑道末端 300m 处。

七、跑道接地带灯

在 II 类或 III 类精密进近跑道的接地带设置接地带灯。接地带灯从跑道入口开始纵向延伸 900m,只有在跑道长度小于 1 800m 时才将该系统缩短使其不致超越过跑道的中点。该系统由许多对对称于跑道中线的短排灯组成。每对短排灯的最里面两个灯的横向间距等于接地带标志所选用的横向间距。两对短排灯之间的纵向距离为 30m 或 60m。

八、快速出口滑行道指示灯

快速出口滑行道指示灯(RETILs)的用途是为驾驶员提供跑道上距最近的快速出口滑行道的距离方面的信息,以便在能见度低的条件下更好地了解飞机所在的位置,使驾驶员能够制动减速,以获得更高效的着陆滑跑和脱离跑道速度。快速出口滑行道指示灯如图 15-8 所示。

九、滑行道灯

滑行道灯包括滑行道中线灯和滑行道边灯。滑行道灯位置如图 15-9 所示。

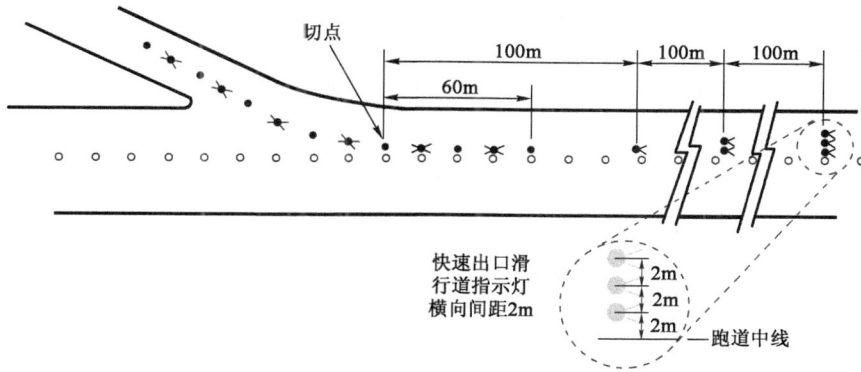

切点

100m 100m 100m

60m

快速出口滑
行道指示灯
横向间距2m

2m
2m
2m

跑道中线

图 15-8　快速出口滑行道指示灯（RETILs）

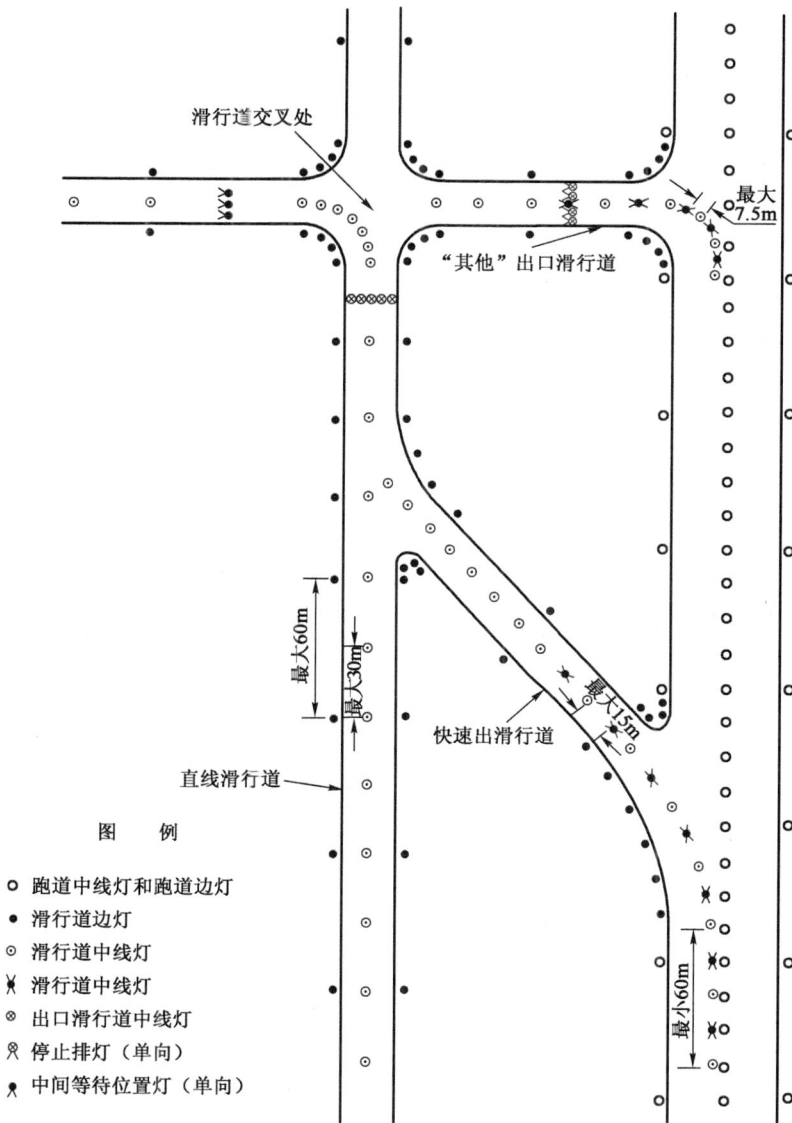

滑行道交叉处

最大
7.5m

"其他"出口滑行道

最大60m

最大30m

最大15m

快速出滑行道

直线滑行道

最小60m

图　例

○　跑道中线灯和跑道边灯
●　滑行道边灯
⊙　滑行道中线灯
⊠　滑行道中线灯
⊗　出口滑行道中线灯
⊢　停止排灯（单向）
⊢　中间等待位置灯（单向）

图 15-9　滑行道灯位置

如果在跑道视程小于 350m 的情况下使用的出口滑行道、滑行道、除冰坪和机坪,则应该设置滑行道中线灯,为跑道中线和停机位之间提供连续的引导。

供夜间使用的跑道调头坪、等待坪、除冰坪、机坪等和未设有滑行道中线灯的滑行道的边缘必须设置滑行道边灯。

第三节 标 记 牌

在机场中设置有一系列的标记牌,包括强制性指令标记牌、信息标记牌、航空器停止位标记牌等。

一、强制性指令标记牌

强制性指令标记牌用来传达强制性指令、关于在活动地区内某一特定位置或目的地的信息,以及其他规定的信息。强制性指令标记牌为长方形,红底白字,结构易折。靠近跑道或滑行道安装的那些标记牌必须低得足以保持与飞机螺旋桨和喷气飞机发动机吊舱的净距。强制性指令标记牌包括跑道号码标记牌、I 类、II 类或 III 类等待位置标记牌、跑道等待位置标记牌、道路等待位置标记牌和禁止进入标记牌等。如图 15-10 所示。

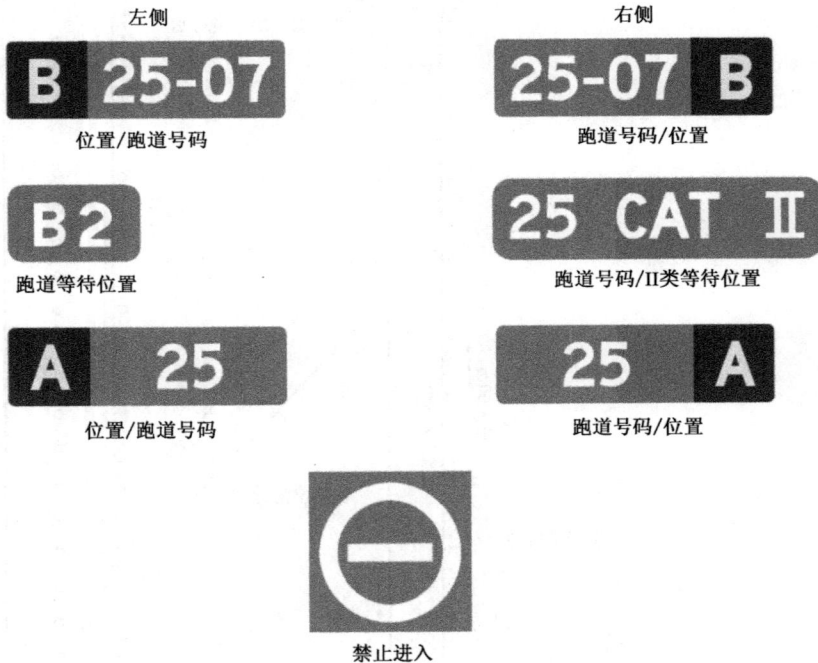

图 15-10 强制性指令标记牌

二、信息标记牌

信息标记牌用来标明一个特定位置或提供路由(方向或目的地)信息时,以辅助飞机运行。信息标记牌为长方形、黄底黑字,它有方向标记牌、位置标记牌、目的地标记牌、跑道出口标记牌、脱离跑道标记牌和短距起飞标记牌等,如图 15-11 所示。

三、其他标记牌

在机场中还设有 VOR 机场校准点标记牌、机场识别标记牌、航空器停机位识别标记牌、道路等待位置标记牌，以及其他的标志物。

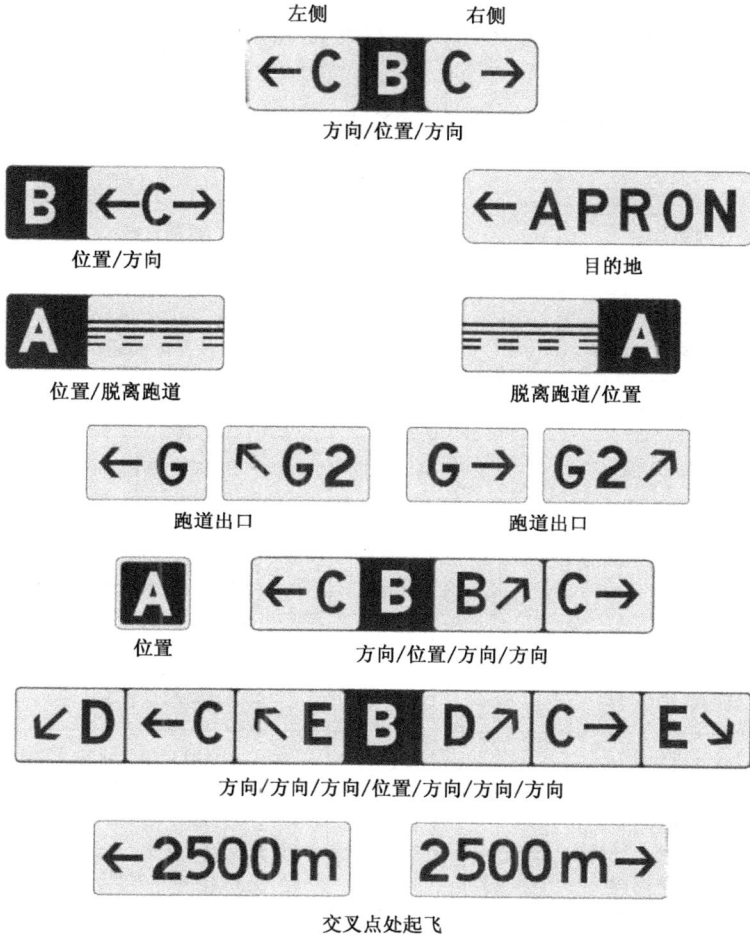

图 15-11　信息标记牌

附录一　世界主要机场介绍

2010 年世界机场客运量和货运量前 20 名的机场如附表 1-1 所示。以下对客运量排在世界前 10 位的机场概况进行介绍。

排名	客运		货运	
	机场名称	机场代码	机场名称	机场代码
1	亚特兰大哈兹费尔德机场	ATL	香港国际机场	HKG
2	北京首都国际机场	PEK	孟菲斯机场	MEM
3	芝加哥奥黑尔国际机场	ORD	上海浦东国际机场	PVG
4	伦敦希思罗机场	LHR	首尔仁川国际机场	ICN
5	东京羽田机场	HND	安克雷奇国际机场	ANC
6	洛杉矶国际机场	LAX	法兰克福机场	FRA
7	巴黎戴高乐机场	CDG	巴黎戴高乐机场	CDG
8	达拉斯沃思机场	DFW	迪拜国际机场	DXB
9	法兰克福机场	FRA	东京成田国际机场	NRT
10	丹佛机场	DEN	路易斯威尔机场	SDF
11	香港国际机场	HKG	新加坡樟宜机场	SIN
12	马德里巴拉哈斯机场	MAD	迈阿密机场	MIA
13	迪拜国际机场	DXB	台北中正国际机场	TPE
14	纽约肯尼迪机场	JFK	洛杉矶国际机场	LAX
15	阿姆斯特丹机场	AMS	北京首都国际机场	PEK
16	雅加达国际机场	CGK	伦敦希思罗机场	LHR
17	曼谷机场	BKK	阿姆斯特丹机场	AMS
18	新加坡樟宜机场	SIN	芝加哥奥黑尔国际机场	ORD
19	广州白云国际机场	CAN	纽约肯尼迪机场	JFK
20	上海浦东国际机场	PVG	曼谷机场	BKK

1. 亚特兰大哈兹费尔德机场（附表 1-2、附图 1-1）

机 场 概 况　　　　　　　　　　　　　　　　附表 1-2

机场名称	ATLANTA,GA(ATL) 亚特兰大哈兹费尔德机场	集团 （业主、股份组成）	属于亚特兰大市政府， 由其航空部门管理
基本情况	距离市中心 16.2km，高程 316m。方位：北纬 33°28′02″，西经 84°25′39.6″		
飞行区	航站区	货运区	地面交通
4 条东西向跑道： 1：08L/26R，2 743m 2：08R/26L，3 048m 3：09L/27R，3 624m 4 09R/27L，2 743m ①4 跑道相隔 6 450ft，用于降落 ②3 跑道相隔 4 400ft，用于起飞	• 52.6hm² • 包括 6 框指廊：T、A、B、C、D、E • 提供 172 个机位	• 分北、中、南 3 个货运区 • 共 200 万 ft²	• 乘地下捷运，指廊两端距离需要 8min • 有 29 500 个停车位 • 地铁到市中心约需 15～20min，也可乘接驳巴士，约 15min 一班车
2011 年吞吐量数据	客流量（人次）	货运量(t)	起降架次（架）
总量	9 238 903	663 162	923 996

注：1ft＝0.304 8m。

附图 1-1　亚特兰大哈兹费尔德机场

2.北京首都国际机场(附表 1-3、附图 1-2)

机 场 概 况　　　　　　　　　　　　　　附表 1-3

机场名称	BEIJING,CN（PEK） 北京首都国际机场	集团 （业主、股份组成）	北京首都国际机场 股份有限公司
基本情况	位于北京东北方向,距市中心天门广场 25.35km,1958 年投入使用		
飞行区	航站区	货运区	地面交通
3 条跑道: 东跑道 3 800m×60m 中跑道 3 800m×60m 西跑道 3 200m×59m 属 II 类精密进近跑道 高程 35.3m	3 个航站楼,总面积为 70 万 m²		地铁、出租车等
2011 年吞吐量数据	客流量(人次)	货运量(t)	起降架次(架)
总量	78 675 000	1 475 649	517 584

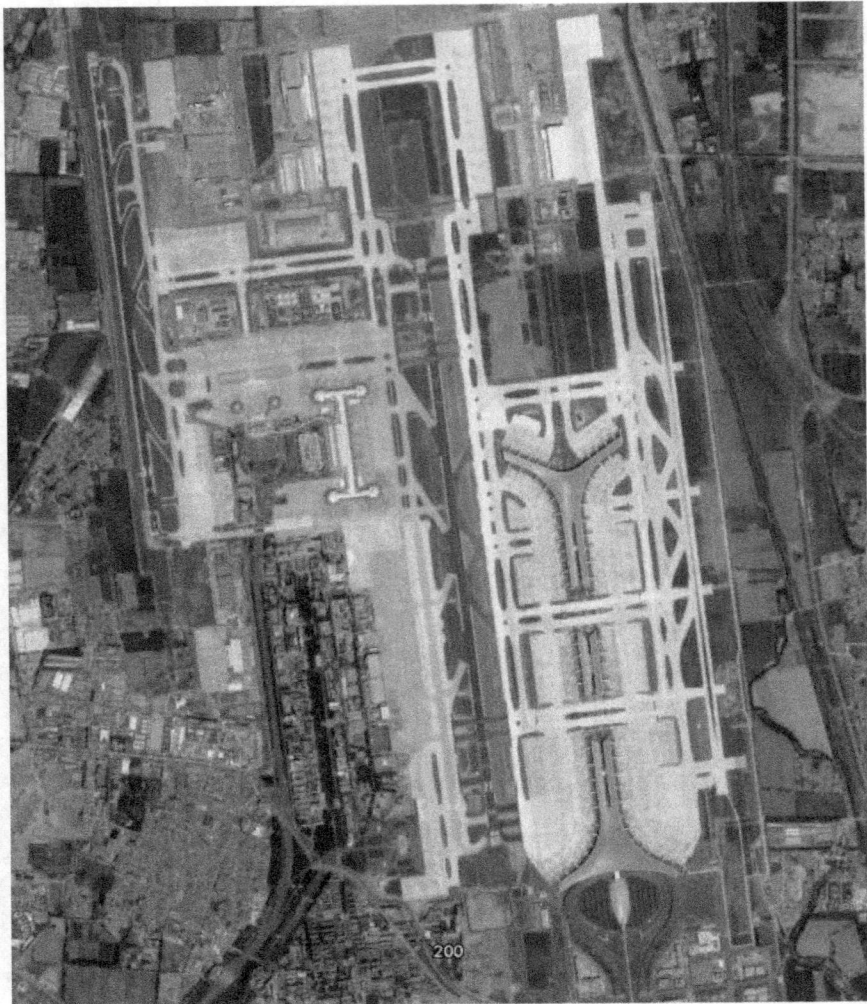

附图 1-2　北京首都国际机场

3. 芝加哥奥黑尔国际机场（附表 1-4、附图 1-3）

机场概况

机场名称	CHICAGO,IL(ORD) 芝加哥奥黑尔国际机场	集团 （业主、股份组成）	
基本情况	距芝加哥市中心 35km，占地 2 800 余万 m²		
飞行区	航站区	货运区	地面交通
7 条跑道： 最长的跑道长 3 535m 最短的跑道长 1 628m 高峰小时架次：200 余架	航站楼为廊道式，有 4 个航站楼，第 1～3 航站楼为国内线，第 5 航站楼为国际线（无第 4）		各航站楼间有 ATS 捷运系统接送。到市区可乘坐 24 小时服务的地铁蓝线，也可乘坐 PACE 巴士或 Metra 火车
2011 年吞吐量数据	客流量（人次）	货运量（t）	起降架次（架）
总量	66 793 081	1 505 218	878 798

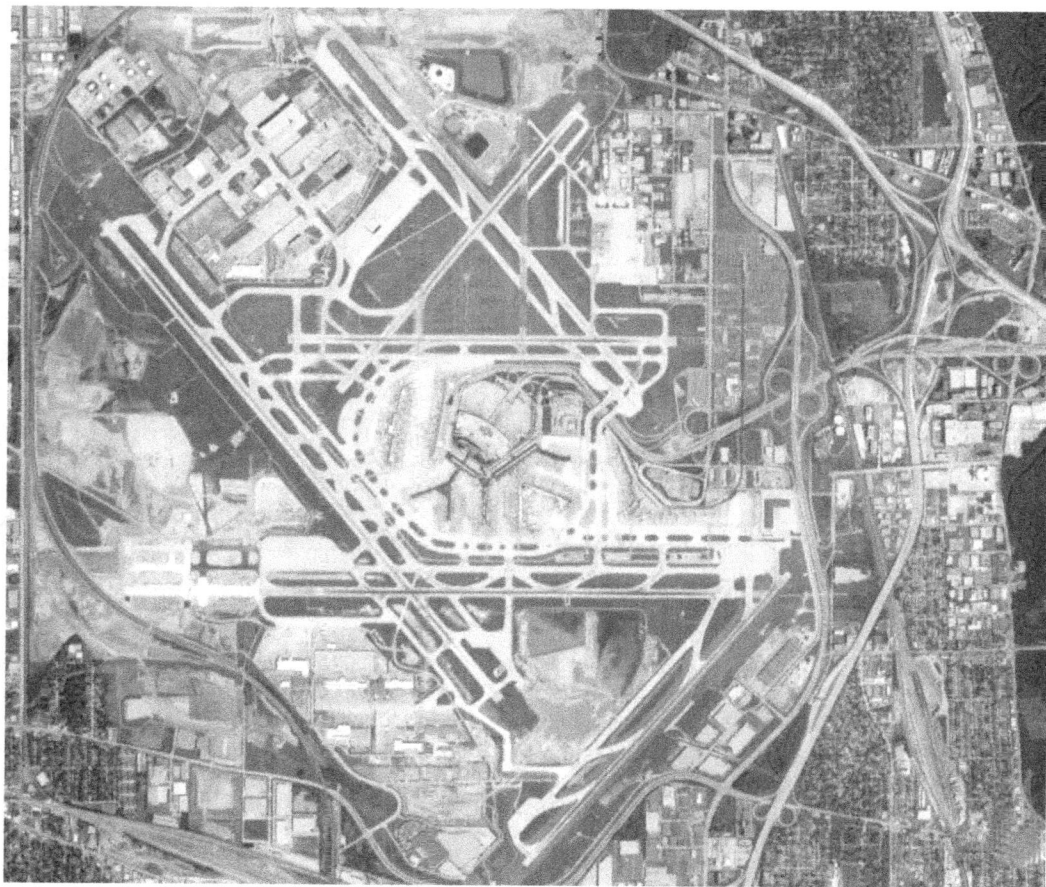

附图 1-3　芝加哥奥黑尔国际机场

257

4.伦敦希思罗机场(附表1-5、附图1-4)

机 场 概 况　　　　　　　　　　　附表1-5

机场名称	LONDON,GB(LHR) 伦敦希思罗机场	集团 (业主、股份组成)	BAA Heathrow
基本情况	1 227hm², 3 032hm²(包括5号航站楼)		
飞行区	航站区	货运区	地面交通
面积约519hm² 2条东西向跑道： 1:27R/09L,4 041m 2:27L/09R,3 781m	4个航站楼 14.4hm²(另有一个在建)	面积约27.5hm²	4个航站楼间有机场快线,机场至市区乘地铁45min,乘机场巴士A1和A2约70min,乘计程车35～40英镑
2011年吞吐量数据	客流量(人次)	货运量(t)	起降架次(架)
总量	69 433 230	1 484 351	480 906

附图1-4　伦敦希思罗机场

5. 东京羽田机场(附表 1-6、附图 1-5)

机 场 概 况

机场名称	TOKYO·P(HND) 东京羽田机场	集团 (业主、股份组成)	
基本情况	北纬 35°233 08″,东经 139°46′47″,海拔 11m		
飞行区	航站区	货运区	地面交通
1:16R/34L 3 000m 沥青 2:16L/34R 3 000m 沥青 3:04/22 2 500m 沥青	分为第 1 旅客航站楼,第 2 旅客航站楼和国际候机楼		(1)至市区有单轨电车、公共汽车、出租车、京急线; (2)第 1、第 2 航站楼之间用地下通道连接,有自动步梯,约 400m。第 1、第 2 与国际候机楼之间有免费通行车
2010 年吞吐量数据	客流量(人次)	货运量(t)	起降架次(架)
总量	64 211 074	818 806	342 804

附图 1-5 东京羽田机场

6.洛杉矶国际机场(附表 1-7、附图 1-6)

机 场 概 况 附表 1-7

机场名称	LOS ANGELES,CA(LAX) 洛杉矶国际机场	集团 (业主、股份组成)	
基本情况	离市区 25km		
飞行区	航站区	货运区	地面交通
4 条跑道:07/25	共有 8 个航站楼:候机楼 1、2、3、4、5、6、7 和 B	每天有 1 000 架次的货机,占地 155.4hm²	有地铁、公交、出租车等
2011 年吞吐量数据	客流量(人次)	货运量(t)	起降架次(架)
总量	61 862 052	1 853 657	603 912

附图 1-6　洛杉矶国际机场

260

7. 巴黎戴高乐机场（附表 1-8、附图 1-7）

机场名称	PARIS，FR(CDG) 戴高乐机场	集团 （业主、股份组成）	巴黎机场公司
基本情况	3 257hm²，海拔 119m，方位：北纬 49°00′35″，东经 2°32′55″		
飞行区	航站区	货运区	地面交通
4 条平行跑道，每小时平均起飞架次为 108 架 1：8L/26R，4 215m 2：8R/26L，2 700m 3：9L/27R，2 700m 4：9R/27L，4 200m	由 T9、CDG1 和 CDG2 组成，其中 T9 专门为租用飞机及团体旅行飞机起降用。CDG1 是环形建筑，由上到下分为餐厅、停车场、到达层、登机层、出发层及商业中心共 6 层，58 个飞机停靠连接口，63 个登机大厅。CDG2 有 6 个登机大厅，58 个飞机停靠连接口	6 个货运站	（1）候机楼 1 与候机楼 2 分隔，但有自动步行道和巴士； （2）至市区有 RER B、TGV、法国航空公司巴士（车程约 40m）、公交车等
2011 年吞吐量数据	客流量（人次）	货运量（t）	起降架次（架）
总量	60 970 551	2 300 064	514 059

附图 1-7　巴黎戴高乐机场

261

8. 达拉斯沃斯国际机场(附表 1-9、附图 1-8)

机 场 概 况 附表 1-9

机场名称	DALLAS/FT WORTH,TX(DFW)达拉斯沃斯国际机场	集团(业主、股份组成)	由 12 个子公司组成,其中 7 个属于达拉斯,4 个属于沃尔斯堡
基本情况			
飞行区	航站区	货运区	地面交通
7 条跑道	共有 5 个航站楼:候机楼 A、B、C、D、E	7 318hm²;另有 200 万 ft² 的货运仓库	
2011 年吞吐量数据	客流量(人次)	货运量(t)	起降架次(架)
总量	57 806 918	652 655	646 803

注:1ft=0.304 8m。

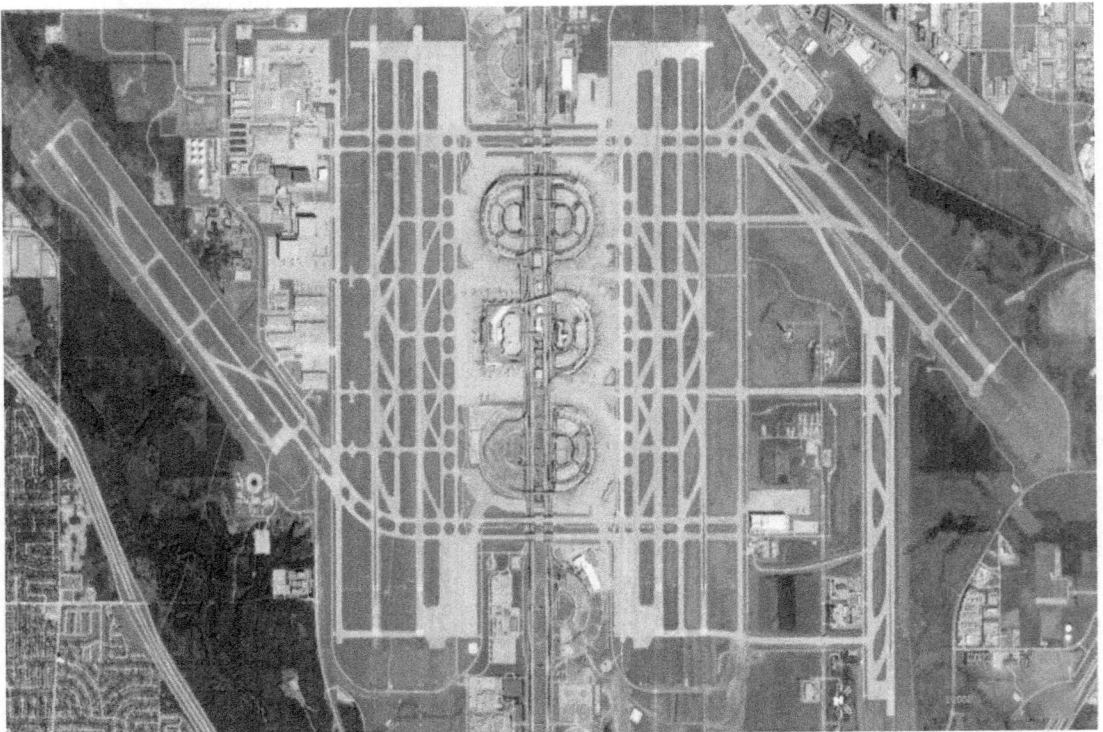

附图 1-8 达拉斯沃斯国际机场

9. 法兰克福机场（附表 1-10、附图 1-9）

附表 1-10

机场名称	FRANKFUT,DE（FRA） 法兰克福机场	集团 （业主、股份组成）	巴黎机场公司
基本情况	3 257hm²，海拔 119m，方位：北纬 49°00′35″，东经 2°32′55″		
飞行区	航站区	货运区	地面交通
3 条跑道	有 2 个候机楼群，共有 A、B、C、D、E 5 个候机楼大厅，其一层是入港口，二层为离港口	分 6 个货运站	有区域火车站，包括地铁及区域短程火车，10min 可达市中心，另有长途火车站配有 ice 和 ic 火车。1 号和 2 号航站楼之间白高架轻轨连接，每 2min 一班，免费
2011 年吞吐量数据	客流量（人次）	货运量（t）	起降架次（架）
总量	56 440 000	2 275 000	487 162

附图 1-9 法兰克福机场

10.丹佛机场(附表 1-11、附图 1-10)

机场名称	DENVER,CO(DEN) 丹佛机场	集团 (业主、股份组成)	
基本情况	地处丹佛市北部 36.8km,占地 13 600hm²,海拔 119m,方位:北纬 49°00′35″,东经 2°32′55″		
飞行区	航站区	货运区	地面交通
6 条跑道,其中 5 条为 3 640m × 46m,1 条为 4 853m×61m 4 条南北向的跑道为 17R/35L、17L/35R、16R/34L 和 16L/34R,2 条东西向的跑道为 8/26 和 7/25	候机楼占地 120 万英亩,包括 3 个空侧指廊:A、B 和 C,有 89 个登机门	在空侧南部建有 375 000 英亩的货运区	
2011 年吞吐量数据	客流量(人次)	货运量(t)	起降架次(架)
总量	52 849 132		634 680

附图 1-10　丹佛机场

附录二　道面设计用飞机参数表

附表2-1

序号	机型	最大滑行重力 (kN)	最大起飞重力 (kN)	最大着陆重力 (kN)	最大无燃油重力 (kN)	空机重力 (kN)	主起落架荷载分配系数 p	主起落架间距 (m)	主起落架个数 n_c	主起落架轮距 (m)			主起落架构型	主起落架轮胎压力 q (MPa)
										S_t	S_{L1}	S_{L2}		
1	B-737-200	567.00	564.72	485.34	430.91	289.51	0.935	5.23	2	0.78	—	—	双轮	1.26
2	B-737-300	566.99	564.72	517.09	476.27	326.02	0.950	5.23	2	0.78	—	—	双轮	1.40
3	B-737-400A	682.60	680.40	562.45	530.70	336.50	0.950	5.24	2	0.78	—	—	双轮	1.28
4	B-737-500	607.82	605.55	498.96	464.94	320.99	0.950	5.23	2	0.78	—	—	双轮	1.34
5	B-737-600	657.90	655.60	551.30	519.50	363.90	0.950	5.72	2	0.86	—	—	双轮	1.30
6	B-737-700	703.30	701.00	586.20	552.20	376.60	0.950	5.72	2	0.86	—	—	双轮	1.39
7	B-737-800	792.60	790.04	663.80	627.50	414.30	0.950	5.72	2	0.86	—	—	双轮	1.47
8	B-737-900	792.43	790.16	663.61	636.39	429.01	0.950	5.72	2	0.86	—	—	双轮	1.47
9	A318	684.00	680.00	575.00	545.00	388.18	0.950	7.60	2	0.93	—	—	双轮	0.89
10	A319	704.00	700.00	610.00	570.00	392.25	0.926	7.60	2	0.93	—	—	双轮	0.89
11	A320	774.00	770.00	645.00	605.00	405.29	0.950	7.60	2	0.78	1.01	—	双轴双轮	1.14
12	A321	834.00	830.00	735.00	695.00	476.03	0.956	7.60	2	0.93	—	—	双轮	1.36
13	MD-90	712.14	707.60	644.10	589.67	399.94	0.950	5.09	2	0.71	—	—	双轮	1.14
14	B-757-200	1161.00	1156.50	952.50	853.00	593.50	0.950	7.32	2	0.86	1.14	—	双轴双轮	1.21
15	B-757-200pf	1229.30	1224.70	1016.10	952.60	645.80	0.950	7.32	2	0.86	1.14	—	双轴双轮	1.24
16	B-767-200	1437.89	1428.82	1233.77	1133.98	801.27	0.950	9.30	2	1.14	1.42	—	双轴双轮	1.24
17	B-767-200ER	1796.23	1791.69	1360.78	1179.34	823.77	0.950	9.30	2	1.14	1.42	—	双轴双轮	1.31
18	B-767-300	1596.50	1587.50	1361.00	1261.00	860.50	0.950	9.30	2	1.14	1.42	—	双轴双轮	1.38
19	B-767-300er	1873.34	1868.80	1451.50	1338.10	900.11	0.950	9.30	2	1.14	1.42	—	双轴双轮	1.38
20	A-300	1659.00	1650.00	1340.00	1240.00	885.00	0.950	9.60	2	0.89	1.40	—	双轴双轮	1.16

续上表

序号	机型	最大滑行重力 (kN)	最大起飞重力 (kN)	最大着陆重力 (kN)	最大无燃油重力 (kN)	空机重力 (kN)	主起落架荷载分配系数 p	主起落架间距 (m)	主起落架个数 n_c	主起落架轮距 (m)			主起落架构型	主起落架轮胎压力 q (MPa)
										S_t	S_{L1}	S_{L2}		
21	A-310—200	1 329.00	1 320.00	1 185.00	1 085.00	768.69	0.932	9.60	2	0.93	1.40	—	双轴双轮	1.46
22	MD-11	2 871.22	2 859.88	1 950.48	1 814.40	1 320.49	0.780	10.67	2	1.37	1.63	—	双轴双轮	1.38
23	B-747—200B	3 791.00	3 778.00	2 857.00	2 387.80	1 706.00	0.952	11.00/3.84	4	1.12	1.47	—	双轴双轮	1.38
24	B-747—300	3 791.00	3 778.00	2 603.20	2 426.30	1 748.20	0.952	11.00/3.84	4	1.12	1.47	—	双轴双轮	1.31
25	B-747—400	3 978.00	3 968.93	2 857.63	2 562.79	1 827.21	0.952	11.00/3.84	4	1.12	1.47	—	双轴双轮	1.38
26	B-747—400 DOMESTIC	3 978.00	3 968.93	3 020.92	2 880.31	1 650.86	0.952	11.00/3.84	4	1.12	1.47	—	双轴双轮	1.04
27	B-747—400F	3 978.00	3 968.93	3 020.92	2 880.31	1 660.54	0.952	11.00/3.84	4	1.12	1.47	—	双轴双轮	1.38
28	B-747—400COMBI	3 978.00	3 968.93	2 857.63	2 562.79	1 840.82	0.952	11.00/3.84	4	1.12	1.47	—	双轴双轮	1.38
29	B-747SP	3 188.00	3 156.00	2 041.00	1 859.40	1 479.70	0.952	11.00/3.84	4	1.10	1.37	—	双轴双轮	1.26
30	B-777—200	3 002.80	2 293.70	2 376.80	2 245.30	1 605.30	0.954	10.98	2	1.40	1.45	1.45	三双轴双轮	1.28
31	B777—200LR	3 411.00	3 401.90	2 231.70	2 068.40	1 543.10	0.938	10.97	2	1.40	1.45	1.48	三双轴双轮	1.50
32	B-777—300	3 002.80	2 293.70	2 376.80	2 245.30	1 578.00	0.948	11.00	2	1.40	1.45	1.45	三双轴双轮	1.48
33	B777—300ER	3 411.00	3 401.90	2 512.90	2 376.80	1 688.30	0.936	10.97	2	1.40	1.45	1.48	三双轴双轮	1.50
34	A330—200	2 339.00	2 330.00	1 820.00	1 700.00	1 215.53	0.950	10.68	2	1.40	1.98	—	双轴双轮	1.42
35	A330—300	2 339.00	2 330.00	1 870.00	1 750.00	1 294.64	0.958	10.68	2	1.40	1.98	—	双轴双轮	1.42
36	A340—200	2 759.00	2 750.00	1 850.00	1 730.00	1 315.81	0.796	10.68	2	1.40	1.98	—	双轴双轮	1.42
37	A340—300	2 759.00	2 750.00	1 920.00	1 810.00	1 369.29	0.802	10.68	2	1.40	1.98	—	双轴双轮	1.42
38	A340—500	3 692.00	3 680.00	2 400.00	2 250.00	1 684.68	0.660	10.68	2	1.40	1.98	—	双轴双轮	1.42
39	A340—600	3 692.00	3 680.00	2 590.00	2 450.00	1 748.67	0.660	10.68	2	1.40	1.98	—	双轴双轮	1.42
40	A380—800	5 620.00	5 600.00	3 860.00	3 610.00	2 774.76	0.570	5.26	2	1.53	1.70	1.70	三双轴双轮	1.47

注：①表中主起落架间距系指起落架之间纵向中—中的距离，主起落架间距系指起落架之间纵向中—中距离，主起落架轮距 S_t 为主起落架轮子间横向中—中距离，S_{L1}、S_{L2} 为纵向中—中距离，如附图 2-1 所示。

②同一机型有多个最大重力时，表中选录的是各最大重力的最大值。

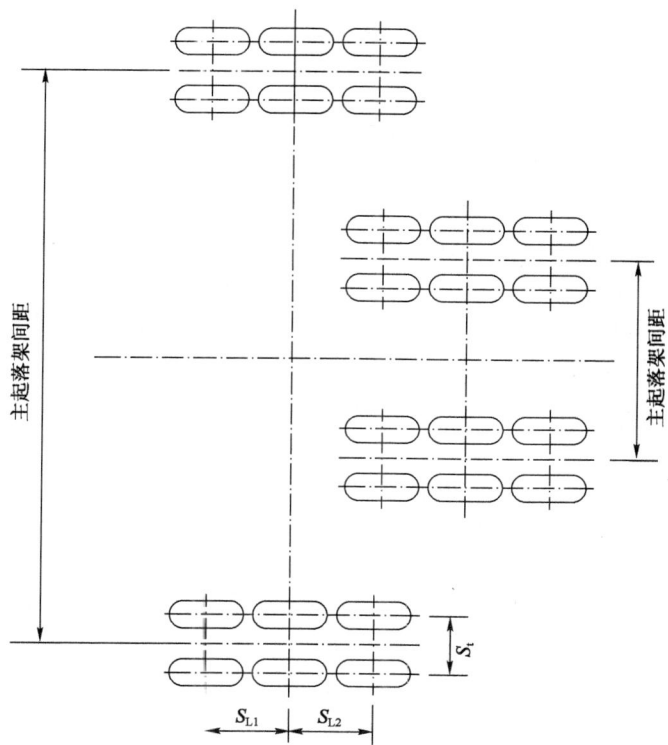

附图 2-1

参 考 文 献

[1] 罗伯特·霍隆杰夫,弗兰西斯·马卡维著.机场规划与设计.吴问涛,译.上海:同济大学出版社,1987.

[2] 姚祖康·机场规划与设计·上海:同济大学出版社,1994.

[3] Robert Horonjeff, Francis. Mckelvey. Planing & Design of Airports (Fourth Edition), The Mcgraw-Hill Companies, Inc, 1994.

[4] 理查德·德·纽弗威尔,阿米第 R. 欧都尼. 机场系统:规划、设计和管理. 高金华,等译. 北京:中国民航出版社,2006.

[5] 诺曼·阿什弗德,HP. 马丁·斯坦顿,克里弗顿 A. 摩尔. 机场运行. 高金华,等译. 北京:中国民航出版社,2006.

[6] ICAO. Aerodromes——Annex 14. ICAO,1995.

[7] [美]Paul E. Illman. 飞行员航空知识手册. 王同禾,杨新涅,译. 北京:航空工业出版社,2006.

[8] 刘大响,陈先,等. 航空发动机——飞机的心脏. 北京:航空工业出版社,2003.

[9] 刘得一. 民航概论. 北京:中国民航出版社,2005.

[10] 都业富. 航空运输管理预测. 北京:中国民航出版社,2001.

[11] 亚历山大 T. 韦尔斯著. 机场规划与管理. 赵洪元,译. 北京:中国民航出版社,2004.

[12] 岑国平. 机场排水设计. 北京:人民交通出版社,2002.

[13] 万青. 航空运输地理. 北京:中国民航出版社,2006.

[14] 蒋作舟. 中国民用机场集锦. 北京:清华大学出版社,2002.

[15] 中国民用航空总局. 从统计看民航(1992,1993). 北京:中国统计出版社,1993.

[16] 中国民用航空总局. 从统计看民航(1994~2008). 北京:中国民航出版社,2008.

[17] 中国国际工程咨询公司,中国民航科学技术研究中心. 全国民用航空运输机场2020年布局和"十一五"建设规划研究报告,2006.

[18] ICAO,Document 4444. Air Traffic Management,Fifteenth Edition,2007.

[19] 李广信. 高等土力学. 北京:清华大学出版社,2004.

[20] 中华人民共和国行业标准. JTJ 018—96 公路排水设计规范. 北京:人民交通出版社,1996.

[21] FAA. Airport Master Plans(AC No:150/5070-6B). U. S. FAA. July 29,2005.

[22] FAA. Airport Design (AC No:150/5300-13). U. S. FAA. September 29,1989.

[23] FAA. Airport Capacity and Delay. FAA Advisory Circular,50/5060-5,1983.

[24] 吴祥明. 浦东国际机场建设——飞行区. 上海:上海科学技术出版社. 1999.